HUAXUE SHIGU QIANGXIAN YU JIJIU

化学事故抢险与急救

卢林刚　李向欣　赵艳华　编著

化学工业出版社

·北京·

《化学事故抢险与急救》介绍了危险化学品以及化学毒物的基础知识，重点介绍了化学危险源辨识与危害评估、化学事故检测与警戒、泄漏控制与处置、危险化学品火灾扑救、化学事故现场洗消、急性中毒与中毒急救、化学致伤的现场急救等关键技术以及典型化学物质的处置与急救的应对措施。

《化学事故抢险与急救》内容全面，资料翔实，图文并茂，注重理论和实践的有机结合，具有很强的理论性、实践性和可操作性，适合作为危险化学品生产、科研和管理的企事业单位的培训教材，也可供高等学校应急管理、消防工程、安全工程及相关专业师生参考。

图书在版编目（CIP）数据

化学事故抢险与急救/卢林刚，李向欣，赵艳华编著.
北京：化学工业出版社，2018.10（2020.10 重印）
ISBN 978-7-122-32775-8

Ⅰ.①化… Ⅱ.①卢…②李…③赵… Ⅲ.①化工产品-危险物品管理-事故-急救 Ⅳ.①TQ086.5

中国版本图书馆 CIP 数据核字（2018）第 174636 号

责任编辑：杜进祥　　装帧设计：韩　飞
责任校对：王　静

出版发行：化学工业出版社（北京市东城区青年湖南街 13 号　邮政编码 100011）
印　　装：北京科印技术咨询服务有限公司数码印刷分部
710mm×1000mm　1/16　印张 19¾　字数 385 千字　2020 年10月北京第 1 版第 2 次印刷

购书咨询：010-64518888（传真：010-64519686）　售后服务：010-64518899
网　　址：http://www.cip.com.cn
凡购买本书，如有缺损质量问题，本社销售中心负责调换。

定　　价：79.00 元

前言

随着我国经济社会和化学工业的快速发展，化学品的种类不断增多、需求量日益增大，发生事故的风险显著增加。基于危险化学品的危害特性以及化学事故的特殊性，一旦发生化学泄漏、火灾或爆炸事故，易造成大量人员伤亡和财产损失，严重影响社会稳定和国家安全。

在新时代、新形势下，国家高度重视安全生产工作，着力保障人民生命和财产安全。因此，深入开展化学事故抢险与急救的相关研究，提升我国化学事故整体救援能力，是确保人民生命财产安全，建设美丽家园，践行总体国家安全观，打造国家安全的命运共同体的关键。

为了使读者系统了解危险化学品的基础知识，明确我国化学事故应急救援现状，理解化学事故发生、发展和演化的规律，掌握化学事故抢险与急救的方法和措施，并能够有效处置典型化学事故，我们在一批公安部、河北省等重点课题的支持下，结合十多年来的教学和科研工作的经验和体会，吸收了国内外优秀研究成果，编撰了《化学事故抢险与急救》这本书，以期为完善我国化学事故应急救援的理论体系，为提高我国化学事故应急救援能力提供科学依据。

本书共分九章。第一章主要介绍了化学事故的特征、我国化学事故应急救援现状以及应急救援的基本过程和要求；第二章根据化学危险源的特点，分析了化学危险源辨识与危害评估方法；第三章根据化学检测的特征，归纳总结了化学侦检的方法，并分析了现场警戒和人员疏散的方法；第四章以危险化学品泄漏事故为场景，分析了泄漏源控制和泄漏物处置的具体方法和措施；第五章根据危险化学品火灾危险特性，系统阐述了危险化学品火灾扑救的程序、方法和措施以及灭火剂的计算；第六章结合最新科研成果，总结了洗消方法、洗消剂及洗消程序和措施；第七章根据化学毒物的基本性质及毒性作用机制，分析了化学中毒的现场急救方法和措施；第八章主要对化学品的灼伤、热力烧伤、低温冻伤，归纳总结了现场急救方法和措施；第九章有针对性地提出了典型类型危险化学品事故抢险与急救的方法和措施。

全书的具体分工是，赵艳华（中国人民公安大学）撰写第一章、第二章、第五章第一节～第三节、第七章～第九章；李向欣（中国人民武装警察部队学院）撰写第三章、第四章和第六章；卢林刚（中国人民武装警察部队学院）撰写第五章第四节、第五节，并负责全书统稿。

本书在编撰过程中得到了中国人民武装警察部队学院、中国人民公安大学等单位的业务指导，化学工业出版社的领导和相关编辑对本书的出版给予了大力支持和帮助，在此一并表示衷心的感谢！

由于我们水平有限，书中难免存在一些疏漏，敬请读者不吝指教。

编著者

2018 年 2 月 6 日

目录 CONTENTS

第一章 绪论 1

第一节 化学事故的特征 …… 1
一、化学事故的概念 …… 1
二、化学事故的类型 …… 2
三、化学事故的特点 …… 5
四、化学事故的原因 …… 6
第二节 化学事故应急救援 …… 8
一、化学事故应急救援的定义和任务 …… 9
二、国内外化学事故应急救援工作现状 …… 10
三、化学事故应急救援的原则和形式 …… 13
四、化学事故应急救援的内容 …… 14
第三节 化学事故现场处置的一般程序 …… 18
一、化学事故处置人员要求 …… 18
二、现场处置准备工作 …… 18
三、化学事故现场处置程序 …… 19
四、几类常见化学事故的处置要点 …… 24
第四节 化学事故中的人员防护 …… 25
一、化学事故对人体可能造成的伤害 …… 25
二、个人防护方法 …… 26
三、不同危害的个体防护 …… 29

第二章 化学危险源辨识与危害评估 33

第一节 化学危险源 …… 33
一、化学危险源的定义 …… 33
二、化学危险源的类型 …… 36
第二节 危险化学品设备 …… 37
一、压力容器 …… 37
二、移动式压力容器 …… 40
三、气瓶 …… 44

四、压力管道 …… 48
第三节 化学危险源辨识 …… 50
一、化学危险源辨识的原理及范围 …… 50
二、危险源识别程序和方法 …… 51
三、危险化学品重大危险源辨识 …… 52
第四节 化学危险源的扩散 …… 56
一、扩散源概述 …… 56
二、有毒物质在大气中扩散 …… 59
三、有毒物质在水域中的扩散 …… 66
四、影响化学事故危险源扩散危害的因素 …… 71
第五节 化学事故危险源危害评估 …… 79
一、评估的主要内容和步骤 …… 79
二、化学事故危险源危害评估原理 …… 80
三、化学事故危险源危害评估方法简介 …… 84

第三章 化学事故检测与警戒 86

第一节 化学事故检测概述 …… 86
一、化学事故检测的任务 …… 86
二、化学检测要求 …… 87
三、化学检测方法分类 …… 87
四、检测工作的准备 …… 92
第二节 现场检测工作的实施 …… 93
一、确定危险化学品的种类 …… 93
二、测定危化品的浓度及其分布 …… 112
三、监视毒区边界的变化 …… 115
第三节 化学事故现场警戒及人员疏散 …… 115
一、现场警戒 …… 115
二、人员避难方式的选择 …… 118
三、人员的应急疏散 …… 120

第四章 泄漏控制与处置 128

第一节 泄漏概述 …… 128
一、泄漏的定义 …… 128

二、泄漏的分类 …… 128
三、易发生泄漏的部位 …… 130
四、泄漏的原因 …… 131
第二节　泄漏源的控制 …… 132
一、泄漏源的控制方法和措施 …… 132
二、堵漏技术及方法 …… 137
三、堵漏组织与实施 …… 139
四、堵漏现场的勘测 …… 142
五、典型泄漏部位的堵漏 …… 144
第三节　泄漏物处置 …… 162
一、气体泄漏物的处置 …… 162
二、液体泄漏物的处置 …… 163
三、固体泄漏物的处置 …… 168
第五章　危险化学品火灾扑救 169
第一节　危险化学品火灾特性 …… 169
一、危险化学品的定义及分类 …… 169
二、影响危险化学品危险性的主要因素 …… 173
三、各类危险化学品的危险性与其理化性质的关系 …… 176
四、危险化学品火灾特点 …… 179
第二节　危险化学品火灾事故处置的基本程序 …… 180
一、询问灾情 …… 181
二、侦察与检测 …… 181
三、设立警戒，紧急疏散 …… 182
四、灭火作战 …… 183
五、清理现场，防止复燃 …… 184
六、注意事项 …… 184
第三节　危险化学品火灾扑救及战术 …… 185
一、危险化学品火灾扑救的总要求 …… 185
二、灭火的基本原理 …… 187
三、危险化学品火灾扑救策略 …… 188
四、危险化学品火灾扑救准备 …… 188
第四节　不同危险化学品的扑救方法 …… 193
一、扑救爆炸物品火灾的基本方法 …… 193

二、扑救压缩或液化气体火灾的基本方法 …… 193
三、扑救易燃液体火灾的基本方法 …… 194
四、扑救易燃固体、自燃物品火灾的基本方法 …… 195
五、扑救遇湿易燃物品火灾的基本方法 …… 196
六、扑救氧化剂和有机过氧化物火灾的基本方法 …… 197
七、扑救毒害品和腐蚀品火灾的基本方法 …… 198
八、扑救放射性物品火灾的基本方法 …… 198
九、几种特殊化学品的火灾扑救注意事项 …… 199
第五节　灭火应用计算 …… 199
一、市政管网消防供水能力计算 …… 200
二、气体类化学危险品事故现场处置灭火剂量计算 …… 200
三、液体类化学危险品事故现场处置灭火剂量计算 …… 202
四、固体类化学危险品事故现场处置灭火剂量计算 …… 208

第六章　化学事故现场洗消 211

第一节　洗消概述 …… 211
一、洗消的定义及作用 …… 211
二、洗消的任务和对象 …… 213
三、洗消的原则 …… 213
第二节　洗消原理 …… 214
一、化学洗消法 …… 214
二、物理洗消法 …… 216
三、生物洗消法 …… 218
四、自然消毒 …… 218
五、常用的洗消技术 …… 219
第三节　洗消药剂 …… 220
一、洗消药剂的分类 …… 220
二、常用洗消药剂的种类 …… 220
三、消毒剂的选用原则 …… 227
四、典型化学品的洗消 …… 228
第四节　洗消工作的实施 …… 230
一、洗消等级与方式 …… 230
二、洗消准备 …… 233
三、洗消行动的实施 …… 234

四、现场洗消的基本要求 …… 239

第七章 急性中毒与中毒急救 241

第一节 化学毒物的分类 …… 241
一、工业毒物 …… 241
二、军事毒剂 …… 243
三、其他化学毒物 …… 247
第二节 化学毒物的毒性作用 …… 249
一、化学毒物毒性及其表现 …… 249
二、毒性作用 …… 251
三、毒性的计量 …… 253
四、毒性分级 …… 257
五、毒性作用间的关系 …… 258
第三节 毒物侵入人体的过程 …… 261
一、毒物进入人体的途径 …… 261
二、毒物在体内的过程 …… 263
三、影响毒物对机体毒作用的因素 …… 265
第四节 急性化学中毒 …… 266
一、中毒的类型 …… 266
二、中毒后的主要症状 …… 267
三、中毒的判断 …… 269
四、中毒危险性指标 …… 272
第五节 急性化学中毒的现场急救 …… 272
一、现场危险区域群众的安全疏散 …… 273
二、急性化学中毒现场救治 …… 273
三、现场中毒伤员的转送 …… 276
四、常见化学中毒的现场救治 …… 277

第八章 化学致伤的现场急救 280

第一节 化学灼伤的现场急救 …… 280
一、化学灼伤的原因 …… 280
二、化学灼伤机理 …… 280
三、化学灼伤的处理原则 …… 281

四、外典型化学灼伤的现场急救 …… 283
五、群体性化学灼伤的现场急救 …… 290
第二节 化学热力烧伤的现场急救 …… 292
一、热力烧伤的分类 …… 292
二、热力烧伤的现场急救措施 …… 292
三、热力烧伤的现场急救程序 …… 293
第三节 化学低温冻伤的现场急救 …… 295
一、低温冻伤的分类 …… 295
二、现场急救措施 …… 295
第九章 典型危险化学品处置与急救 297
参考文献 305

第一章 绪论

第一节 化学事故的特征

化学工业的快速发展，为人类社会的物质文明做出了巨大贡献；同时，发生化学事故的频率及其规模也逐年上升，特别是像印度博帕尔农药厂那样的震惊世界的化学事故，给人类的生存和大自然的生态平衡带来了潜在的威胁。

一、化学事故的概念

（一）国内外典型化学事故

国外影响比较大的化学事故有：1984 年 12 月 3 日，印度博帕尔市的美国联合碳化物公司开办的一家农药厂发生了一起严重的毒气（异氰酸甲酯）泄漏事故，造成 2.5 万人直接死亡，55 万人间接死亡，20 多万人永久残废，给当地居民带来了巨大的灾难，经济损失高达百亿美元，使世界为之震惊，是世界工业史上最为严重的一起化学灾害事故。1986 年 4 月 26 日，苏联（现乌克兰境内）的切尔诺贝利核电站第 4 号反应堆发生巨大爆炸，造成大量放射性物质泄漏，因受到放射性物质直接或间接伤害，迄今已有 3 万多人死亡（事故发生后前三个月仅有 31 人死亡），500 万人受到辐射污染。

我国化学事故频发，根据我国国家化学品登记注册中心的不完全统计，我国平均每年发生的化学事故约 230 起。影响比较大、危害比较重的化学事故有：1997 年 6 月 27 日，东方化工厂火灾，造成 9 人死亡，39 人受伤，直接经济损失 1.17 亿元。1998 年 3 月 5 日，西安市煤气公司液化石油气管理所发生液化石油气严重泄漏事故，储量为 400m^3 的 11 号球形储罐突然闪爆，共造成 11 人死亡，31 人受伤。2003 年 12 月 23 日，重庆市开县高桥镇中石油川东北气矿“罗家 16H 井”发生特大天然气井喷事故，造成 243 人死亡，人民群众的生命财产遭受重大损失。2004 年 4 月 16 日，重庆天原化工总厂氯气泄漏爆炸事故，造成 9

人死亡，3 人受伤，罐区 100m 范围内部分建筑物被损坏，大量氯气泄漏致使周围 15 万居民被疏散，事故引起社会各界的广泛关注。2005 年 11 月 3 日，吉林省吉化双苯胺厂发生火灾爆炸事故，致使 8 人死亡，60 多人受伤，造成松花江水域污染，甚至污水流入俄罗斯境内。2013 年 11 月 22 日，山东省青岛市经济技术开发区（黄岛区）的中石化东黄输油管道在泄漏抢修中发生爆炸，事故造成 62 人死亡，136 人受伤，周围 19.6 万平方米建筑受损，近百辆车辆受损，事故致使周边学校停课、工厂停工、居民停水、通信设施严重破坏，给当地居民正常生活带来直接影响，大量居民逃离居住地，引起了社会群众和各级媒体的广泛关注。2015 年 8 月 12 日，天津港瑞海国际物流有限公司危险化学品仓库发生特别重大火灾爆炸事故，事故造成 165 人遇难（参与救援处置的公安现役消防人员 24 人、天津港消防人员 75 人、公安民警 11 人，事故企业、周边企业员工和周边居民 55 人），8 人失踪（天津港消防人员 5 人，周边企业员工、天津港消防人员家属 3 人），798 人受伤住院治疗（伤情重及较重的伤员 58 人、轻伤员 740 人），304 幢建筑、12428 辆商品汽车、7533 个集装箱受损。

由以上国内外典型化学事故案例可知，当今世界，化学事故形势严峻，灾害事故危害重，给事故应急处置带来巨大难题。

（二）化学事故的定义

通过对以上典型案例的分析可知，化学害事故是指一切由危险化学品造成的对人员和环境危害的事故。具体来说，化学事故是指与化学危险品有关的单位在生产、使用、经营、存储、运输和废弃过程中，由于某些意外情况或人为破坏，致使有毒有害化学物质突发地发生大量泄漏，有时伴随燃烧或爆炸，在较大范围内造成比较严重的环境污染，对国家和人民的生命财产安全造成严重危害的事故。

化学事故不同于一般的事故，发生突然，来势凶猛，在瞬间或短时间内排放大量的有毒、有害物质，起因复杂、难以判断、蔓延迅速、危害严重、影响广泛。

二、化学事故的类型

化学事故可以从不同角度进行分类，常用的分类方法有以下几种：

（一）按化学事故的表现形态分类

按化学事故的表现形态分类，化学事故可以分为泄漏型化学事故、燃烧爆炸型化学事故和布洒型化学事故。

1. 泄漏型化学事故

泄漏型化学事故是指由于容器、管道或化工装置破裂、阀门失灵、密封破坏等原因，有毒物质大量泄漏、挥发和扩散，造成人员伤害和环境污染的事件。这类事故的特点是中毒人员多，死亡大多是中毒后迟发引起，多在中毒几天后死亡。印度博帕尔和上饶沙溪镇发生的事故就是这类化学事故，其中沙溪镇受毒气影响的有 995 人，死亡 39 人，但现场只死亡了 8 人。

2. 燃烧爆炸型化学事故

燃烧爆炸型化学事故是指具有爆炸危险性的物质，由于某种原因，突然发生爆炸，使有毒物质泄漏并燃烧，造成人员伤害和环境污染的事件。这类事故的特点是现场死伤人员多，中毒人员同时可能有烧伤、骨折复合伤，伤情复杂。温州电化厂就是因为一支半吨液氯钢瓶，倒入液化石蜡引起剧烈化学反应，压力激增而爆炸，同时又击中了另外几支钢瓶引起连锁爆炸，导致厂房全部倒塌，事故共造成 59 人死亡，779 人中毒住院治疗。

3. 布洒型化学事故

布洒型化学事故是指由于人为布洒化学物质，造成人员中毒、伤害或环境污染的事件。这类事故往往与恐怖活动有关，发生人员中毒、死亡的时间、地点、规模难以预料。例如：日本“沙林毒气事件”，就是奥姆真理教的教徒在日本地铁上人为布洒沙林毒气，近 6000 人中毒，包括抢险的消防人员 135 名，13 人死亡。

（二）按照化学事故的严重程度分类

根据化学事故的后果及其危害程度，化学事故分为一般性化学事故、重大灾害性化学事故和特大灾害性化学事故。

1. 一般性化学事故

一般性化学事故是指由于工艺设备落后或违反操作规程，引起少数人员中毒伤亡，一般中毒 10 人或死亡 3 人以下，事故的范围局限在单位以内，只需事故单位自救就能迅速控制的化学事故。

2. 重大灾害性化学事故

重大灾害性化学事故是指发生突然，危及周围居民，并造成中毒 10 人以上，100 人以下，或死亡 3 人以上，30 人以下的化学事故。重大灾害性化学事故需要动员部分社会力量并组织专业人员实施救援处置。从化学物泄漏量的角度分析，几吨以下毒物泄漏的重大化学事故，是目前我国化学事故中发生概率最高的。

3. 特大灾害性化学事故

特大灾害性化学事故是指有大量有害物质泄漏，短时间内造成大量人员中毒伤亡，中毒 100 人以上或死亡 30 人以上的化学事故。事故危害已跨区、县，并呈进一步扩展态势，使城市的生产、交通及人民生活等综合功能遭受破坏，社会秩序紊乱。例如印度博帕尔异氰酸甲酯泄漏事故、江西上饶沙溪镇一甲胺泄漏化学事故、重庆开县的井喷事故、江苏淮安京沪高速公路氯气泄漏事故等。

（三）按照有毒物质释放形式分类

按这种分类方法可将化学事故分为直接外泄型和次生释放型两类事故。

1. 直接外泄型化学事故

直接外泄型化学事故是指由于某种原因使生产、使用、储存或运输过程中化学有毒物质直接向环境释放而造成的事故。

2. 次生释放型化学事故

次生释放型化学事故是指某些本来没有毒性或毒性很小的化学品，燃烧、爆炸后次生出有毒有害物质并向环境释放而造成的化学事故。

（四）按照危险化学品危险特性分类

这种分类方法一般将化学事故的类型分为6类：

1. 危险化学品火灾事故

危险化学品火灾事故是指燃烧物质主要是危险化学品的火灾事故。此类事故具体又分若干小类，包括：①易燃液体火灾；②易燃固体火灾；③自燃物品火灾；④遇湿易燃物品火灾；⑤其他危险化学品火灾。

易燃液体火灾往往发展成爆炸事故，造成重大的人员伤亡。单纯的液体火灾一般不会造成重大的人员伤亡。由于大多数危险化学品在燃烧时会放出有毒气体或烟雾，因此在危险化学品火灾事故中，人员伤亡的原因往往是中毒和窒息。

固体危险化学品火灾的主要危害是燃烧时放出有毒气体或烟雾，或发生爆炸，因此这类事故也往往被归入危险化学品爆炸事故或危险化学品中毒和窒息事故。

2. 危险化学品爆炸事故

危险化学品爆炸事故是指危险化学品发生化学反应的爆炸事故或液化气体和压缩气体的物理爆炸事故。此类事故具体又分若干小类，包括：①爆炸品的爆炸（又可分为烟花爆竹爆炸、民用爆炸器材爆炸、军工爆炸品爆炸等）；②易燃固体、自燃物品、遇湿易燃物品的火灾爆炸；③易燃液体的火灾爆炸；④易燃气体爆炸；⑤危险化学品产生的粉尘、气体、挥发物的爆炸；⑥液化气体和压缩气体的物理爆炸；⑦其他化学反应爆炸。

3. 危险化学品中毒和窒息事故

危险化学品中毒和窒息事故主要指人体吸入、食入或接触有毒有害化学品或者化学品反应的产物而导致的中毒和窒息事故。此类事故具体又分若干小类，包括：①吸入中毒事故（中毒途径为呼吸道）；②接触中毒事故（中毒途径为皮肤、眼睛等）；③误食中毒事故（中毒途径为消化道）；④其他中毒和窒息事故。

4. 危险化学品灼伤事故

危险化学品灼伤事故主要指腐蚀性危险化学品意外地与人体接触，在短时间内即在人体被接触表面发生化学反应，造成明显破坏的事故。腐蚀品包括酸性腐蚀品、碱性腐蚀品和其他不显酸碱性的腐蚀品。化学品灼伤与物理灼伤（如火焰烧伤、高温固体或液体烫伤等）不同。物理灼伤是高温造成的伤害，使人体立即感到强烈的疼痛，人体肌肤会本能地立即避开。化学品灼伤有一个化学反应过程，开始并不感到疼痛，要经过几分钟、几小时甚至几天才表现出严重的伤害，并且伤害还会不断地加深，因此化学品灼伤比物理灼伤危害更大。

5. 危险化学品泄漏事故

危险化学品泄漏事故主要指气体或液体危险化学品发生了一定规模的泄漏，虽然没有发展成为火灾、爆炸或中毒事故，但造成了严重的财产损失或环境污染等后果的化学事故。危险化学品泄漏事故一旦失控，往往造成重大火灾、爆炸或中毒事故。

6. 其他危险化学品事故

其他危险化学品事故是指不能归入上述五类危险化学品事故之中的其他危险化学品事故，主要指危险化学品的肇事事故等，如危险化学品罐体倾倒、车辆倾覆等，但没有发生火灾、爆炸、中毒和窒息、灼伤、泄漏等事故。

除上述几种分类方法外，还有其他一些分类方法。按事故源的运动与否来分，可分为固定源事故和动态源事故；按化学事故中是否伴有其他事故（火灾、爆炸等），可分为混合型化学事故和单纯泄漏型化学事故等。

三、化学事故的特点

化学物质特有的毒性作用及其理化性质，决定了化学事故有别于其他灾害事故，其主要特点如下：

（一）突然性强，防护困难

化学事故发生往往出乎人们的预料，常在意想不到的时间、地点发生。在短时间内可发生大量有毒有害物质外泄，引起燃烧、爆炸，产生的有毒气体只要吸上几口就可能致人死亡，而且有毒气体可迅速向居民区扩散，对居民安全造成影响，引起社会动荡。特别是无防护的居民对有毒气体防护十分困难，可通过呼吸道、眼睛、皮肤黏膜等多种途径引起呼吸、消化等多系统的中毒。因此，不仅对毒物要进行呼吸道防护，有时还要进行全身防护。不同毒物的防护措施、救治方法不一样，有的毒物需要特效药物才能救治。

（二）扩散迅速，受害范围广

化学事故发生后，有毒有害化学品通过扩散可严重污染空气、地面、道路、水源和工厂生产设施。危害最大的是有毒气体，可迅速往下风方向扩散，在几分钟或几十分钟内扩散至几百米或数千米远，危害范围可达几十平方米至数平方公里，引起无防护人员中毒。如江西上饶沙溪镇一甲胺泄漏，一甲胺毒气云团，在

1～2m/s的风速下，以5～6m的高度向下风方向扩散，至少30min才散尽，覆盖面积达22.96万平方米，9个自然村，300余户及14个企业受毒气影响。

挥发性的有毒液体污染地面、道路和工厂设施时，除可引起污染区人员和参加救援的人员直接中毒外，还可因染毒伤员的污染服装或车辆在染毒区域向外行驶而扩散，造成间接中毒。如果污染发生在江河湖海，有的可成油膜漂浮在水面上，进一步污染江中助航设施和两岸码头，还可沉入江底成为污染源。这些事故均可造成大量人员中毒伤亡和使国家财产蒙受损失，特别是可在短时间内出现大批相同中毒症状的伤员，而且伤情复杂，有中毒、烧伤，以及冲击造成的挫伤、骨折及内脏出血、破裂等复合伤，休克发生率高，各大、中医院很可能出现超负荷负担，缺少医务人员和病床不足。此外，还可能因对这类伤员的处理毫无经验或缺乏大量特效急救药品而不知所措。

（三）污染环境，洗消困难

有毒气体对大环境一般影响不大，气体通过风吹、日晒等可很快逸散消失。但有毒气体在高低、疏密不一的居民区、围墙内易滞留。能够长期污染环境的主要是有毒液体和一些高浓度、水溶性的有毒气体。一般有毒的液体化学品为油状液体，水溶和水解速率慢，挥发度又小，有一股特殊且令人感到不愉快的气味。一旦污染形成，由于油状液体挥发度小，黏性大，不易洗消，所以毒性的持续时间较长。若化学事故发生在低温季节或通风不良的地方，则毒性可持续几小时或几十小时，甚至更长，洗消特别困难。如污染发生在江河、湖海水源或水网地区，有毒的油状液体可漂浮在水面上，随潮汐和波浪污染江河中的助航设施和两岸的码头建筑，还可沉入江底成为一个长期的污染源。例如天津“8·12”危险化学品仓库火灾爆炸事故，数百吨的氰化钠等剧毒物品四处散落，火灾爆炸事故还导致大量危险化学品泄漏、混杂、散落，大小爆炸燃烧不断。由于危险化学品性质各异，难以选择有效的洗消剂进行处理；若处置不当，将对整个渤海湾地区造成严重污染，甚至危及北京、河北等周边地区安全。

（四）社会波及面广，政治影响大

城市特大化学事故一旦发生，势必影响城市的综合功能运转，交通被迫管制，居民疏散撤离，生活秩序受到破坏，企业生产将停止、被打乱或重建。除了动员企业本身、本地区社会力量进行救援外，近邻省市也将在物力、财力及人力方面进行支援。事故处置的好坏会直接影响政府的形象，且事故处置后还有许多遗留问题亟待进一步解决。

四、化学事故的原因

化学事故的原因是复杂的，一般由技术因素、自然因素、战争和恐怖袭击因素造成。

（一）技术因素

技术因素是指人类在化工生产、储存及运输等过程中，未掌握所从事的工作岗位的客观规律，违章引起化学事故。技术因素造成灾害性化学事故的概率最高，也是引起化学事故的最复杂原因，主要包括以下几方面：

1. 工厂选址不合适

工厂选址与居民生活区混杂，也可能由于历史原因原来是人口稀疏的郊县，现已发展为人口众多的居民密集区。一旦突发灾害性化学事故，必然破坏城市的综合功能，普通居民伤亡大。

2. 设备陈旧，工艺落后

生产工艺流程设计不合理，而且生产设施又缺乏维护检修，未能及时更新改造，久而久之必然容易发生化学事故。

3. 管理紊乱

缺少科学的规章制度或不执行规章制度。储存仓库内剧毒危险品、易燃易爆品、氧化剂与还原剂混放；危险品运输工具不符合规定，不按固定路线行走，不储备急救药品、个人防护器材及堵漏设备。运输途中发生撞车、翻车或撞船、沉船等，有毒有害化学品人为地造成大规模扩散，就可酿成灾害性化学事故。

4. 不遵守安全规定和操作规程

违章操作甚至不经岗位培训就到有毒有害化学物品的岗位操作，野蛮施工等都可能是发生化学事故的重要因素。

5. 责任心不强，玩忽职守

工作责任心不强，散漫懒惰，甚至为泄私愤蓄意破坏，都可导致有毒化学品泄漏、火灾或爆炸。

1984 年 12 月 3 日凌晨 0 点 56 分，印度中央邦首府博帕尔市郊，一家美国跨国公司的农药厂，装有 45t 剧毒的异氰酸甲酯储存罐压力突然急剧上升，由于阀门失灵，剧毒化合物以气态向外扩散，仅仅 60min，毒气云团便笼罩在全市上空，毒气穿过庙宇、民房、商店，覆盖面积达 $49km^2$。这起毒气泄漏事故给当地居民带来巨大灾难，人们从这起战后最大的化学惨案中得到的教训是：①工厂选址错误，选在了人口稠密区；②法规不健全，该市市长从没得到农药厂生产剧毒物的报告；③工厂管理不善，中和、水洗、焚烧三道安全装置全部失灵；④缺乏“化救”措施，工厂警报失灵、城市交通枢纽瘫痪，致使在 20h 以内，居民不能疏散，20 万居民在黑暗中满街乱跑，误将化学事故灾难视为原子弹袭击及大地震。

（二）自然因素

大自然发生的强烈地震、海啸、火山爆发、龙卷风、雷击及太阳黑子周期性的爆发引起的地球大气环流的变化，都可造成大型化工企业设施破坏，引起燃烧、爆炸，使有毒有害化学物质外泄，造成突发性化学事故灾害。这类灾害由于是不可抗拒的自然力引起，目前还无法准确预报并及时采取防护措施。1991 年 8 月 26 日，澳大利亚墨尔本市突然天气异常，闪电惊雷震震，一声巨响，一个惊雷击中了一只装满化学物品的储存罐，立刻发生大火并爆炸，风助火势使有毒的气体飘散在城市上空，形成一条 30km 的毒气云带。同一天另一化工厂 5 个储油罐也相继遭雷击中，燃烧的黑烟升至 300m 高空，65 万千克剧毒的氰化合物丙烯腈气体飘过市区，市民一片恐慌，给整个城市带来了意想不到的灾难。1989 年 8 月 13 日，山东省青岛市黄岛油库储油罐也曾发生雷击并引起大火，进而引爆临近罐，大火共持续了 104h，造成 14 名消防官兵牺牲，56 人受伤，5 名油库工死亡。

此外，如台风、潮汛、洪水、山体滑坡、泥石流等自然灾害虽然破坏力巨大，但目前已能预报，可采取积极的防护措施，故其危害性及突发性较上述因素小。

（三）战争和恐怖袭击因素

化学事故的战争因素是指国家和政治集团之间发生战争使用化学战剂、化学毒物，或用常规武器破坏对方化工企业而使人员中毒伤亡、当地环境受到污染、生态平衡遭到破坏。早在 1915 年 4 月发生的第一次世界大战，德军在伊帕尔地区使用氯气攻击，揭开人类战争史上首次使用化学武器的先例，当时德军动用 6000 支钢瓶释放了 180t 氯气，这股一人多高的黄绿色气体以 2～3m/s 的速度扑向英法阵地，在 5min 内造成对峙而无防护的英法联军 15000 人中毒，5000 人死亡，撕开了 5～6km 长的缺口，向纵深推进 8～9km。第二次世界大战期间，德军在波兰奥斯威辛集中营用一氧化碳和氢氰酸屠杀了数百万的战俘和犹太人。越南战争期间，美军将越南战场当作化学武器试验场，使用 12 万吨植物杀伤剂，造成 130 多万人中毒，有三分之一的地区受到污染，人类的生存环境和生态平衡遭受严重破坏。遗传学的远期效应使该地区的畸形、癌变率大大增高。

化学恐怖活动作为现代恐怖主义的一种高技术、高智能化的特殊形式，其杀伤力、毁坏程度、危害性与社会影响巨大，是一种突发性的重大化学灾害源，对国家安全和社会稳定构成了严重威胁。1995 年 3 月 20 日，日本奥姆真理教制造了震惊世界的日本东京地铁沙林恐怖袭击事件，标志着使用化学武器进行规模化的化学恐怖活动已成为现实。

第二节　化学事故应急救援

化学事故应急救援是一项社会性减灾救灾工作。重大或灾害性化学事故对社会具有极大的危害，而救援工作又涉及众多部门和多种救援队伍的协调配合，所以，化学事故应急救援也就不同于一般事故的处理，成为一项社会性的系统工程，从而受到政府和有关部门的重视。

一、化学事故应急救援的定义和任务

（一）化学事故应急救援的定义

化学事故应急救援就是指当危险化学品可能造成重大人员伤亡、财产损失和环境污染等危害时，为及时控制危险源、抢救受害人员、指导群众防护和撤离、消除危害后果而组织的救援活动。

（二）化学事故应急救援的基本任务

由化学事故应急救援的定义可知，化学事故应急救援的任务包括以下几方面：

1. 控制危险源

及时控制造成事故的危险源，是应急救援工作的首要任务，只有及时控制住危险源，防止事故的继续扩展，才能及时、有效地进行救援。在控制危险源的同时，对事故造成的危害进行检测和监测，确定事故的危害区域、危害性质及危害程度。特别是对于发生在城市或人口稠密地区的化学事故，应尽快组织工程抢险队与事故单位技术人员一起及时控制事故继续扩展。

2. 抢救受害人员

抢救受害人员是应急救援的重要任务。人作为人类社会首要和根本的主体，减少灾害对其伤害，自然是应急救援的首要目标。在应急救援行动中，及时、有序、有效地实施现场急救与安全转送伤员是降低伤亡率，减少事故损失的关键。这是在救援过程中体现“以人为本，救人第一”的理念。

3. 指导群众防护，组织群众撤离

由于化学事故发生突然、扩散迅速、涉及面广、危害大，应及时指导和组织群众采取各种措施进行自身防护，并向上风方向迅速撤离出危险区或可能受到危害的区域。在撤离过程中应积极组织群众开展自救和互救工作。

4. 转移危险化学品及物资设备

对于事故和事故危险区域内的危险化学品应积极组织转移，防止发生二次事故或扩大灾情；同时对于重要物资和设备，应采取有效措施转移或抢救，以降低事故的财产损失。

5. 做好现场清消，消除危害后果

对事故外逸的有毒有害物质和可能对人及环境继续造成危害的物质，应及时组织人员予以清除和洗消，消除有毒有害物质可能带来的危害，防止对人的继续危害和对环境的污染。此外，对化学事故造成的危害进行监测、处置，直至符合国家环境保护标准。

6. 查清事故原因，估算危害程度

事故发生后应及时调查事故的发生原因和事故性质，估算出事故的危害波及范围和危险程度，查明人员伤亡情况，做好事故调查。

二、国内外化学事故应急救援工作现状

（一）国外化学事故应急救援工作现状

1. 国外应急救援体系的特点

国外发达国家非常重视危险化学品安全管理，投入了大量的人力、物力，组建了专门机构，建立了较为完善的法律、法规，形成了较为科学的化学事故应急救援体系。例如美国、日本、澳大利亚、欧盟各国等都有自己运行良好的应急救援管理体制，包括应急救援法规、管理机构、指挥体系、应急队伍、资源保障和公民知情权以及提高灾情透明度等方面，形成了比较完善的应急救援体系。通过对比分析，国外发达国家的应急救援体系具有以下特点：①建立了国家统一指挥的应急救援协调机构；②拥有精良的应急救援装备；③具备充足的应急救援队伍；④具有完善的工作运行机制。

2. 国外应急救援体系的发展历程

随着化学工业的不断发展壮大，国际上各类化学事故不断发生，所造成的人员伤亡与财产损失不断加剧。为减少化学事故及其所造成的损失，化学事故应急救援体系应运而生。其发展历程如下：①酝酿阶段，1976 年以前是化学事故应急救援体系的第一阶段；②起步阶段，1976～1986 年之间，各国政府开始关注化学品的管理，颁布了一系列法令来加强对化学品的管理，可称作为第二阶段；③完善阶段，1986～2000 年之间，由于国际上化学事故频发，尤其是 1984 年印度的博帕尔异氰酸甲酯储罐泄漏的严重后果，引起各国的广泛重视；在各国政府、危险化学品生产商、运输商和经营商，以及各类提供产品和信息服务的中介组织积极参与下，化学事故应急救援体系逐步完善。

目前，化学事故应急救援体系正向全球一体化（Globally Harmonized System of Classification and Labeling of Chemical，GHS）发展。随着 GHS 的实施，化学品安全标签、技术说明书等将形成新的国际标准。该标准虽非强制性，但与世界贸易组织（WTO）相结合后，将自动成为世界普遍采用的国际标准。

（二）国内化学事故应急救援工作现状

1. 我国化学事故应急救援工作发展历程

随着化学工业的快速发展，频繁且严重的化学事故引起了国际社会的高度重视，推动了世界各国对化学事故的应急救援工作。我国化学事故应急救援的发展大致经历了以下几个阶段：

（1）初始阶段　中国是联合国确定的开展化学事故应急救援的试点国之一，

我国政府对化学事故应急救援工作一直十分重视。在我国化学工业建设的初期，我国就已经开始了化学事故救援抢救工作，不过那时仅仅是以抢救伤员为主，因此各大化工企业相继建立了职业病防治所，随后有些省、自治区和直辖市也相继设立了化工职业病防治所。军队是我国最早参与化学事故应急救援的专业队伍之一。1986年军队已开始参与化学事故应急救援工作，其化学救援组织指挥体制基本上是以核事故应急管理体制为主干，坚持“以地方为主，军队主动配合”的原则，化学事故应急救援准备由防化部队牵头，应急响应由作战部门指挥，其他部门按职责担负相应的救援任务。1987年，国家“人防委”在天津组织开展化学救援试点，后来各军区均按国家人防委要求相继开展了试点，其中上海、株洲、嘉兴市人防部门积极开拓，取得了一整套成功经验，承担了政府赋予的本地区化学事故应急救援任务，为我国化学事故应急救援的地方化管理做出了积极有益的探索。

（2）快速发展阶段　自20世纪90年代起，我国的消防部队逐步承担起化学灾害事故应急处置工作，公安部于1996年11月下发了《关于做好预防和处置毒气事件、化学品爆炸等特种灾害事故工作的通知》，要求加快各地消防特勤队伍的建设；1997年3月，公安部、国家计委、财政部发出《关于加强重点城市消防特勤队伍装备建设，提高处置特种灾害事件能力的通知》，下拨专项经费，要求北京、天津等大、中城市率先成立特勤部队；1998年颁布实施的《中华人民共和国消防法》明确规定抢险救援成为消防部队的一项重要任务，从此，消防队伍尤其是特勤部队开始成为我国化学事故应急救援的专业主战部队。

1996年，原化学工业部与国家经贸委联合组建了化学事故应急救援系统，该系统由化学事故应急救援指挥中心，化学事故应急救援指挥中心办公室，上海、株洲、青岛、沈阳、天津、吉林、大连和济南8个化学事故应急救援抢救中心组成。该系统的建立，标志着我国化学事故应急救援抢救工作从组织上得到了加强，纳入了国家管理的范畴，为今后的工作奠定了良好基础。

1998年1月1日，国家化学品登记注册中心按照国际惯例开通了化学事故应急咨询电话，面向社会提供24小时Ⅰ级电话咨询服务，2002年，该电话被国家安全生产监督管理局指定为国家化学事故应急咨询专线电话，并与杜邦、拜尔、壳牌、中国石化等国内外大型化工公司签约。专线开通以来，主要为一线消防指战员、安全生产监督管理人员以及医疗救护人员事故现场提供咨询。2002年颁布实施的《中华人民共和国安全生产法》《中华人民共和国职业病防治法》《危险化学品安全管理条例》以及《使用有毒物品作业场所劳动保护条例》等，对化学事故应急救援做了明确规定和要求。至此，我国的化学事故应急系统初步形成，但还未成体系，很难适应重特大危险化学品事故应急救援工作的需要。

2007年6月20日，国家安全监管总局发出《国家安全监管总局关于建设国家矿山危险化学品应急救援基地的通知》（安监总局应急［2007］1138号）（简称《通知》)。《通知》提出：为贯彻落实《国民经济和社会发展第十一个五年规划纲要》《安全生产“十一五”规划》和《“十一五”期间国家突发公共事件应急体系建设规划》，加快国家安全生产应急救援体系建设，有效应对矿山和危险化学品特别重大和复杂事故灾难，减少人员伤亡和财产损失，在各地申报推荐的基础上，国家安全监管总局决定规划建设国家矿山和危险化学品救援基地57个。20个国家级危险化学品救援基地的建设，表明了我国危险化学品应急救援体系的建设向前迈了一大步。

由于各地区、各有关部门和生产经营单位，特别是高危行业企业的高度重视，经过多年努力，安全生产应急救援队伍已有一定规模，总数达25万人。中石化、中石油和部分氯碱化工等企业建设了自己的化学事故应急救援队伍，总数约8万人。

(3) 进一步完善阶段　由于我国灾害事故频发，与之相对的防灾和减灾能力薄弱，从政府层面缺乏统一的领导指挥机构，同时涉及多种社会救援力量，救援能力有待提高。为了防范化解重特大安全风险，健全公共安全体系，整合优化应急力量和资源，推动形成“统一指挥、专常兼备、反应灵敏、上下联动、平战结合”的中国特色应急管理体制，提高防灾减灾能力，2018年3月，第十三届全国人民代表大会第一次会议批准设立中华人民共和国应急管理部。该部门整合了10个不同部门的职责和5支应急救援队伍。其主要职责是负责组织编制国家应急总体预案和规划，指导各地区各部门应对突发事件工作，推动应急预案体系建设和预案演练；建立灾情报告系统并统一发布灾情，统筹应急力量建设和物资储备并在救灾时统一调度，组织灾害救助体系建设，指导安全生产类、自然灾害类应急救援，承担国家应对特别重大灾害类应急救援，承担国家应对特别重大灾害指挥部工作；指导火灾、水旱灾害、地质灾害等防治。按照分级负责的原则，一般性灾害由地方级政府负责，应急管理部代表中央统一响应支援；发生特别重大灾害时，应急管理部作为指挥部，协助中央制定的负责同志组织应急处置工作，保证政令畅通、指挥有效。此类改革，既参考了美国、俄罗斯等国的应急管理的经验做法，又结合了我国国情，是名副其实的中国特色的应急救援。

2. 消防部队参与化学事故抢险救援情况

公安消防部队是一支与火灾及其他灾害作斗争的军事化专业化队伍，其主要职能之一是灭火和抢险救援。参加化学事故抢险救援任务是公安消防部队的职责所在。目前消防队配备了先进的“高、精、尖”的技术装备和车辆器材，具有较强的处置化学事故的能力。如配备的检测器材有可燃气体检测仪、有毒气体检测仪、氧气检测仪、军事毒剂检测仪、水质分析仪等；配备的个人防护器材有各种类型的防化服、防核服、防毒面具、空气呼吸器、氧气呼吸器等；堵漏器材有注胶堵漏工具组、气垫堵漏工具组、磁压堵漏工具组等；配备了化学事故处置辅助决策系统等软件，能够帮助指挥员进行现场辅助决策。近年来，公安消防部队成功参与并成功处置了一系列的重大化学事故，发挥了重要作用，为维护社会稳定、保卫人民的生命和财产安全做出了突出贡献。重庆消防总队积极参与了2003年12月23日和2006年3月开县井喷事故的救援工作，并成功处置了2004年4月16日天原化工厂氯气罐爆炸等事故；2004年4月21日，北京消防总队参加了北京市怀柔区氰化氢泄漏事故处置，发挥了消防部队个人防护装备和洗消处理技术的优势，为保卫首都安全做出了贡献；2004年6月26日，吉林消防总队成功封堵了泄漏的丙烯槽车，避免了一场灾难；2006年11月，辽宁消防总队抚顺消防支队处置了液化石油气球罐泄漏事故，避免了一场重大城市危机。实际上，消防部队已经成为化学事故应急救援的主力军，而且化学事故现场处置主要以消防部队为主体展开。

随着现役部队体制改革，公安消防部队、武警森林部队转制后，与安全生产等应急救援队伍一并作为综合性常备应急骨干力量。从这三支队伍的基本情况来看，共计约20万人，其中武警森林部队2万人，国家安全生产应急救援队2000人，而公安消防部队占比最大，31个总队，300余个支队，2800余个大队和中队，总计约18万人。消防部队依据其人员、装备、布局及能力优势，在今后的化学事故救援过程必将发挥更重要的作用。

三、化学事故应急救援的原则和形式

（一）化学事故应急救援的原则

化学事故应急救援工作应在预防为主的前提下，贯彻统一指挥、分级负责、区域为主、单位自救与社会救援相结合的原则。其中预防工作是化学事故应急救援工作的基础，平时落实好救援工作的各项准备措施，当发生事故时就能及时实施救援。化学事故的特点是发生突然、扩散迅速、危害途径多、作用范围广，因此，救援工作要求迅速、准确和有效。为达到这一目的，实行统一指挥下的分级负责制，以区域为主，并根据事故的发展情况，采取单位自救与社会救援相结合的形式。

化学事故应急救援是一项涉及面广、专业性很强的工作，靠某一个部门是很难完成的，必须把各方面的力量组织起来，形成统一的救援指挥部门，在指挥部的统一指挥下，密切配合，协同作战，迅速、有效地组织和实施应急救援，尽可能地避免和减少损失。

（二）化学事故应急救援的形式

化学事故应急救援根据事故范围及其危害程度采取相应的救援形式。

1. 事故单位的自救

一般性化学事故危害范围小，危害程度轻，不需要组织社会力量进行救援。事故单位熟悉事故的现场情况，完全可以依靠自身力量进行自救、互救，特别应尽快控制危险源，使中毒人员尽快脱离毒区得到急救。

事故单位自救是化学事故应急救援最基本、最重要的救援形式，这是因为事故单位最了解事故的现场情况，即使事故危害已经扩大到事故单位以外区域，事故单位仍需全力组织自救，特别是尽快控制危险源。

化学品生产、使用、储存、运输等单位必须成立应急救援专业队伍，负责事故时的应急救援。同时，生产单位对本企业产品必须提供应急服务，一旦产品在国内外任何地方发生事故，通过提供的应急电话能及时与生产厂取得联系，获取紧急处理信息或得到其应急救援人员的帮助。

2. 对事故单位的社会性救援

这里主要指对重大的灾害性化学事故而言。虽然事故危害局限于事故单位，但危害程度大，或者是危害范围已超出事故单位，涉及邻近单位并影响周围地区，依靠本单位及消防部门的力量已不能控制事故和及时消除事故后果。因此，必须组织地区或相邻单位和社会力量进行联防救援。

3. 对较大危害区域的社会救援

这类化学事故通常已发展成特大的灾害性化学事故，危害范围大，危害程度重，甚至已产生次生灾害。如引起地下燃料管道大面积燃烧、爆炸；人员伤亡惨重；国家财产遭受严重损失，影响的范围已远远超出了事故单位，已经跨区、县；城市工厂的生产，商店的经营，居民的交通、生活等城市综合功能已不能正常运转；必须动员、组织力量采取断然措施，协同进行综合性的社会救援。

四、化学事故应急救援的内容

化学品事故应急救援一般包括报警与接警、应急救援队伍的出动、实施应急处理即紧急疏散、现场急救、溢出或泄漏处理和火灾控制几个方面。

（一）事故报警与接警

事故报警的及时与准确是及时控制事故的关键环节。当发生化学品事故时，现场人员必须根据各自企业制定的事故预案采取抑制措施，尽量减少事故的蔓延，同时向有关部门报告。事故主管领导人应根据事故地点、事态的发展决定应急救援形式：是单位自救还是采取社会救援？对于那些重大的或灾难性的化学事故，以及依靠本单位力量不能控制或不能及时消除事故后果的化学事故，应尽早争取社会支援，以便尽快控制事故的发展。

为了作好事故的报警工作，各企业应作好以下几方面的工作：

① 建立合适的报警反应系统。

② 各种通信工具应加强日常维护，使其处于良好状态。

③ 制定标准的报警方法和程序。

④ 联络图和联络号码要置于明显位置，以便值班人员熟练掌握。

⑤ 对工人进行紧急事态时的报警培训，包括报警程序与报警内容。

(二) 出动应急救援队伍

各主管单位在接到事故报警后，应迅速组织应急救援专业队赶赴现场，在做好自身防护的基础上，快速实施救援，控制事故发展，并将伤员救出危险区域和组织群众撤离、疏散，做好危险化学品的清除工作。

养兵千日，用兵一时。只有平时充分作好应急救援的各项准备工作，才能保证事故发生时遇灾不慌、临阵不乱、正确判断、正确处理。应急救援的准备工作主要是抓好组织机构、人员、装备三落实，并制订切实可行的工作制度，使应急救援的各项工作达到规范化管理。因此，各企业应事先成立化学事故应急救援“指挥领导小组”和“应急救援专业队伍”。平时作好应急救援专家队伍和救援专业队伍的组织、训练与演练；对群众进行自救和互救知识的宣传和教育；会同有关部门作好应急救援的装备、器材物品的管理和使用。各应急救援组的主要职责如下：

1. 事故单位抢险抢修组

负责紧急状态下的现场抢险抢修作业：

① 泄漏控制、泄漏物处理。

② 设备抢修作业。

③ 恢复生产的检修作业。

2. 消防组

担负侦察、检测、泄漏控制、灭火、洗消和抢救伤员等任务。

3. 安全警戒组

① 布置安全警戒，保证现场井然有序。

② 实行交通管制，保证现场及厂区道路畅通。

③ 加强保卫工作，禁止无关人员、车辆通行。

4. 抢救疏散组

负责现场周围人员和物资的抢救、疏散工作。

5. 医疗救护组

① 组织救护车辆及医务人员、器材进入指定地点。

② 组织现场抢救伤员。

③ 进行防化防毒处理。

6. 物资供应组

① 通知有关库房准备好沙袋、锹镐、泡沫、水泥等消防物资及劳动保护用品。

② 备好车辆，将所需物资供应给现场。

(三) 应急处理

1. 建立警戒区域

事故发生后，应根据化学品泄漏的扩散情况或火焰辐射热所涉及的范围建立警戒区，并在通往事故现场的主要干道上实行交通管制。建立警戒区域时应注意以下几项：

① 警戒区域的边界应设警示标志，并有专人警戒。

② 除消防、应急处理人员以及必须坚守岗位的人员外，其他人员禁止进入警戒区。

③ 泄漏溢出的化学品为易燃品时，区域内应严禁火种。

2. 紧急疏散

迅速将警戒区及污染区内与事故应急处理无关的人员撤离，以减少不必要的人员伤亡。紧急疏散时应注意以下几项：

① 当事故物质有毒时，需要佩戴个体防护用品或采用简易有效的防护措施，并有相应的监护措施。

② 应向上风或侧风方向转移，明确专人引导和护送疏散人员到安全区，并在疏散或撤离的路线上设立哨位，指明方向。

③ 不要在低洼处滞留。

④ 要查清是否有人留在污染区和着火区。

3. 现场急救

在事故现场，化学品对人体可能造成的伤害有中毒、窒息、冻伤、化学灼伤、烧伤等，进行急救时，不论患者还是救援人员，都需要进行适当的防护。

现场急救注意事项：

① 选择有利地形设置急救点。

② 作好自身及伤病员的个体防护。

③ 防止发生继发性损害。

④ 应至少 2～3 人为一组集体行动，以便相互照应。

⑤ 所用的救援器材需具备防爆功能；当现场有人受到化学品伤害时，应立即进行以下处理：

a. 迅速将患者脱离现场至空气新鲜处。

b. 呼吸困难时给氧；呼吸停止时立即进行人工呼吸；心脏骤停，立即进行心肺复苏。

c. 皮肤污染时，脱去污染的衣服，用流动清水冲洗，冲洗要及时、彻底、反复多次；头面部灼伤时，要注意眼、耳、鼻、口腔的清洗。

d. 当人员发生冻伤时，应迅速复温。复温的方法是采用 40～42℃ 恒温热水浸泡，使其温度提高至接近正常；在对冻伤的部位进行轻柔按摩时，应注意不要将伤处的皮肤擦破，以防感染。

e. 当人员发生烧伤时，应迅速将患者衣服脱去，用流动清水冲洗降温，用清洁布覆盖创伤面，避免创面污染；不要任意把水疱弄破；患者口渴时，可适量饮水或含盐饮料。

f. 口服者，可根据物料性质，对症处理。

g. 经现场处理后，应迅速护送至医院救治。

注意：急救之前，救援人员应确保受伤者所在环境是安全的。另外，口对口的人工呼吸及冲洗污染的皮肤或眼睛时，要避免进一步受伤。

4. 泄漏处理

危险化学品泄漏后，不仅污染环境、对人体造成伤害，对可燃物质而言，还有引发火灾爆炸的可能。因此，对泄漏事故应及时、正确处理，防止事故扩大。

泄漏处理一般包括泄漏源控制及泄漏物处理两大部分。

（1）泄漏源控制　如果有可能的话，可通过控制泄漏源来消除化学品的溢出或泄漏。可采用以下方法：①在厂调度室的指令下进行，通过关闭有关阀门、停止作业或通过采取改变工艺流程、物料走副线、局部停车、打循环、减负荷运行等方法控制泄漏源；②容器发生泄漏后，应采取措施修补和堵塞裂口，制止化学品的进一步泄漏，这对整个应急处理是非常关键的。能否成功地进行堵漏取决于几个因素：接近泄漏点的危险程度、泄漏孔的尺寸、泄漏点处实际的或潜在的压力、泄漏物质的特性。

（2）泄漏物处理　现场泄漏物要及时进行覆盖、收容、稀释、处理，使泄漏物得到安全可靠的处置，防止二次事故的发生。

泄漏物处置主要有四种方法：①围堤堵截。如果化学品为液体，泄漏到地面上时会四处蔓延扩散，难以收集处理。为此需要筑堤堵截或者引流到安全地点。储罐区发生液体泄漏时，要及时关闭雨水阀，防止物料沿明沟外流。②稀释与覆盖。为减少大气污染，通常是采用水枪或消防水带向有害物蒸气云喷射雾状水，加速气体向高空扩散，使其在安全地带扩散。在使用这一技术时，将产生大量的被污染水，因此应疏通污水排放系统。对于可燃物，也可以在现场释放大量水蒸气或氮气，破坏燃烧条件。对于液体泄漏，为降低物料向大气中的蒸发速度，可用泡沫或其他覆盖物品覆盖外泄的物料，在其表面形成覆盖层，抑制其蒸发。③收容（集）。对于大量泄漏，可选择用隔膜泵将泄漏出的物料抽入容器内或槽车内；当泄漏量小时，可用砂子、吸附材料、中和材料等吸收中和。④废弃。将收集的泄漏物运至废物处理场所处置。用消防水冲洗剩下的少量物料，冲洗水排入含油污水系统处理。

（3）泄漏处理注意事项　进入泄漏现场进行处理时，应注意以下几项：①进入现场人员必须配备必要的个人防护器具；②如果泄漏物是易燃易爆的，应严禁火种；③应急处理时严禁单独行动，要有监护人，必要时用水枪、水炮掩护。

5. 火灾控制

危险化学品容易发生火灾、爆炸事故，但不同的化学品以及在不同情况下发生火灾时，其扑救方法差异很大，若处置不当，不仅不能有效扑灭火灾，反而会使灾情进一步扩大。此外，由于化学品本身及其燃烧产物大多具有较强的毒害性和腐蚀性，极易造成人员中毒、灼伤，因此扑救化学危险品火灾是一项极其重要且又非常危险的工作。从事化学品生产、使用、储存、运输的人员和消防救护人员平时应熟悉和掌握化学品的主要危险特性及其相应的灭火措施，并定期进行防火演习，加强紧急事态时的应变能力。

一旦发生火灾，每个职工都应清楚地知道自己的作用和职责，掌握有关消防设施、人员的疏散程序和危险化学品灭火的特殊要求等内容。具体的处置方法请参见第五章危险化学品火灾扑救。

第三节 化学事故现场处置的一般程序

一、化学事故处置人员要求

1. 化学事故救援难度大、要求高，参与化学事故应急处置的人员应具备以下条件：

① 具有中专以上（含中专）文化程度。

② 身体健康，无恐高、癫痫、四肢残疾等影响本岗位正常工作的病症。

③ 从事承压设备化学事故救援应具备 3 年以上（含 3 年）相关工作经验。

2. 参与化学事故应急处置的人员应具有处置化学事故的能力，经过专业的技术培训，技术培训主要包括：

① 危险化学品理论学习。

② 化学灾害事故现场救援相关法规和标准的学习。

③ 抢险救援技术学习。

④ 抢险装备器材的训练。

二、现场处置准备工作

根据现场处置工作的性质，应注意在四个方面做好抢险救援的准备工作：安全防护、现场组织指挥、灾情了解和抢险救援实施方面。

（一）安全防护

到场救援车辆停靠在安全位置，即停靠在泄漏现场的上风或侧风方向。选择水源、部署阵地和实施抢险展开的部位，要优先考虑上风和侧风方向。进入现场危险区，必须做好个人安全防护，如佩戴空气呼吸器、穿着防毒衣或防化服等。

（二）现场组织指挥

成立现场救援指挥部，对现场救援工作实施统一的组织指挥，积极协调民防、医疗、行业专业救援队、公安、军队的抢险救援行动。

（三）灾情了解

及时寻找和询问知情人员，了解现场中毒受害人员数量、所处部位，泄漏物质的种类、泄漏的部位和泄漏时间，周围单位、居民、供电和火源情况等。

及时展开现场侦检工作，确定泄漏物种类、现场毒物的浓度分布和已扩散的范围，查明泄漏的准确部位、泄漏开口的形式及大小、现场可用的控制泄漏源的其他措施等。

（四）抢险救援实施准备

① 现场警戒组。设置警戒区域，如设立隔离带，严格控制人员、车辆的进出，并逐一登记。

② 人员抢救组。搜寻救助中毒受害人员，使中毒受害人员及时脱离危险区域，进行必要的现场急救，对中毒人员进行登记和标记，送交医疗急救。

③ 堵漏排险组。根据泄漏情况，采取措施，及时堵住泄漏。

④ 掩护疏散组。实施抢险处置的掩护工作，如设置水幕，阻截和稀释现场毒气的浓度，改变其扩散方向；出水枪控制和消灭火势；出泡沫覆盖现场泄漏的液滩；出喷雾水掩护现场堵漏操作等。

⑤ 设立洗消点（站）。及时消除余毒，如对中毒受害人员、处置人员、现场地面、物体、现场使用的器材装备等染毒体进行洗消和检测。

三、化学事故现场处置程序

化学事故现场处置程序是反映救援过程运作规律的相对固定的基本阶段和步骤。在化学事故救援过程中，处置任务因具体目的、内容、方法和要求的不同，呈现出明显的阶段和步骤性。公安消防部队作为化学事故处置的专业力量，参考GA/T 970—2011《危险化学品泄漏事故处置行动要则》《公安消防部队执勤条令》和《公安消防部队抢险救援行动规程》的有关规定，其现场处置一般程序包括以下几方面：

（一）初期管控

① 第一到场力量在上风或侧上风方向安全区域集结，尽可能在远离且可见危险源的位置停靠车辆，并根据不同事故类型保持一定的安全距离，建立指挥部。具体如表 1-1 所示。

② 派出侦检组开展外部侦察，划定初始警戒距离和人员疏散距离，设置安全员控制警戒区出入口。初始警戒距离可参照表 1-1 中集结停车距离。

③ 根据初期侦察情况，划定事故现场人员疏散距离，并将危险区域的人员疏散至上风向安全区域。其中小规模泄漏或扩散，人员疏散距离为 800m；大规模泄漏，人员疏散距离为 1000m。确定人员疏散距离时，可参照图 1-1 确定泄漏或扩散类型。

④ 在初始警戒区外的上风方向搭建简易洗消站，并在救援力量到场后15min内搭建完成。对疏散人员和救援人员进行紧急洗消。

表 1-1　车辆集结距离和处置安全距离

事故类型	情况描述	集结停车距离/m	处置安全距离/m
易燃可燃物泄漏、着火、爆炸	小规模泄漏(固体扩散或液体呈点滴状、细流式泄漏)	300	100
	储存液体的容器破裂且泄漏量较大，或储存气体的容器发生事故	500	300
	情况未知或未发生着火(爆炸)事故	500	300
有毒有害气体泄漏	小规模泄漏	300	150
	泄漏量较大	500	150
液化天然气(LNG)低温储罐、全/半冷冻低温储罐发生事故		1000	1000
危险化学品仓库或堆场发生事故	情况未知或未发生着火(爆炸)事故	500	300
	已发生着火或爆炸	300	150
LPG、CNG、LNG、汽车罐车发生事故	车辆受损未泄漏	300	100
	车辆受损泄漏	500	150
	情况未知或未发生着火(爆炸)事故	500	150

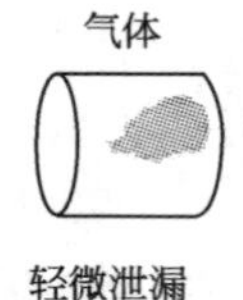

(a) 小规模泄漏或扩散

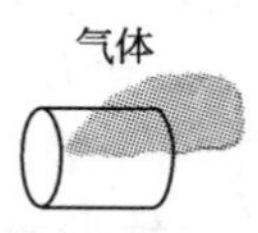

(b) 大规模泄漏或扩散

图 1-1　泄漏或扩散类型

初期管控示意图如图 1-2 所示。

(二) 侦检和辨识危险源

救援力量到达现场后，采用编码标识、标志识别和仪器侦检等方法，确定危险源性质、范围、危害程度及被困人员数量和位置，划定重危区、中危区、轻危区和安全控制区域。

1. 侦检的内容

在化学事故侦检过程中，主要查明灾情、环境和伤员等信息：

① 向驾驶员、操作人员和技术人员询问或索要化学品安全技术说明书(MSDS/CSDS)，掌握危险化学品名称、制造商、理化性质、数量、处置措施等

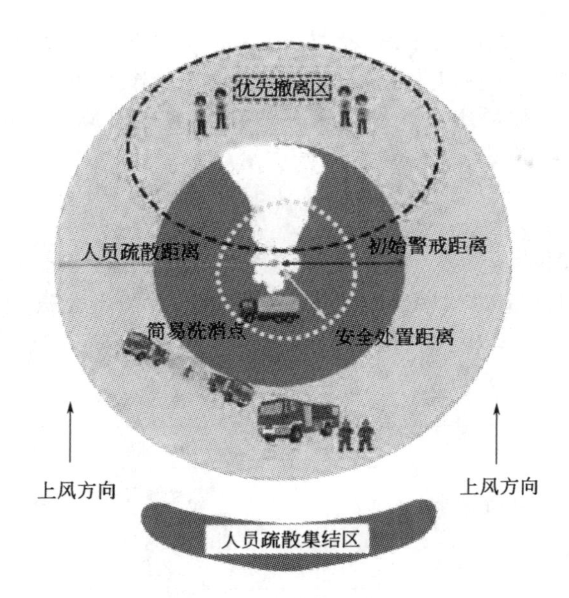

图 1-2 初期管控示意图

信息。

② 若无法直接得知危险化学品信息，应通过识别各类标签标识（事故车体、箱体、罐体、瓶体等的形状、标签、颜色等），查阅对照相关规范获取。

③ 通过实地观察、仪器检测等方法，掌握危险化学品泄漏（燃烧）的部位、形态、浓度、范围及人员被困等情况。

④ 查明事故周边的环境信息（道路水源、地形地物、电源、火源、领近单位等）。

此外，若可以，则迅速查明：运输公司、货物的名称；大概的运输数量、储量发货单、运输单、安全技术说明书；储存容器的备用罐、储存区是否在建筑内部。

若可以，及时寻求救援协助：询问厂家技术人员、危险化学品处置专家；拨打危险化学品标签、安全技术说明书上的厂家应急电话；拨打国家化学事故应急响应 24h 专线（0532-83889090、0532-83889191）。

2. 辨识危险源

通过了解和掌握的情况，应对事故类型和标签标识进行识别。

① 事故类别识别。这里主要是区分事故是固定源事故还是移动源事故；是危险化学品运输车辆发生事故还是存储的容器、储罐等发生事故；是小量容器发生事故还是大型或散装容器发生事故；是泄漏事故还是火灾爆炸等事故形式。

② 标签标识识别。若危险货物在运输过程中发生事故，可以查看危险货物

运输标志、危险化学品运输车辆警示标志、危险化学品储存集装箱标识、包装物和容器产品的标签、工业气瓶标识以及危险化学品作业场所标识。

③ 仪器侦检。侦检小组使用各种侦检器材识别泄漏介质的种类、浓度及分布情况，并采用不同的标志区分不同的区域边界。

（三）灾情评估

根据现场实时侦检数据，全面分析灾情信息、环境信息、伤员信息，结合类似处置案例，进行事故发展趋势及潜在风险评估，确定火灾或应急救援的等级，评估行动方案安全。其中灾情信息、环境信息和伤员信息可参考表1-2～表1-4。

表 1-2　化学事故灾情信息记录表

序号	项目	具体信息			
1	事故类型	固定储存装置□	输气管、输油管 （管道类）□	生产装置□	
		交通事故□	大型管道、沟渠□	其他□	
2	危险源物质	名称________		储量大小________	
		爆炸品□	易燃气体□	毒性气体□	
		可燃液体□	易燃固体、易于 自燃的物质□	遇水放出易燃 气体的物质□	
		氧化性物质和有机 过氧化物□	有毒品□	腐蚀性物质□	
		放射性物质□	其他□		
3	泄漏或扩散	是□		否□	
		状态	严重程度	位置	目前状态
		固态□ 液态□ 气态□	滴漏□ 细流□ 有缺口□ 大概的扩散 数量：______ 液体面积：______ 固体数量：______	人孔□ 阀门□ 法兰□ 管道□ 其他□	已停止□ 流动形式□ 继续在流□ 不规律□
4	火灾	有□		无□	
		固体□ 液体□ 气体□	临近建、构筑物 （含槽、罐、桶等容器） 受火势威胁□	烟雾、火苗颜色：______ 火势大小：______	
5	爆炸	有□		无□	

表 1-3 化学事故环境信息记录表

序号	项目	具体信息
1	气象信息	风力______风向______温度______
2	地面类型	土□ 泥□ 柏油□ 砂□ 其他□
3	交通道路	________________
4	沟渠、河流	________________
5	地形地物	________________
6	电源、火源(警戒范围内)	________________
7	临近建、构筑物(含罐体、管线等)	________________
8	环境气味	蒜味□ 肥皂味□ 鱼腥草味□ 苦杏味□ 油漆味□ 芳香味□ 酒精味□ 芥末味□ 樟脑味□ 臭鸡蛋味□ 其他□

表 1-4 化学事故伤员信息记录表

序号	项目	具体信息
1	现场人数	________________
2	受伤人数	________________
3	被困人数	________________
4	中毒人数	________________
5	接触到危险源的人数	________________

(四) 等级防护

处置人员根据危险源性质和控制区域划分，确定防护等级，选择合适的个人防护装备。

搭建全面洗消站，分别设置人员和车辆器材洗消站。

(五) 信息管理

统一指挥，及时掌握作业区域内部和外部信息，实时跟进救援进度，协调社会联动力量，发布灾情信息。

1. 信息管控

现场指挥部应强化信息管控，及时收发和更新内、外部各类信息（灾情动态、作战指令、社会舆情等），实时跟进救援进度，协调社会联动力量，不受外界媒体、群众等因素干扰。

2. 信息报告

现场指挥部应及时、准确、客观、全面地向总指挥部和上级消防部门报告事故信息。主要内容包括以下几方面：

① 事故发生单位的名称、地址、性质、产能等基本情况。

② 事故发生的时间、地点以及事故现场情况。

③ 事故的简要经过（包括应急救援情况）。

④ 事故已经造成或者可能造成的伤亡人数。

⑤ 已经采取的措施、处置效果和下一步处置建议。

⑥ 其他应当报告的情况。

（六）现场处置

根据灾情评估结果，结合现场泄漏、燃烧、爆炸等不同情况，科学运用紧急停车、稀释防爆、关阀堵漏、冷却控制、堵截蔓延、倒料转输、切断外排、化学中和、泡沫覆盖、浸泡水解、放空点燃、洗消监护等方法进行处置。

不同物质的处置方法可以详细查阅《常用危险化学品应急处置速查手册》（2009 版）。

（七）全面洗消

根据危险源性质正确选用洗消药剂，对作业区域内的人员、车辆、器材进行全面洗消，协助有关部门开展污染场地洗消。

（八）移交现场

全面、细致检查清理现场，并视情况留有必要力量实施监护和配合后续处置，向事故单位和政府有关部门移交现场。撤离现场时，应清点人员和装备，整理装备。归队后，迅速补充油料、器材和灭火剂，迅速恢复战备状态，并向上级消防部门报告。

四、几类常见化学事故的处置要点

（一）运输过程中危险化学品泄漏

① 现场人员迅速采取防护措施，立即封锁交通并发出危险化学品泄漏警报。

② 迅速向相关部门报告、报警，阻止无关人员向事故区域集结。

③ 为减少伤害，可由已采取防护措施的押运人员对泄漏危险化学品使用汽车篷布、塑料布或泥土进行覆盖隔离，等待专业救援人员和后续力量到场后处置。

④ 后续处置按照专业技术人员提出的要求进行。

（二）库存和车间危险化学品泄漏

① 迅速采取正确的防护和控制措施，并立即撤离至有毒现场的上风或侧上风区域。

② 迅速报警并在泄漏区域发出危险化学品泄漏警报。

③ 查明危险化学品的泄漏点和扩散情况，必要时疏散下风方向的人员并进行警戒。

④ 组织现场救护，抢救现场中毒人员，并视情况送医院治疗。

⑤ 组织专业技术人员对泄漏危险化学品的容器或生产设备进行堵漏、洗消等，并视情况对污染区域实施洗消。

⑥ 组织对现场人员和救援设备进行消毒和卫生处理。

（三）危险化学品火灾事故

① 迅速采取正确且有效的防护措施，立即发出危险化学品火灾警报。

② 迅速报警，请求消防力量前往处置。

③ 危险化学品火灾禁止非专业消防人员扑救，但应主动向专业消防人员介绍燃烧危险化学品的种类、性能和毒性，确保扑救时的针对性。

④ 危险化学品火灾扑灭后应按照专业消防人员的指导意见对现场进行清理。

⑤ 现场洗消及后续处理按照专业技术人员提出的要求进行。

（四）危险化学品爆炸事故

① 现场人员应迅速采取有效防护措施，防止危险化学品对人员产生新的伤害。

② 迅速报警，同时尽可能采取紧急隔离措施，防止危险化学品二次爆炸。

③ 组织搞好个人防护并向上风和侧风方向撤离，通知下风方向人员做好防护并向侧风方向转移。

④ 应组织专业人员对事故区域进行标识和安全警戒，抢救中毒和受伤人员。

⑤ 在下风区域设置监测哨，由专业人员使用专业检测仪器进行监测。

⑥ 后续处置按照专业技术人员提出的要求进行。

第四节 化学事故中的人员防护

在化学事故中，化学品释放突然、浓度高、扩散迅速，随空气、水流和地形、气象等特征传播扩散，毒害生命、破坏环境和生态。在实施化学救援时，既要为中毒伤员脱离毒区时提供个人防护，又要为执行各类任务的救援人员提供合适的防护器材。只要正确使用个人防护器材和采取各种防护措施，就能减轻或避免受毒物的伤害。

一、化学事故对人体可能造成的伤害

在化学事故现场，救援人员及被困人员常要直接面对有毒性、易燃易爆性、腐蚀性、放射性等的物质或严重缺氧的环境。为防止这些危险因素对人员造成中毒、烧伤、腐蚀、低温冻伤、辐射等伤害，加强现场个人安全防护是非常重要的工作。

（一）毒害

危险化学品中的有毒物质（如氯气、硫化氢、氨气等）通过呼吸、接触等途

径引起人员中毒。有些化学危险物品本身毒性并不大，可是一旦受热分解，就能释放出剧毒气体，对人员构成极大的威胁。

（二）高温或爆炸

许多危险化学品着火以后，由于燃烧热大，火焰温度高，消防人员在处置过程中，要承受高温的烘烤。有些气体能够形成爆炸混合气体，遇明火发生爆炸，直接威胁消防人员生命和人身安全。

（三）腐蚀

在没有防护的情况下，人员接触酸性腐蚀品（如硫酸、硝酸、盐酸等）、碱性腐蚀品（如氢氧化钾、氢氧化钠、乙醇钠等）及其他腐蚀品（如亚氯酸钠溶液、氯化铜、氯化锌等）均会造成皮肤损伤。

（四）低温冻伤

一些沸点低、蒸发潜热大的危险化学品，如液化石油气、氨气等常温下是气态的物质，在加压储存时变成液态，一旦容器或管道破裂发生泄漏，便会吸收大量的热能，使温度骤然降低，若防护不慎，易造成人员冻伤。

二、个人防护方法

在化学事故中，个体自身的防护方法有很多，这里主要从个人防护装备、药物预防、技战术手段的角度介绍个人防护方法。

（一）器材装备的防护

1. 个体防护装备的分类

GA 621—2013《消防员个人防护装备配备标准》按照防护功能的不同，将消防员个人防护装备分为躯体防护类装备、呼吸保护类装备和随身携带类装备三类。其中，躯体防护类装备主要包括消防员隔热防护服、消防员避火防护服、一级化学防护服、二级化学防护服、特级化学防护服、核沾染防护服、防蜂服、防静电服等；呼吸保护类装备主要包括正压式消防空气呼吸器、正压式消防氧气呼吸器、强制送风呼吸器及消防过滤式综合防毒面具等；随身携带类装备主要包括佩戴式防爆照明灯、消防员呼救器、方位灯、消防腰斧、消防通用安全绳、消防Ⅰ类安全吊带、消防Ⅱ类安全吊带、消防Ⅲ类安全吊带、消防防坠落辅助部件、消防员呼救器后场接收装置、头骨振动式通信装置等。

2. 器材防护等级

在使用个人防护器材时，为了保持体力和工作能力，在救援行动中，应选用适当的防护等级。防护等级是指根据事故危害程度、任务要求和环境因素等条件所确定使用的个人防护器材的等级。

根据危险化学品的危害性，将化学事故防护等级划分为三级：一级防护为最高级别防护，适用于皮肤、呼吸器官、眼睛等需要最高级别保护的情况；二级防护适用于呼吸需要最高级别保护，但皮肤保护级别要求稍低的情况；三级防护适用于空气传播物种类和浓度已知，且适合使用过滤式呼吸器防护的情况。

(1) 一级防护 一级防护适用具体情况如下：①泄漏介质对人体的危害未知或怀疑存在高度危险时；②泄漏介质已确定，根据测得的气体、液体、固体的性质，需要对呼吸系统、体表和眼睛采取最高级别防护的情况；③事故处置现场涉及喷溅、浸渍或意外地接触可能损害皮肤或可能被皮肤吸收的泄漏介质时；④在有限空间及通风条件极差的区域作业，是否需要一级防护不确定时。

(2) 二级防护 二级防护适用具体情况如下：①泄漏介质的种类和浓度已确定，需要最高级别的呼吸保护，而对皮肤保护要求不高时；②当空气中氧含量低于19.5%时；③当侦检仪器检测到蒸气和气体存在，但不能完全确定其性质，仅知不会给皮肤造成严重的化学伤害，也不会被皮肤吸收时；④当显示有液态或固态物质存在，而它们不会给皮肤造成严重的化学伤害，也不会被皮肤吸收时。

(3) 三级防护 三级防护适用具体情况如下：①与泄漏介质直接接触不会伤害皮肤也不会被裸露的皮肤吸收时；②泄漏介质种类和浓度已确定，可利用过滤式呼吸器进行防护时；③当使用过滤式呼吸器进行防护的条件都满足时。

3. 器材防护标准

在化学事故处置过程中，根据防护等级按标准配备相应的防护器具，具体如表1-5所示。

表1-5 现场安全防护标准

级别	形式	防化服	防护服	呼吸器	其他
一级	全身	特级化学防护服	全棉防静电内衣	—	—
二级	全身	一级化学防护服	全棉防静电内衣	正压式空气呼吸器或正压式氧气呼吸器	防化手套、防化靴
三级	头部	二级化学防护服	防静电内衣	滤毒罐、面罩或口罩、毛巾等防护器具	抢险救援手套、抢险救援靴

此外，根据防护等级确定防护标准时，还应考虑以下环境及生理因素：

① 中暑虚脱。穿着防护器材正常散热受到抑止（尤其是隔绝式防护服），在进行中等以上体力劳动时，均能出现中暑虚脱，气温愈高这种现象出现愈早、愈多。

② 疲劳。穿戴全身防护器材和任何等级防护的人员，会因面具的呼吸阻力、体力消耗和日晒或现场温度过高而引起体温升高，以及心理、生理的抑郁和受力状况而感到疲劳。

③ 感官、反应迟钝。需完成使用感官或有关机能（如手脚灵活、目光敏锐或音响联络等）的任务的人员着全身防护器材会不同程度地降低作业效率。

④ 自身需要。人员不能无限期处于全身防护状态，需要饮食、大小便等。因此，必须根据上述条件灵活地采取适当的防护等级，以保证工作效率和人员的安全。

（二）药物预防

药物预防是通过吃预防药物实现个人的安全防护。有些剧毒化合物如氰化氢等氰化物和有机磷化合物，由于毒性强烈，作用迅速，急救困难或防毒面具防护时间短，很低浓度就可使人中毒，在执行救援任务时可先口服预防药物，一旦吸入少量毒气或防毒面具失效，不致造成严重危害。但预防药的作用是有限的，不能从根本上代替防毒面具的作用。因此，药物预防只是一种辅助性的防护措施，必须要与器材防护配合使用才能真正保障人员的生命安全。救援人员和公众可以常备一些防毒、解毒药物，药物品种的准备可根据危险化学品的种类和性质确定。

（三）技战术手段的防护

技战术手段的防护是指在救援过程中应用技术和战术等手段，减轻或消除事故对救援人员的伤害，从而达到防护的目的。常用的技战术防护手段有监测防护、雾状水防护、洗消防护等。

1. 监测防护

监测防护是救援人员在化学事故现场对行动区域或救援对象的安全状况用科学的手段进行监视、检测或评估，视情况采取相应的措施，确保现场救援人员的安全。

（1）设立安全员　①安全员主要观察化学危险源泄漏、扩散情况以及险情变化和危害发展情况等。②根据现场情况，安全员可以设一个，也可以同时设多个，全方位、多角度观察；安全员要把观察到的情况定时或不定时地向指定负责人或总指挥员报告；安全员应适当配备相应的仪器设备。③安全员发现紧急险情，应及时向总指挥员报告。情况特别紧急时，可以直接向受威胁区域的救援人员发出警报，督促其立即撤离，并随后向上级领导报告。

（2）仪器检测　①在有毒可燃气体扩散的现场设立指挥部或确定停车位置前，必须先组织环境检测。②在有毒气体或可燃气体泄漏现场设立水枪阵地或实施堵漏行动前，要先对作业区域进行浓度检测，根据浓度分布情况，采取相应的防范措施。③在有毒或可燃气体扩散现场检测，应在不同风向点（上风、侧风和下风）、不同时间段、不同行动操作前进行，检测人员要及时把测试情况报告给指挥员。

2. 雾状水防护

在氯气、氨气、液化石油气等气体泄漏事故中，救援人员到场后应在泄漏源的四周设置水幕、水带或屏障水枪，并且布置喷雾或开花水枪稀释、驱散有毒气体，降毒。因为氯气微溶于水，氨气易溶于水，所以喷雾水喷射范围以内能起稀释作用；雾状水飘散在空中，与泄漏气体混合，提升了液化石油气爆炸极限浓度，增大了混合气体的最小点火能量，能控制可能发生的爆炸事故。

3. 洗消防护

有毒有害危险化学品泄漏后，会造成空气、地面、水源、物体或人体表面染毒，为了彻底消除现场染毒体残余的毒害作用，应急洗消成为此类事故救援中一个必不可少的环节。在此类事故处置完毕后，应及时对污染区域内的所有染毒对象实施洗消，降低其污染程度，最大限度地保证消防人员自身安全，并降低环境污染水平。

三、不同危害的个体防护

（一）毒害性介质的个体防护

针对毒害性危险化学品，救援人员在现场可采取器材防护、药物预防和洗消处理的方式进行个体防护。这里主要介绍器材防护方法。器材防护主要是呼吸防护和皮肤防护。

1. 呼吸防护

呼吸防护主要是应用呼吸防护器具，如佩戴防毒防尘口罩、防毒面具、空气或氧气呼吸器等保护救援人员呼吸器官、眼睛和面部免受有毒有害化学品直接伤害。在救援现场，常用的呼吸保护器具有过滤式防毒面具、空气呼吸器、氧气呼吸器。三种呼吸器具的使用特点如表 1-6 所示。

表 1-6　常用呼吸器具的使用特点

呼吸器具	使用特点	
	优点	缺点
过滤式防毒面具	(1)结构简单、重量轻、携带使用方便 (2)对佩戴者有一定的呼吸保护作用	(1)氧气浓度不能低于 19% (2)呼吸阻力大 (3)选择性强
空气呼吸器	(1)结构简单,使用和维护简便 (2)空气气源经济方便 (3)呼吸阻力小,呼吸舒畅 (4)安全性好	(1)钢瓶重量较大 (2)使用时间短
氧气呼吸器	(1)气瓶体积小,重量轻,便于携带 (2)有效使用时间长	(1)结构复杂,维修保养技术要求高 (2)部分人员对高浓度氧(含量大于 21%)呼吸适应性差 (3)安全性差,泄漏氧气有助燃作用 (4)再生后的氧气温度高,使用受到环境温度限制,一般不超过 60℃ (5)氧气来源不易,成本高

防护时间是呼吸防护器材的一个重要的性能参数，使用者不但要掌握额定充装时的防护时间，而且要掌握在使用过程中不同压力下的使用时间，正确估算剩余的可以利用的时间，以便更好地完成救援任务和及时地从事故现场撤离。

（1）氧气呼吸器的有效使用时间　氧气呼吸器的有效使用时间主要取决于钢瓶内氧气储量和人员的劳动强度。钢瓶储气量根据气瓶的压力和气瓶容积确定。氧气储气量(L)＝氧气瓶的容积(L)×压力值(MPa)/0.098(MPa)。由于使用前需作几次深呼吸，用氧气冲淡气囊，还要保证必要的余压，所以其有效使用时间可按式(1-1) 计算：

$$T=\frac{10(P_1-P_2)(V_0-V_1)}{\nu} \quad (1\text{-}1)$$

式中，T 为有效使用时间，min；P_1 为钢瓶的充填压力，MPa；P_2 为钢瓶的允许压力，MPa，一般为 1.5～2.0MPa；V_0 为钢瓶的容积，L；V_1 为戴面罩后冲洗气囊所需的氧气量，L，通常为 15L；ν 为佩戴者的耗气量，L/min。

不同劳动强度下所需的氧气量如表 1-7 所示。

表 1-7　佩戴者在不同劳动强度下所需的氧气量

劳动强度	所需的氧气量/(L/min)	呼出二氧化碳量/(L/min)
相对静止	0.3	0.27
中等劳动强度	1.2	1.1
重劳动强度	1.75	1.5
强劳动强度	2.7	2.43

(2) 空气呼吸器的使用时间　空气呼吸器的使用时间，由气瓶的储气量和佩戴者的耗气量决定。空气储气量(L)＝气瓶的容积(L)×气瓶压力值(MPa)/0.098(MPa)。可以按式(1-2)计算。

$$T=\frac{10PV}{\nu} \quad (1\text{-}2)$$

式中，T 为使用时间，min；P 为钢瓶的充填压力，MPa；V 为钢瓶的容积，L；ν 为佩戴者的耗气量，L/min。

不同劳动强度下所需的空气耗气量如表 1-8 所示。

表 1-8　不同劳动强度下所需的空气耗气量

劳动强度	所需的空气耗气量/(L/min)
相对静止	12
中等劳动强度	30
重劳动强度	48

在熟悉和掌握各种防护器材的性能、结构及防护对象的情况下，应根据事故现场毒物的浓度、种类、现场环境及劳动强度等因素，合理选择不同防护种类和级别的滤毒罐，并且使用者应选择适合自己面型的面罩型号。一般情况下，呼吸防护器材应按有效、舒适和经济的原则选择，同时还应考虑以下几方面的因素：

① 选用何种类型的呼吸防护器材。在污染物质性质、浓度不明或确切的污染程度未查明的情况下必须使用隔绝式呼吸防护器材；在使用过滤式防护器材时要注意不同的毒物使用不同的滤料。

② 呼吸防护器材能否起作用。新的防护器材要有检验合格证，库存的防护器材要检查是否在有效期内、用过的是否更换新的滤料等。

③ 佩戴呼吸防护器材。一定要保证呼吸道防护用具的密封性，佩戴面具感到不舒服或时间过长时，要摘下防护器材或检查滤料是否要更换。

2. *皮肤防护*

皮肤防护是指利用某些特殊服装来保护人体的体表皮肤，以防毒气、放射性物质、强酸强碱等的侵害，或防止皮肤中毒。在化学事故救援过程中，常用的毒害防护装备有一级化学防护服、二级化学防护服和特级化学防护服以及与之配套使用的其他头部和脚部防化器材等。

一级化学防护服是消防员短时间内处置高浓度、强渗透性气态危险化学品泄漏事故时穿着的化学防护服装。穿着该防护服可以进入无氧、缺氧和氨气、氯气等气体现场，汽油、丙酮、乙酸乙酯、苯、甲苯等有机介质气体现场，以及硫酸、盐酸、硝酸、氨水、氢氧化钠等腐蚀性液体现场进行抢险救援工作。

二级化学防护服是消防员处置液态危险化学品和腐蚀性物品，以及缺氧环境下实施抢险救援任务时穿着的化学防护服装，它为消防员身处含飞溅液体和微粒的环境中提供最低防护等级，并能防止液体渗透，但不能防止蒸气或气体渗透。

特级化学防护服是消防员在含有芥子气、生物毒剂等生化恐怖袭击，以及腐蚀性物质事故现场进行抢险救援作业时穿着的防护服装。

在选用皮肤防护器材时，应根据事故现场存在的危险因素选择质量合格的、适宜的防护服种类，并注意以下几点：①必须清楚防护服装的防毒种类和有效防护时间；②要了解污染物质的性质和浓度，尤其要根据其毒性、腐蚀性、挥发性等性质选择防护服装的种类，否则起不到防护作用；③要了解防护服装是否能反复使用，能反复使用的防护服装在使用后一定要检查是否有破损，无破损的防护服根据要求清洗干净以备下次使用。

3. *防护等级和防护标准*

根据化学毒物对人体无防护条件下的毒害性，可把毒物由强至弱分成剧毒、高毒、中毒、低毒、微毒五大类，充分考虑救援人员所处毒害环境的实际安全需要，确定相对应的防护等级，见表 1-9。

表 1-9 有毒性泄漏介质现场安全防护等级

毒类	重度危险区	中度危险区	轻度危险区
剧毒	一级	一级	二级
高毒	一级	一级	二级
中毒	一级	二级	二级
低毒	二级	三级	三级
微毒	二级	三级	三级

由于化学品的种类不同对人员的危害各异，可能要求使用呼吸器官防护器材或必须进行全身防护，执行任务不同又可能仅要求局部保护身体（如手、足等）或全身防护。当救援人员对可能产生的危险程度有了明确估计时，即可确定所需采取的防护等级。同时，安全防护等级确定后，并不是一直不变的，在救援初期可能使用高等级的防护措施，即隔绝式防护服、隔绝式氧气面具等，但当有毒化学品浓度降低时，可以降为低一级的防护。深入事故现场内部实施侦检、控制泄漏等的处置人员，应着内置式重型防化服，视情况使用喷雾水枪进行掩护。使用过滤式呼吸防护装备时，应根据泄漏介质种类选择相应的滤毒罐类型，并注意滤毒罐的使用时间。

（二）爆炸性介质的个体防护

在易燃易爆气体泄漏场所作业时，其安全防护技术尤为重要。虽然没有防护服装能够抵挡爆炸冲击波，但是可以在个人防护方面采取以下一些措施：

① 外着气密性防化服，且扎好三口（领口、袖口、裤腿口），以防混合气体侵入人体与气密性防护服之间。

② 佩戴正压式消防空气呼吸器，防止气体被吸入体内，造成呼吸道灼伤。

③ 穿着紧身的纯棉织物，并喷水湿透，防止爆炸燃烧后，衣服与皮肤粘连。

（三）特殊环境的个体防护

1. 对高温灼伤的防护

当救援人员接近高温区域时（如近火关阀），应穿着消防员隔热服，同时在其后方布置喷雾水枪进行降温，防止身着隔热服的消防人员中暑。当救援人员短时间穿越火区，短时间进入火场侦察、救人、关阀、抢救贵重物资等时，应穿着消防员避火服，同时也必须有水枪掩护。

2. 对低温冻伤的防护

进入低温危险化学品泄漏场所时，救援人员应着棉衣、棉裤，并用绳子扎紧通气口，防止气体进入并积蓄。有条件时要穿气密性防化服，佩戴正压式消防空气呼吸器，戴防冻手套。在关阀、堵漏过程中，要有单位技术人员指导或进行现场培训，争取“快进快出”，尽量减少滞留时间。发生冻伤情况时，应迅速用大量清水冲洗身体，降低冻伤程度。

3. 腐蚀性泄漏介质的防护

进入事故危险区域的救援人员，应视情况使用喷雾水枪进行掩护。防护器材应具有防腐蚀性能，如抗腐蚀防护手套、抗腐蚀防化靴等。深入事故现场内部实施作业的处置人员应着封闭式防化服。

第二章 化学危险源辨识与危害评估

第一节 化学危险源

一、化学危险源的定义

（一）危险

危险是指可能导致人员伤害、职业病、财产损失、作业环境破坏或其组合的根源或状态。而这种根源或状态因某种因素的激发而变成现实，就会变成事故。

危险的大小可用危险度来表示：

危险度＝危险可能性或概率×危险严重度

其中的危险可能性或概率是指产生某种危险事件或显现为事故的总的可能性；危险严重度是某种危险引起的可能最严重后果的估计。

危险严重度可以分为四类，危险可能性或概率可以分为五个等级。具体的分类依据如表 2-1、表 2-2 所示。

表 2-1 危险严重度类别

类别	具体标准
Ⅰ	灾难性，即可能或可以造成人员死亡或系统的彻底破坏
Ⅱ	严重的，即可能或可以造成人员严重伤害、严重职业病或系统的严重损坏
Ⅲ	轻度的或临界的，即可造成人员轻伤、轻度职业病或系统的轻度损坏
Ⅳ	轻微或可忽视的，即不致造成人员伤害、职业病、系统损坏

表 2-2 危险可能性或概率等级

等级	个体	总体
A(频繁)	频繁发生	连续发生
B(很可能)	在寿命期内会出现数次	经常发生

续表

等级	个体	总体
C(有时)	在寿命期内可能有时发生	发生若干次
D(极少)	在寿命期内不易发生,但有可能发生	虽不易发生,但有理由预期可能发生
E(不可能)	很不易发生以至可认为不会发生	不易发生,但有可能发生

(二) 危险源

危险源是危险的根源，是指系统中存在可能发生意外释放能量的危险物质。广义危险源则指具有或潜在存在着物质与能量的危险性，从而有可能对人身、财产、环境造成危害的设备、设施或场所。具有危险性的物质，通常可用联合国建议的 9 大类（爆炸品；气体；易燃液体；易燃固体、易于自燃的物质、遇水放出易燃气体的物质；氧化性物质和有机过氧化物；毒性物质和感染性物质；放射性物质；腐蚀性物质；杂项危险物质和物品）来概括；具有危险性的能量则包括一切失去控制（或称逆流）的机械能、电能、热能、化学能、辐（放）射能等各种形式的能量。

危险源的三要素是指：潜在危险性、存在条件和触发因素。其中，潜在危险性是指一旦触发事故，可能带来的危害程度或损失大小，或者说危险源可能释放的能量强度或危险物质量的大小。存在条件是指危险源所处的物理、化学状态和约束条件状态，例如物质的压力、温度、化学稳定性，盛装容器的坚固性，周围环境障碍物等情况。触发因素虽然不属于危险源的固有属性，但它是危险源转化为事故的外因，而且每一类型的危险源都有相应的敏感触发因素。在触发因素的作用下危险源转化为事故，如易燃易爆物质，热能是其敏感的触发因素；又如压力容器，压力升高是其敏感触发因素。因此，一定的危险源总是与相应的触发因素相关联。在触发因素的作用下，危险源转化为危险状态，继而转化为事故。

危险源是可能导致事故发生的潜在的不安全因素。实际上，生产过程中的危险源，即不安全因素种类繁多、非常复杂，它们在导致事故发生、造成人员伤害和财产损失方面所起的作用很不相同；相应地，控制它们的原则、方法也不相同。根据危险源在事故发生、发展中的作用，把危险源划分为两大类，即第一类危险源和第二类危险源。

1. 第一类危险源的概念

根据能量意外释放理论——能量转移论，能量或危险物质的意外释放是伤亡事故发生的物理本质。于是，把生产过程中存在的、可能发生意外释放的能量（能源或能量载体）或危险物质称作第一类危险源。

为防止第一类危险源导致事故，必须采取措施约束或限制能量、危险物质，控制危险源。在正常情况下，生产过程中的能量或危险物质受到约束或限制，不会发生意外释放，即不会发生事故。但是，一旦这些约束或限制能量、危险物质的措施受到破坏、失效或故障，则会发生事故。

2. 第二类危险源的概念

导致能量或危险物质约束或限制措施破坏或失效、故障的各种因素，称作第二类危险源。它主要包括物的故障、人为失误和环境因素。

① 物的故障是指机械设备、装置、元部件等由于性能低下而不能实现预定功能的现象。物的不安全状态也是物的故障。故障可能是固有的，由于设计、制造缺陷造成的；也可能是由于维修、使用不当，或磨损、腐蚀、老化等原因造成的。

从系统的角度考察，构成能量或危险物质控制系统的元素发生故障，会导致该控制系统的故障而使能量或危险物质失控。故障的发生具有随机性，这涉及系统可靠性问题。

② 人为失误是指人的行为结果偏离了被要求的标准，即没有完成规定功能的现象。人的不安全行为也属于人为失误。人为失误会造成能量或危险物质控制系统故障，使屏蔽破坏或失效，从而导致事故发生。

③ 环境因素指人和物存在的环境，即生产作业环境中的温度、湿度、噪声、振动、照明、通风换气以及有毒有害气体等。

（三）化学危险源

危险源是事故发生的根本原因。化学危险源原点是指事故隐患或某种潜在能转化为事故的点，是构成事故的最初起点。原点有三个特征：初始性；突发性；与事故发展过程、事故终点和事故后果有直接的因果关系。

构成化学事故危险源的条件是指能够污染环境、危及生命的有毒化学物质，但并非这些化学物质或化学过程都能构成突发的化学事故，只有具备毒性大、储量多、易于扩散、周围人口密集四个主要条件才能构成化学事故危险源。

构成化学危险源的条件中，危险物质存在的数量是辨识化学危险的重要依据。能够引起事故的化学物质必须达到一定的数量才有意义。不同类别的化学物质，依其化学、物理性质及毒性的不同，构成危险源达到的量可以不同，也就是说每种化学物质都有一个不得超过的限制量。这种限制量也称临界量或阈限量，由此来确认危险源，及其潜在的危险性，是一种辨识危险源的标准。制定阈限量是一个很复杂的问题，如：同一种化学物质，量相等，而存在形式或外部因素等条件不同，发生事故后产生的效力可以相差甚远。

（四）危险化学品重大危险源

GB 18218—2009《危险化学品重大危险源辨识》第 3.4 条对危险化学品重大危险源如下定义：“长期地或临时生产、加工、使用或储存危险化学品，且危险化学品的数量等于或超过临界量的单元。”其中，危险化学品是指具有易燃、易爆、有毒、有害等特性，会对人员、设施、环境造成伤害或损害的化学品。单元指的是指一个（套）生产装置、设施或场所，或同属一个工厂的且边缘距离小于500m的几个（套）生产装置、设施或场所。临界量是指对于某种或某类危险化学品规定的数量，若单元中的危险化学品数量等于或超过该数量，则该单元定为重大危险源。该标准适用于危险物质的生产、使用、储存和经营等企业或组织。

二、化学危险源的类型

化学危险源的分类尚无统一的标准，可以从不同角度进行分类。具体如下：

（一）按化学毒物泄漏的形式分类

1. 体源（瞬时源）

体源是指由化学物质爆炸形成的事故源。在爆炸的瞬间，有毒化学物质可形成半径为r，高度为h的云团。成片的容器连续爆炸时称体源群。

2. 点源或线源（连续源）

点源或线源是指由容器或管道破裂、阀门损坏，使有毒气体泄漏形成的事故源。其特点是连续释放，流量不变。

（二）按化学毒物存在的形式分类

1. 固定源

固定源是指储装化学毒物的载体为固定目标。如化学毒物的生产、使用装置，存储仓库、罐及停靠港、站的装载化学毒物的载体等。固定化学危险源涉及所有种类的危险化学品，可能发生各类事故，主要的是火灾、爆炸、人员中毒及环境污染事故。由于固定源内危险化学品种类繁多、设施复杂、危险区域集中，一旦发生事故，影响及危害比较大。例如深圳清水河仓库危险品混存的毒源，属于固定的毒源。随着生产规模的扩大，工业生产事故有扩大的趋势，为了控制重大工业事故的发生，国内外进行了诸多的研究，提出的一些对策措施和标准大多是针对固定化学危险源的。

2. 动态源

动态源是指可以借助于某种运载工具在陆路、水路或空中进行异地移动的化学危险源或重大化学危险源。如在陆运、水运、空运的运输过程中，用于运送化学毒物的各种载体。动态源是长期地或临时地运输危险化学品的载体，它是相对于固定化学危险源而言的。动态危险源发生事故的偶然性比较大，一旦发生事故，常因施救不及时、处置措施不当等原因，造成严重后果。

（三）按危险化学品的分布分类

1. 生活化学危险源

生活化学危险源主要指日常生活中使人可能遭受到危险化学品伤害的危险源。越来越多的化学品渗透到人们的日常生活中作为生活中不可或缺的燃料，有煤炭、煤气、液化石油气、天然气等。以煤炭作燃料时，时常发生通风不良引起的一氧化碳中毒事故；在城市，更多地采用煤气、液化石油气、天然气作燃料，使用不当或管道、灶具发生泄漏，会引起火灾、爆炸事故；房屋装修时采用的材料，可能会释放甲醛等有害物质从而致人中毒。

2. 生产化学危险源

生产化学危险源主要指工业生产过程中，包括危险化学品的生产、使用、储存、装卸、运输等过程中存在的化学危险源。由于在工业生产中，操作条件苛刻(高温、高压、强腐蚀性)、危险物质数量大，容易发生各类事故，而且事故后果较为严重，危害性较大，是社会普遍关注的一个热点问题。

(四) 按物质形态分类

1. 固体化学危险源

固体化学危险源主要指由固体危险化学品构成的危险源。它包括化学危险品分类中的爆炸品、易燃固体、自燃物品和遇湿易燃物品、氧化剂和有机过氧化物、毒害品和感染性物品、放射性物品、腐蚀品等。这类危险源中的爆炸品、易燃固体、自燃物品和遇湿易燃物品、氧化剂和有机过氧化物常常引发火灾、爆炸事故；毒害品和感染性物品常常引起人员中毒事故，也会引起火灾、爆炸事故；放射性物品易使人遭受射线伤害；腐蚀品可能致人灼伤或引起火灾。

2. 液体化学危险源

液体化学危险源主要指由液体危险化学品构成的危险源。它包括危险化学品分类中的易燃液体、氧化剂和有机过氧化物、毒害品和感染性物品、腐蚀品等。易燃液体、氧化剂和有机过氧化物常常引发火灾、爆炸事故；毒害品和感染性物品常常引起人员中毒事故，也会引起火灾、爆炸事故；腐蚀品可能致人灼伤或引起火灾。液体危险化学品泄漏后，容易在地面流淌、扩散，使危害增大。

3. 气体化学危险源

气体化学危险源主要指由气体危险化学品构成的危险源。它包括危险化学品分类中的压缩气体和液化气体、毒害品和感染性物品、腐蚀品等。这类危险化学品常常引发火灾、爆炸事故，人员中毒、窒息事故以及致人灼伤等。

第二节 危险化学品设备

危险化学品设备是储存和输送危险化学品的设备，是提供强度保证的金属结构。

一、压力容器

容器按所承受的压力大小分为常压容器和压力容器两大类。压力容器和常压容器相比，不仅在结构上有较大的差别，而且在设计原理方面也不相同，应该指出的是，所谓压力容器和常压容器的划分是人为规定的。一般最高工作压力$P_w \geqslant 0.1$MPa（P_w不包括液体静压力），用于完成反应、换热、吸收、萃取、分离和储存等生产工艺过程，并能承受一定压力的密闭容器称为压力容器。另外，受外压（或负压）的容器和真空容器也属于压力容器。

（一）压力容器的分类

压力容器的分类方法有多种，归结起来，常用的分类方法有如下几种：

1. 按制造方法分类

根据制造方法的不同，压力容器可分为焊接容器、铆接容器、铸造容器、锻造容器、热套容器、多层包扎容器和绕带容器等。

2. 按承压方式分类

按承压方式，压力容器可分为内压容器和外压容器。

3. 按设计压力（P）分类

① 低压容器（代号L）：0.1MPa$\leqslant P<$1.6MPa。

② 中压容器（代号M）：1.6MPa$\leqslant P<$10MPa。

③ 高压容器（代号H）：10MPa$\leqslant P<$100MPa。

④ 超高压容器（代号U）：$P\geqslant$100MPa。

4. 按容器的设计温度（$T_{设}$为壁温）分类

① 低温容器：$T_{设}\leqslant -20$℃。

② 常温容器：-20℃$<T_{设}<$150℃。

③ 中温容器：150℃$\leqslant T_{设}<$400℃。

④ 高温容器：$T_{设}\geqslant$400℃。

5. 按容器的制造材料分类

按制造材料，压力容器可分为钢制容器、铸铁容器、有色金属容器和非金属容器等。

6. 按容器外形分类

按外形，压力容器可分为圆筒形（或称圆柱形）容器、球形容器、矩（方）形容器和组合式容器等。

7. 按容器在生产工艺过程中的作用原理分类

按作用原理，压力容器分为反应容器（代号为R）、换热容器（代号为E）、分离容器（代号为S）、储存容器（代号为C，其中球罐代号为B）。

8. 按容器的使用方式分类

按使用方式，压力容器分为固定式容器和移动式容器。

（二）压力容器的基本结构

压力容器虽然种类繁多，形式多样，但其基本结构都是一个密闭的壳体，壳体内部大多数情况下都有内件，有的内件与壳体一样也承受一定压力，此时这些内件与壳体就都属于受压元件，在制造过程中都要按要求认真对待。常见的压力容器多为圆筒形壳体，其基本结构主要由以下几大部件组成。

1. 筒体

一台容器的筒体通常由钢板卷焊而成的一个或多个筒节组焊而成，这时的筒体有纵环焊缝。也有些小直径容器筒体用无缝钢管制成。厚壁高压容器的筒体还经常采用数个锻造筒节通过环缝焊接连接而成，这种容器则称为锻焊结构的压力容器。

2. 封头

按几何形状不同，有椭圆形封头、球形封头、碟形封头、锥形封头和平盖等各种形式。

封头和筒体组合在一起构成一台容器壳体的主要组成部分，也是最主要的受压元件之一。

3. 接管和法兰

为使容器壳体与外部管线连接或供人进入容器内部，在一台容器上总是有一些大大小小的接管和法兰，这也是容器壳体的主要组成部分。

4. 密封元件

密封元件是两法兰之间保证容器内部介质不发生泄漏的关键元件。对于不同的工作条件要求有不同的密封结构形式和不同材质及形式的密封垫片，在制造时密封垫的材料和形式不得随意更改。

5. 容器内件

在容器壳体内部的所有构件统称为内件。

6. 容器支座

压力容器是通过支座支撑设备本身自重加上介质的重量，支座还要承受风载地震载荷给容器造成的弯曲力矩载荷，它是容器的主要受力元件之一。支座的形式有多种，对于立式容器常见的有圆筒形支座、裙式支座、悬挂式支座等；卧式容器主要采用鞍式支座和悬挂式支座；球形容器大多采用柱式支座等。为了保证其受力安全性，往往对支座中的对接焊缝进行局部甚至全部的射线检测或超声检测。

（三）压力容器重大危险源辨识指标

根据压力容器重大危险源的特性，压力容器重大危险源可定义为：盛装易燃、易爆或有毒介质，且最高工作压力（或设计压力）、容器体积乘以最高工作压力（或设计压力）均超过临界值的单元。其中：①一台压力容器或一组压力容器构成一个单元；②辨识指标主要为介质的危险特性，另外考虑最高工作压力（或设计压力）、容器体积乘以最高工作压力（或设计压力）两个指标的临界值。

符合以下两个条件之一的为压力容器重大危险源：①介质毒性程度为极度、高度或中度危害的三类压力容器；②易燃介质，最高工作压力大于等于0.1MPa，且 *PV*（压力×体积）大于等于 100MPa·m^3 的压力容器（群）。

二、移动式压力容器

移动式压力容器是指行驶在铁路、公路及水路上的盛装介质为气体、液化气体、最高工作温度高于或者等于标准沸点的液体，承载最高工作压力大于或者等于0.1MPa（表压），且压力与容积的乘积大于或者等于2.5MPa·L的密闭罐车或罐式集装箱。定义中最高工作压力是指在正常使用过程中，容器顶部可能出现的最高压力。

（一）移动式压力容器的分类

1. 按车与罐体连接形式分类

按车与罐体的连接形式分类，罐车可分为固定式罐车和半挂式罐车。固定式罐车是由载重汽车改装而成的，即将罐体（包括附件）固定在载重汽车的底架上。这种罐车由于受汽车底架的限制，其装载量不大（一般最大可装载 32m^3 左右），基本上保持原车型的主要技术性能。与半挂式罐车相比，固定式罐车的罐体与底架连接成一个整体，运行较平稳，且灵活轻便，行车速度较高。半挂式罐车将罐体固定在拖挂式汽车底架上。它比较充分地利用了汽车的承载能力及拖挂能力，又不受底架尺寸的限制，因而装载能力较大，运行稳定性较好。但这种罐车车身长，与固定式罐车相比整体性和灵活性较差。

2. 按移动方式分类

按移动方式分类，移动式压力容器可分为铁路罐车（介质为液化气体、低温液体）、罐式汽车［液化气体运输（半挂）车、低温液体运输（半挂）车、永久气体运输（半挂）车］、罐式集装箱（介质为液化气体、低温液体）等。

3. 按压力容器形式分类

按压力容器形式分类，移动式压力容器可分为裸式罐车、保温层或绝热层罐车。裸式罐车的设计温度为－20～50℃，也称为常温液化气体罐车（简称“常温罐车”）；保温层或绝热层罐车也统称为低温液化气体罐车（简称“低温罐车”），其设计温度为介质可能出现的最高工作温度或最低工作温度。罐体设计温度的最低值应考虑环境温度对其的影响，其最高值应考虑加热抽空时可能达到的最高温度。

4. 按设计温度分类

移动式压力容器按设计温度可划分为：①常温型，罐体为裸式，设计温度为－20～50℃；②低温型，罐体采用堆积绝热式，设计温度为－70～20℃；③深冷型，罐体采用真空粉末绝热式或真空多层绝热式，设计温度低于－150℃。

5. 按移动式压力容器的用途分类

根据压力容器用途的不同，移动式压力容器可分为运输罐车和分配罐车两种。运输罐车主要是给工厂和储配站运输液化气体，车上不装设卸液泵，可以将液化气体直接供应给自设卸液泵的大型用户，以减少倒运工作。分配罐车适用于直接供应有单独液化气储罐或钢瓶的用户，容积偏小，车上装有卸液泵，可自卸液化气体。

（二）盛装的介质、压力及充装量

移动式压力容器罐体常见介质、设计压力及充装量如表 2-3 所示。当移动式压力容器（常温型）装运表 2-3 以外的介质时，其设计压力和单位容积充装量的确定，必须由设计单位提供介质的主要物理、化学性质数据和设计说明及依据，报国家安全监察机构批准。

表 2-3 常见介质、设计压力及充装量

介质		设计压力/MPa	单位容积充装量/(t/m^3)
液氧		2.16	0.52
液氯		1.62	1.20
液态二氧化硫		0.98	1.20
丙烯		2.16	0.43
丙烷		1.77	0.42
液化石油气	50℃饱和蒸气压大于 1.62MPa	2.16	0.42
	其余情况	1.77	0.42
正丁烷		0.79	0.51
异丁烷		0.79	0.49
丁烯、异丁烯		0.79	0.50
丁二烯		0.79	0.55

（三）常见类型罐车结构

1. 常温罐车

常温罐车，按车与储液罐的连接形式，分为固定式常温罐车、半挂式常温罐车。

固定式常温罐车是指储液罐永久地牢牢固定在载重汽车的底盘梁上，一般都采用螺栓连接结构使储液罐与汽车底盘成为一个整体，它具有坚固、牢固、美观、稳定、安全等特性。由于固定式常温罐车是专车（指汽车底盘）专用，所以在设计与制造中可以根据汽车底盘的技术特点（如载重量、车梁长度、轴距、重心位置和外形尺寸等）进行整体设计，附件和有关装置能够得到比较合理的安排，外形也比较协调美观。更重要的是由于罐体直接落在大梁上，可以大大降低重心高度，具有较高的运行稳定性，提高了安全行驶速度，使整车具有较高的通过性和较高的经济性。为防止罐车在装卸过程中因管道破坏造成事故，在管路系统上增设了紧急切断装置。当管路系统发生事故时，可用手摇泵上的卸压阀或装在罐车尾部的卸压阀卸掉油路压力，从而将紧急切断阀关闭。固定式常温罐车外形结构如图 2-1 所示。

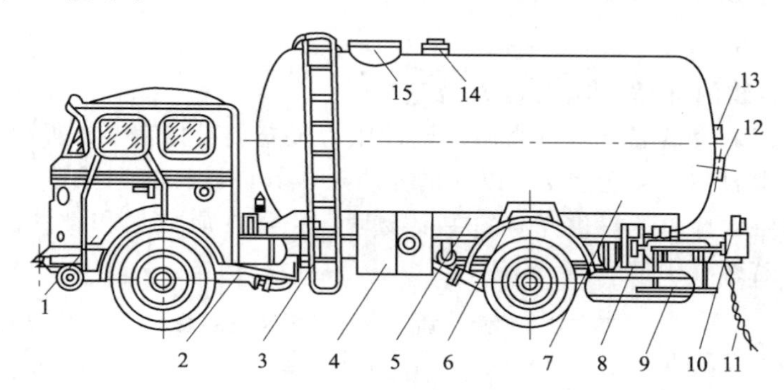

图 2-1 固定式常温罐车结构

1—驾驶室；2—气路系统；3—梯子；4—阀门；5—支架；6—挡泥板；7—罐体；8—固定架；9—围栏；10—后保险杠；11—接地链；12—旋转式液面计；13—铭牌；14—内装式压力表；15—人孔

半挂式常温罐车将罐体固定在拖挂式汽车底架上，它比较充分地利用了汽车的承载能力及拖挂性能，又不受底架尺寸的限制，因而具有装载能力大、稳定性好的优点。

由于半挂式常温罐车的运载结构特点能充分利用汽车的牵引性能，可以用功率相对小的汽车来牵引载重量较大的拖挂车，并能充分地利用汽车的剩余功率。根据汽车理论，拖挂运输不但能提高牵引车的利用率，更重要的是大大提高了运载量，降低了运送液化气体的燃料消耗量，运输成本能显著下降。由于拖挂车对道路的通过性要求高，所以不是任何地方都可以采用的。半挂式常温罐车外形结构如图 2-2 所示。

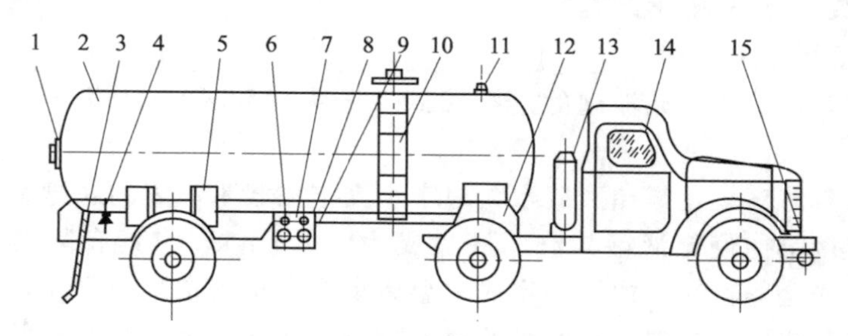

图 2-2 半挂式常温罐车结构

1—人孔、液位计；2—罐体；3—接地链；4—排污管；5—后支座；6—液相阀；7—温度计；8—压力表；9—气相管；10—梯子；11—安全阀；12—前支座；13—备用胎；14—驾驶室；15—消音器

2. 低温罐车

低温罐车，按车与储液罐的连接形式，分为固定式低温罐车、半挂式低温罐车。低温罐车的储液罐一般做成圆筒形，容积通常为4～30m³，少数可到200m³。目前，由于受公路运输最大运载量的限制，液氧、液氮车的容积一般只能到25m³左右。容量较小的储液罐可直接装在汽车的车架上，即为固定式低温罐车；容量较大的大型的储液罐则制成专门的半挂车，即为半挂式低温罐车。

固定式低温罐车由汽车底盘、车载低温液体储罐及附件等构成。低温液体储罐由罐体、安全附件、管路系统和操作箱组成。整车外形尺寸为9650mm×2500mm×3325mm（长×宽×高），整车后双桥两侧挡泥板上设置了自增压汽化器和工具箱，工具箱内存放装卸液体用的金属软管。整车两侧设置安全防护栏杆，同时在储罐前部左侧设置灭火器支架，车后部设置安全防护装置，兼作操作踏板。在大梁尾部配导静电接地装置。固定式低温罐车外形结构见图2-3。

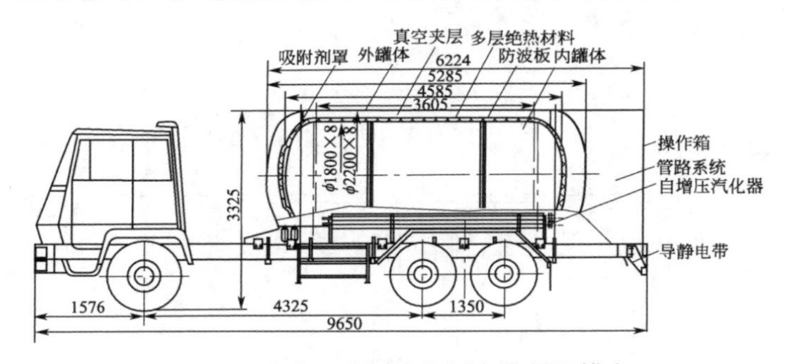

图2-3 高真空多层绝热固定式低温罐车

按储罐绝热形式，低温罐车分为堆积绝热低温罐车、高真空绝热低温罐车、真空粉末（纤维）绝热低温罐车和高真空多层绝热（含多屏绝热）低温罐车。从理论上分析，临界温度大于50℃的气体用罐车运输时，罐体都需要包覆保温层；在广义上，这类罐车都是低温液体罐车。半挂式低温罐车的外形结构如图2-4所示。

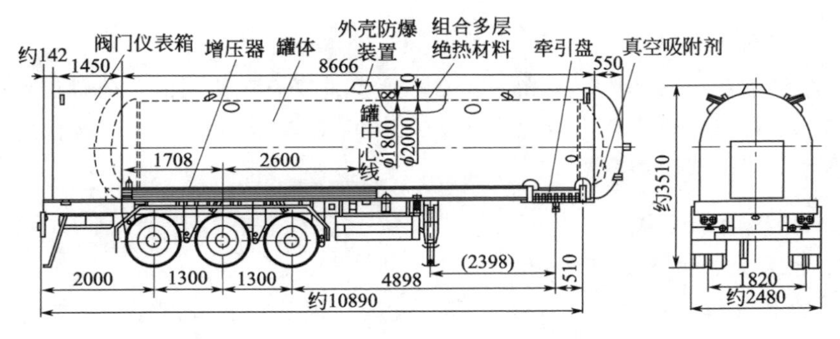

图2-4 高真空多层绝热半挂式低温罐车

高真空多层绝热半挂式低温罐车主要由罐体、阀门仪表箱、增压器、输液管和车架等组成。罐体由内胆和外套两大部件组成。内胆材质为低碳或超低碳不锈钢，外套材质为容器专用钢板。内胆封头的一侧设有吸附室，外筒上部设有一防爆装置，夹层为高真空多层绝热。阀门仪表箱为箱式结构，设置在罐体外套封头的一侧（汽车尾部），内装设压力表、液位计、安全阀、放空阀、增压阀、液体进出口阀及真空检测和封结阀等。增压器为翅片管式结构，安装在阀门仪表箱底或车体的左侧，排放液体时作内胆升压之用。

3. 罐式集装箱

罐式集装箱具有装卸方便、灵活、可运，可以方便地利用汽车、火车和船舶等运输工具实现公路、铁路和水路等联运，使货物快速便捷运输至用户等特点，在国际贸易中的需求不断增加。

罐式集装箱也分为常温罐式集装箱、低温罐式集装箱两种。罐式集装箱有两个基本部分，即单个罐体或多个罐体以及框架。液氦罐式集装箱外形结构如图 2-5所示。

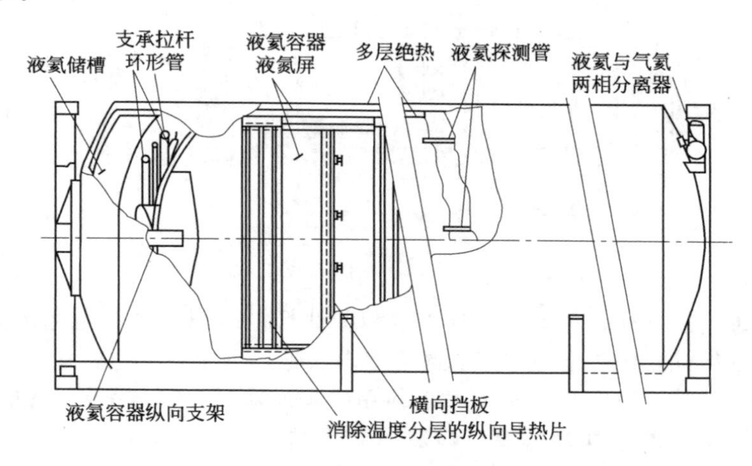

图 2-5　41.5m³ 液氦罐式集装箱外形结构

三、气瓶

气瓶是指在正常环境（－40～60℃）下可重复充气使用的，公称工作压力为1.0～30MPa（表压），公称容积为 0.4～1000L 的盛装永久气体、液化气体或溶解气体等的移动式压力容器。

（一）气瓶的分类

1. 按充装介质的性质分类

① 永久气体气瓶。永久气体（压缩气体）因其临界温度小于－10℃，常温下呈气态，所以称为永久气体，如氢气、氧气、氮气、空气、煤气及氩气、氦

气、氖气、氪气等。这类气瓶一般都以较高的压力充装气体，目的是增加气瓶的单位容积充气量，提高气瓶利用率和运输效率。常见的充装压力为 15MPa，也有充装 20～30MPa 的。

② 液化气体气瓶。液化气体气瓶充装时都以低温液态灌装。有些液化气体因临界温度较低装入瓶内后受环境温度的影响而全部汽化。有些液化气体的临界温度较高，装瓶后在瓶内始终保持气液平衡状态。根据所装液化气体的这种特性，液化气体还可以分为高压液化气体和低压液化气体。高压液化气体是指临界温度高于或等于－10℃，且低于或等于 70℃的液化气体。常见的有乙烯、乙烷、二氧化碳、六氟化硫、氯化氢、三氟氯甲烷（F-13）、三氟甲烷（F-23）、六氟乙烷（F-116）、氟己烯等。常见的充装压力有 15MPa 和 12.5MPa 等。低压液化气体是指临界温度高于 70℃的液化气体。如溴化氢、硫化氢、氨、丙烷、丙烯、异丁烯、1,3-丁二烯、1-丁烯、环氧乙烷、液化石油气等。

③ 溶解气体气瓶。溶解气体气瓶主要是指专供盛装乙炔气的气瓶。由于乙炔气体不稳定，不能像其他气体那样以压缩状态装入瓶内，必须把它溶解在溶剂（常用的是丙酮）中。这种气瓶的内部装满了多孔性物质，用以吸收溶剂。充装时，将乙炔气体加压灌装入瓶内，乙炔即被溶剂溶解从而储存在瓶中。一般情况下，溶解气体气瓶的最高工作压力不超过 3MPa。

2. 按制造方法分类

① 钢制无缝气瓶。钢制无缝气瓶是以钢坯为原料，经冲压拉伸制造，或以无缝钢管为材料，经热旋压收口收底制造的钢瓶。瓶体材料为采用碱性平炉、电炉或吹氧碱性转炉冶炼的镇静钢，如优质碳钢、锰钢、铬钼钢或其他合金钢。这类气瓶用于盛装永久气体（压缩气体）和高压液化气体。

② 钢制焊接气瓶。钢制焊接气瓶是以钢板为原料，经冲压卷焊制造的钢瓶。瓶体及受压元件材料为采用平炉、电炉或氧化转炉冶炼的镇静钢，要求有良好的冲压和焊接性能。这类气瓶用于盛装低压液化气体。

③ 缠绕玻璃纤维气瓶。缠绕玻璃纤维气瓶是以玻璃纤维加黏结剂缠绕或碳纤维制造的气瓶。一般有一个铝制内筒，其作用是保证气瓶的气密性，承压强度则依靠玻璃纤维缠绕的外筒。这类气瓶由于绝热性能好、质量轻，多用于盛装呼吸用压缩空气，供消防、毒区或缺氧区域作业人员随身背挎并配以面罩使用，一般容积较小（1～10L），充气压力多为 15～30MPa。

3. 按公称压力分类

气瓶按公称压力分为高压气瓶和低压气瓶。

① 高压气瓶公称压力（MPa）有：30、20、15、12.5、8。

② 低压气瓶公称压力（MPa）有：5、3、2、1.6、1.0。

（二）几种常见气瓶的结构

1. 氧气瓶

氧气瓶是一种储存和运输氧气的高压容器，瓶内要灌入150atm（1atm=101325Pa）的氧气，还要承受搬运时的震动、撞击、滚动等外界作用力。因此，对气瓶制造的质量要求严，材质要求高，出厂前必须经过严格检验，以保证合格。

氧气瓶通常是用优质碳素钢或低合金钢轧制成的无缝圆柱形容器，如图2-6所示。瓶体的上部瓶口内壁攻有螺纹，用以旋上瓶阀，瓶口外部还套有瓶箍，用以旋装瓶帽，以保护瓶阀不受意外的碰撞而损坏。防震圈（橡胶制品）用来减轻震动冲击，瓶体的底部呈凹面形状或套有方形底座，使气瓶直立时保持平稳。瓶壁厚约为5～8mm。

2. 乙炔瓶

乙炔瓶是一种储存和运输乙炔的容器，其外形与氧气瓶相似，如图2-7所示。但它的构造比氧气瓶复杂，主要是因为乙炔不能以较高的压力压入普通钢瓶内，必须利用乙炔的特性，采用必要的措施，才能将乙炔压入钢瓶内。

乙炔瓶是由钢质气瓶浸满丙酮的多孔性填料、溶剂及附件等组成。钢瓶的主体材料必须采用平炉或电炉冶炼的镇静钢，必须是具有良好可焊性的优质碳素钢或低合金钢，其碳、硫、磷含量及抗拉强度、伸长率、冷弯试验必须符合相应技术标准的有关规定。乙炔瓶内多孔性填料能使乙炔稳定且安全地储存在乙炔瓶内，当使用时溶解在丙酮内的乙炔分解出来，通过乙炔瓶阀流出，而丙酮仍留在瓶内，以便溶解再次压入的乙炔。乙炔瓶阀下面的填料中心部分的长孔内放着石棉，其作用是帮助乙炔从多孔填料中分解出来。乙炔瓶的工作压力为1.5MPa，设计压力为3MPa。

3. 液化石油气瓶

液化石油气瓶的外形如图2-8所示。按用户用量及使用方式，气瓶的储存量分为10kg、20kg、30kg、40kg、50kg等多种。一般民用气瓶大多为10kg；工业上目前常采用20kg、30kg的气瓶；如果工厂用量较大，还可以制造1.5t、3.5t等大型储气罐。液化石油气瓶的最大工作压力为1.6MPa，水压试验为303MPa。气瓶的外表为银灰色，并标明“液化石油气”字样。常用液化石油气瓶的规格见表2-4。

表2-4 常用液化石油气气瓶的规格

类别	容量/kg	外径/mm	壁厚/mm	全高/mm	自重/kg
10kg容量	23.5	325	4	530	13
12～12.5kg容量	29	325	2.5	—	11.5
			2.5		12.8
15kg容量	34	335	3	645	20
20kg容量	47	380	2.5	650	25

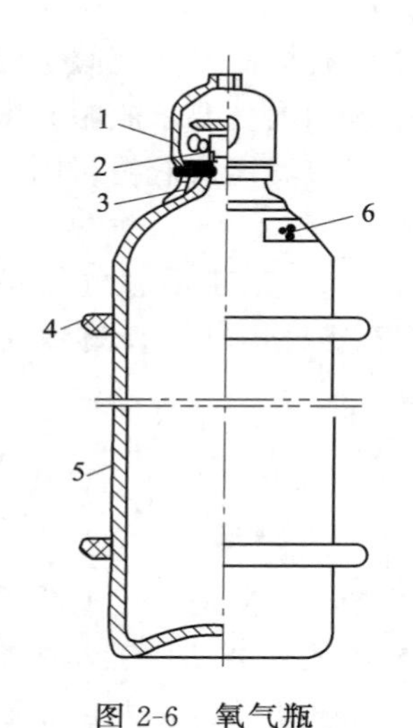

图 2-6 氧气瓶
1—瓶帽；2—瓶阀；3—瓶箍；
4—防震圈；5—瓶体；6—标志

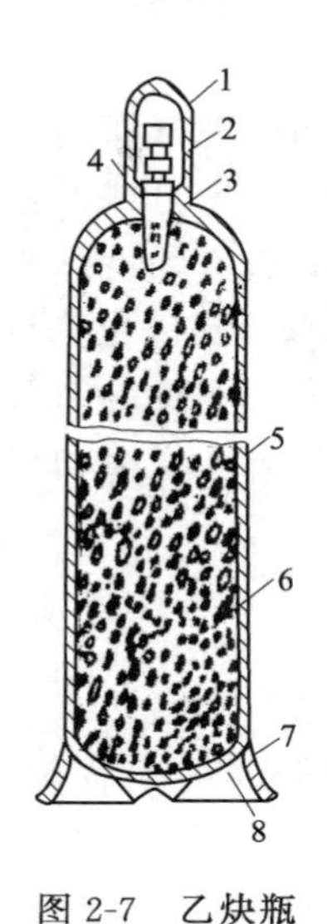

图 2-7 乙炔瓶
1—瓶帽；2—瓶阀；3—石棉；
4—瓶口；5—瓶体；6—多孔
性填料；7—瓶座；8—瓶底

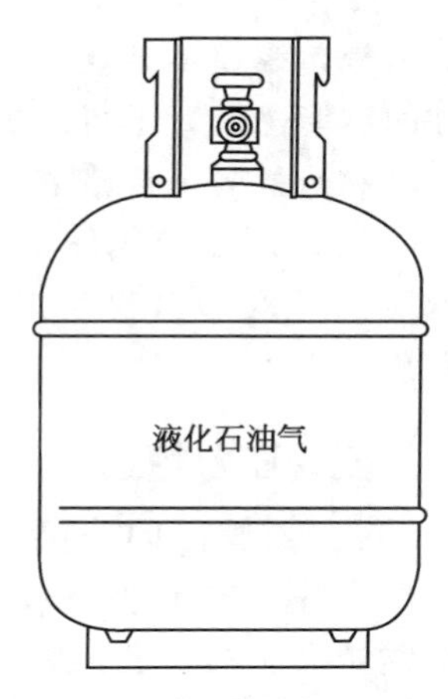

图 2-8 液化石油气瓶

4. 氢气瓶

氢气瓶是用来储存和运输氢气的高压容器。氢气瓶的盛装压力为 15MPa，其结构与氧气瓶相似。由于氢气瓶用于储存和运输可燃气体，根据我国《气瓶安全监察规程》的规定，其瓶阀应向左旋（用于非可燃气体的气瓶的瓶阀应向右旋）。氢气瓶应涂有深绿色油漆及红色的横条，还必须用红漆写上“氢气”的字样及所属单位的名称。

（三）气瓶的安全附件

气瓶附件包括气瓶专用爆破片、安全阀、易熔合金塞、瓶阀、瓶帽、液位计、防震圈、紧急切断和充装限位装置等。

气瓶的安全泄压装置，是为了防止气瓶在遇到火灾等高温时，瓶内气体受热膨胀而发生破裂爆炸。

气瓶常见的泄压附件有爆破片和易熔合金塞。其中，爆破片装在瓶阀上，其爆破压力略高于瓶内气体的最高温升压力。爆破片多用于高压气瓶上，有的气瓶不装爆破片。《气瓶安全监察规程》对是否必须装设爆破片，未做明确规定。气瓶装设爆破片有利有弊，一些国家的气瓶不采用爆破片这种安全泄压装置。易熔合金塞一般装在低压气瓶的瓶肩上，当周围环境温度超过气瓶的最高使用温度时，易熔塞的易熔合金熔化，瓶内气体排出，避免气瓶爆炸。

气瓶装的两个防震圈是气瓶瓶体的保护装置。气瓶在充装、使用、搬运过程中，常常会因滚动、震动、碰撞而损伤瓶壁，以致发生脆性破坏。这是气瓶发生爆炸事故常见的一种直接原因。

瓶帽是瓶阀的防护装置，它可避免气瓶在搬运过程中因碰撞而损坏瓶阀，保护出气口螺纹不被损坏，防止灰尘、水分或油脂等杂物落入阀内。要求瓶帽有良好的抗撞击性，不得用灰口铸铁制造；无特殊要求的，应配带固定式瓶帽，同一工厂制造的同一规格的固定式瓶帽，质量允差不超过5%。

瓶阀是控制气体出入的装置，一般是用黄铜或钢制造。充装可燃气体的钢瓶的瓶阀，其出气口螺纹为左旋，盛装助燃气体的气瓶，其出气口螺纹为右旋。

四、压力管道

（一）管道的分类

① 管道工程按其服务对象的不同，可大体分为两大类：一类是在工业生产中输送介质的管道，称为工业管道；另一类是在设施中或为改变劳动、工作或生活条件而输送介质的管道，主要指暖卫管道或水暖管道，有时统称为卫生工程管道。

② 工业管道有些则是按照产品生产工艺流程的要求，把生产设备连接成完整的生产工艺系统，成为生产工艺过程中不可分割的组成部分。因此，通常有些又可称为工艺管道。

③ 输送的介质是生产设备的动力媒介（动力源）的，这类工业管道又叫作动力管道。生产或供应这些动力媒介物的站房，称为动力站。

④ 工业管道和水暖管道在企业生产区里有时很难区分，常常既为生活服务，又承担输送生产过程中的介质。例如上水管，它既输送饮用水和卫生用水，又是表面处理用水和冷却水供应系统。

⑤ 根据我国TSG D3001—2009《压力管道安装许可规则》，压力管道的类别和级别划分见表2-5。

表2-5 压力管道的类别和级别划分

名称	类别	级别	级别划分的范围
长输管道安装	GA	GA1 甲	(1)输送有毒、可燃、易爆气体或者液体介质，设计压力大于10MPa的长输管道； (2)输送距离大于或者等于1000km且公称直径大于等于1000mm的长输管道
		GA1 乙	(1)输送有毒、可燃、易爆气体介质，设计压力大于4.0MPa、小于10MPa的长输管道； (2)输送有毒、可燃、易爆液体介质，设计压力大于或者等于6.4MPa、小于10MPa的长输管道； (3)输送距离小于200km且公称直径小于500mm的长输管道
		GA2	GA1级以外的长输管道

续表

名称	类别	级别	级别划分的范围
公用管道安装	GB	GB1	燃气管道
		GB1 专项	PE燃气管道
		GB2	(1)设计压力大于2.5MPa的； (2)设计压力小于或者等于2.5MPa的
工业管道安装	GC	GC1	(1)输送下列有毒介质的压力管道： a)极度危害介质； b)高度危害介质； c)工作温度高于标准沸点的高度危害液体介质。 (2)输送甲、乙类可燃气体或甲类可燃液体(含液化烃)，并且设计压力大于或者等于4.0MPa的管道。 (3)输送流体介质并且设计压力大于或者等于10.0MPa，或者设计压力大于或者等于4.0MPa，且设计温度高于等于400℃的管道
		GC2	(1)输送甲、乙类可燃气体或甲类可燃液体(含液化烃)介质且设计压力小于4.0MPa的管道； (2)输送乙类或者工作温度高于闪点的丙类可燃液体介质，设计压力小于10 MPa，但大于或者等于4.0MPa，且设计温度小于400℃的管道； (3)输送设计压力小于10MPa的中度危害介质或者工作温度低于或者等于标准沸点的高度危害液体介质； (4)输送非可燃流体介质、无毒流体介质，设计压力小于4.0MPa，但大于10MPa，且设计温度大于185℃或者小于等于−20℃的压力管道
		GC3	输送无毒、非可燃流体介质，设计压力小于或者等于1.0MPa，且设计温度大于−20℃但不大于于185℃的管道
动力管道	GD	GD1	火力发电厂用于输送蒸汽、汽水两相介质，设计压力小于6.3MPa，且设计温度小于400℃的管道
		GD2	火力发电厂用于输送蒸汽、汽水两相介质，设计压力大于等于6.3MPa，且设计温度大于等于400℃的管道

（二）管道元件的公称尺寸

1. 管道元件公称尺寸（*DN*）术语定义

DN：用于管道元件的字母和数字组合的尺寸标识。它由字母*DN*和后跟的无量纲的整数数字组成。这个数字与端部连接件的孔径或外径（用mm表示）等特征尺寸直接相关。

一般情况下公称尺寸的数值既不是管道元件的内径，也不是管道元件的外径，而是与管道元件的外径相接近的一个整数值。

应当注意的是并非所有的管道元件均须用公称尺寸标记，例如钢管就可用外径和壁厚进行标记。

2. 标记方法

公称尺寸的标记由字母“*DN*”和后跟的一个无量纲的整数数字组成，如：外径为80mm的无缝钢管的公称尺寸标记为*DN*80。

（三）管道元件公称压力

1. 管道元件公称压力（*PN*）术语定义

PN：与管道元件的力学性能和尺寸特性相关、用于参考的字母和数字组合的标识。它由字母 *PN* 和后跟的无量纲的数字组成。字母 *PN* 后跟的数字不代表测量值，不应用于计算目的，除非在有关标准中另有规定。除与相关的管道元件标准有关联外，术语 *PN* 不具有意义。管道元件允许压力取决于元件的 *PN* 数值、材料和设计以及允许工作温度等，允许压力在相应标准的压力温度等级中给出。具有同样 *PN* 数值的所有管道元件同与其相配的法兰应具有相同的配合尺寸。

2. 标记方法

公称压力的标记由字母“*PN*”和后跟的一个数字组成，如：公称压力为 1.6MPa 的管道元件，标记为 *PN*16。

第三节　化学危险源辨识

一、化学危险源辨识的原理及范围

（一）危险源辨识原理

危险源辨识原理是依据辨识区域内存在的危险物料、物料的性质、危险物料可导致的危险性 3 个方面进行危险危害因素的辨识。危险源辨识应达到以下 4 个目的：①识别与系统相关的主要危险危害因素；②鉴别产生危害的原因；③估计和鉴别危害对系统的影响；④将危险危害分级，为安全管理、预防和控制事故提供依据。

（二）辨识范围

① 工作环境。包括周围环境、工程地质、地形、自然灾害、气象条件、资源交通、抢险救灾支持条件等。

② 平面布局。功能分区（生产、管理、辅助生产、生活区）；高温、有害物质、噪声、辐射、易燃、易爆、危险品设施布置；建筑物、构筑物布置；风向、安全距离、卫生防护距离等。

③ 运输路线。施工便道、各施工作业区、作业面、作业点的贯通道路以及与外界联系的交通路线等。

④ 施工工序。物质特性（毒性、腐蚀性、燃爆性），温度、压力、速度、作业及控制条件，事故及失控状态。

⑤ 生产设备。高温、低温、腐蚀、高压、振动、关键部位的备用设备、控

制、操作、检修和故障、失误时的紧急异常情况；机械设备的运动部件和工件、操作条件、检修作业、误运转和误操作；电气设备的断电、触电、火灾、爆炸，静电、雷电；建（构）筑物的结构、防火、防爆、朝向、采光、运输通道、开门、生产卫生设施。

⑥ 特殊装置、设备。锅炉房、危险品库房等。

⑦ 有害作业部位的粉尘、毒物、噪声、振动、辐射、高温、低温等。

二、危险源识别程序和方法

（一）危险源辨识方法

危险源的辨识方法与危险危害因素的分析方法相同，有直观经验法、系统安全分析方法等。

1. 直观经验法

该方法适用于有可供参考的先例、有以往经验可以借鉴的危险源辨识过程，不能应用在没有可供参考先例的新系统中。

① 对照、经验法。对照有关标准、法规、检查表或依靠分析人员的观察分析能力，借助于经验和判断能力直观地辨识危险源、评价危险性的方法。该方法的优点是简便、易行；缺点是受知识、经验、资料限制，易遗漏（如建筑行业的安全检查表）。这类方法有物质及作业环境危险源辨识法、事故和职业危害和直接原因辨识法、事故辨识法等。

② 类比方法。利用相同或相似系统或作业条件的经验和职业安全卫生的统计资料类推辨识危险源、评价危险性的方法。

2. 系统安全分析方法

系统安全分析方法即应用系统安全工程评价方法的部分方法进行危险源辨识，评价危险性。系统安全分析方法常用于复杂系统、没有事故经验的新开发系统。

通常的方法有：事件树法（ETA）、事故树法（FTA）和危险性预先分析法（PHA）等。

（二）危险源辨识单元划分

辨识单元就是在危险危害因素分析的基础上，根据辨识目标和辨识方法的需要，将系统分成有限、确定范围进行辨识的单元。辨识单元是为便于危险危害因素辨识工作的进行而划分的，辨识单元的划分有利于提高辨识工作的准确性；辨识单元一般以生产工艺、工艺装置、物料的特点、特征与危险危害因素的类别、分布有机结合进行划分，还可以按辨识的需要将一个评价单元再划分为若干子评价单元或更细致的单元。

辨识单元的划分有多种方法，一般应遵循的原则有：①生产过程相对独立、空间位置相对独立；②事故范围相对独立；③具有相对明确的区域界限。

（三）危害后果分析

事故危害后果分析有较多的方法和技术手段，不同场所、不同物质、不同行业对技术分析的适用性也有较大的差异。如在化工生产中进行事故危害后果分析时常使用的有美国道化学公司火灾及爆炸危险指数评价法；日本化工企业六阶段安全评价法；中国的易燃、易爆、有毒重大危险源评价方法等。机械工厂、电力行业也有适合本行业的危害后果分析方法。

通过安全检查和风险评价确定的隐患，需由安全监督管理部门提出隐患治理的安全技术措施或安全项目计划，并协助企业领导人根据生产需要安排资金、人力和时间进度计划，按计划完成各项隐患治理项目。

（四）危险源辨识的工作程序

① 对辨识对象应有全面和较为深入的了解。

② 找出辨识区域所存在的危险物质、危险场所。

③ 对辨识对象的全过程进行危险危害因素辨识。

④ 根据相关标准对辨识对象是否构成重大危险源进行辨识。

⑤ 对辨识对象可能发生事故的危害后果进行分析。

⑥ 对构成重大危险源的场所进行重大危险源的参考分级，为各级安全生产监管部门的危险源分级管理提供参考依据。

⑦ 划分辨识单元，并对所划分的辨识单元中的细节进行详尽分析。

⑧ 为企业应急预案的制定、控制和预防事故发生，降低事故损失率提供基础依据。

三、危险化学品重大危险源辨识

（一）辨识依据

临界量是一种辨识危险源的标准。能够引起事故的危险化学品必须达到一定的数量才有意义。因此，危险化学品的危险性及存在的数量就是辨识化学危险源的重要依据。

不同类别的危险化学品，依其化学、物理性质及火灾爆炸特性、毒性的不同，构成危险源的量有所不同，也就是说每种危险化学品都有一个不得超过的限制量，这种限制量也称临界量。临界量的确定是一个很复杂的问题，如，同一种化学物质，且数量相等时，由于存在形式或外部因素等条件不同，发生事故后产生的危害可能相差甚远。目前，我国已经制定了国家标准《危险化学品重大危险源辨识》（GB 18218—2009），提出了以危险化学品的危险特性及临界量作为危险化学品重大危险源的辨识依据。

GB 18218—2009《危险化学品重大危险源辨识》规定了78种危险化学品以及除78种危险化学品外的9类危险化学品的临界量。在表2-6范围内危险化学品，其临界量按表2-6确定；未在表2-6范围内的危险化学品，依据其危险性，按表 2-7 确定临界量；若一种危险化学品具有多种危险性，按其中最低的临界量确定。

表 2-6 危险化学品名称及其临界量

序号	类别	危险化学品名称和说明	临界量/t
1	爆炸品	叠氮化钡	0.5
2		叠氮化铅	0.5
3		雷酸汞	0.5
4		三硝基苯甲醚	5
5		三硝基甲苯	5
6		硝化甘油	1
7		硝化纤维素	10
8		硝酸铵(含可燃物＞0.2%)	5
9	易燃气体	丁二烯	5
10		二甲醚	50
11		甲烷,天然气	50
12		氯乙烯	50
13		氢	5
14		液化石油气(含丙烷、丁烷及其混合物)	50
15		一甲胺	5
16		乙炔	1
17		乙烯	50
18	毒性气体	氨	10
19		二氟化氧	1
20		二氧化氮	1
21		二氧化硫	20
22		氟	1
23		光气	0.3
24		环氧乙烷	10
25		甲醛(含量＞90%)	5
26		磷化氢	1
27		硫化氢	5
28		氯化氢	20
29		氯	5
30		煤气(CO、CO 和 H_2、CH_4 的混合物等)	20
31		砷化三氢(胂)	12
32		锑化氢	1
33		硒化氢	1
34		溴甲烷	10
35	易燃液体	苯	50
36		苯乙烯	500
37		丙酮	500
38		丙烯腈	50
39		二硫化碳	50
40		环己烷	500

续表

序号	类别	危险化学品名称和说明	临界量/t
41		环氧丙烷	10
42		甲苯	500
43		甲醇	500
44		汽油	200
45		乙醇	500
46		乙醚	10
47		乙酸乙酯	500
48		正己烷	500
49	易于自燃的物质	黄磷	50
50		烷基铝	1
51		戊硼烷	1
52	遇水放出易燃气体的物质	电石	100
53		钾	1
54		钠	10
55	氧化性物质	发烟硫酸	100
56		过氧化钾	20
57		过氧化钠	20
58		氯酸钾	100
59		氯酸钠	100
60		硝酸(发红烟的)	20
61		硝酸(发红烟的除外,含硝酸>70%)	100
62		硝酸铵(含可燃物≤0.2%)	300
63		硝酸铵基化肥	1000
64	有机过氧化物	过氧乙酸(含量≥60%)	10
65		过氧化甲乙酮(含量≥60%)	10
66	毒性物质	丙酮合氰化氢	20
67		丙烯醛	20
68		氟化氢	1
69		环氧氯丙烷(3-氯-1,2-环氧丙烷)	20
70		环氧溴丙烷(表溴醇)	20
71		甲苯二异氰酸酯	100
72		氯化硫	1
73		氰化氢	1
74		三氧化硫	75
75		烯丙胺	20
76		溴	20
77		亚乙基亚胺	20
78		异氰酸甲酯	0.75

表 2-7 未在表 2-6 中列举的危险化学品类别及其临界量

类别	危险性分类及说明	临界量/t
爆炸品	1.1A 项爆炸品	1
	除 1.1A 项外的其他 1.1 项爆炸品	10
	除 1.1 项外的其他爆炸品	50
气体	易燃气体：危险性属于 2.1 项的气体	10
	氧化性气体：危险性属于 2.2 项非易燃无毒气体且次要危险性为 5 类的气体	200
	剧毒气体：危险性属于 2.3 项且急性毒性为类别 1 的毒性气体	5
	有毒气体：危险性属于 2.3 项的其他毒性气体	50
易燃液体	极易燃液体：沸点≤35℃且闪点<0℃的液体；或保存温度一直在其沸点以上的易燃液体	10
	高度易燃液体：闪点<23℃的液体（不包括极易燃液体）；液态退敏爆炸品	1000
	易燃液体：23℃≤闪点<61℃的液体	5000
易燃固体	危险性属于 4.1 项且包装为Ⅰ类的物质	200
易于自燃的物质	危险性属于 4.2 项且包装为Ⅰ或Ⅱ类的物质	200
遇水放出易燃气体的物质	危险性属于 4.3 项且包装为Ⅰ或Ⅱ的物质	200
氧化性物质	危险性属于 5.1 项且包装为Ⅰ类的物质	50
	危险性属于 5.1 项且包装为Ⅱ或Ⅲ类的物质	200
有机过氧化物	危险性属于 5.2 项的物质	50
毒性物质	危险性属于 6.1 项且急性毒性为类别 1 的物质	50
	危险性属于 6.1 项且急性毒性为类别 2 的物质	500

注：以上危险化学品危险性类别及包装类别依据 GB 12268 确定，急性毒性类别依据 GB 20592 确定。

（二）辨识指标

单元内存在危险化学品的数量等于或超过表 2-6、表 2-7 中规定的临界量，即被定为重大危险源。单元内存在危险化学品的数量根据处理危险化学品种类的多少区分为两种情况：①单元内存在的危险化学品为单一品种，则该危险化学品的数量即为单元内危险化学品的总量，若等于或超过相应的临界量，则定为重大危险源；②单元内存在的危险化学品为多品种时，则按式(2-1) 计算，若满足公式(2-1)，则定为重大危险源。

$$\frac{q_1}{Q_1}+\frac{q_2}{Q_2}+\cdots\frac{q_n}{Q_n}\geqslant 1 \tag{2-1}$$

式中，q_1，q_2，…，q_n 为每种危险化学品实际存在量，t；Q_1，Q_2，…，Q_n 为与各危险化学品相对应的生产场所或储存区的临界值，t。

化学事故分不同的等级，相应的化学危险源也有等级区别，所以不同大小的危险源要求的阈限量应该不同。上面介绍的危险化学品临界量是针对危险化学品重大危险源，能引起重大灾害性事故而言。而我国中、小化工企业数量众多，设备、工艺较落后，存在的事故隐患较多，一旦发生爆炸、泄漏事故，后果往往也很严重，尤其是有压力的泄漏事故发生在人口稠密区或大气稳定度中性等条件下。所以应对非重大型危险源也应有相应的阈限量。

第四节 化学危险源的扩散

一、扩散源概述

排放化学有毒物质进入大气的源称为扩散源，它是化学毒物释放到大气、水域或地面上的最初形态。扩散源的类型不同，形成的毒物云团在传播过程中的特点也不同。因此，在考察化学毒物的扩散规律时，必须考虑扩散源的类型、源强、泄漏量和泄漏物的性质等因素。

（一）扩散源的分类

1. 按化学毒物的排放方式分类

① 连续源。化学毒物以持续、定常的方式向空间排放的扩散源。

② 间歇源。化学毒物以规则的间歇性方式排放的扩散源。

③ 瞬时源。化学毒物以突发性方式在短时间内“瞬间”排放的扩散源。

2. 按扩散源排放位置分类

① 固定源。位置固定不变的扩散源。

② 移动源。位置移动的污染源，如车、船、飞机等扩散源。

③ 无组织排放源。无规则或泄漏散逸向空间排放毒物的源。

3. 按化学毒物排放口的形式分类

① 点源。毒物的排放口呈一定口径的点状排放的扩散源。

② 线源。毒物排放口构成线性排放的扩散源，或由移动扩散源构成线性排放的源。

③ 面源。在一定区域范围，以低矮密集的方式自地面或不大的高度排放毒物的源。

④ 体源。由源本身或附近建筑物的空气动力学作用使污染物呈一定体积向空间排放的源。

4. 按化学毒物排放高度分类

① 高架源。通过离地面一定高度的排放口排放毒物的源。

② 地面源。通过位于地面或低矮高度上的排放口排放毒物的源。

（二）源强

源强是指扩散源排放有毒物质的速率，也就是化学有毒物质在单位时间单位尺寸的排放量。

对于点源，源强是单位时间排放有毒物质的量，其单位为 g/s 或 kg/h 等；对于线源，源强是单位时间、单位长度排放的有毒物质的质量，单位为 g/(s·m)；

对于面源，源强是单位时间、单位面积上所排出有毒物质的量，单位为 $g/(s \cdot m^2)$ 或 $kg/(h \cdot km^2)$。上述是指连续源排放的源强，而对于瞬时源，其源强则是以一次释放污染物的总量表示，其单位为 g、kg 等。

（三）泄漏量

1. 液体泄漏量

液体泄漏量与其泄漏速度有关，泄漏速度可用流体力学的伯努利方程计算：

$$Q_0 = C_d A \rho \sqrt{\frac{2(P-P_0)}{\rho} + 2gh} \tag{2-2}$$

式中，Q_0 为液体泄漏速度，kg/s；C_d 为液体泄漏系数，如表 2-8 所示；A 为裂口面积，m^2；ρ 为泄漏液体密度，kg/m^3；P 为容器内介质压力，Pa；P_0 为环境压力，Pa；g 为重力加速度，$9.8m/s^2$；h 为裂口之上液位高度，m。

表 2-8 泄漏系数 C_d

雷诺数	裂口形状		
	圆形	三角形	长方形
>100	0.65	0.60	0.55
≤100	0.50	0.45	0.40

当容器内液体是过热液体，即液体的沸点低于周围环境温度，液体流过裂口时由于压力减小而突然蒸发。蒸发所需热量取自于液体本身，而容器内剩下的液体的温度将降至常压沸点。在这种情况下，泄漏时直接蒸发的液体所占百分比 F 的计算公式如下：

$$F = C_p \frac{T-T_0}{H} \tag{2-3}$$

式中，C_p 为液体的定压比热容，$J/(kg \cdot K)$；T 为泄漏前液体的温度，K；T_0 为液体在常压下的沸点，K；H 为液体的汽化热，J/kg。

按式(2-3) 计算，结果大部分在 0～1 之间，事实上，泄漏时直接蒸发的液体将以细小烟雾的形式形成云团，与空气相混合而吸收热蒸气。如果空气传给液体烟雾的热量不足以使其蒸发，一些液体烟雾将凝结成液滴降落到地面，形成液池。

根据经验，当 $F>0.2$ 时，一般不会形成液池；当 $F<0.2$ 时，F 与被带走液体之比有线性关系，即当 $F=0$ 时，没有液体被带走（蒸发），当 $F=0.1$ 时，有 50％的液体被带走。

2. 气体泄漏量

气体从裂口泄漏的速度与其流动状态有关。因此，计算泄漏量时首先要判断泄漏时气体流动属于声速还是亚声速流动，前者称为临界流，后者称为次临界流。

当式(2-4) 成立时，气体流动属声速流动：

$$\frac{P_0}{P} \leqslant \left(\frac{2}{k+1}\right)^{\frac{k}{k-1}} \tag{2-4}$$

当式(2-5) 成立时，气体属于亚声速流动：

$$\frac{P_0}{P} > \left(\frac{2}{k+1}\right)^{\frac{k}{k-1}} \tag{2-5}$$

式中，P_0 为环境压力，P 为容器内介质压力；k 为气体的绝热指数。

气体呈声速流动时，其泄漏速度是：

$$Q_0 = C_d A \rho \sqrt{\frac{Mk}{RT}\left(\frac{2}{k+1}\right)^{\frac{k+1}{k-1}}} \tag{2-6}$$

气体呈亚声速流动时，其泄漏速度是：

$$Q_0 = Y C_d A \rho \sqrt{\frac{Mk}{RT}\left(\frac{2}{k+1}\right)^{\frac{k+1}{k-1}}} \tag{2-7}$$

式中，C_d 为气体泄漏系数，当裂口形状为圆形时取 1.00，三角形时取 0.95，长方形时取 0.90；Y 为气体膨胀系数，由式(2-8) 计算；M 为分子量；ρ 为气体密度，kg/m^3；R 为气体常数，J/(mol·K)；T 为气体温度，K。

$$Y = \sqrt{\frac{1}{k-1} \times \left(\frac{k+1}{2}\right)^{\frac{k+1}{k-1}} \times \left(\frac{P}{P_0}\right)^{\frac{2}{k}} \left[1 - \left(\frac{P_0}{P}\right)^{\frac{k-1}{k}}\right]} \tag{2-8}$$

3. 两相流泄漏量

在过热液体发生泄漏时，有时会出现气、液两相流动。均匀两相流的泄漏可按式(2-9) 计算：

$$Q_0 = C_d A \sqrt{2\rho (P - P_c)} \tag{2-9}$$

式中，Q_0 为两相流泄漏速度，kg/s；C_d 为两相流泄漏系数，可取 0.8；P 为两相混合物压力，Pa；P_c 为临界压力，可取 $P_c = 0.55$Pa；ρ 为两相混合物平均密度，kg/m^3，按式(2-10) 计算。

$$\rho = \frac{1}{\dfrac{F_v}{\rho_1} + \dfrac{1-F_v}{\rho_2}} \tag{2-10}$$

式中，ρ_1 为蒸发蒸气密度，kg/m^3；ρ_2 为液体密度，kg/m^3；F_v 为蒸发的液体占液体总量的比例，按式(2-3) 计算。

液化气体的泄漏即属两相流泄漏。

(四) 爆炸扩散量

容器发生爆炸，伴随着高温高压，液体高速飞散，在大气中迅速蒸发，分散成云团，其汽化率与液体沸点的关系如表 2-9 所示。

表 2-9 K_u 与 T_b 的关系

化合物沸点(T_b)/℃	25	50	100	150	200	300
化合物汽化率(K_u)	0.9	0.8	0.6	0.4	0.3	0.2

近似计算式为：

$$K_u = 1.023e^{-0.0057T_b} \tag{2-11}$$

则爆炸后立即进入大气的化合物量为 QK_u。

二、有毒物质在大气中扩散

有毒物质以各种源的状态释放后进入大气，在大气湍流作用下进行扩散，危及下风向一定范围内的人员健康和安全。

（一）有毒物质在不同大气环境下的扩散形式

有毒物质在大气中扩散的规律与气象条件、地形条件、源的状况等因素有关。对于连续源，浓度分布的一般规律是：浓度随扩散距离增大而越来越低；浓度在垂直传播曲线方向符合正态分布，即中间浓度高，y、z 方向浓度逐渐降低。瞬时体源在 x、y、z 三个方向浓度逐渐降低（其中 x 为有毒物质在水平面随风速的传播方向；y 为有毒物质在水平面上垂直风速的传播方向；z 为有毒物质垂直地面的传播方向）。稳定源强的连续源扩散在下风向某点浓度不随时间而变化，而瞬时源在下风向某点，浓度随时间而变化，浓度由低到高再降低。这里只对典型环境下大气扩散形式进行一般性描述。

1. 开阔地域化学毒云的扩散形式

在大气中的毒云的扩散稀释很大程度上取决于气象条件，尤其是平均风速下、风向风速稳定和大气垂直稳定度逆温时，毒云扩散稀释缓慢，有利于云团大范围传播，危害后果严重。

2. 密闭空间场所化学毒云的扩散形式

通风气孔及外界风速风向、场所内的温度等都会影响场所内的气体流动规律。

（1）微风或无风时，有通风设施的场所气流运动特点及毒云分布特点

① 气流运动特点是：所有开放的门窗都是进风口，气流由安装在顶部的排风系统排出，气流由下往上运动，越靠近排气口，气流速度越大；在各进气口中间的部位发生乱流。

② 毒云分布特点是：释放点浓度很高，部分毒云进入乱流区，不易排出；毒云由低至高运动，释放点以上的楼层都将受到污染；从排气口排出的毒气将形成新的大气污染源，对下风向具有一定危害性。

（2）有风时，有通风设施的场所气流运动特点及毒云分布特点

① 气流运动特点是：迎主导风向的门窗有空气流入，背主导风向的门窗有

空气流出，侧面的门窗空气时进时出不稳定；通风系统使空气由下向上运动；场内角落处有乱流区。

② 毒云分布特点是：部分毒云在主导风的影响下，向下风向门窗运动，并被排出场外；部分毒云在排风系统影响下，通过楼梯向上运动至高层，污染上层空间，一部分从窗口排出，一部分从排气口排入大气；在通风不良处形成毒云滞流。

3. 城市街区化学毒云的扩散形式

城市街区化学毒云的扩散形式主要包括以下几种情况：

(1) 风向与街道平行时气流运动特点及毒云分布特点

① 气流运动特点是：气流沿顺风街道运动，由于高层建筑的限制，使气流速度变大；在街道两侧的空地和建筑物的背风面产生乱流。

② 毒云分布特点是：毒云沿顺风街道传播，由于两侧受阻不易扩散稀释，浓度较高，传播较远；在街道两侧空地及建筑物的背风面，毒云滞留，但浓度较低；两旁高层建筑低层，通过不密闭门窗有毒云渗入，浓度不高，但在室内滞留时间较长。

(2) 风向与街道斜交时气流运动特点及毒云分布特点

① 气流运动特点是：气流按锐角方向（风的去向与街道方向夹角）运动。

② 毒云分布特点是：毒云沿锐角方向街道传播扩散；在传播过程中，不断有部分毒云通过建筑物间隙离开主要传播路径，扩大空气污染范围；有部分毒云渗入两侧建筑物内，通常迎风或侧迎风面进入的毒云浓度较高。

(3) 复杂街区的气流运动特点及毒云分布特点

① 气流运动特点是：气流按锐角方向运动；遇有垂直风向的街道或建筑物，发生乱流；遇有兜风的空地、建筑物环绕或半环绕的空地，发生乱流；遇有街心花园、茂密树丛地，风速较小，发生乱流。

② 毒云分布特点是：毒云沿锐角方向向街道传播；传播过程中，不断有部分毒云通过建筑物间隙，沿风向离开主要传播路径，扩大空气污染面积；部分毒云深入街道两侧建筑物内，通常从迎风或侧迎风面进入的毒云浓度较高；传播路径上，遇有垂直风向的街道建筑物时，毒云将向两侧扩散一定距离，并在其后发生滞留；毒云在街心花园、茂密丛林地发生滞留；毒云进入兜风的空地、建筑物环绕或半环绕的空地发生滞留。

（二）有毒物质在一般环境下的大气扩散模型

1. 高架连续点源

高架源释放浓度的分布特点是：释放点的地面投影处浓度并不是最高，而是在下风向某一距离上浓度最高，存在一个最大落地浓度，源的释放高度越高，最大浓度的落地点就越远，整个地面浓度也越小，这就是高毒性、大排气量时使用高排气筒的原因。

对于高架连续点源，浓度在 x、y、z 方向分布二源高为零时传播轴线上的浓度×y 方向衰减率×z 方向的衰减率及源高的影响因素的具体形式为：

$$C_{(x,y,z,H)}=\frac{Q_{\mathrm{p}}K_{\mathrm{u}}}{2\pi u\sigma_y\sigma_z}\exp\left(-\frac{y^2}{2\sigma_y^2}\right)\left\{\exp\left[-\frac{(z-H)^2}{2\sigma_z^2}\right]+\exp\left[-\frac{(z+H)^2}{2\sigma_z^2}\right]\right\} \tag{2-12}$$

式中，$C_{(x,y,z,H)}$ 为高架源释放在空间（x，y，z）点的浓度，$\mathrm{g/m^3}$；Q_{p} 为源强，g/s；K_{u} 为汽化率；σ_y、σ_z 为大气扩散系数，也叫浓度分布均分差，m，与气象地形条件有关，风越大、稳定度越不稳定、地形越复杂，则 σ_y、σ_z 越大，形成的浓度越小。

2. 地面连续点源

污染物从地面上一个点释放时，其浓度公式由式(2-12) 令 $H=0$ 推得

$$C_{(x,y,z)}=\frac{Q_{\mathrm{p}}K_{\mathrm{u}}}{\pi u\sigma_y\sigma_z}\exp\left(-\frac{y^2}{2\sigma_y^2}\right)\exp\left(-\frac{z^2}{2\sigma_z^2}\right) \tag{2-13}$$

3. 垂直地面喷射连续线源

设垂直喷射液气柱高为 H_{L}，设 H_{L} 上各处化合物量分布均匀，把 H_{L} 分成许多份，每一份都相当于一个连续点源，都对下风向某点的浓度产生一定作用，将它们的所有作用结果加起来（积分），就是连续线源释放对某点产生的浓度。在源强不变的条件下，H_{L} 越大浓度越大。地面上的浓度分布可用下列关系式说明：

浓度=线源无限长时轴线浓度×浓度在 y 方向的衰减率×线源长度的影响率

具体形式为：

$$C_{(x,y,0,H_{\mathrm{L}})}=\frac{Q_{\mathrm{L}}K_{\mathrm{u}}}{\sqrt{2\pi}\,u\sigma_y}\exp\left(-\frac{y^2}{2\sigma_y^2}\right)\Phi\left(\frac{H_{\mathrm{L}}}{\sqrt{2}\,\sigma_z}\right) \tag{2-14}$$

式中，$\Phi\left(\frac{H_{\mathrm{L}}}{\sqrt{2}\,\sigma_z}\right)$为垂直线源长度的影响率，当 H_{L} 很小时，该值趋近于 0；当 H_{L} 很大时，该值趋近于 1，该值在 0～1 之间变化。

若 $t=\frac{H_{\mathrm{L}}}{\sqrt{2}\,\sigma_z}$，则近似值为：

$$\Phi(t)=[1-0.5\exp(-t^2)-0.5\exp(-1.55t^2)]^{0.5} \tag{2-15}$$

4. 地面垂直面源

设毒云的起始高度为 H_{L}，垂直风长为 L，在（H_{L}，L）面上化合物量分布均匀。若把这个面分为许多小方块，每一个小方块相当于一个连续点源，可用式(2-12) 计算每一个点源对下风向某点作用的浓度，将所有点源作用效果加起来就是面源对某点作用的总浓度，处理结果如式(2-16) 所示：

$$C_{(x,y,0)}=\frac{Q_s K_u}{2u}\left[\Phi\left(\frac{y+\frac{L}{2}}{\sqrt{2}\sigma_y}\right)-\Phi\left(\frac{y-\frac{L}{2}}{\sqrt{2}\sigma_y}\right)\right]\Phi\left(\frac{H_L}{\sqrt{2}\sigma_z}\right) \quad (2\text{-}16)$$

由于连续源是稳定释放的，浓度是不随时间变化的，因此，毒害剂量等于该处浓度乘以作用时间 Δt（min），即：

$$LC_\tau=c_{(x,y,z)}\Delta t \quad (2\text{-}17)$$

作用时间越长，作用毒害剂量越大，人员遭受伤害的程度越严重。

5. 瞬时体源

瞬时体源释放在下风向某点的浓度随时间变化，毒害剂量应是：

$$LC_\tau=\int_{\tau_1}^{\tau_2} C(\tau)\mathrm{d}\tau \quad (2\text{-}18)$$

式中，$C(\tau)$ 为浓度随时间的变化函数；τ_1、τ_2 为起止作用时间。

$$LC_{\tau(x,y,0)}=\frac{0.0047QK_u}{u\alpha\beta}\exp\left(-\frac{y^2}{\alpha^2}\right)\left[0.84+\Phi\left(\frac{u\Delta\tau}{\alpha}-1\right)\right] \quad (2\text{-}19)$$

式中，$LC_{\tau(x,y,0)}$ 为下风向（x，y，0）处云团到达后作用 $\Delta\tau$ 所作用的毒害剂量，mg · min/L；$\Delta\tau$ 为作用时间间隔，s；u 为离地 10m 高处的风速，m/s；α、β 为与云团起始半径（r）、高度（h）、下风距离（x）及大气稳定度（n）有关的系数，计算方法如下：

$$\begin{aligned}\alpha&=(4p13.5^{2-n}x+r^2)^{0.5}\\ \beta&=(pn^2x+h^n)^{1/n}\end{aligned} \quad (2\text{-}20)$$

式中，p 值见表 2-10。

表 2-10　p 值

稳定度	B	C	D	E	F
稳定度系数 n	0.9	0.95	1.0	1.05	1.1
平原	0.546	0.406	0.3	0.224	0.166
郊区	0.809	0.749	0.7	0.647	0.606
城市	1.045	1.017	1.0	0.976	0.963

（三）有毒物质在特殊环境下的大气扩散模型

1. 封闭型扩散模式

当低层为不稳定大气，在离地面几百米到 1～2km 的高空存在一个明显的逆温层，即通常所称有上部逆温的情况。它使污染物的垂直扩散受到限制，只能在地面和逆温层底之间进行。因此，有上部逆温的扩散也称“封闭型”扩散。

若将扩散到逆温层中的污染物忽略不计，把逆温层底看成是和地面一样能起全反射作用的镜面，这样，污染物就在地面和逆温层底这两个镜面的全反射作用下进行扩散，其浓度分布可用像源法处理。这时，污染源在两镜面上形成的像不止一个，而是无穷多个像对。污染物的浓度可看成是实源和无穷多像源的贡献之和，于是地面轴线上的污染物浓度可表示为：

$$C(x,0,0,H)=\frac{Q}{\pi u\sigma_y\sigma_z}\sum_{-\infty}^{\infty}\mathrm{e}^{-\frac{(H-2nD)^2}{2\sigma_z^2}} \tag{2-21}$$

式中，D 为逆温层底高度，即混合层高度，m；n 为毒物云团在两界面之间的反射次数。

实际中上式计算过于烦琐，一般多采用一种简化的方法，可把浓度估算按下风距离 x 的不同分成三种情况来处理。

(1) 当 $x\leqslant x_D$ 时　x_D 为云团垂直扩散高度刚好达到逆温层底时的水平距离，在 $x\leqslant x_D$ 时，云团扩散尚未受到上部逆温层的影响，其浓度仍可按一般扩散模式估算。x_D 值可按以下方法求取：

$$\sigma_z=\frac{D-H}{2.15} \tag{2-22}$$

按式(2-22) 求出 σ_z 后，由有关图表查出与 σ_z 对应的下风距离 x，此 x 值即为 σ_D。

(2) 当 $x\geqslant 2x_D$ 时　毒物云团经过两界面多次反射，达到某一距离 x 后，在 z 方向的浓度分布将渐趋均匀，一般认为，$x\geqslant 2x_D$ 时 z 方向浓度分布就均匀了；但 y 方向浓度分布仍为正态分布，且仍符合扩散的连续性条件，于是得到此时的浓度方程为：

$$C(x,y)=\frac{Q}{\sqrt{2\pi}\,uD\sigma_y}\mathrm{e}^{-\frac{y^2}{2\sigma_y^2}} \tag{2-23}$$

(3) 当 $x_D<x<2x_D$ 时　污染物浓度在前两种情况的中间变化，情况较复杂，这时可取 $x=x_D$ 和 $x=2x_D$ 两点浓度的内插值来计算。

2. 熏烟型扩散模式

在夜间发生辐射逆温时，清晨太阳升起后，逆温从地面开始被破坏而且逐渐向上发展。当逆温破坏到毒物云团下边缘以上时，便会发生强烈的向下混合作用，使地面污染物浓度增大，这个过程称为熏烟（或漫烟）过程，如图 2-9 所示。

为了估算熏烟条件下的地面浓度，假设毒物云团原来是排入稳定层内的，当逆温层消失，在高度 h_f 以下浓度的垂直分布是均匀的，则地面浓度仍可用式(2-23) 计算，只是 D 应换成逆温层消失高度 h_f，源强 Q 只应包括进入混合层中的部分，所以计算公式改为：

$$C(x,0,0,H)=\frac{Q\int_{-\infty}^{p}\frac{1}{\sqrt{2\pi}}\mathrm{e}^{-\frac{1}{2}p^2}\,\mathrm{d}p}{\sqrt{2\pi}\,uh_f\sigma_{yf}}\mathrm{e}^{-\frac{y^2}{2\sigma_{yf}^2}} \tag{2-24}$$

式中，$p=(h_f-H)/\sigma_z$；h_f 为逆温层消失的高度，m；σ_{yf} 为熏烟条件下 y

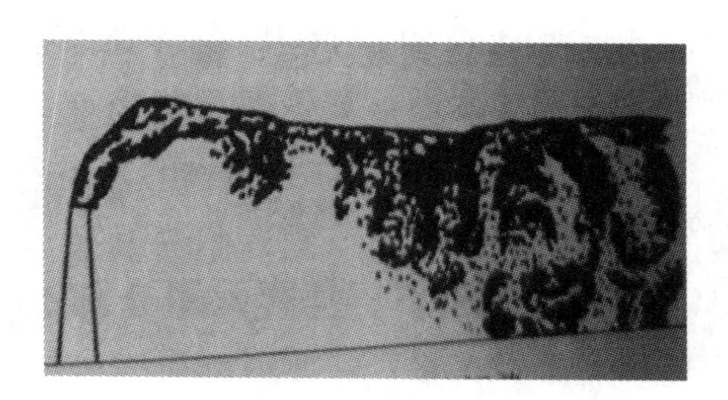

图 2-9 熏烟型的污染

方向扩散系数，m，σ_{yf}值可以按式(2-25) 计算：

$$\sigma_{yf}=\frac{2.15\sigma_y+H\tan15°}{2.16}=\sigma_y+\frac{H}{8} \tag{2-25}$$

式中，σ_y、σ_z 为原大气稳定度级别（E 或 F）时的扩散系数。

当逆温消失到污染源有效高度处，即 $h_f=H$ 时，可以认为毒物云团的一半向下混合，另一半仍留在上面的稳定大气中，则：

$$C(x,0,0,H)=\frac{Q}{2\sqrt{2\pi}uH\sigma_{yf}}e^{-\frac{y^2}{2\sigma_{yf}^2}} \tag{2-26}$$

当逆温层消失到毒物云团的上边缘时，可以认为毒物云团全部向下混合，使地面熏烟浓度达到最大值。当逆温层继续向上消失时，毒物云团全部处于不稳定大气中，熏烟过程将不复存在。

3. 城市大气污染扩散模式

城市中的扩散是相对于野外乡村平坦地的扩散而言的。城市是人口、工商业、交通密集地区，受到城市下垫面粗糙及城市热岛效应等环境因素的影响，使得气象特征及大气扩散规律与平原地区有着显著不同。因此，污染物浓度估算是十分复杂和困难的，下面简单介绍两种扩散模式。

（1）“箱”模式 “箱”模式是最简单的城市大气污染扩散模式，它假定整个城市是长方形，且有一边和风向完全平行，污染物浓度在混合层内是均匀分布的，即整个城市只有一个浓度值，设城市面源平均强度为 $Q[g/(s\cdot m^2)]$，城市边长为 l，混合层高度是 h，平均风速 u，则“箱”模式浓度是：

$$D=\frac{Ql^2}{ulh}=\frac{Ql}{uh}\quad (g/m^3) \tag{2-27}$$

“箱”模式是对实际情况的极大简化，假设污染物一旦由源排出，就立即在混合层内均匀分布，这与污染物在垂直方向的扩散情况不符。因此，“箱”模式低估了实际的地面浓度，但范围越大，应用效果越好。

（2）简化为点源的面源模式 将城市面源分成若干小方格，每个方格内的源强为方格内所有源强的总和除以方格的面积。计算时，假设面源单元与上风向某一虚拟点源所造成的污染等效，当这个虚拟点源的烟流扩散到面源单元的中心时，其烟流的宽度正好等于面源单元的宽度，其厚度正好等于面源单元的高度。这相当于在点源公式中增加了一个初始扩散参数，以模拟面源单元中许多分散点源的扩散，其地面浓度可用式(2-28)计算：

$$C(x,0,0,H)=\frac{Q}{\pi u(\sigma_y+\sigma_{y0})(\sigma_z+\sigma_{z0})}e^{-\frac{1}{2}\left[\frac{y^2}{(\sigma_y+\sigma_{y0})^2}+\frac{H^2}{(\sigma_z+\sigma_{z0})^2}\right]} \tag{2-28}$$

σ_{y0}、σ_{z0}常用以下经验方法确定：

$$\sigma_{y0}=\frac{W}{4.3},\sigma_{z0}=\frac{H}{2.15} \tag{2-29}$$

式中，W 为面源单元的宽度，m；H 为面源单元的平均高度，m；其他符号意义同前。

4. 山区扩散模式

山区流场受到复杂地形的热力和动力因子影响，流场均匀和定常的假设难以成立。毒物云团的输送，严格说是由一些无规律可循的气流运动完成的，正态分布假设也难以成立。但国内外许多山区扩散实验表明，对风向稳定、研究尺度不大、地形相对较为开阔及起伏不很大的地区，相当多的实验数据基本上还是遵循正态分布规律的。在这样的地区，污染物扩散仍可用平原地区的高斯扩散模式。但由于山区大气湍流强烈，扩散速率比平原地区快，扩散参数比平原地区大得多，因此应取向不稳定方向提级后的扩散参数。山谷地区的大气扩散模式可以采用封闭山谷中的扩散模式。

狭长山谷中近地面源的污染，由于受到狭谷地形的限制，可以认为污染物仅能在狭谷两壁之间扩散。由于壁的多次反射作用，可以认为在距离污染源一段距离之后，污染物在横向近似为均匀分布，在垂直方向仍为正态分布，所以有下面的浓度表达式：

$$C(x,z)=\frac{2Q}{\sqrt{2\pi}uW\sigma_z}e^{-\frac{z^2}{2\sigma_z^2}} \tag{2-30}$$

式中，W 为山谷的宽度，m；其他符号意义同前。

若为高架源，则浓度方程为：

$$C(x,z,H)=\frac{2Q}{\sqrt{2\pi}uW\sigma_z}e^{-\frac{(z-H)^2}{2\sigma_z^2}}+e^{-\frac{(z+H)^2}{2\sigma_z^2}} \tag{2-31}$$

与前面讨论过的封闭型扩散类似，在毒物云团开始扩散的一段距离内，污染物在横向扩散尚未达到均匀，这时应考虑横向扩散的影响。当达到一定距离后，可以认为污染物在横向达到了均匀分布。显然，这个距离和谷宽 W 有关，其关系为：

$$\sigma_y=\frac{W}{4.3} \tag{2-32}$$

已知谷宽 W 时，可求出 σ_y，再根据大气稳定度，即可求出相应的距离 x

值，此距离可认为是扩散开始受到狭谷两侧壁影响的距离。

（四）毒物云团的脱离和受热上升

1．毒物云团的脱离

毒物云团运动时，必然会向各个方向散布开来。由于风速是随着地面高度增加而增大的，因此散布在上层的部分云团，其水平方向的运动速度比下层云团要快，若上层与下层风向一致，则上层云团必然会超过下层云团，先到达某地的上空。有时由于湍流混合作用，上层气流也可能潜入到下层，造成低浓度区。在毒物云团运动过程中，首先接近某地的不是高浓度云团而是低浓度云团，这样就等于事先给了一个预告，这种现象可以出现在逆温和等温条件下。可以根据某地区附近的风速和某一高度上的风速差来估计上层云团超过下层云团多大距离，实验证明，有时可达 50～100m，甚至 1000m。

除了风速随高度增加而增大影响云团运动以外，温度的影响也是很大的。当温度梯度为负或零时，云团的传播规律可用扩散方程表示。但温度梯度为正时，云团就会脱离地面而上升，这种脱离地面的趋势随着风速的减小和空气不稳定程度的增强而增大，这种现象在扩散方程中是没有考虑到的。

2．毒物云团的受热上升

云团受热上升是指扩散源产生的热引起的毒物云团上升。在毒物扩散过程中，有时在其附近会产生大量的热，造成比周围空气更高的温度，因此云团也就比周围空气轻，出现上升（在污染气象学里叫烟云抬升），一直升到与周围空气密度相同时才停止，如毒物爆炸或燃烧时，均有大量的热量传递给毒物云团。实验表明这种温差虽然消失很快，但上升的云团将在较高的高度上传播，减小了地面浓度，对人员的杀伤作用将有所减弱。风速增大有利于热空气与周围空气的混合，抑制了云团的上升，但风速增大也会使扩散加剧。这种现象在前面所述的扩散方程中也没有考虑。

三、有毒物质在水域中的扩散

大量有毒化合物泄入水中，一般以 3 种状态起毒害作用：一是有毒化合物是油状不溶于水，漂浮在水面上的油状污染物可直接污染码头设施和船舶的接水部分，如遇明火引燃和蒸发有毒气体可直接扩散入空气；二是能溶解于水，直接污染水源；三是沉入水底，成为一种长期的污染毒源。

（一）化学毒物污染水域的扩散形式

毒物进入水体后，按照它们与水体的混合状态可以分为竖向混合、横向混合与完全混合 3 个阶段。

1．竖向混合阶段

由于河流的深度通常比宽度小，毒物进入河流很快达到竖向浓度分布均匀，完成竖向混合过程。完成这一过程所需的水平距离大约为水深的几倍至几十倍。在竖向混合过程中也存在横向混合过程。

2. 横向混合阶段

由于扩散和弥散等原因，逐步在横断面上达到浓度分布均匀，完成横向混合过程。完成这一过程所需的下游距离比完成竖向混合所需要的长度大得多，并且河流越宽所需距离越长，该距离与河的宽度呈平方关系：

$$L=1.8\frac{B^2\mu}{4H\mu^*} \tag{2-33}$$

式中，B 为河流平均宽度，m；μ 为河流平均流速，m/s；H 为平均水深，m；μ^* 为摩阻流速，$\mu^*=\sqrt{gHI}$，m/s，g 为重力加速度，m/s^2；I 为河流水力坡降。

3. 完全混合阶段

完成横向混合之后，毒物在断面上的浓度分布处处均匀，在没有新的毒物补充的情况下，对于守恒物质，各断面上浓度保持相等；对于非守恒物质，由于自身不断降解，使浓度随距离或时间增长而不断减小。毒物在天然水体中主要是发生水解，因此，水解速度决定了毒物浓度下降的速度。顺直河流中，达到全断面完全混合的距离与河宽的平方成正比关系：

$$L=0.25\frac{B^2\mu}{D_y} \tag{2-34}$$

式中，D_y 为横向扩散系数，m^2/s。

由于河流中存在着不同的混合过程，因此，要根据各种河流不同的特点选用相应的浓度计算模型。竖向混合过程涉及空间三个方向，竖向混合问题又称为三维问题；相应的横向混合问题，称为二维问题；完成横向混合以后的问题称为一维问题。如果河段很长，水深和水宽相对很小，一般可简化为一维混合问题，这样处理要比二维、三维简单得多。

若毒物难溶或不溶于水且难以挥发，此时若毒物与水体的相对密度明显大于1时，毒物将很快沉入水体底部，或者部分形成悬浮体系，使水体质量严重下降，不能正常使用；相对密度明显小于1时，毒物将在水面上形成直径在几至十几毫米的漂浮物或液膜，长时期污染水体表面，必须及时进行收集打捞。

（二）毒物在水体中的迁移过程

毒物在河流中的混合过程是由于水体的不同迁移过程造成的。毒物在河流中的迁移过程可分为两类：一类是推流，另一类是非推流。推流也称平流，在推流过程中河流横断面上流速处处相等，水流之间不发生任何混合和干扰，染毒水体被从一个河段推移到下一个河段。非推流运动存在着质点与水流之间的相互混合的扩散和弥散作用。

1. 扩散作用

扩散是流体中分子或质点的随机运动产生的分散现象，分为分子扩散和湍流扩散两种作用。分子扩散是由于分子无规则运动引起的质点分散现象，分子扩散服从菲克（Fick）第一定律，即分子扩散的质量通量与扩散物质的浓度梯度成正比，即：

$$M_{\mathrm{m}}=-D_{\mathrm{m}}\frac{\partial C}{\partial n} \tag{2-35}$$

式中，M_{m} 为分子扩散的质量通量，$\mathrm{g/(m^2\cdot s)}$；D_{m} 为分子扩散系数，$\mathrm{m^2/s}$；$\frac{\partial C}{\partial n}$为毒物浓度沿等浓度曲面法线方向的梯度，$\mathrm{g/m^4}$。

式(2-35) 也可写成 x、y、z 多方向上的分量形式：

$$M_{\mathrm{m}x}=-D_x\frac{\partial C}{\partial n},M_{\mathrm{m}y}=-D_y\frac{\partial C}{\partial n},M_{\mathrm{m}z}=-D_z\frac{\partial C}{\partial n} \tag{2-36}$$

D_{m} 值约为 $10^{-8}\sim10^{-10}\mathrm{m^2/s}$。

湍流扩散是湍流场中质点的流速、压力、浓度等状态的瞬时值相对于其时间平均值的随机脉动而导致的分散现象，当流体质点的紊流脉动瞬时速度为稳定的随机变量时，湍流扩散规律也可以用菲克第一定律表达，即：

$$M_{\mathrm{t}}=-D_{\mathrm{t}}\frac{\partial C}{\partial n} \tag{2-37}$$

式中，M_{t} 为湍流扩散的质量通量；D_{t} 为湍流扩散系数；C 为水中毒物的时间平均浓度。

同样，式(2-37) 也可写成：

$$M_{\mathrm{t}x}=-D_x\frac{\partial C}{\partial x},M_{\mathrm{t}y}=-D_y\frac{\partial C}{\partial y},M_{\mathrm{t}z}=-D_z\frac{\partial C}{\partial z} \tag{2-38}$$

湍流扩散是各向异性的，其值一般为 $10^{-4}\sim10^{-6}\mathrm{m^2/s}$。与湍流扩散系数相比，分子扩散系数小得多，因此，一般河流中污染物的分子扩散作用可以忽略不计。

2. 弥散作用

弥散作用是由于横断面上实际的流速分布不均引起的。在用断面平均流速描述实际的运动时，就必须考虑一个附加的、由流速不均引起的弥散作用，该作用同样可以用菲克第一定律表达，即：

$$M_{\mathrm{d}}=-D_{\mathrm{d}}\frac{\partial C}{\partial n} \tag{2-39}$$

式中，M_{d} 为弥散引起的质量通量；D_{d} 为弥散系数；C 为湍流时间平均浓度的空间平均值。

弥散系数一般为 $10\sim10^4\mathrm{m^2/s}$，实际应用中为了简化常常忽略。

（三）毒物在河流中的扩散模式

1. 零维模型基本过程

把某河段看成是一个理想的完全混合反应器，即毒物进入水体后迅速均匀地分布到水体的各部分，起始浓度为 C_0，在向下游运动的过程中，体积不变化，浓度由于水解时间的延长而下降，假设该过程符合一级反应，则可以得到零维模型基本方程：

$$\frac{\mathrm{d}C}{\mathrm{d}t}=-k_1C,\ C=C_0\mathrm{e}^{-k_1t}=C_0\mathrm{e}^{-k_1\frac{x}{u}} \tag{2-40}$$

式中，C 为染毒后 t 时刻或下游处的染毒浓度，mg/L；C_0 为起始染毒浓度，mg/L；k_1 为水解速度常数，s^{-1}；u 为水流速度，m/s；x 为离起始染毒河段的下游距离，m。

起始染毒浓度 C_0 可以由现场侦检测得，也可以由计算的方法预测。

对于瞬时源：

$$C_0=\frac{\Delta B\Delta x}{B\Delta xh}=\frac{\Delta}{h} \tag{2-41}$$

式中，Δ 为平均染毒密度，$\mathrm{g/m^2}$；B 为河宽，m；Δx 为河段长，m；h 为河深，m。

对于连续源：

$$C_0=\frac{Q_\mathrm{p}}{Q}=\frac{Q_\mathrm{p}}{Bhu} \tag{2-42}$$

式中，Q_p 为扩散源的源强，g/s；Q 为河水流量，$\mathrm{m^3/s}$；u 为河水流速，m/s。

零维模型适用于混合程度较好的均匀河段，例如河宽、河深不大，流速较大的平直河流。

2. 一维模型基本方程

一维模型基本方程适用于宽度和深度都很小，但流速随深度有变化的河流，此时染毒浓度不但在 x 方向要弥散，而且会发生水解。根据质量守恒定律和连续性原理，可推导出一维模型基本方程。

（1）连续源的一维模型基本方程

$$C=C_0\exp\left[\frac{u_xx}{2D_x}\left(1-\sqrt{1+\frac{4k_1D_x}{u_x^2}}\right)\right] \tag{2-43}$$

式中，C_0 为释放点的起始浓度，mg/L；u_x 为 x 方向的水流速度，m/s；D_x 为 x 方向的弥散系数，$\mathrm{m^2/s}$；k_1 为水解速度常数，s^{-1}；x 为下游方向离释放点的距离，m；C 为 x 处的染毒浓度，mg/L。

（2）瞬时点源的一维模型基本方程

$$C(x,t)=\frac{W}{A\sqrt{4\pi M_{xt}}}\exp(-k_1t)\exp\left[-\frac{(x-u_xt)^2}{4D_xt}\right] \tag{2-44}$$

式中，W 为瞬时释放的毒物量，g；A 为河流断面平均面积，m^2；$C(x,t)$ 为 x 处，t 时刻染毒浓度，mg/L。

(3) 瞬时线源的一维模型基本方程　如果在长为 Δx 的河流上染毒，则可以把 Δx 分成若干断面，分别计算对下游 x 处浓度的贡献，并用积分的方法建立浓度方程。

$$C(x,t)=\frac{W}{2A\Delta x}e^{-k_1t}\left[\Phi\left(\frac{x+\frac{\Delta x}{2}-ut}{\sqrt{4D_xt}}\right)-\Phi\left(\frac{x-\frac{\Delta x}{2}-ut}{\sqrt{4D_xt}}\right)\right] \tag{2-45}$$

式中，W 为在 Δx 的河段中的毒物量，g；A 为河流断面平均面积，m^2；Δx 为平均染毒密度，g/m^2。

3. 二维模型基本方程

二维模型基本方程适用于深度较小，宽度较大的河流，染毒水体在 x 方向和 y 方向都扩散的河流。

(1) 连续点源的二维模型基本方程

$$C(x,y)=\frac{Q}{u_xH\sqrt{4\pi D_y\frac{x}{u_x}}}e^{-k_1\frac{x}{u_x}}e^{\frac{u_xy^2}{4D_yx}} \tag{2-46}$$

该式适用于无边界的连续点源。

(2) 瞬时点源的二维模型基本方程

$$C(x,y,t)=\frac{W}{4\pi H\sqrt{D_xD_yt^2}}e^{-k_1t}e^{-\left[\frac{(x-u_xt)^2}{4D_xt}+\frac{(y-u_yt)^2}{4D_yt}\right]} \tag{2-47}$$

在有边界的条件下要增加边界的反射作用，因此，将式(2-47) 修正为：

$$C(x,y,t)=\frac{W}{4\pi H\sqrt{D_xD_yt^2}}e^{-k_1t}e^{-\frac{(x-u_xt)2}{4D_xt}}\left[e^{-\frac{(y-u_yt)^2}{4D_yt}}+e^{-\frac{(2b+y-u_yt)^2}{4D_yt}}\right] \tag{2-48}$$

式中，b 为点源到边界的距离。

(3) 瞬时面源的二维模型基本方程　当发生化学突发灾害事故，使靠河岸边的长 Δx，宽 Δy 的水域染毒，采用积分的方法得到瞬时面源的浓度公式为：

$$C(x,y,t)=\frac{We^{-k_1t}}{2H\Delta x\Delta y}\left[\Phi\left(\frac{x+\frac{\Delta x}{2}-u_xt}{\sqrt{4D_xt}}\right)-\Phi\left(\frac{x-\frac{\Delta x}{2}-u_xt}{\sqrt{4D_xt}}\right)\right] \tag{2-49}$$

4. 三维模型基本方程

在均匀河段中，毒物在水中水解符合一级反应的三维模型通式如下：

(1) 连续点源的三维模型

$$C(x,y,z,t)=\frac{W}{4\pi x\sqrt{D_yD_z}}e^{-k_1\frac{x}{u_x}}e^{-\frac{xu_x}{4}\left(\frac{y^2}{D_y}+\frac{z^2}{D_z}\right)} \tag{2-50}$$

（2）瞬时点源的三维模型　在均匀流场中，典型的三维模型的解析解为：

$$C(x,y,z,t)=\frac{We^{-k_1t}}{8\sqrt{(\pi t)^3D_xD_yD_z}}\exp\left\{-\frac{1}{4t}\left[\frac{(x-u_xt)^2}{D_x}+\frac{(y-u_yt)^2}{D_y}+\frac{(z-u_zt)^2}{D_z}\right]\right\} \tag{2-51}$$

四、影响化学事故危险源扩散危害的因素

化学事故危险源的危害范围会受很多因素的影响：

（一）事故发生的时间和地点

1. 事故发生的时间

同样的事故在不同的时间发生，所造成的危害是不同的。这是因为不同时间段人口分布情况、防护状况不同；不同时间大气垂直稳定度也不相同。

2. 事故发生的地点

不同地点的地表性质不一样，如茂密的草地和光秃的耕地，起始大小相同的有毒云团传播的远近将有明显差别；再如城市工业区和农村平原，相同天气条件下大气垂直稳定度要相差半级到一级，所以大气湍流的强度不一样，直接表现就是有害物质的浓度在大气中衰减的速度不同，因而传播纵深和危害范围都不相同。

（二）化学事故的类型和起始参数

1. 事故的类型

不同类型的化学事故其危害形式不同。例如，超压爆炸事故在爆炸瞬间形成一个巨大的有毒云团，这种云团边向下风向飘移其浓度边下降，传播纵深较远，所经之处均可引起人员中毒；而连续泄漏事故危害纵深较近，并且在危害纵深内毒物浓度基本恒定不变，除非泄漏停止；爆炸燃烧事故则主要以爆炸冲击波对建筑、设备及人员造成机械损伤，以热辐射对人员和器材造成烧伤损伤。所以事故类型不同，不仅危害形式不同，而且危害范围也相差较大，对人员和财产所造成的损失更不相同。

2. 事故的起始参数

同样类型的事故起始参数不同，其危害也大不一样。根据事故类型确定有关事故起始参数，其中泄漏事故包括泄漏部位、容器压力、管道直径，爆炸事故包括爆炸物质总量、爆炸瞬间有毒云团的起始半径和起始高度，池火燃烧事故则包括池火半径和环境温度等参数。以管道断裂引起的连续泄漏事故为例，管道直径和压力越大，则泄漏速率或源强越大，同样条件下其危害就越大。

（三）化学毒物的理化性质

能够引起严重化学事故的化学危险源，主要指常温常压下是气体，或液体但能迅速挥发，并在大气中能够较稳定地扩散的有毒化学物质。

化学毒物的理化性质如分子量、密度、沸点、挥发度、饱和蒸气压、爆炸极限、液态毒物的汽化率等都能直接影响化学危险源的危害范围、程度及对其防护的难易。例如沸点的高低直接影响毒物的汽化率，只有汽化的部分毒物才能造成大范围的空气染毒。相对密度太小，泄漏介质容易对流至高空；相对密度太大，又容易沉降至地面，对云团传播不利，故造成的危害也相对小。对于爆炸极限，若爆炸极限较小，通过泄漏造成空气染毒后，特别容易引起燃烧爆炸。

（四）化学毒物的毒性和储量

化学事故危害源的化学毒物毒性越大，危害也就越重；化学毒物的储量大，危害也就大。例如：等量的氯气和氨气发生泄漏，氯气的危害范围要比氨气大5～10倍。表2-11列出了常见化学毒物各种程度的毒害剂量。

表2-11 常见化学毒物毒害剂量推荐值

毒物名称	半致死剂量 LC_{t50}	重度中毒剂量 D_e	中度中毒剂量 D_z	轻度中毒剂量 D_q	阈值剂量 D_p
沙林	0.1	0.07	0.04	0.015	0.004
VX	0.05	0.027	0.014	0.005	0.001
梭曼	0.07	0.035	0.018	0.007	0.002
芥子气	1.5	0.75	0.20	0.095	0.025
路易氏气	0.7	0.35	0.20	0.095	0.025
一氧化碳	275	140	70	26	7
硫化氢	50	25	13	5	1.3
氯气	6.4	3.2	1.6	0.6	0.2
氨气	21	11	6	2.3	0.6
二氧化氮	23	12	6	2.3	0.6
二硫化碳	747	373	187	70	19
氰化物	2.4	1.2	0.6	0.2	0.05
光气	6	3	1.5	0.6	0.2
氢氰酸	1.9	0.9	0.5	0.2	0.05
二氧化硫	80	40	20	7.5	2
乙烯	640	320	160	60	16
丁二烯	640	320	160	60	16
汽油	2240	1120	560	224	112

续表

毒物名称	半致死剂量 LC_{t50}	重度中毒剂量 D_e	中度中毒剂量 D_z	轻度中毒剂量 D_q	阈值剂量 D_p
苯	720	360	180	68	18
甲苯	723	362	181	68	18
乙苯	510	255	128	48	12.8
二乙苯	64	32	16	6	2.6
苯乙烯	105	53	26	9.8	2.6
溴甲烷	6.4	3.2	1.6	0.6	0.2
三氯甲烷	300	150	75	28	7.5
氯乙烯	200	100	50	19	5
一甲胺	77	39	19	7	1.9
二甲胺	64	32	16	6	1.6
甲醇	786	393	197	74	19.7
苯酚	32	16	8	3	0.8
环氧乙烷	54	27	14	5	1.3
甲醛	14	7	4	2	0.5
丁酮	564	282	141	53	14
硫酸二甲酯	15	8	4	2	0.5
二异氰酸甲苯酯	5	3	1	0.4	0.1
丙烯腈	30	15	8	3	0.8

（五）气象条件

气象条件影响着化学事故危险源的危害程度，包括风速、风向、大气垂直稳定度、气温等。

1. 风速

风速是指单位时间内空气在水平方向上移动的距离，通常用 m/s 来表示，在天气预报中用风力等级表示。风速指 10m 高处的平均风速，可通过风速仪测定，亦可根据风力进行换算。计算机系统可自动建立当时气象条件下的风速廓线，并据此计算出 1m、2m 等不同高度上的平均风速。

各风力等级（也称风级）的各种征象和相应的风速如表 2-12 所示。

风力等级 F 与风速的转换关系是：

$$V=0.833F^{1.5} \tag{2-52}$$

应用中为了方便起见，6 级风以下，可用式(2-53) 转换：

$$V=2F-1 \tag{2-53}$$

在化学事故现场，风速影响泄漏气云的扩散速度和被空气稀释的速度。风速越大，大气湍流越强，空气的稀释作用越大，风的传送作用也越大。微风条件下，即风速为1～5m/s，易使云团扩散，危害最大；若风速增大，则泄漏气体在地面的浓度降低。

表 2-12 各风力等级（也称风级）的各种征象和相应的风速

风力等级（F）	陆地地面物征象	相当于平地10m高处风速（V）/（m/s）	
		范围	中级
0	静，烟直上	0～0.2	0.1
1	烟能表示方向	0.3～1.5	0.9
2	人脸感觉有风，树叶有微响	1.6～3.3	2.5
3	树叶微枝摇动不息，旗帜展开	3.4～5.4	4.4
4	能吹起地面灰尘和纸张，树的小枝摇动	5.5～7.9	6.7
5	有叶的小树摇摆，内陆的水面有水波	8.0～10.7	9.4
6	大树枝摇动，电线呼呼有声，张伞困难	10.8～13.8	12.3
7	全树摇动，大树枝弯下来，迎风步行不便	13.9～17.1	15.5
8	可折断树枝，迎风步行困难	17.2～20.7	19.0
9	烟囱及平房屋顶受到损坏，小屋遭破坏	20.8～24.4	22.6
10	小树连根拔起，普通瓦房多被破坏	24.5～28.4	26.5
11	大树被刮倒，许多房屋被吹坏，造成风灾	28.5～32.6	30.6
12	大树被拔起吹移，小树被吹折卷起，房屋成片倒塌，造成重大灾害	＞32.7	—

2. 风向

风向指风的来向，采用国家统一的风向划分，包括东、南、西、北、东北、西北、东南、西南、东东北、北东北、东东南、南西南等16个方位。

风随时随地都在变化，但它有一定的变化规律。

① 风速随高度的变化。近地面（距地面50～100m以内），风速随高度增加而加大。风速随高度增高而加大的程度与大气的稳定程度、地面性质有关，描述它们关系的数学公式为风速廓线方程。

$$\frac{u_1}{u_2}=\left(\frac{z_1}{z_2}\right)^m \tag{2-54}$$

式中，u_1 为 z_1 高度上的平均风速，m/s；u_2 为 z_2 高度上的平均风速，m/s；m 为指数，可由表2-13查出。

由于事故可能发生在不同高度处，毒气云团有一定的高度，因此要用到不同高度处的风速或某一高度内的平均风速来估算毒气云团的扩散。只要知道10m高的风速或2m高的风速，就可以计算出各高度处的风速。

表 2-13 指数 m 的值

稳定度		强不稳定(A)	不稳定(B)	弱不稳定(C)	中性(D)	稳定(E、F)
m	城市	0.1	0.15	0.20	0.25	0.30
	乡村	0.05	0.07	0.10	0.15	0.25

② 风速随时间的日变化。风在一天内往往随时间而变化，夜间和傍晚风速较小，而中午前后风速加大。夜间风速较小时，大气稳定，毒云不易扩散，能保持高浓度，因此化学事故危害更大。

③ 地形风。地形对风产生影响。在山区有上下坡风。晴天白天由于山下温度高，空气向山坡上吹，称为上坡风；夜间山上冷，冷空气向山坡下吹，称为下坡风。因此在有山沟的地方，白天风由山沟外吹向山沟内，称为进沟风；夜间风由山沟内向山沟外吹，称为出沟风。同样道理，在大片山区和平原交界处，白天风由平原向山区吹，称为谷风；夜间风由山区向平原吹，称为山风。

城市和乡村无论白天或夜间，总是城市温度高于乡村，因此常常是风从四面八方吹向城市，称为乡村风。

在沿海，由于海水一天的温度日变化很小，而陆地一天的温度日变化要大得多，因此，白天风由海面吹向陆地，称为海风；夜间风由陆地吹向海面，称为陆风。

④ 风玫瑰图。某地区一定时间内的各种风向、风速和根据风向、风速对大气污染综合影响的资料绘制在方位图上的图形，称为风玫瑰图。风玫瑰图包括风向、风速玫瑰图和污染系数（风向风速综合影响）玫瑰图。为保证居民生命安全和减少或避免工业企业有害气体污染，在城乡规划时通常要考虑当地风玫瑰图，化学救援预案的制定就要以风玫瑰图为依据。

风玫瑰图也是表示风向频率分布的一种图形，各角度即风的方位，半径大小即该风向的频率。

某风向频率是指某一时刻某风向出现的次数被各个风向出现的总次数所除得到的小数再乘以100%。

风的去向就是毒云危害的方向，风的去向频率就是毒云危害方向频率，以此同样可以画出毒云危害方向玫瑰图。

⑤ 风对大气污染物传播、扩散的影响。化学事故大气污染物危害方向由平均风向决定，传播轴线就沿着风的下风方向，但由于风向的摆动，实际上形成一个扇形污染区。

风速大小和风向稳定性影响污染物在大气中的扩散，风速越大，风向、风速越不稳定，大气湍流越强，污染物在大气中稀释扩散越快，浓度下降越快，危害纵深越小；当风速过小（$<1m/s$）时，近地面层风向极不稳定，此时污染物易弥漫于事故源周围，形成近距离的伤害。

应当注意的是，当化学突发事故中污染物泄漏时间很长时，可能遇到风向和风速的系统改变，污染的方向也会发生系统的变化。

3. 气温

气温越高，液体毒物的蒸发速度越快，汽化率越大，进入大气的毒物量越多，染毒空气浓度越大，危害范围也越大；同时，温度高时人员出汗多，着衣少，因而通过皮肤中毒的可能性也增大。

4. 湿度

湿度和降水对于毒物在大气中的传播与危害效应也有一定影响，但一般只局限于挥发度低或者水溶性好、能发生气相水解或稳定性较差的化学物质，会使危害纵深相应缩短。

以上讨论的各种气象条件对于有毒云团的传播速度、方向、影响区域和传播远近都有显著影响，可分别通过仪器观测或当地气象台站得到。

5. 大气垂直稳定度

近地面层大气的垂直运动，习惯上称作大气垂直稳定度，通俗说就是大气发生垂直运动的难易程度。它是对事故危害有显著影响的一个参数，这是一个派生的气象参数，但是非常重要，可以根据发生事故的时间、地点和风速、天空云量等数据由计算机自动判定，也可以用太阳净辐射仪进行观察判定。

大气的垂直运动主要是由于热力和动力因素引起的。

太阳照射地面，从日出到日落，一天中照射地面的角度（太阳高度角）不同，地面受热状况也不同。日出后，太阳高度角逐渐升高，地面吸收的热量逐渐增多，地面温度逐渐升高，到中午后达到最大值；以后太阳高度角逐渐减小，地面吸收的热量开始小于放出的热量，地面温度逐渐下降；到日落后，太阳辐射的热量更小了，地面不断放热使地面温度直线下降，到第二天日出前达到最低点。

空气温度主要是由于地面热辐射引起的，因此晴天白天接近地面的空气层温度高于上面的空气温度，温度高气体密度就变小，从而进行上升运动，形成“对流”；夜间地面温度降得快，接近地面的空气温度低于上面的空气温度，下层空气密度大，上层密度小，形成一种稳定状态，称为“逆温”，空气很少上下流动，不利于污染物的扩散，往往造成高浓度；在这两者之间还有一种过渡状态，称为“等温”。

热力影响，除太阳高度角外，还与天空云高、云量和地面性质有密切关系。

(1) 大气层垂直结构　根据大气温度的垂直分布，由地面向外层空间，大气层依次划分为对流层、平流层、中层和暖层。其中，对流层是最接近地面的一层大气，其厚度因纬度和季节不同而有变化，大概在地表以上 8～15km 的范围内，赤道最高，约 15km，南北两极最低，约 8km。对流层的厚度虽然非常小，但是它的质量却占大气圈总质量的 75%，而且全部的水分及云雾雨雪等主要的大气现象都发生在这一层。对流层是对人类生产和生活影响最大的一层，有害物质的迁移、扩散、稀释、转化也主要在这一层进行。对流层自身也分很多层，其中30～50m以下的空气层叫作近地面空气层，简称近地面层，我们所指的大气垂直稳定度一般指近地面层的空气垂直稳定度。

（2）大气垂直稳定度分类　衡量大气垂直稳定程度的参数叫作垂直稳定度判据，包括拉赫特曼稳定度判据、萨顿稳定度判据、风速比、风向标准差、SR数、温度梯度、理查逊数和帕斯奎尔-特纳尔稳定度数据。在化学事故危害评估中，对爆炸体源的计算采用拉赫特曼稳定度判据，对其他连续泄漏源采用帕斯奎尔稳定度判据，两者之间可相互转换。

拉赫特曼稳定度判据分为对流、等温和逆温三大类。当气温随高度增加而降低时，大气的密度就随高度增加而增加，从而引起空气在垂直方向的流动，这时的稳定度称为“对流”。当气温随高度增加而增加时，大气的密度随高度增加而减少，空气在垂直方向几乎不流动，称为“逆温”。当垂直温度差接近零时，称为“等温”。

帕斯奎尔-特纳尔稳定度判据分为六类，具体如表2-14所示。

表2-14　帕斯奎尔-特纳尔大气稳定度的判据及分类

<table>
<tr><th>分类</th><th>稳定度</th><th>气体密度</th><th>可能出现的天气和时机</th></tr>
<tr><td>A</td><td>强不稳定</td><td>强对流</td><td>晴天，白天中午前后</td></tr>
<tr><td>B</td><td>不稳定</td><td>对流</td><td>晴天，白天</td></tr>
<tr><td>C</td><td>弱不稳定</td><td>弱对流</td><td rowspan="3">①风速大于4m/s的晴夜
②日出后1～2h，日落前后各1～2h
③阴天、雾天、雨雪天
④较大的水域上空</td></tr>
<tr><td>D</td><td>中性</td><td>等温</td></tr>
<tr><td>E</td><td>弱稳定</td><td>弱逆温</td></tr>
<tr><td>F</td><td>稳定</td><td>逆温</td><td>晴天夜间，小风速时</td></tr>
</table>

不管是哪种稳定度都可根据发生事故的时间、地点和风速、天空云量等数据进行判定或者计算。以拉赫特曼稳定度判据为例，各种稳定度出现的时机如表2-15所示。

表2-15　拉赫特曼稳定度判据

<table>
<tr><th>稳定度</th><th>n</th><th>可能出现的天气和时机</th></tr>
<tr><td>逆温</td><td>$\geqslant 1.1$</td><td>风速较小的无云或少云的夜间</td></tr>
<tr><td>弱逆温</td><td>$1.1 > n \geqslant 1.05$</td><td rowspan="2">①晴天日出后，日落前后1～2h
②风速较大的夜间
③阴天、雾天和雨雪天
④较大的水域上空</td></tr>
<tr><td>等温</td><td>$1.05 > n > 0.95$</td></tr>
<tr><td>弱对流</td><td>$0.95 \geqslant n > 0.9$</td><td>辐射较弱的白天</td></tr>
<tr><td>对流</td><td>$\leqslant 0.9$</td><td>晴朗的白天或中午前后</td></tr>
</table>

(3) 大气垂直稳定度对化学事故危害的影响　大气垂直稳定度对化学事故危害的影响主要表现在对有毒云团传播的影响上。具体表现为：逆温时云团紧贴着地面运动，传播纵深较远；等温时云团在垂直方向运动加剧，浓度稀释较快，纵深相对较短；而在对流时有害物质迅速扩散到高空，地面浓度很快衰减，很难形成大范围的传播扩散。此外，地面性质对危害纵深也有显著影响，尤其是在逆温时影响明显。这是因为对流或等温条件下云团的厚度较大，相比之下矮密植物层的作用可以忽略，而逆温时云团紧贴着地面运动，矮密植物层对云团的阻滞和吸附作用就十分明显了。由于地面凸凹不平，当风吹过时引起乱流，也会引起大气污染物的垂直方向输送，称为动力因素。风越大，地面越粗糙，扩散越剧烈，因此同样热力条件下，城市中的扩散强度要比农村高。实际判定稳定度时，要同时考虑热力和动力因素。

(六) 地形、地物

地形、地物主要影响泄漏气云的扩散速度，还会改变扩散方向。如毒气遇独立的低矮房屋时，可从两侧或屋顶通过；如遇连续排列的建筑物时，毒气云团可沿街道和里弄空隙通过；如遇高层建筑物时，由于两侧风速较大，毒气云团可迅速通过并扩散。如当时垂直稳定度处于逆温或等温，空气上下几乎没有流动或稍有流动，则高层建筑的上部和顶部毒气扩散不到，为相对安全区，毒气从高层建筑物的底部两侧通过并扩散；而遇低矮建筑或封闭里弄时，毒气最易滞留，特别是居民密集的背风街道、庭院和通风不良的房屋内，毒气亦容易滞留，此时染毒浓度较高；而且城市的绿化地域也能减缓毒气传播速度，毒气易滞留。这些地域是救援队伍不能停留、居民应尽快疏散的危险区。

(七) 居民整体防护水平和人口密度

1. 居民整体防护水平

居民整体防护水平取决于以下几个方面：①对化学事故危害的认识程度；②接受化学事故应急救援训练的程度；③防护与救援器材的完备程度与熟练使用能力；④身体素质状况。

居民整体防护水平的高低，具体表现为在发生事故时能否很快进行正确且有效的自我防护。根据突发事故发生或嗅到异常气味后完成正确防护所需的时间，可将其划分为防护水平优良、防护水平中等、防护水平一般和防护水平较差四个等级，具体如表 2-16 所示。

不言而喻，发生事故后如果大家都能进行有效的防护，那么再大的事故也很难造成人员的中毒身亡。因此，具有一定的逃生知识，能够及时采取一定的防护措施的人员，能够避免或减轻化学毒物的危害，大大降低化学事故危险源的危害效应。

为提高居民的整体防护水平，必须开展经常性的化学事故救援训练。

表 2-16 化学事故防护水平等级

防护水平	事故发生或嗅到气味后完成防护所需的时间/min
优良	1
中等	2
一般	3
较差	5

2. 人口密度

人口密度主要影响化学突发事故引发的中毒伤亡人数。同等规模的事故发生在渺无人烟的旷野里和在人海茫茫的繁华都市里，其浓度分布和人员杀伤率差别并不大，因为这与人口密度无关，但是中毒伤亡的人数却会千差万别。旷野里可能方圆几公里内看不见几个人，所以很大的事故伤亡人数也很少，但如果是在大城市的繁华地段，每平方千米的人口可能高达上万人甚至数万人，有些繁华商业区在特定的时间段人口密度可以高达 10 万人/km^2。在这种情况下如果发生事故，中毒伤亡的人数很可能就是几十、几百甚至上千人。因此，相同事故在相同地点、相同条件下发生，人口密度越大，事故造成的中毒伤亡人数就越多。

还有一些其他不可预测的原因，包括控制事故规模不再继续扩大的技术、应急救援器材、应急救援专业队伍的建设情况、应急救援预案的完善程度、事故现场的组织指挥与协同水平，以及特殊地形和特殊气象规律的影响，对于化学事故危害都会产生不同程度的影响。

第五节 化学事故危险源危害评估

对化学事故危险源可能造成的危害进行评测和估算，有助于迅速控制危害源、防止毒源继续泄漏，并对泄漏的化学物品彻底洗消；有助于事故危害分区的准确划定和现场人员采取正确的个体防护措施，指导群众撤离；有助于人群接触量监测、伤员的初筛与分类、实施应急冲洗和做好现场抢救。因此，在化学事故抢险救灾时对危险源危害的评估是十分重要的。

一、评估的主要内容和步骤

① 根据情报资料和现场测算，判定有毒有害化学品的品名、类别和数量、泄漏的位置和速率，结合当时气象要素或水流参数，估算毒气扩散的纵深、宽度和范围，确定危险区域边界线。

对于伴有冲击波危害的爆炸火球事故，还要计算出辐射热、冲击波不同程度烧伤或机械伤害所对应的半径。

② 评估事故危险区对人员生命和健康状况的影响、急性中毒伤亡人员的比例和分布、慢性危害的程度和范围。

③ 危害方向和有毒云团向下风向的传播速度。危害方向主要指云团飘逸的去向；而云团传播的速度是指高毒性云团从事故发生地向下风向飘移的速度，尤其是对爆炸体源或化学袭击产生的云团，其危害纵深大，预测其传播速度对于下风向人员及时采取防护措施具有现实意义。

④ 标绘危害地域。根据适当的毒害剂量方程求解等剂量曲线，标绘出轻、中、重三种程度的危害地域。

对于重大危害纵深的事故，还应估算有毒云团向下风向传播的动态数据，包括事故后某一时间云团到达下风向的位置和下风向某一位置上的居民防护的时间等。

对于持久性危害的毒物，还应估算其液滴与再生毒性云团危害作用的持续时间。

⑤ 对经济损失进行评估，包括家禽、牲畜、鱼类和农作物的破坏，空气、水系、土壤污染后的处理恢复费用及对生产的影响等。

化学事故危险源危害评估的关键是建立评估模型和确定边界及伤害标准。化学事故危险源危害评估工作实际包括两步：事故前制定救援预案时，假定事故条件进行预测；事故发生后，根据现场的条件，按预定模型进行快速估算。随着化学事故危险源危害评估工作的发展，根据选定的扩散模型，编制计算机软件，实施快速估算，尽快指导危害区人员的防护行动。

二、化学事故危险源危害评估原理

对化学事故危险源的危害范围进行估算，是为了给救援指挥系统确定救援决策提供科学依据。根据化学危险源扩散的一般规律和实际处置工作的需要，大型化学危险源扩散危害范围的估算主要解决危害纵深和危害地域的问题。

（一）危害纵深

危害纵深是指对下风方向某处无防护人员作用的毒剂量如正好等于轻度伤害剂量时，该处离事故点的距离。轻度伤害剂量一般可取化学危险源毒物半致死剂量的 0.04～0.05 倍。

（二）危害地域

化学事故发生时，其危险源所产生的毒气云团，在传播过程中由于风的摆动、建筑物的阻挡及地形的影响，传播的轨迹为摆动的带形，其外接扇形称为危害地域，具体如图 2-10 所示。

扇形的扩散角一般取 40°，但实际危害面积要小得多，约为一个 12°夹角的

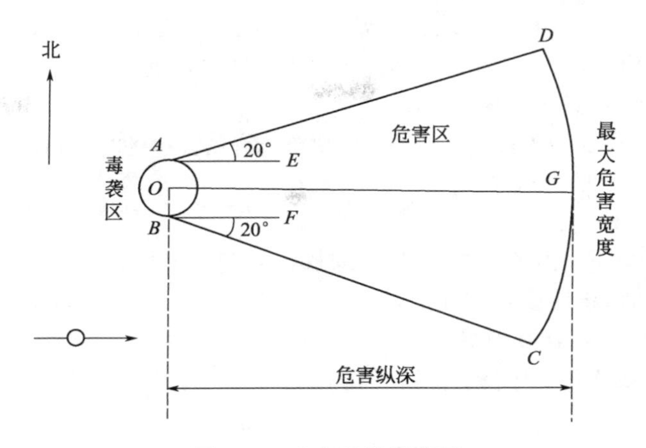

图 2-10 危害地域示意图

带形，其面积 S 为：

$$S=\pi L^2/8+1.2LX+0.15X^2 \tag{2-55}$$

式中，L 为起初毒云团的直径，km；X 为危害纵深，km。

危害地域只是毒气云团最大危害能力的体现，对于有报警系统及防护准备的人员而言，危害地域远距离处人员不一定会受到伤害。

微风时，认为毒气云团在22.5°的下风区内扩散；无风时，认为毒气云团在事故点周围360°范围内扩散。

（三）传播速度和危害方向

有毒云团自身有一定大小和高度，其云团头部较高，尾部较低，头部传播较快而尾部传播较慢。一般来说，云团传播速度特指云团头部的速度，大约等于2m高处平均风速的2倍。所以计算的时候首先需要根据风速廓线方程计算出2m高处的平均风速。云团的危害方向是云团向下风向传播的方向，可由计算机自动根据设定的风向确定，但对于特殊地形上的扩散，必须考虑修正。

（四）云团传播的动态数据

对于有很大危害纵深的事故，还应估算有毒云团向下风向传播的动态数据，包括事故后某一时间云团到达下风向的位置和下风向某一位置上的居民开始防护的时间等，具体计算公式与地形情况和地面性质有密切关系。以大规模化学袭击为例，设下风距离 x，毒气区直径 L 以 km 为单位，时间以 h 为单位。

1. 到达时间 $T\mathrm{d}x$

到达时间就是毒云头部到达下风 x 的时间，其通式为：

$$T\mathrm{d}x=K_1\frac{x}{u} \tag{2-56}$$

式中，K_1 为不同地形上的系数，其中，平坦或小起伏地形，$K_1=0.139$，中等起伏地形，$K_1=0.23$，大、中城市，沿顺风街道，$K_1=0.139$，大、中城市，翻越建筑物，$K_1=0.23$；u 为离地面 2m 高的风速，m/s。

2. 通过时间 ΔT

通过时间是毒云头部到达某点至云团尾部离开所经过的时间间隔。其通式为：

$$\Delta T=K_2\frac{L}{u}+L_3 \tag{2-57}$$

式中，K_2、K_3 为地面性质影响系数，其中，光秃地面，$K_2=1/3$，$K_3=1/6$，有密集低植物层覆盖的地面，$K_2=4$，$K_3=0$。

3. 下风某点开始防护时间 T_F 和解除防护时间 T_J

T_F、T_J 都用天文时表示，则通式为：

$$T_F=T_0+K_1\frac{x_1}{u} \tag{2-58}$$

$$T_J=T_0+K_1\frac{x_2}{u}+K_2\frac{L}{u}+K_3 \tag{2-59}$$

式中，T_0 为化学袭击开始时间，h；x_1 为受毒云危害的面目标上风偏离毒区的距离，km；x_2 为受毒云危害的面目标下风偏离毒区的距离，km。

（五）爆炸燃烧事故的危害

对于池火燃烧或伴有冲击波危害的爆炸火球事故，要计算出热辐射、冲击波机械损伤不同伤害程度所对应的作用半径。例如，当液体温度高于周围温度时，液体表面上单位面积的燃烧速率$\frac{dm}{d\tau}$[kg/(s·m²)] 为：

$$\frac{dm}{d\tau}=\frac{0.01H_c}{c_p(T_b-T_c)+H_{vap}} \tag{2-60}$$

式中，H_c 为燃烧热；H_{vap}为汽化热；c_p 为等压比热容；T_b 为化合物的沸点；T_c 为周围环境温度或液体温度。

半径为 r 的火池的总热通量（J/s）为：

$$Q=(\pi r^2+2\pi rH)\frac{dm}{d\tau}\eta H_c \tag{2-61}$$

距火池中心 R 处的热辐射强度（W/m^2）为：

$$I=\frac{Q}{4\pi R^2} \tag{2-62}$$

不同 I 值损伤程度不同，依照它们之间的对应关系可以确定各种损伤程度所对应的危害半径。根据 I 值可以估计火灾损伤。

作用 10s 时，人员伤亡情况如下：

$I=(8\sim18)\times10^3\ W/m^2$ 时，人员轻度烧伤；

$I=(19\sim30)\times10^3\ W/m^2$ 时，人员重度烧伤；

$I=(31\sim40)\times10^3\,W/m^2$ 时，1%人员伤亡。

作用 60s 时，人员死亡率可用式(2-63) 估算：

$$P=\frac{1}{1+T^{-(6.47+7.24T)}} \tag{2-63}$$

其中 $$T=\frac{1}{I_{50}}$$

I_{50}是人员在 60s 内得到的 50%死亡辐射热通量，$I_{50}=18.75\times10^3\,W/m^2$。

热辐射长时间作用对物资的损坏情况如下：

$I=(8\sim18)\times10^3\,W/m^2$ 时，塑料熔化，有火焰时木材燃烧；

$I=(19\sim30)\times10^3\,W/m^2$ 时，木材燃烧；

$I\geqslant31\times10^3\,W/m^2$ 时，操作设备完全损坏。

对伴有冲击波危害的爆炸火球事故，爆炸造成大气中破坏性的冲击波，如无限可燃蒸气的突然燃烧、无限气雾的爆炸等。

爆炸损伤半径 R_i 可用式(2-64) 估算：

$$R_i=C_i(0.1E_c)^{1/3} \tag{2-64}$$

式中，E_c 为爆炸总能量，J，$E_c=H_cm$；m 为爆炸物质量，kg；C_i 为经验常数，与损伤程度有关，其值见表 2-17。

表 2-17 C_i 与损伤程度的关系

C_i	取值范围	对设备损伤	对人损伤
C_1	0.015～0.045	重创建筑物	1%死于肺部损伤,75%耳膜破裂,75%被抛物严重砸伤
C_2	0.046～0.10	对建筑物造成外表损坏(可修复的破坏)	1%耳膜破裂,10%被抛物严重砸伤
C_3	0.11～0.27	玻璃破碎	被飞散的玻璃等划伤
C_4	>0.27	10%玻璃破碎	

(六) 毒剂持久性危害估算

毒剂持久性危害估算包括染毒地域毒剂的持久度估算和再生云危害纵深随时间变化估算，其中毒剂持久度分为毒剂再生云持久度和毒剂液滴持久度。毒剂持久度受很多因素影响，比如毒剂性质、染毒密度、地面性质以及气象条件等。为适应野战需求，通常根据平均地温基于以下模型进行估算：

$$T_z=T_{z0}K_uK_tK_z \tag{2-65}$$

$$T_y=T_{y0}K_uK_tK_z \tag{2-66}$$

式中，T_z、T_y 为染毒地域毒剂的再生云持久度和液滴持久度；T_{z0}、T_{y0} 为标准条件（平均地面温度 25℃，风速 2m/s，平坦光秃地面）下毒剂的再生云持久度和液滴持久度；K_u、K_t、K_z 为风速、地面温度和下垫面性质对持久度的影响。T_{z0}、T_{y0}、K_u、K_t、K_z 可查表，也可以根据回归公式计算得到。

三、化学事故危险源危害评估方法简介

目前，化学事故危险源危害评估方法有很多，这里只是简单介绍几种比较实用的方法。

（一）监测评价法

发生事故时对危险源识别评价的基本手段是化学监测。监测主要针对属于毒害品的气态化学物质或在事故环境中次生出的有毒气体。应以危险源泄漏点为中心，按不同半径设置采样点。一般按当时的上风向、下风向和两侧设置四个方向的采样点。化学监测的结果应依据信息系统，并充分考虑各种影响因素进行评价。在化学监测的基础上绘制出事故区域的毒物等浓度曲线图和各区的时间浓度衰减曲线，以便对事故区域进行准确的危害分区。

（二）公式估算法

在缺乏监测手段和监测数据的情况下，化学事故的危害范围可以通过 Pasquill-Gaussion 公式进行估算，从而确定事故点周围不同距离处的空气毒物浓度。

瞬时源和部分连续源泄漏或微风（$\bar{u}<1\text{m/s}$）条件下，采用高斯烟团模型的浓度分布模式：

$$C(x,y,z,t)=\frac{Q}{\sqrt{2}\,\pi^{1.5}\sigma_x\sigma_y\sigma_z}\exp\left[-\frac{(x-\bar{u}t)^2}{2\sigma_x^2}\right]$$
$$\exp\left(-\frac{y^2}{2\sigma_y^2}\left\{\exp\left[-\frac{(z-H)^2}{2\sigma_z^2}\right]+\exp\left[-\frac{(z+H)^2}{2\sigma_z^2}\right]\right\}\right) \tag{2-67}$$

连续源或泄放时间大于或等于扩散时间的可采用高斯烟羽模型的浓度分布模式：

$$C(x,y,z,H)=\frac{Q}{\sqrt{2}\,\pi^{1.5}\bar{u}\sigma_y\sigma_z}\exp\left(-\frac{y^2}{2\sigma_y^2}\right)\left\{\exp\left[-\frac{(z-H)^2}{2\sigma_z^2}\right]+\exp\left[-\frac{(z+H)^2}{2\sigma_z^2}\right]\right\} \tag{2-68}$$

式中，$C(x, y, z, H)$ 为任一点泄漏气体的浓度，mg/m^3；Q 为源强，单位时间泄漏点源排放的气体量，mg/s；σ_x 为水平（x）方向上任一点泄漏气体分布曲线的标准偏差，即水平扩散系数，m；σ_y 为水平（y）方向上任一点泄漏气体分布曲线的标准偏差，即水平扩散系数，m；σ_z 为垂直（z）方向上任一点泄漏气体分布曲线的标准偏差，即垂直扩散系数，m；$\bar{u}$ 为平均风速，m/s；H 为泄漏点源的有效高度，m。

（三）指数评价法

为了有助于对危险源的毒害危险性进行简便快速的定量评价，采用两种危险

指数评价方法，这两种危险指数分别适用于无监测数据和有监测数据两种现场情况使用。

1. 泄漏危险指数（LR）

泄漏危险指数是泄漏量 D 与致死剂量 LD 之比值的常用对数，并以气温 T（℃）和沸点 BP（℃）（转换成热力学温度）之比为修正系数。

$$\mathrm{LR}=\lg(D/\mathrm{LD})\times[(T+273)/(\mathrm{BP}+273)] \tag{2-69}$$

其中，致死剂量尽可能用大鼠的半致死量，经口与经皮二者中选数值较小者，缺少时可用其他致死剂量代替。D 和 LD 应取相同质量单位。D/LD 大致表示危险源可能造成动物毒害的总体重数，可以用作危险程度的指标。因该值较粗略，为了只观察数量级的变化，故取对数表示。

2. 吸入中毒危险指数（IR）

吸入中毒危险指数是事故现场空气中危害源实测浓度 C 与最高容许浓度 MAC 之比值。它表示危害源浓度超过 MAC 的倍数。

$$\mathrm{IR}=C/\mathrm{MAC} \tag{2-70}$$

吸入中毒危险指数反映可能引起吸入中毒危险的程度。当浓度超过 MAC 时，C/MAC 大于 1，所以 IR＞1 表示存在吸入中毒危险。其中 IR 为 1～10 为轻度危险；IR 为 10～100 为中度危险；IR 为 100～1000 为重度危险；IR 在 1000 以上，为极度危险。因此，IR 值可直接用作事故危害分区的数量依据。

考虑到只有少数化学品制定了 MAC 值，对于查不到 MAC 的化学品，建议以五百分之一的半致死量（$\mathrm{LD_{50}}/500$）取代 MAC。

第三章 化学事故检测与警戒

第一节　化学事故检测概述

化学事故检测是现场处置非常重要的环节。通过检测化学物质的种类，给出定性和定量监测结果，从而确定事故的危害程度和范围等。检测的结果准确与否直接关系到救援行动的成败。准确可靠的检测技术方法，可以及时检测出化学物质的种类、扩散区域，救援人员可以根据结果有针对性地采取正确的处置措施，把事故的危害降到最低程度。

化学事故检测应遵循的原则是：及时、准确、全面；采取初步判断、现场侦检、送样检测的方式，先定性、后定量的方法，确定泄漏介质的种类、浓度及其分布；同时检测与救生同步；检测伴随事故处置行动的始终。

一、化学事故检测的任务

（一）确定泄漏物的种类

对于化学泄漏事故，侦检工作的首要目标是确定泄漏物质的种类。只有知道是什么物质发生了泄漏，才能根据泄漏物质的物理和化学性质采取相应的处置措施，真正做到科学施救。在没有弄清楚泄漏物质性质的情况下，采用的任何措施都是盲目的，有可能导致事态的恶化或造成重大的人员伤亡。

（二）确定泄漏物质浓度

确定泄漏物质的种类后，可以根据该物质的理化性质和相应的检测技术原理，采用合适的仪器装备测量其浓度及扩散范围，对其进行定量检测，以确定泄漏物质浓度分布情况，进而确定现场的危险区域。按照泄漏物质浓度分布情况，一般分为轻度、中度和重度危险区域，通过区域划分以便迅速、有序、有效地实施救援。

（三）实时检测污染区泄漏物质浓度变化及分布

检测工作不仅体现在应急救援行动的开始，而且贯穿于应急救援的全过程。危险化学品泄漏以后容易发生扩散，而且在不同时间其浓度也是不同的。因此，必须实时监测各危害区域边界的毒物浓度变化，根据检测数据及时调整危害区域范围，掌握事故危害区域的动态变化情况，为开展救援工作提供科学依据。

二、化学检测要求

（一）准确

准确是指能准确查明危险化学品的种类和数量。只有准确知道危险物是什么，才能有效地对危险化学品事故进行处置。对未知毒物和已知毒物在事故过程中相互作用而成为新的危险源的检测要慎之又慎。

（二）快速

快速是指能在最短的时间内报知检测结果，为及时处置事故提供科学依据。通常，事故预警所用的检测方法要求能快速显示分析结果，但在事故后为查明原因则常常采用多种手段取证，此时注重的是分析结果的精确性而不是时间。

（三）灵敏

灵敏是指检测手段能发现低浓度的危险化学品或灵敏地指出事故因素（如压力、温度）的变化。以氢氰酸为例，当环境中氢氰酸的浓度为0.05～0.06mg/L时，人员允许停留时间最长不超过1h。因此，检测氢氰酸的方法灵敏度要高于0.05～0.06mg/L。

（四）简便

简便是指采用的检测手段应当简捷，设备应当易于操作掌握与维护修理。在事故现场可根据检测时机、检测地点和进行检测操作的人员来确定所用的检测手段和仪器。简易侦检器材，人员不必经过专门训练就能掌握；较为复杂的器材，应由受过专门训练的人员使用。

（五）稳定

稳定是指检测器材的无故障的时间越长越好。

三、化学检测方法分类

化学事故检测是通过危险化学品分子的物理、化学、生物化学和毒理等特性，识别危险化学品和测定其含量。化学检测方法按检测手段可分为主观检测法、客观检测法；按检测原理可分为物理法、化学法、生化法等；按照试样用量可分为常量法、半微量法及微量法；按照检测的形式可分为现场检测和非现场检测；按照化学检测方法的任务要求可分为定性分析和定量分析。

在化学事故现场可根据装备情况、使用场合和要求进行选择。

（一）按检测原理分类

1. 物理检测法

利用危险物的物理性质建立的侦检方法或分析方法叫作物理检测法，简称物理法。物质的物理性质大多数要用仪器才能测量，因此物理法也叫作仪器分析法，即利用分析仪器检测毒物的物理和化学性质，对其进行定性、定量和结构鉴定的分析方法。物理检测法有光谱分析法、电分析法和分离分析方法三类。

（1）光谱分析法　可测量被测样品吸收、发射或散射的辐射量。在毒物分析中应用的主要有原子吸收光谱、原子发射光谱、紫外吸收光谱、红外吸收光谱、拉曼光谱和核磁共振波谱等。

（2）电分析法　将一个电信号加于浸入样品溶液的某一电极进行测量或测量样品溶液的某一性质。大多数的电分析技术都需要加一个电信号，以便检测溶液的另外一些电参数。电分析法有电流分析法、电位法、电导法、库仑法、伏安法和电重量法等。

（3）分离分析法　现将混合物中各组分进行分离，再对每一组分做定性或定量分析。按分离方法可把仪器分离技术分为色谱法、电泳法和质谱法等几大类。

2. 化学检测法

利用化学品与化学试剂反应后，生成不同颜色、沉淀、荧光或产生电位变化进行侦检的方法称为化学检测法。用于侦检的化学反应有亲核反应、亲电反应、氧化还原反应、催化反应、分解反应和配位反应等。在事故现场，化学检测法利用的反应主要是生色反应，通过反应前后的颜色变化识别物质。应用这种技术研制出各种侦检纸和检测管，能方便地检测现场环境中的危险物。常用的侦检纸如表 3-1 所示。

表 3-1　常用的侦检纸

侦检纸类型	可检测气体
酚酞试纸	NH_3
奈氏试液试纸	NH_3
碘甲酸、淀粉试纸	SO_2
酶底物试纸	有机磷农药
乙酸铅试纸或硝酸银试纸	H_2S
二苯胺、对二甲氨基苯甲醛试纸	$COCl_2$
氯化钯试纸	CO
乙酸铜联苯胺试纸	HCN
息夫试纸	HCHO、CH_3CHO
邻甲苯胺试纸或碘化钾-淀粉试纸	NO_2、O_3、HClO、H_2O_2

续表

侦检纸类型	可检测气体
溴化钾-荧光黄试纸或碘化钾-淀粉试纸	卤素
蓝色石蕊试纸	酸性气体
红色石蕊试纸	碱性气体

3. 生化检测法

应用物质与某些生物活性物质的特殊作用的方法检测化学毒剂。常用的生物制剂有马血清、鸭血清或电鳗酶制成的胆碱酶制剂。例如：胆碱酶具有催化乙酰胆碱等底物水解的能力，当神经性毒剂存在时，胆碱酶催化底物水解的能力受到抑制。通过观察底物水解后的生成物或剩余未水解的底物，即可测定神经毒剂。这种检测方法又叫作酶法检测，可用于神经性毒剂的检测。

4. 动植物检测法

利用动物的嗅觉、敏感性或通过观察有毒物质引起动物中毒的症状或死亡，以及引起植物花、叶颜色变化和枯萎的方法，概略判断有毒物质的存在及其种类。如狗的嗅觉特别灵敏，国外利用狗侦查毒品已很普遍。美军曾训练狗来侦检化学毒剂，狗利用嗅觉可检出六种化学毒剂，当狗闻到微量化学毒剂时即反映出不同的吠声，其检出最低浓度为0.5～1.0mg/L。还有一些鸟类对有毒有害气体特别敏感，如在农药厂的生产车间里养一种金丝鸟或雏鸡，当有微量化学物质泄漏时，动物就会立即有不安的表现，甚至挣扎死亡。有些动植物对某些有毒气体很敏感，如人能闻到二氧化硫气味的浓度为1～5mg/m^3，在感到明显刺激，如引起咳嗽、流泪等时，其浓度约为10～20mg/m^3，而有些敏感植物在二氧化硫浓度为0.3～0.5mg/m^3 时，在叶片上就会出现肉眼能见的伤斑。再如氢氟酸污染叶片后，其伤斑呈环带状，分布于叶片的尖端和边缘，并逐渐向内发展。动植物这些特有的“症状”，可为事故现场危险化学品的检测提供旁证。

5. 感官检测法

感官检测法是最简易的监测方法，即根据各种危险化学品的物理性质，通过受过训练人员的嗅觉、视觉等感觉器官，如鼻、眼、口、皮肤等人体器官（也可称作人体生物传感器）察觉危险化学品的颜色、气味、状态和刺激性，进而初步确定危险化学品种类的一种方法。

表3-2列出了各种有害气体检测试纸所用的显色剂及颜色变化。

表3-2 常见危险气体的显色剂及颜色变化

被测物	显色剂	颜色变化
一氧化碳	氯化钯	白→黑
二氧化硫	亚硝酰铁氰化钠	浅玫瑰色→砖红色

续表

被测物	显色剂	颜色变化
二氧化氮	邻甲联苯胺	白→黄
二氧化碳	碘酸钾＋淀粉	白→微蓝
二氧化氯	邻甲苯胺	白→黄
二硫化碳	哌啶＋硫酸铜	白→褐
光气	对二甲氨基苯甲醛＋二甲苯胺	白→蓝
苯胺	对二甲氨基苯甲醛	白→黄
氨	石蕊	红→蓝
氟化氢	对二甲基偶氮苯胂酸	浅棕→红
铅(烟)	玫瑰红酸钠	白→红
砷化氢	氯化汞	白→棕
硒化氢	硝酸银	白→黑
硫化氢	乙酸铅	白→褐
氢氰酸	对硝基苯甲醛＋碳酸钾钠	白→红棕
溴	荧光素	黄→桃红
氯	邻甲联苯胺	白→蓝
氯化氢	铬酸银	紫→白
磷化氢	氯化汞	白→棕

（二）按照检测形式分类

按照检测形式分类，包括现场检测和非现场检测两种形式。其中现场检测是在现场选择检测点，利用现场检测仪器进行检测，对询情、识别和检测结果进行综合分析，得出最终结论，即现场检测→综合分析→结论。非现场检测是在现场无法直接检测，需要在事故现场选择采样点，按要求对样品进行采集，将采集的样品送交具有鉴定资质的单位进行测定；并对询情、识别和测定结果进行综合分析，得出结论，即样品的采集→送检→测定→综合分析→结论。采用非现场检测时，包括分析试样的制备、干扰组分的掩蔽和分离、定性分析和定量分析等检测环节。

（三）按照检测的任务要求分类

按照检测的任务要求分类，包括定性检测和定量检测。

1. 定性检测

定性检测的任务是分析鉴定危险化学品的种类。定性分析时，必须采用多种分析方法对样品进行分析鉴定，各种分析鉴定的结果是综合评断的客观依据。

（1）比对检验　比对检验是定性鉴定最常用的方法，是将待检试样与标准试样置于相同鉴定条件下，比较其特征或测定比较某些性质参数，以认定其同一性。比对检验中要特别注意操作条件的一致，以确保检验结果的可比性。

（2）鉴定方法的灵敏度 不同的鉴定方法检出同一物质的灵敏度是不一样的。在定性分析中，灵敏度通常以最低浓度和检出限量来表示。①最低浓度：在一定条件下，使某鉴定方法能得出肯定结果的该物质的最低浓度，以 $1:G$ 表示。G 是含有 1g 被鉴定物质的溶剂的质量。鉴定方法的灵敏度是用逐步降低被测物质浓度的方法得到的实验值。②检出限量：在一定条件下，某方法所能检出某种物质的最小质量称为检出限量，通常以 m 表示，单位为微克（μg）。某方法能否检出某一物质，除与该物质的浓度有关外，还与该物质的绝对质量有关。检出限量越低，最低浓度越小，则鉴定方法越灵敏。

（3）空白试验和对照试验 ①空白试验：在进行鉴定反应的同时，取一份蒸馏水代替试液，以相同方法进行操作，看是否仍可检出。溶剂、辅助试剂或器皿等均可能引入某些物质，这些物质可能被当作待检物质而被鉴定出来，此种情况称为过检。利用空白试验可以加以验证。②对照试验：当鉴定反应不够明显或现象异常，特别是怀疑所得的否定结果是否准确时，往往需要做对照试验，即以已知物质的溶液代替试液，用同样方法进行鉴定。如果也得出否定结果，则说明试剂已经失效或是反应条件控制得不够正确等。试剂失效或反应条件控制不当，使鉴定反应的现象不明显甚至得出否定结论，这种情况称为漏检。

2. 定量检测

定量检测是分析测定危险化学品的浓度或含量。常采用的定量分析方法有重量分析法、滴定分析法和仪器分析法。

（1）重量分析法 重量分析法是通过称量物质的质量来确定被测组分含量的一种定量分析方法。在重量分析中，一般先采用适当的方法使被测组分以单质或化合物的形式与试样中其他组分分离，然后再进行称量，从而计算其质量分数。重量分析法又可分为沉淀法、汽化法、提取法和电解法。①沉淀法：利用沉淀反应使被测组分以微溶化合物的形式沉淀下来，然后将沉淀过滤、洗涤并经烘干或灼烧后使之转化为组成一定的称量形式，最后称其质量，并计算被测组分的含量。②汽化法：利用加热或其他方法使被测组分从试样中汽化逸出，根据气体逸出前后试样质量之差来计算被测组分的含量。③提取法：利用被测组分与其他组分在互不相溶的两种溶剂中分配比的不同，加入某种提取剂使被测组分从原来的溶剂定量转入提取剂中而与其他组分分离，然后去除提取剂，称量干燥提取物的质量，并计算被测组分的含量。④电解法：利用电解的方法使被测定的金属离子以纯金属或金属氧化物的形式在电极上析出，称量析出物的质量以求得被测物的含量。

（2）滴定分析法 滴定分析法又叫作容量分析法，是将一种已知准确浓度的试剂（标准溶液）滴加到被测物质的溶液中，直到所加的试剂与被测物质按化学计量定量反应为止，根据试剂溶液的浓度和用量，计算被测物质的含量。根据滴定反应的类型可将滴定分析法分为酸碱滴定法、络合滴定法、氧化还原滴定法和沉淀滴定法。①酸碱滴定法：以酸碱反应为基础的定量分析方法。②络合滴定法：以络合反应为基础的定量分析方法。在水溶液中，金属离子以水合离子的形式存在，当发生络合反应时，络合剂取代了金属离子周围的配位水分子，与之形成具有一定稳定性的络合物（包括络离子）。③氧化还原滴定法：以氧化还原反应为基础的定量分析方法。④沉淀滴定法：以沉淀反应为基础的定量分析方法。

（3）仪器分析法　定量分析是仪器分析的主要任务之一。仪器分析的方法种类繁多，各种方法都有相对独立的物理及物理化学原理。根据测量原理和信号特点，仪器分析方法大致包括光学分析法、电化学分析法、色谱分析法、质谱分析法、热分析法和放射分析法等。

四、检测工作的准备

（一）检测队伍的组成

一般来说检测队伍由基层单位检测队伍、事故现场专业队伍和分析实验室检测队伍组成。

1. 基层单位检测队伍

基层单位检测队伍由危险源目标单位的环保和生产化验部门的人员组成。配备1～2名分析人员对主要毒物建立快速分析方法，所用仪器随时处于应急备用状态，一旦发生事故，上述人员应立即到事故现场检测或取样分析，确定事故源毒物品种后，及时向本单位负责人、抢险救援指挥人员及相关部门报告。

2. 救援现场专业队伍

包括省、市、区（县）化学灾害事故救援检测专业队伍和消防特勤队侦检小组。发生化学事故后，消防人员往往率先赶到现场，应首先使用配备的侦检器材，组织对现场毒物检测定性，并测试其浓度范围，检测后及时将情况上报现场救援指挥部、消防指挥员和相关部门。

3. 分析实验室检测队伍

环保监测中心和市防疫站中心分析实验室、职业病防治院（所）化验室组成检测队伍。当化学事故危害严重，灾情复杂，次生事故迭起，造成多种毒物污染时，因受现场检测器材性能限制，一线检测队伍往往难以完成任务。此时应及时取样送到上述实验室，使用实验室精密仪器进行快速分析，及时确定毒物品种和浓度。在城市交通、通信比较方便的情况下，这是完成事故毒物检测任务的重要保障。部队检毒中心可为检测未知毒物样品提供条件。

（二）现场检测点的设置

检测点的具体设置，要根据灾害事故的严重程度、泄漏物质的扩散范围、当时的气象条件（特别是风向、风力），以及现场可供使用的检测设备而定。一般来说，以下风方向为主，侧风方向次之，上风方向兼顾。

1. 单组多点检侧

现场泄漏不是很严重，扩散范围较小时，可以组织一个检测小组，先从下风方向适当部位开始，然后检测两侧，最后检测上风方向，并向指挥员提供检测结果和扩散范围图，注明不同区位的浓度。

2. 多组多点、交叉检测

现场泄漏严重，扩散范围较大时，应组织几个检测小组展开工作。

①多点检测，以下风方向为主，分成几组同时测试。②交叉检测，几个小组互换位置，交叉展开测试，比较检测结果，防止仪器或操作有误。③随时复测，隔一个时间段复检一次，始终把握现场扩散状况，并随时向指挥部报告。

3. 多组定点、复合检测

当泄漏范围很大时，应在不同的方位组织多个检测小组定点检测，随时报告扩散变化情况。如现场发现新的扩散物质成分，或既有泄漏扩散，又涉及环境污染现象，则要组织现场的复合型检测，在不同的部位、针对不同的物质使用不同的检测仪器或设备，向指挥部报告所有的检测情况，综合考虑现场处置意见。

（三）侦检器材准备

根据检测工作的任务需求，准备好所用的侦检仪器，检查检测仪器是否齐全、完好。同时备好各种标志物。

第二节　现场检测工作的实施

检测小组对扩散区域内的有毒物品及其浓度进行检测定性并分区域定量，为现场救援指挥决策提供依据。对不同情况下发生的事故进行检测时，定性和定量可以有所侧重。一般在情况不明又十分紧迫时，以定性查明危险物的品种为主；在确定如何救援时，则要重视定量分析的结果，即确定危险化学品的浓度及其分布，准确定量才能使采取的处置措施更可靠与完善。

一、确定危险化学品的种类

（一）初步判断

首批力量到场后，先进行必要的初步判断，有利于克服检测的盲目性。

① 通过询问知情人，进行初步判断。救援力量先在安全区域寻找泄漏装置、容器物权、事权关系人，了解泄漏介质种类、泄漏体的部位、容积、实际储量、泄漏量的大小等有关信息。

② 根据危险化学品的标志、标签、安全技术说明书等进行初步判断。危险

化学品标志通过图案、文字说明、颜色等信息，鲜明且简洁地表征危险化学品的特性和类别，向安全作业人员传递安全信息等警示资料。

根据 GB 6944—2012《化学品分类和危险性公示　通则》，9 类危险化学品的危险标志如图 3-1 所示。

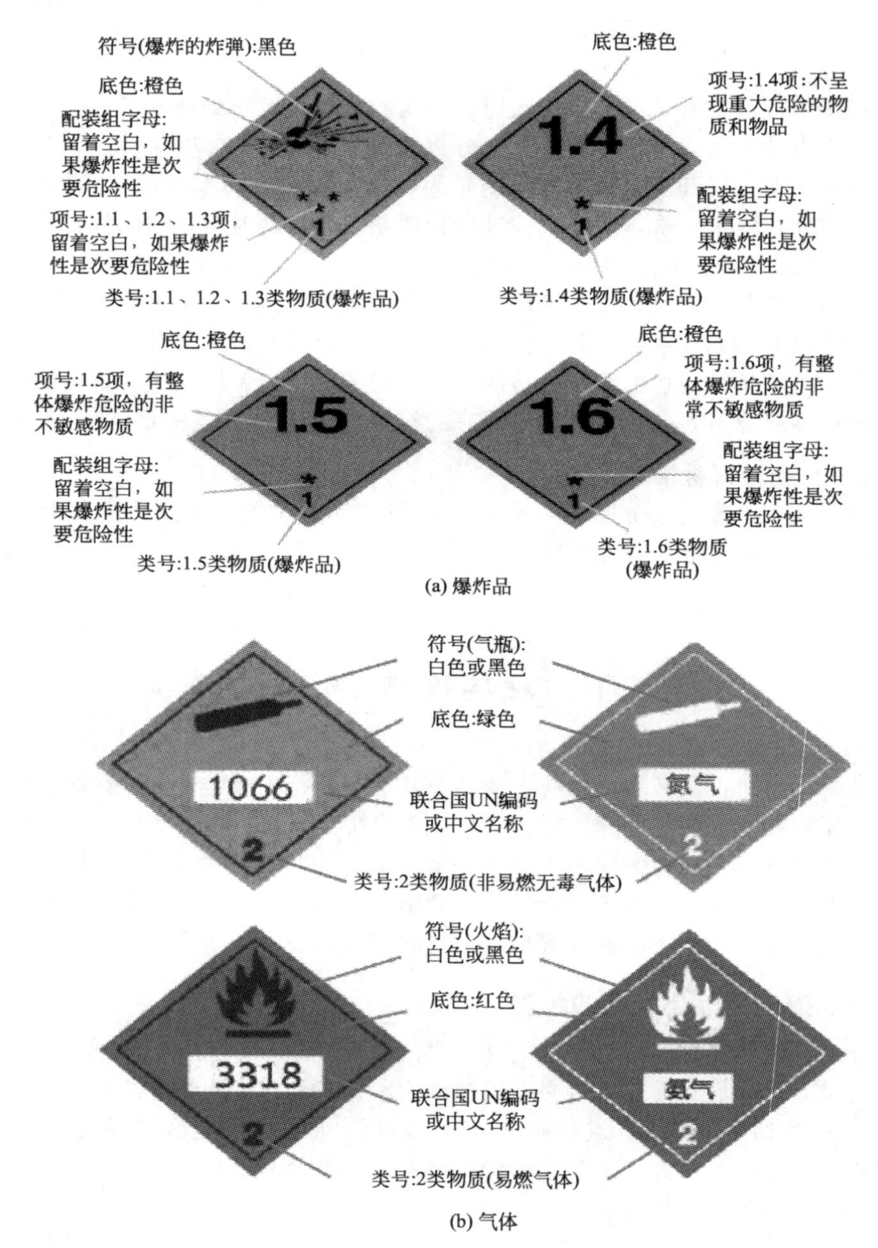

(a) 爆炸品

(b) 气体

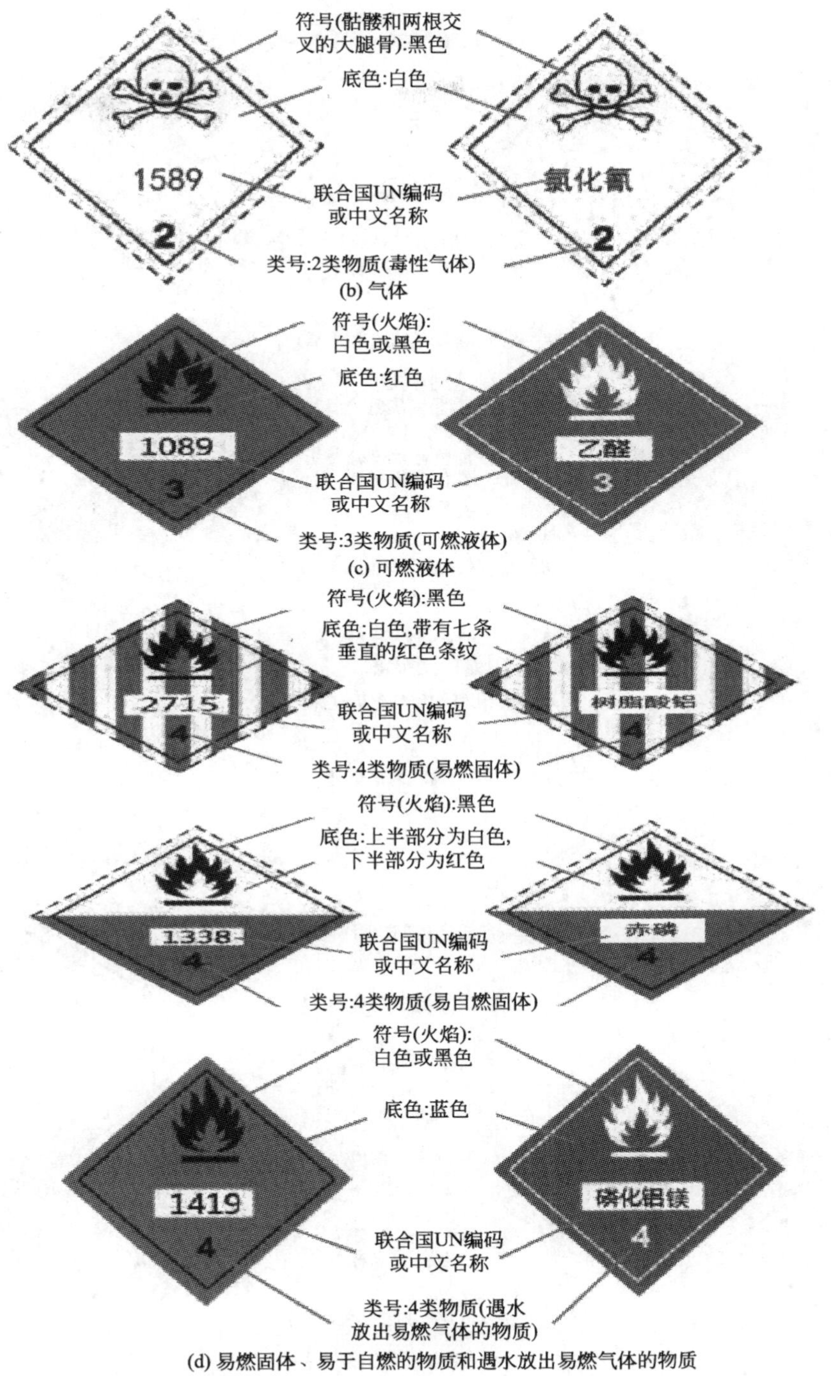

(d) 易燃固体、易于自燃的物质和遇水放出易燃气体的物质

图 3-1

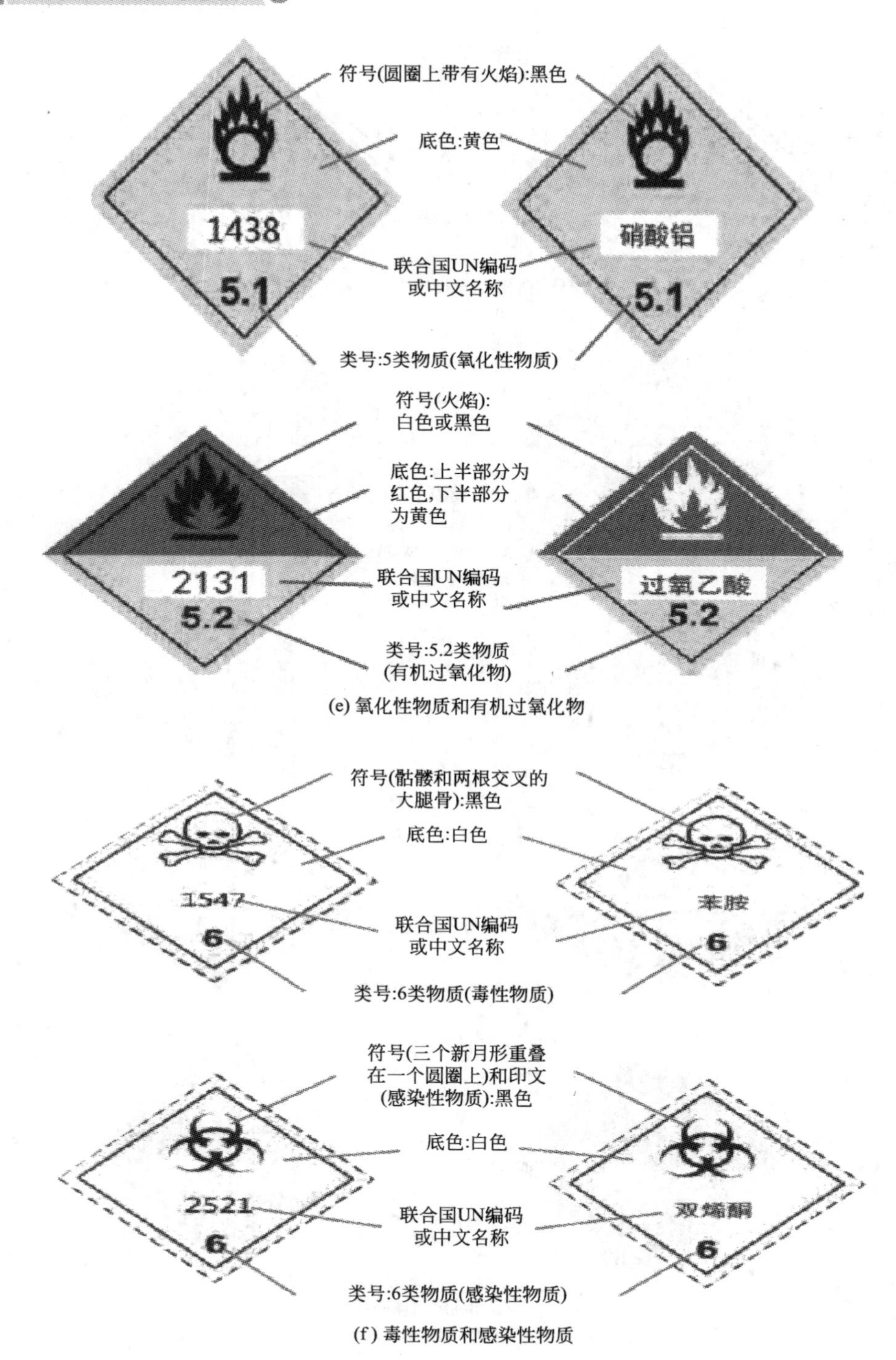

(e) 氧化性物质和有机过氧化物

(f) 毒性物质和感染性物质

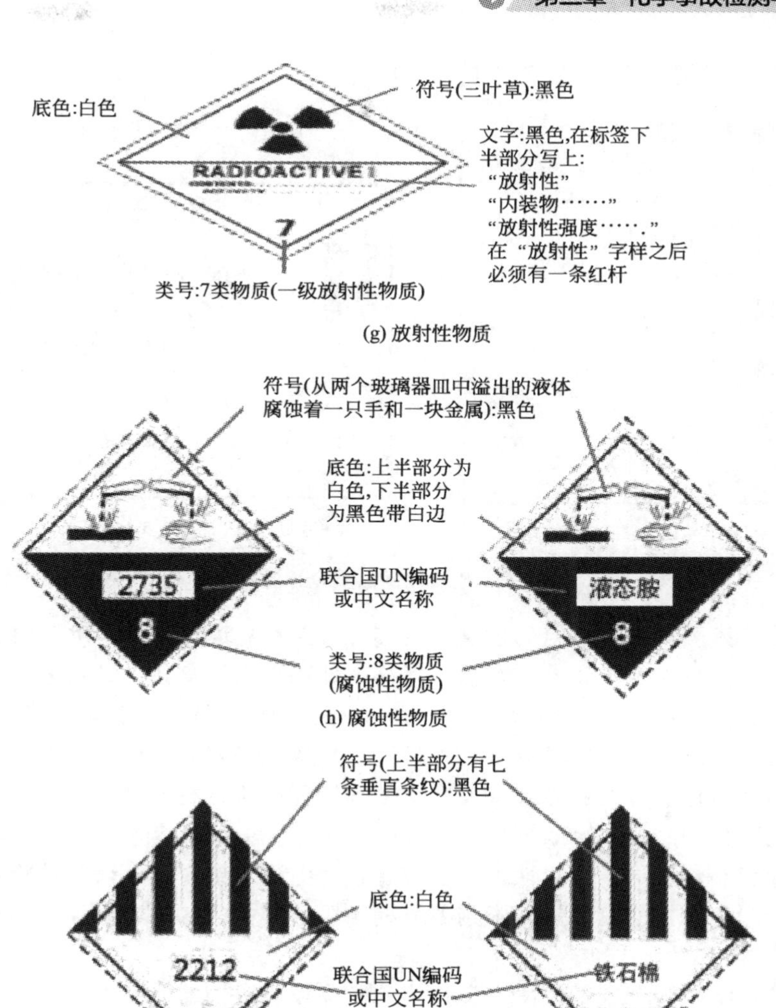

(g) 放射性物质

(h) 腐蚀性物质

(i) 杂类危险物质和物品

图 3-1 危险货物标志

安全标签是用于标识化学品所具有的危险性和安全注意事项的一组文字、象形图和编码的组合，它可粘贴、挂栓或喷印在化学品的外包装或容器上。其主要内容包括化学品标识、象形图、信号词、危险性说明、防范说明、应急咨询电话、供应商标识、资料参阅提示语等。根据 GB 15258—2009《化学品安全标签编写规则》，危险化学品安全标签如图 3-2 所示。

在安全标签中还包括联合国危险货物编号（UN 号），UN 号是联合国危险

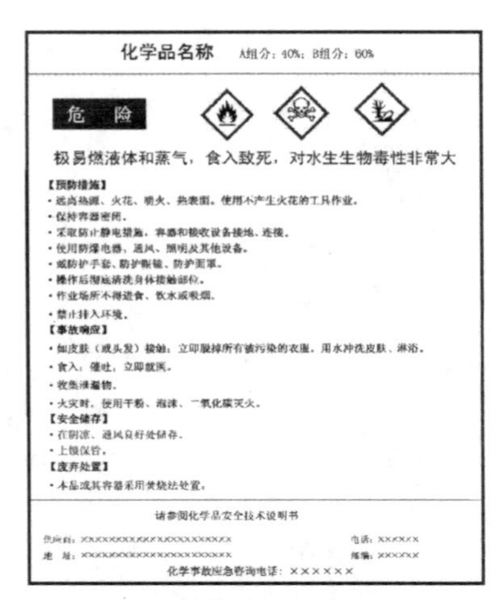

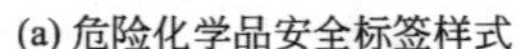
(a) 危险化学品安全标签样式

(b) 危险化学品简易安全标签样式

图 3-2 危险化学品安全标签样式

货物运输专家委员会对危险物质制定的编号，总共有四位，每一种危险货物对应一个编号，但性质基本相同，运输、存储条件和灭火、急救、处置方法相同的危险货物，也可使用同一编号。UN 号从 0004 到 0508 的危险化学品都具有爆炸性，这对于确定危险物质具有参考意义。在事故现场我们可以根据安全标签中的危险化学品名称、分类标志及 UN 号对泄漏物质种类进行判断。

在危险化学品泄漏事故现场如果发现安全标签上的内容不完整时，可以通过化学品标识、信号词、危险性说明、应急咨询电话、供应商电话及危险化学品编号和联合国危险货物编号等线索判断泄漏物质的有关信息，为处置行动提供科学准确的依据。

危险化学品安全技术说明书又称为化学品安全信息卡，简称 CSDS。它是一份关于危险化学品燃爆、毒性和环境危害以及安全使用、泄漏应急处理、主要理化参数、法律法规等方面信息的综合性文件。危险化学品安全技术说明书主要包括以下 16 个部分的内容：第一部分化学品及企业标识；第二部分危险性概述；第三部分成分/组成信息；第四部分急救措施；第五部分消防措施；第六部分泄漏应急处理；第七部分操作处置与存储；第八部分接触控制和个体防护；第九部分理化特性；第十部分稳定性和反应性；第十一部分毒理学信息；第十二部分生态学信息；第十三部分废弃处置；第十四部分运输信息；第十五部分法规信息；第十六部分其他信息。在现场可以根据安全技术说明书判断泄漏物质种类，并根据安全技术说明书采取进一步的应急和控制措施。

③ 根据危险化学品的包装和标签进行初步判断。不同形态的物品，采用的包装的类型不同。同时产品标签通常粘贴或悬挂在产品的外包装或容器的外表面

上。通过观察到的危险化学品包装和标签，对泄漏介质的危险进行判断，初步确定泄漏介质的种类。常见危险化学品的包装和标签如图 3-3 所示。

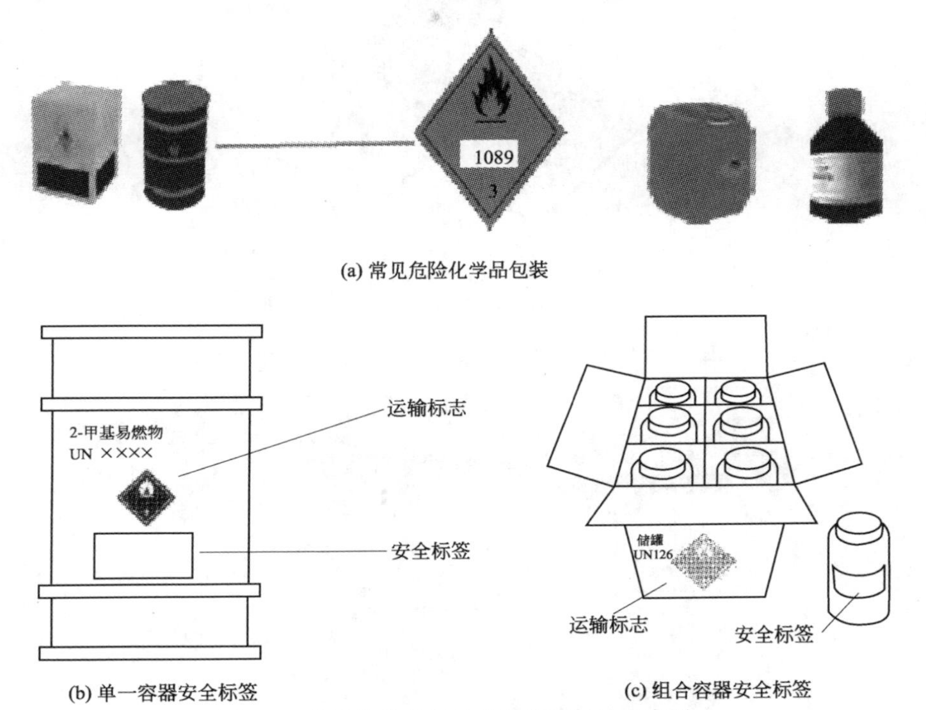

(a) 常见危险化学品包装

(b) 单一容器安全标签

(c) 组合容器安全标签

图 3-3 常见危险化学品的包装和标签示意图

④ 根据作业场所化学品安全标签进行初步判断。作业场所化学品安全标签主要是对化学品的生产、操作处置、运输、储存、排放、容器清洗等作业场所的化学危害进行分级，提出防护和应急处理信息，以标签的形式标示出来，警示作业人员、管理人员和应急救援人员作业时进行正确预防和防护。作业场所化学品安全标签主要包括名称、危险性级别等几项内容，用文字、图形、数字的组合形式进行表示，标签中用蓝色、红色、黄色和白色四个小菱形分别表示毒性、燃烧危险性、活性反应危害和个体防护，四个小菱形构成一个大菱形。根据 GB 15258—2009《化学品安全标签编写规则》，作业场所安全标签如图 3-4 所示。作业场所安全标签主要张贴或挂栓在生产、操作处置、储存、使用等场所的明显位置，指挥员可以根据其中的内容了解现场存在的危险化学品情况。

⑤ 根据危险货物运输车辆警示标志进行初步判断。危险货物运输车体两侧和车后位置通常悬挂危险货物通用标志、联合国危险货物编号和安全告知牌。一旦发生危险化学品运输事故，可以通过观察车辆上悬挂的危险货物运输车辆警示标志判断危险化学品所属的类别和相别，缩小检测范围。危险货物运输车辆警示标志如图 3-5 所示。

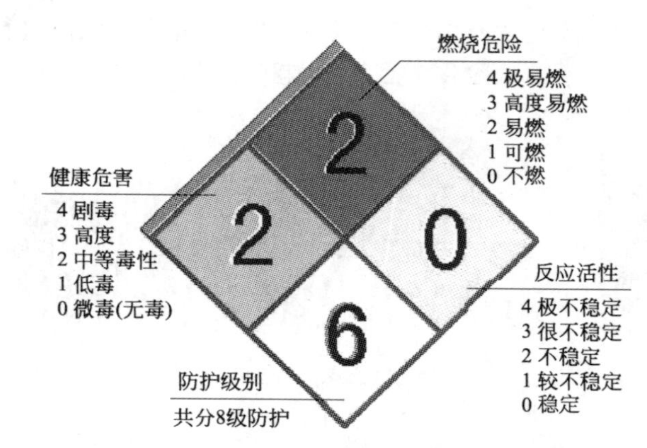

图 3-4 作业场所化学品安全标签危险性分级示例图

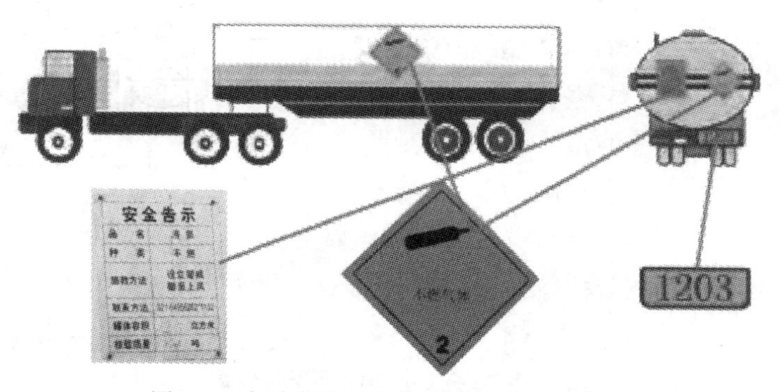

图 3-5 危险货物运输车辆警示标志示意图

⑥ 根据气瓶的警示标志进行初步判断。盛装有毒有害物的气瓶，一般要求涂上专门的漆色并写上规定颜色的物质名称字样。国家标准 GB/T 7144—2016《气瓶颜色标志》规定，充装气体的气瓶外表面应涂敷用来识别充装气体的颜色标志，因此，在事故现场可以根据现场盛装有毒有害气体的气瓶颜色对泄漏气体进行初步判断。气瓶涂膜配色类型如表 3-3 所示。

表 3-3 气瓶涂膜配色表

充装气体类别		气瓶涂膜配色类型	
		瓶色	字色
烃类	烷烃	棕	白
	烯烃		淡黄
稀有气体类		银灰	深绿
氟氯烷类		铝白	可燃气体:大红 不燃气体:黑
剧毒类		白	
其他气体		银灰	

气瓶颜色标志内容包括气体名称字样和气瓶颜色。字样是指气瓶的充装气体名称（也可含气瓶所属单位名称和其他内容，如溶解乙炔气瓶的“不可近火”等）。常见工业气瓶颜色如表 3-4 所示。详情查阅 GB/T 7144—2016《气瓶颜色标志》。

表 3-4 工业气体瓶颜色速查表

序号	充装气体名称	化学式	瓶色漆色	字样	字色
1	乙炔	$CH\equiv CH$	白	乙炔不可近火	大红
2	氢	H_2	淡绿	氢	大红
3	氧	O_2	淡(钛)蓝	氧	黑
4	氮	N_2	黑	氮	淡黄
5	空气		黑	空气	白
6	二氧化碳	CO_2	铝白	液化二氧化碳	黑
7	氨	NH_3	淡黄	液化氨	黑
8	氯	Cl_2	淡绿	液化氯	白
9	氟	F_2	白	氟	黑
10	一氧化氮	NO	白	一氧化氮	黑
11	二氧化氮	NO_2	白	液化二氧化氮	黑
12	碳酰氯	$COCl_2$	白	液化光气	黑
13	砷化氢	AsH_3	白	液化砷化氢	大红
14	磷化氢	PH_3	白	液化磷化氢	大红
15	乙硼烷	B_2H_6	白	液化乙硼烷	大红
16	四氟甲烷	CF_4	白	氟氯烷 14	黑
17	二氟二氯甲烷	CCl_2F_2	铝白	液化氟氯烷 12	黑
18	二氟溴氯甲烷	$CBrClF_2$	铝白	液化氟氯烷 12B1	黑
19	三氟氯甲烷	$CClF_3$	铝白	液化氟氯烷 13	黑
20	三氟溴甲烷	$CBrF_3$	铝白	液化氟氯烷 B1	黑
21	六氟乙烷	CF_3CF_3	铝白	液化氟氯烷 116	黑
22	一氟一氯甲烷	CH_2ClF	铝白	液化氟氯烷 21	黑
23	二氟氯甲烷	$CHClF_2$	铝白	液化氟氯烷 22	黑
24	三氟甲烷	CHF_3	铝白	液化氟氯烷 23	黑
25	四氟二氯乙烷	$CClF_2—CClF_2$	铝白	液化氟氯烷 114	黑
26	五氟氯乙烷	$CF_3—CClF_2$	铝白	液化氟氯烷 115	黑
27	三氟氯乙烷	$CH_2Cl—CF_3$	铝白	液化氟氯烷 133a	黑
28	八氟环丁烷	$CF_2CF_2CF_2CF_2$	铝白	液化氟氯烷 C318	黑

续表

序号	充装气体名称	化学式	瓶色漆色	字样	字色
29	二氟氯乙烷	CH_3CClF_2	铝白	液化氟氯烷 142b	大红
30	1,1,1-三氟乙烷	CH_3CF_3	铝白	液化氟氯烷 143a	大红
31	1,1-二氟乙烷	CH_3CHF_2	铝白	液化氟氯烷 152a	大红
32	甲烷	CH_4	银灰	甲烷	白
33	天然气		棕	天然气	白
34	乙烷	CH_3CH_3	棕	液化乙烷	白
35	丙烷	$CH_3CH_2CH_3$	棕	液化丙烷	白
36	环丙烷	$CH_2CH_2CH_2$	棕	液化环丙烷	白
37	丁烷	$CH_3CH_2CH_2CH_3$	棕	液化丁烷	白
38	异丁烷	$(CH_3)_3CH$	棕	液化异丁烷	白
39	液化石油气 工业用		棕	液化石油气	白
	液化石油气 民用		银灰	液化石油气	大红
40	乙烯	$CH_2=CH_2$	棕	液化乙烯	淡黄
41	丙烯	$CH_3CH=CH_2$	棕	液化丙烯	淡黄
42	1-丁烯	$CH_3CH_2CH=CH_2$	棕	液化丁烯	淡黄
43	顺-2-丁烯	$\begin{matrix} CH_3 & & CH_3 \\ & C=C & \\ H & & H \end{matrix}$	棕	液化顺丁烯	淡黄
44	反-2-丁烯	$\begin{matrix} H & & CH_3 \\ & C=C & \\ CH_3 & & H \end{matrix}$	棕	液化反丁烯	淡黄
45	异丁烯	$(CH_3)_2C=CH_2$	棕	液化异丁烯	淡黄
46	1,3-丁二烯	$CH_2=(CH)_2=CH_2$	棕	液化丁二烯	淡黄
47	氩	Ar	银灰	氩	深绿
48	氦	He	银灰	氦	深绿
49	氖	Ne	银灰	氖	深绿
50	氪	Kr	银灰	氪	深绿
51	氙	Xe	银灰	液氙	深绿
52	三氟化硼	BF_3	银灰	氟化硼	黑
53	一氧化二氮	N_2O	银灰	液化笑气	黑
54	六氟化硫	SF_6	银灰	液化六氟化硫	黑
55	二氧化硫	SO_2	银灰	液化二氧化硫	黑
56	三氯化硼	BCl_3	银灰	液化氯化硼	黑

续表

序号	充装气体名称	化学式	瓶色漆色	字样	字色
57	氟化氢	HF	银灰	液化氟化氢	黑
58	氯化氢	HCl	银灰	液化氯化氢	黑
59	溴化氢	HBr	银灰	液化溴化氢	黑
60	六氟丙烯	$CF_3CF=CF_2$	银灰	液化全氟丙烯	黑
61	硫酰氟	SO_2F_2	银灰	液化硫酰氟	黑
62	氘	D_2	银灰	氘	大红
63	一氧化碳	CO	银灰	一氧化碳	大红
64	氟乙烯	$CH_2=CHF$	银灰	液化氟乙烯	大红
65	1,1-二氟乙烯	$CH_2=CF_2$	银灰	液化偏二氟乙烯	大红
66	甲硅烷	SiH_4	银灰	液化甲硅烷	大红
67	氯甲烷	CH_3Cl	银灰	液化氯甲烷	大红
68	溴甲烷	CH_3Br	银灰	液化溴甲烷	大红
69	氯乙烷	C_2H_5Cl	银灰	液化氯乙烷	大红
70	氯乙烯	$CH_2=CHCl$	银灰	液化氯乙烯	大红
71	三氟氯乙烯	$CF_2=CClF$	银灰	液化三氟氯乙烯	大红
72	溴乙烯	$CH_2=CHBr$	银灰	液化溴乙烯	大红
73	甲胺	CH_3NH_2	银灰	液化甲胺	大红
74	二甲胺	$(CH_3)_2NH$	银灰	液化二甲胺	大红
75	三甲胺	$(CH_3)_3N$	银灰	液化三甲胺	大红
76	乙胺	$C_2H_5NH_2$	银灰	液化乙胺	大红
77	二甲醚	CH_3OCH_3	银灰	液化甲醚	大红
78	甲基乙烯基醚	$CH_2=CHOCH_3$	银灰	液化乙烯基甲醚	大红

常见工业管道标识颜色如表 3-5 所示。详情查阅 GB 7231—2003《工业管道基本识别色、识别符号和安全标识》。

表 3-5 工业管道识别颜色速查表

介质分类	基本识别色	颜色标准编号
水	艳绿	G03
水蒸气/泡沫	大红	R03
空气	浅灰	B03
气体(氮气、氩气等)	中黄	Y07

续表

介质分类	基本识别色	颜色标准编号
酸或碱	紫	P02
可燃液体	棕	YR05
其他液体	黑	
氧	浅蓝	PB06

此外，在事故现场也可以通过瓶装气体的数字编码进行初步判断。气体的FTSC编码是按燃烧性、毒性、状态和腐蚀性的英文词组取字首简称而来。FTSC编码由四位数字按顺序组成，直接标示了每种气体的四个基本性质：a. 燃烧性，根据燃烧的潜在危险性，分为不燃、助燃（氧化性）、易燃、自燃、强氧化性、分解或聚合六个类型（0～5）；b. 毒性，根据接触毒性的途径和毒性大小，按急性毒性（一次染毒）吸入半数致死量浓度 LC_{50} 分为无毒、毒、剧毒三个等级（1～3）；c. 状态，根据瓶内充装气体的状态和在20℃时瓶内压力的大小分为七个类型（0～6）；d. 腐蚀性，根据气体不同的腐蚀性，分为无腐蚀、酸性腐蚀（氢卤酸腐蚀）、碱性腐蚀、酸性腐蚀（非氢卤酸腐蚀）四个类型（0～3）。在事故现场可以根据泄漏气体的FTSC数字编码确定气体综合的安全性能，从而初步确定气体的种类。

⑦ 根据危险化学品的物理性质进行初步判断。危险化学品的物理性质包括气味、颜色、沸点等。不同危险化学品的物理性质不同，在事故现场的表现也有所不同。比如：危险化学品中的有毒气体多具有特殊气味，在其泄漏扩散区域内都可能嗅到其气味。常见的危险化学品的特征颜色和气味如表3-6所示。再如：沸点低、挥发性强的物质，如光气、氯化氢等泄漏后迅速汽化，在地面无明显的霜状物；而沸点低、蒸发潜热大的物质，如氢氰酸、液化石油气泄漏的地面上则有明显的白霜状物。许多化学物质的形态、颜色相同，无法区别，所以单靠感官检测是不够的，并且剧毒物质也不能用感官方法检测，因此只能依靠危险化学品的物理性质对事故现场进行初步的判断。

表3-6　常见危险化学品的特征颜色及气味

化学物质	特征颜色及气味
F_2	淡黄色气体，有刺激性气味
Cl_2	黄绿色，具有异臭的强烈刺激性气味
光气	无色气体或烟性液体，有烂干草或烂苹果气味，浓度较高时气味辛辣
NH_3	无色有强烈臭味的刺激性气体
SO_2	具有强烈辛辣、特殊臭味的刺激性气体
H_2S	无色具有臭鸡蛋臭味的气体

续表

化学物质	特征颜色及气味
HCN	无色气体或液体,具有苦杏仁气味
硫酸二甲酯	无色、无臭或略带葱味的油状液体
硝酸	黄色至无色液体,有刺激性气味
盐酸	无色或微黄色发烟液体,有刺鼻的酸味
汽油	无色或淡黄色的易挥发的略带臭味的油状液体
苯	具有特殊芳香气味的无色、易挥发、易燃的油状液体
四氯化碳	无色透明液体,有类似氯仿的特殊气味或醇样气味
氯乙烯	无色液体或气体,微弱甜味
甲醇	无色、易燃、极易挥发的液体,纯品略带酒精气味
甲苯二异氰酸酯	无色至淡黄色液体,有强烈的刺激气味
丙烯腈	无色或淡黄色易燃液体,其蒸气具有苦杏仁或桃仁气味
苯酚	无色针状结晶块状物,不纯时呈粉红色,为具有特殊气味的晶体
4-甲基苯酚	无色晶体,有特殊气味
沙林	有微弱的水果香味或樟脑味
维埃克斯	无色油状液体,具有特殊的臭味
芥子气	无色有微弱大蒜气味的油状液体
苯胺	无色或淡黄色油状液体,具有特殊的臭味和灼烧味
有机磷杀虫剂	具有大蒜臭味,黄色或棕色油状液体
敌敌畏	纯品为无色,工业品为浅黄色至棕黄色油状液体,微带芳香味
乐果	纯品为白色晶体,工业品为浅黄棕色乳剂,有樟脑气味

⑧ 根据人或动物中毒的症状进行初步判断。由于不同的化学物质的结构和性质不同，毒害作用原理和对人或动物的作用途径也不同，所以出现的中毒症状也有一定的差异。因此，根据中毒者的某些特殊的中毒症状，可以推断出有毒物质的类型和具体物质的种类。常见气体的中毒症状如表 3-7 所示。

表 3-7 常见气体的中毒症状

化学物质名称	中毒症状
氯气	首先出现明显的上呼吸道黏膜刺激症状:剧烈的咳嗽、吐痰、咽喉疼痛发辣、呼吸困难、颜面青紫、气喘。当出现支气管肺炎时,肺部听诊可闻及干、湿性啰音。中毒继续加重,造成肺泡水肿,引起急性肺水肿,全身其他器官也趋衰竭等
氨气	低浓度的氨对眼和上呼吸道有刺激和腐蚀作用,会出现流泪、咽痛、咳嗽、胸闷、呼吸困难、头晕、呕吐、乏力等症状;高浓度时可引起中枢神经系统兴奋增强,导致痉挛,并可造成组织溶解性坏死,引起皮肤和上呼吸道黏膜化学性炎症及烧伤,肺充血,肺水肿及出血

续表

化学物质名称	中毒症状
硫化氢	流泪、眼部烧灼疼痛、怕光、结膜充血；剧烈的咳嗽，胸部胀闷，恶心呕吐，头晕、头痛，随着中毒加重，出现呼吸困难、心慌、颜面青紫、高度兴奋、狂躁不安，甚至引起中风，意识模糊，最后陷入昏迷，人事不省，发生“电击样”死亡
氮氧化物	吸入初期仅有轻微的眼及呼吸道刺激症状，如咽部不适、干咳等。常经数小时至十几小时或更长时间潜伏期后发生迟发性肺水肿、成人呼吸窘迫综合征，出现胸闷、呼吸窘迫、咳嗽、咯泡沫痰、紫绀等，可并发气胸和纵膈气肿
光气	首先有局部刺激症状，如两眼烧灼、咽喉干燥发热，以后迅速出现刺激性咳嗽、咳痰（痰中带血）、呼吸变快、喘息、面部青紫，全身皮肤转为灰白色，最后可因呼吸循环衰竭而死亡
液化石油气	头晕、乏力、恶心、呕吐，并有四肢麻木及手套袜筒形的感觉障碍，接触高浓度时可使人昏迷
天然气	头晕、头痛、恶心、呕吐、乏力等，严重者出现直视、昏迷、呼吸困难、四肢强直、去大脑皮质综合征等
一氧化碳	轻度中毒头痛、眩晕、心悸、恶心、呕吐、全身乏力或短暂昏厥。中度中毒皮肤黏膜呈樱桃红色，脉快，烦躁，常有昏迷或虚脱。重度中毒可突然昏倒，继而昏迷，可伴有心肌损害，高热惊厥、肺水肿、脑水肿等
氰化氢	轻微中毒会出现头痛、头昏或意识丧失，胸闷或呼吸浅表，血压下降，皮肤黏膜呈樱桃红色，痉挛或阵发性抽搐；高浓度或大剂量摄入，可引起呼吸和心脏骤停，发生“闪电样”死亡
苯	轻者有黏膜刺激症状，继而出现倦睡、眩晕、头痛、头昏、恶心、呕吐、步态不稳；重者判断能力和感觉能力下降、抽搐甚至死亡
丙烯腈	轻度中毒者可出现头晕、恶心、呕吐并伴有黏膜刺激症状。重度中毒者出现胸闷、心悸、呼吸困难、抽搐、昏迷等
丙酮	轻度中毒症状有流泪、流涕、畏光等；重度中毒症状有嗜眠、痉挛，甚至昏厥等

（二）初步侦检

如果通过初步判断不能确定有毒有害物的种类，现场侦检人员可以利用侦检纸、气体检测管和水质分析仪、红外光谱分析仪、便携式气相色谱-质谱联用分析仪进行定性、半定性检测，得到初步判断结论。目前比较成熟的化学泄漏事故现场的快速定性仪器主要有气体定性检测管、便携式气相色谱-质谱联用分析仪、便携式红外光谱气体分析仪。

1. 气体定性检测管

气体定性检测管是专门用于测量未知气体种类的侦检管，不能确定被测气体的浓度。它是在一根玻璃管内分段装入涂附不同种类显色剂的硅胶指示剂，形成不同的色段。将气体引入玻璃管内，通过不同色段的颜色变化确定被测气体的性质。当一种气体通过玻璃管内的指示剂后，如果A色段变化成为某一指定颜色，而B、C、D、E色段均不发生变化，即可确认该气体为何种气体；同理，可确认使其他色段发生变化的气体种类，该种商品配有色段颜色变化组合对应的被测有毒气体判别表。

使用气体定性检测管进行定性检测时，先要根据现场侦察得到的线索估计事故现场可能存在的危险化学品气体，尽量缩小侦检范围，再采用气体定性检测管对有毒气体种类进行检测。使用气体定性检测管进行定性检测时，应注意其只能用于检测常见的气态物质，检测时间较长，而且需要储备大量的检测管，容易存在过期的问题。

2. 便携式气相色谱-质谱联用分析仪

气相色谱-质谱联用技术将气相色谱的高分辨能力和质谱检测器的定性能力相结合，成为迄今国际上有效的监测手段之一。目前，我国消防力量在核生化侦检车上配备有 Hapsite Smart 便携式气相色谱-质谱联用分析仪。便携式气相色谱-质谱联用仪可以实现直接进样，可用于分析气态有机挥发物和液体、固体中的有机挥发物，适用于事故现场的定性检测。

核生化侦检车上的 Hapsite Smart 便携式气相色谱-质谱联用分析仪包括采样系统、色谱系统、色谱-质谱连接系统、质谱系统，其中新型的直接进样探头大大简化了测量程序。独特的微阱浓缩技术和程序升温功能，使 Hapsite Smart 气相色谱-质谱联用分析仪的检测限低至 10～12 级，可检测的范围更宽。采用 NIST 谱库，该谱库涵盖了 135500 张标准谱图。它提供了两种操作模式：质谱扫描模式（survey mode）和全分析模式（analytical mode），即可先采用 MS 连续检测，一旦发现污染物，则可启动 GC-MS 系统，利用目标化合物数据库和 NIST 数据库进行全面分析。便携式气相色谱-质谱联用分析仪操作很简单，主要步骤有开机、选择方法、按启动键、结果分析。

在使用气相色谱-质谱联用分析仪进行定性检测时应注意以下几个问题：第一，预热。Hapsite Smart 气相色谱-质谱联用分析仪启动时需要至少 20min 的预热时间，因此在接到出警命令时就应该开机预热，以减少到达现场的准备时间，为快速定性分析赢得宝贵时间。第二，采样。在取样时应注意取样的全面性，包括各种角落、通风设施及排烟口等。第三，分析。Hapsite Smart 气相色谱-质谱联用分析仪在完成一次完整分析后会在主机上显示检测到的所有物质，但该结论没有量化比较，无法辨别哪些是主要成分，因此必须结合相应软件给出的色谱图和质谱图进行综合分析，并将主要物质的质谱图和数据库进行仔细对比，根据相似度分析结果。第四，备份。对于所有的现场取样都必须留有足够的备份样本，用于二次检测和提供给专业检测机构做进一步确认，以保证结论的准确性和信息发布的权威性。

3. 便携式红外光谱气体分析仪

便携式红外光谱气体分析仪适于对气态物质进行定性，它不仅能对众多有机物定性，还能对二氧化硫、氯化氢、氰化氢等无机气体成分进行定性分析，而且分析速度快，定性功能较强，能对近 300 种物质进行定性检测。例如：MIRAN

SapphIRe便携式红外气体分析仪是单光束的红外分析仪。它的红外光是炽热的金属合金线发出的暗橙色光。光束通过滤光片，除去无关的光束，进入含有气体样本的样品室。在样品室里，红外光由镀金的镜子在样品中来回反射，仪器内测定光程可单次反射0.5m以满足对高浓度组分的检测，多次反射12.5m以有效地提高低浓度组分检测的灵敏度。最终红外辐射抵达检测器时，能量被转换成数字信号，显示在显示屏上。浓度值以10^{-6}、10^{-9}、%或吸光单位显示。它带有包含120多种有毒气体化合物的标准红外光谱的谱库，应用于应急分析可对危险气体进行定性鉴别与定量检测。

使用便携式红外光谱气体分析仪进行定性检测时，应注意现场的使用环境。便携式红外光谱气体分析仪抗干扰能力较差，难于对复杂环境的气体进行定性检测，特别是现场的水蒸气会严重干扰测试结果。

在化学品泄漏事故现场使用仪器进行定性检测时，应该使用多种定性检测仪器进行联合侦检，一方面可以扩大现场侦检范围，另一方面可以对侦检结果进行相互验证。

（三）送样检测

难以准确判断的未知毒物，应及时采样并送到有关的毒物分析检测机构或实验室进行检测。检测手段可以采取气相色谱分析、红外光谱分析、质谱分析等。在事故现场需要对样品进行采集，并进行适当的预处理。

1. 样品采集的要求

样品采集是样品检测的关键环节，是检测结果正确的前提。采样时，采样人员要进行合理防护，现场要保护。样品采集要按照一定的程序和规定进行，由有经验的人员完成。采集的样品要具有代表性。采样点选择的基本要求是浓度高、密度大、检测干扰小。样品采集时要做好采样笔录、照相、录像、绘图等工作，并填写采样记录单。样品采集应由两个人一起进行，采集的样品数量要足够，以满足检验和复检的需要，并且要注意采集空白样品和对照样品，以备做空白试验和对照试验。所采集的样品应分别包装，在包装外部贴上标签，标明编号、样品名称、提取的现场、采样的位置、样品数量、采集时间、采样人等，包装要严密，严防泄漏、丢失。

2. 气态样品的采集

气态样品现场采集时，要根据现场的温度、压力、风向、破坏情况、生产工艺等具体情况和气态样品的物理化学性质确定采样位置，采样点的选择要具有代表性。

对于泄漏气体，侦检人员应在气体扩散范围内，就近迎风采集；在气体云团扩散经过的主要路径上选择采样和检测点；在靠近下风向染毒空气密集区的边缘处，距地面20～40cm高度选择采样和检测点；在染毒空气易滞留的低洼处选择采样和检测点。

密度比空气大的气体（分子量大于 29）易聚集在低洼区域；密度比空气小的气体（分子量小于 29）易聚集在房间的最高处或天花板下面。采样点应设在气态样品聚集的地方。

每个采样点应平行采集至少两个样品，样品测定结果之差不能超过 20%，并要求记录采样时的温度、压力。必要时要在离现场较远的地方采集空白样品。

气态样品的采集方法包括直接采样法和浓缩采样法。

当空气中被测组分浓度较高或所用分析方法灵敏度高且直接进样即能满足检测要求时，可用直接采样法，所测得的浓度是采样时的瞬时浓度。常用的直接采样法有注射器采样、塑料袋采样、采气管采样和真空瓶采样。

① 注射器采样法。选用气密性好的 50mL 或 100mL 玻璃或塑料注射器，使用前检查注射器的气密性。采样时先用现场空气抽洗 2～3 次再抽样至 50mL 或 100mL，密封进样口，带回实验室分析。取样后，应将注射器进气口朝下，垂直放置，以使注射器内压略大于外压。采样后样品不宜长时间存放。注射器采样多用于有机蒸气的采样，优点是操作简易快速，可反复使用，成本低；缺点是采样体积有限，注射器易破碎，携带不方便。

② 塑料袋采样法。所用的塑料袋不应与所采集的被测物质起化学反应，也不应对被测物质产生吸附和渗漏现象，常用聚四氟乙烯袋、聚乙烯袋、聚氯乙烯袋和聚酯袋，还有用金属薄膜作衬里（如衬银、衬铝）的塑料袋。采气袋容量通常有 0.5mL、1mL、5mL、10mL、25mL、50mL、100mL。采样方法是先用二连球打入现场空气冲洗 2～3 次，再充满被测样品，夹紧进气口，带回实验室进行分析。该方法多用于无机气体如 CO、CO_2 和有机蒸气的采集，优点是重量轻，不易破碎，可重复使用，样品保存时间长；缺点是采样量有一定限制，对挥发性小的待测物可能发生吸附。

③ 采气管采样法。采气管是两端具有旋塞的管式玻璃容器，其容积为 100～500mL。采样时，打开两端旋塞，用二连球或抽气泵接在管的一端，迅速抽进比采气管容积大 6～10 倍的欲采气体，使采气管中原有气体被完全置换出，关上旋塞，采气管体积即为采气体积。

④ 真空瓶采样法。真空瓶是一种具有活塞的耐压玻璃瓶，容积一般为 500～1000mL。采样前用真空泵将采气瓶抽成真空，一般瓶中剩余压力为 1.33kPa。采样时，在现场打开瓶塞，被测空气即冲进瓶中，采样体积为真空采样瓶的体积，关闭瓶塞，带回实验室分析。

当空气中被测物质的浓度很低，而且所用的分析方法又不能直接测出其含量时，需用浓缩采样法进行空气样品的采集。浓缩采样的时间一般都比较长，所测得的气体浓度是在浓缩采样时间内的平均浓度。浓缩采样法有溶液吸收法、填充柱阻留法、滤料阻留法、静电沉降法、冷冻浓缩法等，需根据检测目的和要求、被测物的理化性质、在空气中的存在状态和所用的分析方法等来选择。

① 溶液吸收法。溶液吸收法是用吸收液采集空气中气态、蒸气态样品组分以及某些气溶胶的方法。当空气样品通过吸收液时，吸收液界面上的被测物质的分子由于溶解而运动速度极快，能迅速扩散到气-液界面上。因此，整个气泡中被测物质分子很快地被溶液吸收。溶液吸收法使用气体吸收管进行采样，常用的气体吸收管有气泡式吸收管、冲击式吸收管和多孔玻板吸收管。其优点是适用范围广，可用于各种危险化学品的各种状态采样；样品往往可以直接进行分析，不需要经过样品处理；吸收管可以反复使用，费用低。其缺点是吸收管易损坏，携带不方便。

② 填充柱阻留法。填充柱是用一根长6～10cm、内径3～5mm的玻璃管或塑料管，内装颗粒状填充剂制成。根据填充剂阻留作用的原理填充柱可分为吸附型、分配型和反应型三种类型。采样时，让气样以一定流速通过填充柱，则欲测组分因吸附、溶解或化学反应而被阻留在填充剂上，达到浓缩采样的目的。采样后，通过加热解吸、吹气或溶剂洗脱，使被测组分从填充剂上释放出来。该法的优点是可以长时间采样，而溶液吸收法则由于液体在采样过程中会蒸发，采样时间不宜过长。只要选择合适的固体填充剂，对气态、蒸气态和气溶胶态物质都有较高的富集效率，而溶液吸收法一般对气溶胶吸收效率要差些。浓缩在固体填充柱上的待测物质比在吸收液中的稳定时间要长，有时放置几天或几周也不发生变化。

③ 滤料阻留法。将过滤材料放在采样夹上，用抽气装置抽气，则空气中的颗粒物被阻留在过滤材料上，称量过滤材料上富集的颗粒物重量，根据采样体积可计算出空气中颗粒物的浓度。或将过滤材料放在溶剂中洗脱，使被测组分从过滤材料上溶解到溶剂中。过滤材料主要是纤维状滤料［定量滤纸、玻璃纤维滤膜（纸）、氯乙烯滤膜等］和筛孔状滤料（微孔滤膜、核孔滤膜、银薄膜等）。滤料采集空气中气溶胶颗粒物基于直接阻截、惯性碰撞、扩散沉降、静电引力和重力沉降等作用。有的滤料以阻截作用为主，有的滤料以静电引力作用为主，还有的几种作用同时发生。

④ 静电沉降法。常用于采集气溶胶，当空气样品通过1000～20000V电压的电场时，气体分子电离所产生的离子附着于气溶胶粒子上使粒子带电，此带电粒子在电场作用下沉降到收集电极上，然后将收集电极表面沉降物质洗下分析。此法采样效率高、速度快，但仪器设备及维护要求较高，且不能在有易爆气体、蒸气、粉尘的场合使用。

⑤ 冷冻浓缩法。冷冻浓缩法主要用于采集低沸点物质。值得注意的是，空气中的水蒸气也被凝结在收集器中，会对测定造成误差，应设法消除。

3. 液态样品的采集与预处理

液体样品的采样体积取决于分析项目，通常应超过各项测定所需样品总体积的20%～30%。盛液体样品的容器应使用无色硬质玻璃瓶或聚乙烯塑料瓶，见光易分解的样品应用棕色瓶盛装。取样前至少用欲采取的样品洗涤采样瓶和塞子2次，取样时应缓缓注入瓶中，不要起泡，并注意勿使砂石、浮土颗粒或植物杂质进入瓶中。采集液态样品时，不能把瓶子完全装满，至少留有2cm（或10～20mL）的空间，以防水温或气温改变时将瓶塞挤掉。采集浸渍在地板、泥土、木材、纤维等中的液态样品，要连同客体一并采取。采集残留在玻璃瓶、塑料瓶、铁罐壁上的残液时，要将容器用适当的溶剂洗刷，采集洗涤液，所用溶剂不能影响后续的分析和造成干扰。残留在容器内、管道和反应器里的液体，采集时注意采集上、中、下层的样品，使其具有代表性。从容器外壳底部阀门采集样品时，应将容器底部液体放出一部分，冲掉污垢后再采集。注意采集空白样品和对照样品。欲采取平行分析样品，必须在同样条件下同时取样。

由于液态样品常因生物因素、物理因素和化学因素等变质，因此应采用一定的方法进行保存。液态样品的保存方法主要有以下两种：

① 冷藏或冷冻。冷藏是短期内保存样品的一种较好方法，对测定基本无影响。但需要注意冷藏保存也不能超过规定的保存期限。冷藏温度必须控制在4℃左右。温度太低（低于0℃），因水样结冰体积膨胀，使玻璃容器破裂或样品瓶盖被顶开失去密封，样品受沾污；温度太高则达不到冷藏目的。

② 加入化学保存剂。a. 控制溶液pH值，测定氰化物的水样需加氢氧化钠调至pH值为12。b. 加入抑制剂，在样品中加入抑制剂可抑制生物作用。在测酚水样中用磷酸调溶液的pH值，加入硫酸铜以控制苯酚分解菌的活动。c. 加入氧化剂，水样中痕量汞易被还原，引起汞的挥发性损失，加入硝酸-重铬酸钾溶液便可使汞维持在高氧化态，汞的稳定性大为改善。d. 加入还原剂，测定硫化物的水样，加入抗坏血酸对保存有利。含余氯水样，能氧化氰离子，可使酚类、烃类、苯系物氧化生成相应的衍生物，因此，在采样时可加入适量的硫代硫酸钠予以还原，除去余氯干扰。

液态样品的预处理方法主要有以下两种：

① 测定无机物的指标。测定无机物的指标时，如果水样中含有有机物，需先经消解处理以破坏有机物和溶解悬浮物，将有机成分转化成无机成分。常用的消解方法有硝酸消解法、硝酸-硫酸消解法、硝酸-高氯酸消解法、硝酸-氢氟酸消解法、多元消解法、碱分解法、干灰化法和微波消解法等。

② 测定有机物的指标。测定有机物的指标，在进行检测之前都要将被测组分提取出来，必要时进行富集，脱色脱水。其中被测组分的提取可以采用溶剂提取法和蒸馏法。脱色脱水要根据具体情况而定，不一定每次检验都采用。如果水分或颜色不影响分析鉴定，可不用脱水脱色。溶液的脱色一般用200目的活性炭与样品接触，使带色物质吸附在活性炭表面，然后分离（过滤），所用的活性炭事先要用乙醚洗涤处理。常用的脱水方法是使试样与适当的化学干燥剂直接接触。常用的化学干燥剂主要有无水硫酸钠、无水硫酸镁、无水氯化钙、无水碳酸

钾、氢氧化钾和五氧化二磷等。

4. 固态样品的采集与制备

对于染毒的地面，在现场染毒密度较大的地面选择采样点。根据染毒地面的具体情况确定采样方法，可采用的方法有对角线采样法、梅花形采样法、棋盘式采样法、蛇行采样法。对于泄漏的固体物质，如果存在爆炸或燃烧危险，应先控制，再采样。染毒明显的植物、衣服、器材、容器碎片等都应作为采样的对象。

固态样品的制备一般包括以下几步：

① 破碎。破碎分为粗碎、中碎、细碎和粉碎四个阶段。

② 筛分。按规定用适当的标准筛对样品进行分选的过程称为筛分。经过破碎的样品中仍有大于规定粒度的，必须用一定规格的标准筛进行过筛，将大于规定粒度的样品筛分出来，以便继续进行破碎，直至全部通过规定的标准筛。

③ 掺和。将样品混合均匀的过程称为掺和。混匀方法通常有环锥法、机械混匀法。

④ 缩分。常用的有锥形四分法、分样器缩分法。

在爆炸现场，爆炸残留物以爆炸物品原形物、分解产物和包装物残体等形式出现，并且在爆炸现场的破坏范围可分为三个地带：

① 第一地带为爆炸产物直接作用的范围。该范围的半径为装药半径的 7～14 倍，此处爆炸痕迹通常表现为形成炸点。一般情况下这一地带的炸药残留物较少。

② 第二地带为爆炸产物和冲击波共同作用范围。该范围的半径为装药半径的 14～20 倍，爆炸产物和空气冲击波的作用大致相等。宏观爆炸痕迹通常有燃烧和高温作用现象。此范围未分解的炸药原形物降落开始增多。

③ 第三地带为冲击波作用范围。该地带半径大于装药半径的 20 倍，由于爆炸产物已与空气冲击波分离，在波后形成较大的负压区，炸药残留物残留较多，形成残留物分布高密度区。因此，爆炸尘土采取的一般做法是 5m 之内每隔 0.5m 收集 1 次，5m 以外每隔 1m 收集 1 次。每次样品取土面积不小于 $0.3m^2$，收集细土不小于 10g。一般爆炸现场在 10～20m 的范围，药量很大的现场在50～100m 的范围收集样品。采取空白尘土，以便做空白检验。

二、测定危化品的浓度及其分布

为了准确和迅速地测出现场的毒气浓度及其分布，应掌握现场侦检的行进方式和实施方法。

（一）现场侦检行进方式

较大的毒气泄漏扩散现场，其浓度及其分布侦检的行进方式常有三种。

1. 从下风处迎风向化学危险源行进

侦检小组按照现场指挥员指定的路线和位置接近染毒区域，从危险源的下风方向朝上风方向行进，边行进，边侦检，边标志危险区边界，如图 3-6 所示。

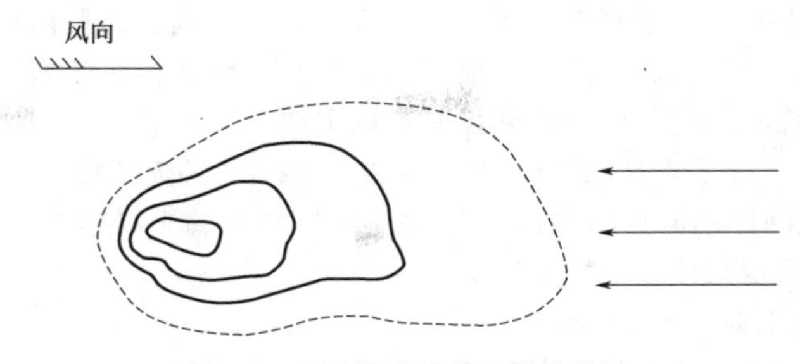

图 3-6　从下风处迎风检测示意图

2. 从侧风方向平行斜穿行进

侦检小组按照现场指挥员指定的路线和位置接近染毒区域，从染毒区域的侧风方向平行斜穿行进，边行进，边侦检，边标志危险区边界，如图 3-7 所示。

3. 分区域从各方向环绕行进

侦检小组按照现场指挥员指定的路线和位置接近染毒区域，分若干组，明确各自的侦检任务分区，同时在分区内环绕行进，边行进，边侦检，边标志危险区边界，如图 3-8 所示。

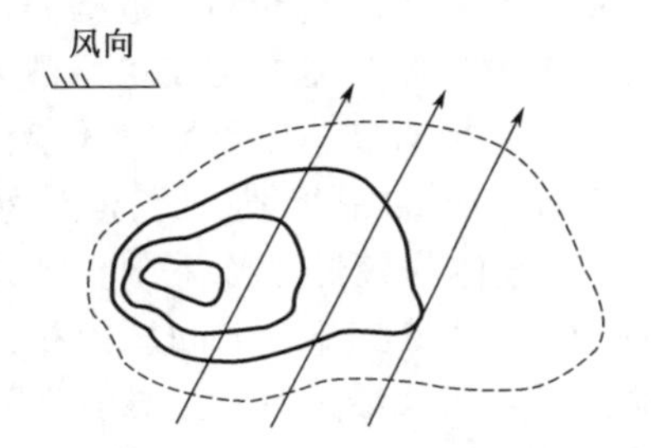

图 3-7　从侧风方向平行斜穿检测示意图

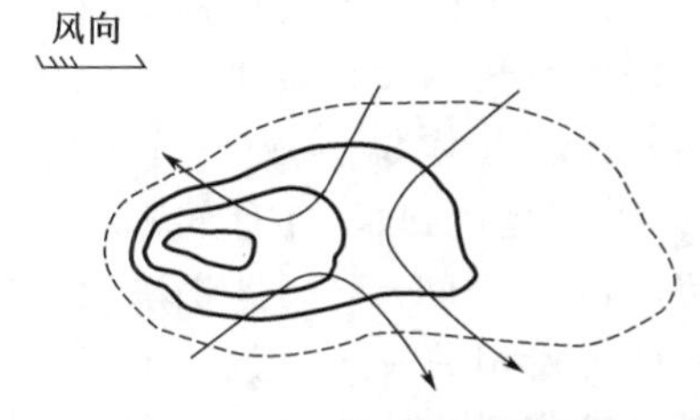

图 3-8　分区域从各方向环绕行进检测示意图

（二）定量侦检

采取相应的定量仪器对其现场浓度进行检测。定量仪器主要包括气体检测管和便携式气体检测仪。

1. 气体定量检测管

气体检测管式侦检仪由检测管和采样器两部分组成，它是一种简便、快速、直读式的半定量检测仪。在已知有毒有害气体或液体蒸气种类的条件下，利用该仪器可在短时间内测量出气体浓度。

使用气体检测管进行定量测量时首先选取相应种类气体的气体检测管，打破玻璃管的一端，然后用手动气泵抽取样品使之从玻璃管中的反应试剂中通过，注意要按规定的采样流速和采样体积实施采样，当吸入空气通过检测管时，空气中待测有毒气体便和管内的指示粉迅速发生化学反应显示颜色，观察指示剂变色柱长度所示的刻度位置就可以读出被测物的浓度值，得到半定量检测结果。目前国内开发的产品已有可检测氨气、氯气、光气、二氧化氮、二氧化硫、氢氰酸、氟化氢、硫化氢、砷化氢、硫酸二甲酯、苯等几十种污染物的气体检测管。

使用气体检测管进行半定量测量时有以下缺点：

① 气体检测管只能提供“点测”，不能提供实时的连续测量。

② 气体检测管的测量结果误差较大。因为它们的采样量较大，而且反应时间较长，容易受空气流动因素的影响。

2. 便携式定量气体检测仪

便携式气体检测仪包括单一气体检测仪和复合式气体检测仪。单一式气体检测仪能够直接显示所测气体的浓度，精度高，但是应用范围有限。例如氨气检测仪，它适用于存在氨气泄漏的场所对氨气的浓度进行检测。复合式气体检测仪是将多个气体传感器集合在同一台便携式气体检测仪中，可同时对不同类型的危险作出检测响应，更适合于危险和应急事故的现场快速检测。

便携式气体检测仪是用相对比较的方法进行测定的：先用一个零气体和一个标准浓度的气体对仪器进行标定，得到的标准曲线储存于仪器之中，测定时，仪器将待测气体浓度产生的电信号同标准浓度的电信号进行比较，计算得到准确的气体浓度值。使用便携式气体检测仪进行定量测量时应注意它的测量范围。对于不能分辨气体种类的气体检测仪，在测量不同种类的气体时需要用校正系数来修正。校正系数越大，说明仪器显示浓度偏离实际浓度越明显。以可燃气体检测仪为例，可燃气体检测仪上显示的100%不是可燃气体的浓度达到气体体积的100%，而是达到了LEL的100%，即相当于可燃气体的最低爆炸下限，如果是甲烷，100%LEL=4%体积浓度（VOL）。因此在使用前，必须询问厂家校正气体的种类及相关校正系数。当得知所测气体种类时，用仪器读数乘以校正系数即可得出被测气体的浓度。

便携式气体检测仪属于精密的电子仪器，很多原因都能影响仪器的准确性，如传感器的老化或者干燥、跌落或浸水造成的物理损坏等。因此随时对仪器进行校零，经常对仪器进行测试、校准，都是保证气体检测仪测量准确的必不可少的工作。便携式气体检测仪的校准主要包括两个步骤：首先是检查仪器功能是否正常，即将检测仪通入已知浓度的气体，看仪器是否正确显示读数，能否发出警报；其次是确认其读数是否准确，即将检测仪通入已知浓度气体，确认仪器读数是否在±10%以内。校正可以恢复仪器的准确性，同时测试和校正的过程还可以判断传感器是否已经失效。特别是当仪器发生了非常情况（比如掉在地上）或仪器曾处于非常环境（例如高化学物浓度环境），则必须对仪器进行校准，同时每次测试和校准都必须进行记录，并建立档案。

（三）实施方法

各侦检小组至少应由3人组成，其中2人负责检测浓度，1人随后记录和标志。其行进队形可根据现场地形特点，采用后三角（前两人后一人）形式向前推进。在较大的场地条件下，担任检测的2名队员，间隔应在50m以内，便于相互呼应。负责设置标志的队员（通常由组长担任）紧跟其后。

当有毒气体浓度超过最高容许浓度（或预定轻度区边界浓度）时，开始放置标志，由这些标志物构成的线，即为轻度危险区边界。然后继续推进，边前进边侦检，直至测得中等危害浓度时，再进行标志，即中度危险区边界。以此类推，直至标出重度危险区边界。

三、监视毒区边界的变化

由于现场测得的是毒物气体的瞬间浓度，随着气体的扩散和气象条件的变化，毒物浓度不断变化，因此在测得毒区边界后应派1～2名侦检人员监视毒区边界的变化，以便随时了解事故危害的动态变化。指挥员应根据变化情况重新标志，随时调整染毒区域的大小，及时调整警戒范围，并及时向上级报告。

第三节 化学事故现场警戒及人员疏散

一、现场警戒

（一）初步警戒的依据

现场警戒区的确定往往需要在开始就要进行，其大小要根据泄漏事故可能影响的范围、现场的地理环境、警戒力量的多少、气象情况等因素综合考虑。然而，在抢险救援工作的开始，现场警戒区的大小一般是先根据泄漏的物质性质和泄漏量来估计，此后，可再根据事故发展情况和现场处置工作的需要进行调整。

现场警戒区的估计因泄漏物质是可燃气，还是有毒气而有所不同。

1. 可燃气体泄漏

对于泄漏时间较长、泄漏较多的现场，现场警戒区的半径为500m。对于边泄漏边燃烧的现场，现场警戒区的半径为300m。对于一般较小规模的泄漏现场，现场警戒区的半径为100～200m。

2. 有毒气体泄漏

在无风时，现场警戒区的半径为350m。在有风时，于侧风向的警戒区宽为350m左右，于下风向则需要随风力的情况加长警戒区。

（二）不同现场的警戒区域的划分

为保证化学事故现场处置工作的顺利开展，防止无关人员、车辆进入危险区域，必须对处置现场设立不同范围的警戒线。由于化学事故现场影响范围广，容易造成人员伤亡，往往要根据实际情况设立多层警戒线，以满足不同层次处置工作的要求。

1. 有毒气体泄漏现场警戒区域

有毒气体泄漏现场警戒依据毒物对人的急性毒性数据，把事故现场分为重度危险区、中度危险区、轻度危险区和外围警戒区，具体如图 3-9 所示。

① 重度危险区。重度危险区是毒气泄漏的中心区域。人员处在重度危险区内，如果在没有任何防护的情况下，有严重症状，不脱离该区，不经紧急救治，30min 内有生命危险；只有少数佩戴氧气面具或隔绝式面具，并穿着防毒衣的人员才能进入该区；该区边界浓度相对高些，尽量缩小重度区范围。

② 中度危险区。中度危险区是介于重度危险区域和轻度危险区域之间的缓冲区。人员处在中度危险区内，有较严重症状，但经及时治疗，一般无生命危险；救援人员戴过滤式面具，可不穿防毒衣，能够活动 2～3h；该区为救援队伍救人的主要区域。

③ 轻度危险区。该区浓度稍高于车间最高容许浓度，以免轻度区过大，增加救援量；有轻度刺激，在其中活动能耐受较长时间，脱离染毒环境后，经一般治疗基本能自行恢复；在该区，救援人员可对群众只作原则指导。

④ 外围警戒区。该区域属于安全区域，主要是将事故现场与外界公众进行区分，保证救援行动的顺利进行。

2. 可燃气体泄漏现场警戒区域

可燃气体泄漏现场一般设立 2～3 道警戒线，依据危险程度把事故现场分为重度危险区、轻度危险区等。如图 3-10 所示。

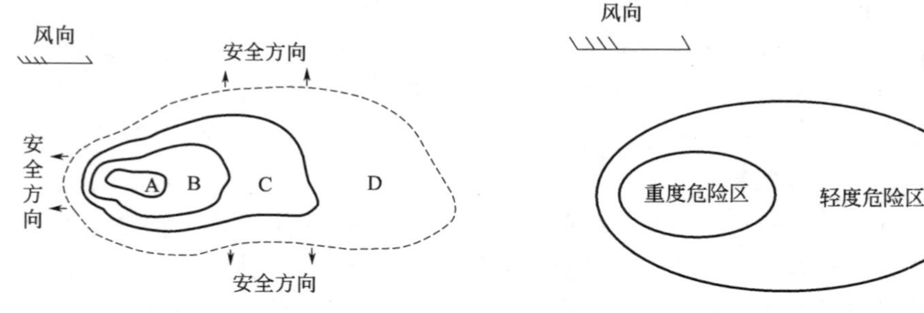

图 3-9 有毒气体泄漏现场警戒区域的划分

A—重度危险区；B—中度危险区；
C—轻度危险区；D—外围警戒区

图 3-10 可燃气体泄漏现场警戒区域的划分

① 重度危险区。可燃气体泄漏以后，如果空气中的可燃气体浓度在爆炸极限范围内，就存在爆炸的危险。重度危险区就是指可能发生爆炸的区域范围，是由内围警戒线圈定的事故核心区域。内围警戒线以泄漏可燃气体爆炸下限浓度的30%确定，救援人员在现场检测过程中，根据检测结果及时设立警戒标志。进入

重度危险区的救援人员一定要“少而精”，救援人员必须身着纯棉内衣，携带的设备具有防爆性能，而且要采取防止爆炸的技术措施（如喷雾掩护等）。

② 轻度危险区。轻度危险区一般只允许消防人员、医疗救护人员、警察、专业的应急人员进入，通常现场指挥部就位于轻度危险区域的上风方向。

在事故的现场，参与处置的人员可能成百上千，来自不同的部门和组织，参与处置的各种车辆、设备也需要安排必要的停放位置和足够的活动空间，因此，外围警戒区域是救援工作顺利开展的必要空间，无关人员，包括媒体工作人员一般不应进入此区域。外围警戒线的划定以满足救援处置工作的需求为主要考虑因素，为保证安全，大量的应急救援工作是在内围警戒线之外开展的。

在某些事故的处置中还要设立三层警戒线，即在核心区和处置区之间设置缓冲区，作为二线处置力量的集结区域和现场指挥部所在地。

（三）现场处置力量部署

1. 外围警戒区的部署

根据现场危险区和警戒区的划分，到场的所有救援人员和车辆器材要集中停靠在危险区外上风向的警戒区内。现场医疗急救点（站）和现场洗消线也要设置在危险区外上风向的警戒区内。

2. 轻度危险区的部署

现场掩护组的水枪或泡沫枪可部署在轻度危险区内，以便于稀释和驱散现场的毒气，或进行灭火和冷却控制罐体爆炸，同时避免进入中度危险区的人员过多。

现场侦检人员主要在轻度危险区内进行监测，及时将危险区边界扩大情况检测出来。

3. 中度危险区的部署

在中度危险区一般不部署力量，而主要用于设置一条进入重度危险区的通道和一条从重度危险区返回轻度危险区的通道。这一进一出的通道便于泄漏处置人员进出的控制和器材运输小组的工作。在轻度危险区的通道进出口处设置专职监视人员，以便登记进入和撤出重度危险区的人员姓名、数量和进出时间。同时，要求通道的出口离安全区的洗消线最近，以保证从危险区出来的人员必须经过洗消方能进入安全区。被抢救出来的中毒人员也必须从此线路出来，经洗消后，可及时进行现场的医疗急救。

4. 重度危险区的部署

重度危险区内一般仅部署泄漏的处置人员，并要求尽可能地减少进入该区的人员数量。处置小组一般以 2 人为一批次，着全隔离式防化服，佩戴内置式空呼器，并采取轮换工作制，根据毒物的性质和泄漏量，一批次处置的工作时间控制在 20min。

现场处置力量总体部署如图 3-11 表示。

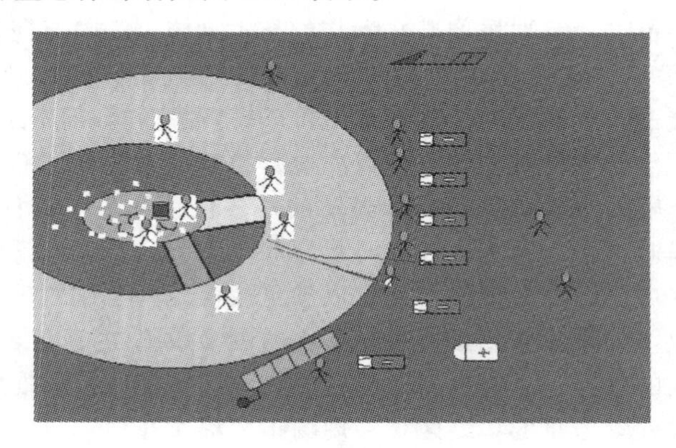

图 3-11　现场处置力量总体部署

（四）注意事项

1. 警戒范围的确定应当科学合理

要根据泄漏的危险化学品的性质、数量、危害程度和当时当地的风向风力科学分析警戒范围。在准确检测的基础上确定火场警戒的范围，不要危言耸听，盲目扩大火场警戒范围，又要防止由于估计不足而增大人员伤亡和灾害损失。

2. 严格维护控制区域秩序，保证救援顺利进行

警戒区域确定后，要落实警戒力量，严格维护控制区域秩序。合理设置出入口，严格控制各区域进出人员、车辆、物资，并进行安全检查、逐一登记。既要保证救援车辆的通道、路线畅通，又要保证与救援无关的人员或车辆不能随意进入现场，避免引起事态的恶化。

3. 警戒范围随着救援的进程及时调整

指挥员对事故的危害程度要心中有数，如果危险化学品的泄漏量不是太大，且采取了稀释降解驱散措施，已经有效控制了毒害物的扩散，就可以缩小交通管制、禁火断电、人员疏散的范围，尽量将损失和影响降到最低。

二、人员避难方式的选择

处在危害区域的人员通常采取两种措施进行避难，即“就地避难”和“应急疏散”。“就地避难”是指被困人员在危害区域内的避难空间（建筑物室内、专门的避难所等）进行避难的方式。“应急疏散”是指危害区域内的人员撤离危害区域到达安全地带的避难方式。在给定条件下选择避难措施取决于许多因素。

（一）国内外避难方式

在某种情况下，应急疏散是最好的选择；在另外的情况下，找个地方躲避起

来也可能是最好的选择；有时，可能同时使用两种方法。在欧洲的大部分国家，受灾区域的公众采取“就地避难”的方式已经成为重大事故应急过程中的必经步骤。例如：P. R. Jann 建议公众应该将“就地避难”作为化学事故应急响应首选的应急防护行动，加利福尼亚 Contra Costa 县也在采用隐蔽、关闭和倾听三阶段响应。在瑞典，当重复的短笛警报声响起之后，该区域内的公众就会自觉、迅速地进入建筑物内，关闭所用的门窗和通风系统，并将收音机调至一个固定的频道来接受指示。该方法的优点是政府在评估形势的同时就给公众提供了一些防护，并通过紧急报警系统与避难场所内的人员进行有效的通信。在我国，关于避难措施的选择目前没有统一的做法，但一般采取应急疏散的方式。虽然在防护措施上，国内外存在一定程度上的差异，但是国外的这种“就地避难”的方式仍然具有一定借鉴意义。因此，在灾害事故发生的很短的时间内，消防部队在实际事故处置过程中选择疏散方式时，可以考虑将两者适当地结合在一起，避免人员受到伤害。

（二）确定避难方式的依据

确定进一步的安全应急方式是继续“就地避难”还是应急疏散时，要考虑多种因素，如泄漏的有毒气体的性质、公众的素质、当时的气象状况、应急资源、通信状况、允许疏散时间的长短、居民的防护水平、疏散力量的多少以及应急体制的完善程度等，其中最重要的是下面两个因素：①根据避难地所处的室外空气中有毒气体浓度推测出室内最高毒气浓度值，如果室内最高毒气浓度值高于临界浓度值，则继续“就地避难”是危险的，应该考虑应急疏散；②人员所处的疏散分区，在无个人防护的应急情况下，位于不同分区内的人员自行向安全区疏散过程中所遭受毒气的伤害程度不同。

此外，在确定避难方式时，还应充分考虑被困人员的心理反应。在突发灾害事故情景中，人的心理反应如下：

① 逃避或面对。当人处于危险之中时，绝大多数人的第一反应是逃避，体现在行为上就是尽可能以最快的速度、最短的路径逃离危险的场所。在此过程中，可能有的人会做出不理智的，甚至是错误的选择而丧失生命。而一些意志较强的人则可能会选择勇敢面对。

② 负面恐慌。面对危险，恐慌心理的出现会导致一系列生理上的反应，如心跳加快、浑身颤抖、血压升高等。适当的恐慌可以保护人的安全，但是超过限度的恐慌可能会造成人的思维停滞、反应水平下降，严重影响人的正常疏散行为。具有负面恐慌心理反应的人表面上看来比较冷静，但这是一种假象，实际上已经由于恐慌过度而变得不知所措。

③ 从众心理。从众心理本是人类相互学习、不断进步的一种潜质，特别是在难以抉择的情况下，选择跟随别人被认为是最安全的。无论在临时性的紧急疏

散过程中，还是在其他类型的紧急疏散过程中，从众是一种常见的心理反应。人群中某个人的恐慌可能会成为所有人的恐慌，某个人的避难行为可能被更多的人模仿，而某个人的镇静的情绪也可能缓解其他人过度的恐惧与紧张心理。

④ 趋熟。趋熟是人的大脑对某一刺激不断重复记忆的结果，趋熟也是人在紧急情况下的本能反应。最常见的就是在疏散时大多数人会沿原路返回，而不管原路是否存在危险。

⑤ 趋光。当发生灾难性事故与事件的时间是在夜间，或发生的地点处于地下，或处于某种特殊的场合时，往往会因为停电或者其他原因而使被疏散的人群处于一片黑暗之中。在这种情况下如果前方出现一点亮光，被困人员马上就会向着亮光跑去。在安全疏散中设置足够的应急照明设备和疏散指示灯，就可以充分利用人们的这种心理进行及时疏散。

⑥ 回救反应。当被困人员从危险区域逃出后，随着对自身生命安全担忧的解除，开始对仍处在危险区域的亲友、物质财产表现出严重的担忧，进而会奋不顾身地冲回危险区去抢救亲友或自己的财物。因此，在安全疏散组织中，一定要注意防止已经脱离危险的人员重新返回危险区域。

三、人员的应急疏散

（一）疏散人员

1. 影响疏散人员的因素

在确定疏散人员时，应充分考虑疏散人员受到伤害的程度。疏散人员受伤害程度的大小由受灾人员所处区域的毒气浓度和滞留时间两个参数决定。卫生学资料证明：毒气对人员的伤害程度与毒气浓度、滞留时间成正比。在一定浓度的危险区域内，人员滞留时间越长，受到的伤害就会越大。即使在浓度很低的情况下，经过足够时间的有毒物质在人员体内的积累，也会给被困人员带来巨大的伤害，甚至死亡。同时，受灾人员具有一定的自防、自救能力，对于减少人员被毒气伤害的影响、最大限度等待救援也具有十分重要的意义。除此之外，疏散人员的心理素质、年龄、性别、生理、教育水平、对整个疏散环境的熟悉程度以及对救援人员的服从性等行为特征对疏散行动也有直接影响。因此，确定疏散人员，不仅要考虑其所处的危险区域，还要考虑人员在现场滞留的时间、人员的安全防护水平及人员的行为特征等因素。

2. 标准疏散量

由于不同疏散分区采用的疏散方式不同，为了简化计算，本文考虑全部采用应急疏散。此外，不同人员的疏散效率也是不同的。为了区别不同人群通行能力对疏散时间的影响，引入标准疏散量的概念。由于救援过程中的疏散行动是在有经验的救援人员引导和协助下进行的，本文只考虑不同人员的性别、年龄、个人体能对通行能力的影响。由于每个人的体质不同，计算不可能具体到每个人，可根据人的性别、年龄将人群分为老人、妇女、中年男子和小孩。以中年男子的通行能力系数 $k=1$，推算出老人的通行能力系数为 0.6，妇女的通行能力系数为 0.8，小孩的通行能力系数为 0.7，则标准疏散量的计算见式(3-1)。

$$N=\frac{1}{k}n \tag{3-1}$$

式中，N 为标准疏散量；k 为不同人群的通行能力系数；n 为实际疏散人群数。

（二）疏散方向的确定

在化学事故现场开展疏散作业，首先要清楚现场的风向，根据风向确定安全疏散方向。危险化学品事故现场的上风和侧风方向为安全方向，如图 3-9 所示。在实际的现场疏散过程中，还要考虑人员所处的具体位置，疏散路径不能穿越事故核心区域。

（三）疏散范围的确定

要想进行人员疏散，就要确定应急疏散的范围。目前，在灾害事故救援过程中，所处的救援阶段不同，应急疏散范围的划定方法也有所不同，主要有初步划定疏散范围和应急疏散范围的细致划分。

1. 查阅技术资料初步确定应急疏散范围

① 疏散范围的初步划分。在事故处置初期，由于专业的救援力量尚未到达或刚进入现场，现场侦检工作尚未展开或侦检数据尚未反馈，及时、快速地划定疏散范围，对于减少事故对受灾人员的伤害，更好地指导受灾人员开展自救或指导初期救援具有重要意义。

为了区分受灾人员疏散措施的差异性，一般将初步划定的疏散范围进一步划分为紧急疏散区和待疏散区。其中，紧急疏散区是以泄漏源为中心的圆形区域，它以紧急隔离距离为半径，处在该区域的人员需要立即疏散。紧急疏散区面积 $=\pi$(紧急隔离距离)^2。待疏散区是指下风向有毒化学品可能影响的区域，该区域近似看成下风方向疏散距离围成的正方形区域。处于该区域的人员可以采取密闭住所窗户等临时性措施，并保持通信畅通，听从指挥，等待救援。若救援人员到场，应立即组织受灾人员疏散。待疏散区面积 =(下方向疏散距离)^2。

② 初步确定疏散范围的依据。初步确定疏散范围，可参考国内外权威技术资料。

《应急救援指南》是美国、加拿大、墨西哥等国家联合编制的，并且每 4 年修订一次，目前最新的是 2012 版。ERG-2012 中提供了数千种危险化学品的紧急隔离距离和下风向疏散距离，表 3-8 截取了部分危险化学品泄漏事故中的疏散距离。这些数据是运用新的释放速率和扩散模型，结合美国运输部有害物质事故报告系统（HMIS）的数据库中的统计数据、三个国家气象学观察资料和各种化学品毒理学接触数据等综合分析而成，因此，具有较强的科学性和实用价值。

表 3-8　ERG-2012 中部分危险化学品泄漏事故中的疏散距离

ID编号	化学名称	少量泄漏			大量泄漏		
		紧急隔离距离/m	下风向疏散距离		紧急隔离距离/m	下风向疏散距离	
			白天/km	夜间/km		白天/km	夜间/km
1005	氨(液氨)	30	0.1	0.2	150	0.8	2.0
1017	氯气	60	0.4	1.5	500	3.0	7.9
1050	无水氯化氢	30	0.1	0.3	60	0.3	1.2
1051	氰化氢(氢氰酸)	60	0.2	0.6	400	1.4	3.8

注：少量泄漏指小包装（≤200L）泄漏或大包装少量泄漏；大量泄漏指大包装（>200L）泄漏或多个小包装同时泄漏。

将疏散范围分为两个区：紧急疏散区和待疏散区。紧急疏散区是以紧急隔离距离为半径的圆，在该范围内的人员需要立即疏散；待疏散区是指下风向必须采取保护措施的范围，即该范围内的居民处于有害接触的危险之中，可以采取撤离、密闭住所窗户等有效措施，并保持通信畅通以听从指挥。由于夜间气象条件对毒气云的混合作用要比白天小，毒气云不易散开，因而下风向疏散距离相对比白天的远。

应用时，可以根据泄漏的化学品的分类号，结合泄漏量的大小（等于或低于200L 为少量泄漏，大于 200L 为大量泄漏）和泄漏发生的时间（分为白天和夜晚两种情况），直接查阅泄漏化学品的紧急隔离距离和下风向疏散距离，并根据紧急隔离距离和下风向疏散距离确定紧急疏散区和待疏散区。

由于理论模型本身固有的缺陷，同时我国的气象数据资料也不同于美国、加拿大、墨西哥等国家，因此，应用《应急救援指南》初步确定的疏散范围，还应根据现场检测的有关数据，结合事故现场情况，如泄漏量、泄漏压力、泄漏形成的释放池面积、周围建筑或树木情况以及当时风速等，适时对疏散范围进行修订。如有数辆槽罐车、储罐或大钢瓶泄漏，应增加大量泄漏的疏散距离；如泄漏形成的毒气云从山谷或高楼之间穿过，因大气的混合作用减小，表 3-8 中的疏散距离应增加。白天气温逆转或在有雪覆盖的地区，或者在日落时发生泄漏，如伴有稳定的风，也需要增加疏散距离。因为在这类气象条件下污染物的大气混合与扩散比较缓慢（即毒气云不易被空气稀释），会顺下风向飘得较远。另外，对液态化学品泄漏，如果物料温度或室外气温超过 30℃，疏散距离也应增加。

需要注意的是，该法适用于运输过程中发生危险化学品泄漏事故，初步确定应急疏散范围。

《毒性化学物质灾害疏散避难作业原则》给出了164种常见危险化学品在不同泄漏存量下可能的疏散距离，表3-9截取了部分危险化学品泄漏扩散的疏散距离。这些数据是依据ALOHA5.3.1软件中的扩散模型，运用美国工业卫生协会(AIHA)出版的《紧急反应计划指南》(ERPG)中毒性特征浓度值模拟出来的。《紧急反应计划指南》给出了ERPG-1、ERPG-2、ERPG-3 3个浓度值，分别表示人暴露1h而不至于产生任何轻微症状、逐步显示不可恢复性或其他严重的健康影响、逐步显示出危及生命的健康影响的空气中化学品的最高浓度。具体应用时，根据泄漏的有毒化学品的泄漏物质的存量，将ERPG-3和ERPG-2作为紧急疏散区和待疏散区的临界浓度限值，查阅紧急隔离距离和下风方向疏散距离，从而确定疏散范围。需要注意的是，若泄漏的有毒化学品存量与表3-9中数据不同，以最接近的泄漏物质存量为参考；若泄漏的有毒化学品没有ERPG值，使用ERG中提供的相关数据。此外，该法适用于有毒化学品单纯泄漏事故，不适用于包含潜在火灾或爆炸危害的情景。

表3-9 部分危化品泄漏疏散距离

危险化学品		泄漏物质存量/t					计算依据	备注
		1	20	50	100	1000		
氯	ERPG-3＝20×10^{-6}	2.0km	5.4km	6.9km	>10.0km	>10.0km	ALOHA5.3.1	气体
	ERPG-2＝3×10^{-6}	4.2km	>10.0km	>10.0km	>10.0km	>10.0km		
苯	ERPG-3＝1000×10^{-6}	10.0m	79.0m	116.0m	152.0m	692.0m	ALOHA5.3.1	液体
	ERPG-2＝150×10^{-6}	37.0m	71.0m	108.0m	146.0m	310.0km		
氰化氢	ERPG-3＝25×10^{-6}	2.0km	4.3km	6.30km	8.5km	>10.0km	ALOHA5.3.1	液体
	ERPG-2＝10×10^{-6}	3.1km	6.9km	>10.0km	>10.0km	>10.0km		

基于技术资料初步确定疏散范围，只需知道泄漏有毒化学品的物质、泄漏量、事故发生的时间，就可以查表得到相应的应急疏散距离，当事故现场条件有变化时，可以以此为初始值，适当进行调整就可以了。因此，该法简单实用。鉴于我国目前缺乏这方面的详细实验资料，这些数据在应急疏散时可用作参考。

由于许多危险化学品不能查到，对事故现场的信息利用不够，因此不够精确，一般适用于事故初期的人员疏散。

2. 基于事故后果的疏散范围的确定方法

① 事故现场的危害区域的划分。在事故处置过程中，仅知道初始疏散范围是不够的。为了区分救援任务的轻重缓急以及合理部署到场救援力量，需要对事故现场进行进一步划分。在欧美国家，常常采用事故后果分析法对事故现场进行

划分。根据灾害事故对人员造成的伤害程度的不同，一个典型的灾害事故常将事故现场人为地划分为致死区、重伤区、轻伤区和吸入反应区 4 个区域。其中，致死区内人员若无防护措施，并未能及时撤离，30min 内有生命危险，并能导致半数左右人员中毒死亡；重伤区内人员严重或中度中毒，症状较重，经及时住院治疗一般无生命危险，但个别人会中毒死亡；轻伤区内大多数人员有中度、轻度或吸入反应症状，经一般治疗可自行恢复；吸入反应区内一部分人员有吸入反应症状，一般脱离染毒环境 24h 内能恢复正常。

② 按侦检、模拟结果确定疏散范围。目前，常常应用仪器侦检法和软件模拟法确定危险化学品泄漏扩散的危害范围。

a. 仪器侦检法。仪器侦检法是利用不同类型的侦检器材，测定危险化学品对人体不同伤害的临界浓度，从而确定不同区域的边界。目前，常用的毒性物质临界浓度主要有 TLV、LC_{50}、LD_{50}、AEGLs、ERPGs、TEELs、IDLH 等。其中，TLV 包括时间加权平均阈限值（TLV-TWA）、短时间接触阈限值（TLV-STEL）、最高浓度阈限值（TLV-C）；AEGLs 是美国国家顾问委员会制定的急性暴露指导浓度，AEGLs 浓度分为 AEGL-1、AEGL-2、AEGL-3 3 个等级；由于只有部分化学品存在 AEGLs、ERPGs 数据，美国后果分析和保护措施委员会（SCPA）又开发了 TEELs，TEELs 浓度分为 TEEL-0、TEEL-1、TEEL-2、TEEL-3 4 个等级；IDLH 表示立即危及生命或健康浓度，对于可燃蒸气，IDLH 浓度定义为可燃下限（LEF）的 1/10。各国危险化学品临界浓度的应急响应浓度限值具体如表 3-10 所示。

表 3-10 各国危险化学品临界浓度的应急响应浓度限值

国家/机构	应急响应浓度限值
美国联邦管理署	以 IDLH/10、TLV-TWA、TLV-STEL、TLV-C 四者中最高值为应急响应限值
加拿大环境部	建议以 10×TLV-TWA、窒息浓度、LEL（毒性物质同时具有易燃特性者）三者中最小值为危害浓度限值
荷兰政府	规定应急响应中受伤浓度限值为 LC_{50}（30min）；死亡浓度限值为 LD_{50}（30min）

由表 3-10 可知，各国危险化学品应急响应的浓度限值标准不统一。采用仪器侦检法确定事故泄漏扩散的危害范围，关键在于应急响应浓度限值。为了减轻对受灾人员的伤害，在实际应用过程中，仪器侦检法采用的应急响应浓度标准，建议选用同级别偏严格的标准。

应用该法确定疏散范围简单、可靠性强，但该法只能检测某点危险化学品的浓度，不能详细检测边界的所有区域。因此，在确定疏散范围时，可能由于未检测某点浓度导致划定的疏散区域不准确。

b. 软件模拟法。危险化学品泄漏扩散过程有一定的规律，因此，确定其泄漏扩散的范围，可以应用不同的泄漏扩散模型进行模拟。常用的模拟方法有手工计算模拟法和软件模拟法。由于手工计算模拟法费时、费力，因此常常借助于计算机模拟软件进行模拟。目前，随着计算机及专业软件的迅速发展，国内外开发了许多化学事故应急救援系统，这些化学事故应急救援软件都能实现危害范围的模拟。常用的模拟软件有 ALOHA、PHAST、SLAB、TRACE、DEGADIS、SAFETI、化学灾害事故处置辅助决策系统。

③ 应急疏散范围的细致划分。事故发生后，处在不同危险区域的人员所受到的伤害是不同的，因此对不同危险区域的人员选择的疏散措施是有区别的，为了更清晰地表述危险区域采取的疏散措施的不同，结合各危险区域的伤害程度将其依次划分为紧急避难区、协助疏散区、引导疏散区、自主疏散区四个分区。

a. 紧急避难区。处于紧急避难区的人员如无防护进行疏散，中毒死亡的概率在 50%以上。位于这一区域的人员应该优先利用现有的避难场所，尽量采用就地避难的方式，以免造成无谓的人员伤亡，积极等待救援人员救助。

b. 协助疏散区。处于协助疏散区的人员如无防护进行疏散，其中半数左右人员可能会中度或重度中毒，需住院治疗，个别人可能中毒死亡。位于这一区域的人员可以根据现场实际情况采取紧急避难或者选择最佳疏散路径快速撤离灾害现场，在疏散的过程中个别人员受伤严重，需要消防人员采取背、抬、抱等方式或者利用担架协助疏散。

c. 引导疏散区。处于引导疏散区的人员如无防护进行疏散，其中半数左右人员可能发生轻度或中度中毒，经过门诊治疗可以康复。位于这一区域的人员应立即采取疏散行动，在引导人员的指导下选择最佳疏散路径快速撤离灾害现场。

d. 自主疏散区。处于自主疏散区的人员如无防护进行疏散，一部分人将有吸入反应症状，一般在脱离接触后 24h 恢复正常。位于这一区域的人员应立即采取疏散行动，选择最佳疏散路径向远离危险源的方向快速撤离灾害现场，该区域内人员不需要别人的帮助，能够自主地进行疏散。

以有毒危险化学品为例，采用基于事故后果的方式对应急疏散范围进行细致划分。事故现场风向稳定时，依据吸入反应区边界作为疏散范围的边界；风向不确定时，以泄漏点为中心，吸入反应区最大危害距离为半径画圆，由此确定的区域作为疏散范围。泄漏源应急疏散范围的细致划分如图 3-12 所示。

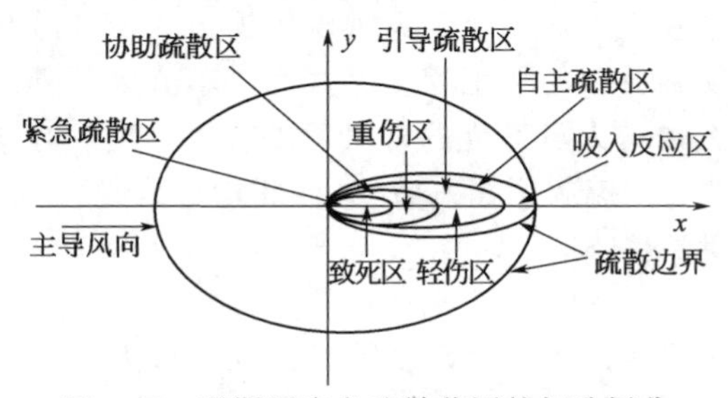

图 3-12 泄漏源应急疏散范围的细致划分

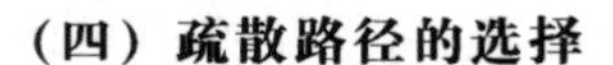

(四) 疏散路径的选择

1. 疏散路径选择的原则

为了把已经疏散到建筑物外的人员尽快地、安全地疏散到安全区域，必须选择最佳的疏散路径，组织群众有序地疏散。选择最佳疏散路径需要考虑两方面的问题。

① 人员在疏散过程中遭受有毒气体伤害的危险性最小。疏散人员所在的建筑物都处于危险区域内，人员在建筑物外的疏散大多是在危险区域内进行的，有可能遭受有毒气体的伤害。安全疏散的一个最基本的原则就是使人员遭受有毒气体伤害最小，即人员选择的疏散路线的当量长度最小。

② 人员最快到达疏散目的地。人员在疏散过程中穿过的危险区域毒气浓度一定，在此前提下想要达成疏散路径的当量长度最小，就不得不考虑整个疏散过程所耗费的时间。泄漏事故现场人员应急疏散是一项十分复杂的工作，特别是在人口稠密、街区复杂、道路狭窄等场合，把成千上万人最快地疏散到安全避难场所是件十分困难的事情。因而必须选择交通状况、交通控制条件良好的道路把人员尽快疏散到目的地。

2. 最佳疏散路径的选择

在重大毒气泄漏事故发生时，选择最佳疏散路径，首先应对灾情进行预测分析，并在预测灾情的基础上，对厂区四周的多条可用于疏散的路线进行优选。疏散路径是确定将灾区人员从受灾地点转移到安全地带的路径。根据灾情的发展及其对疏散路线的影响范围，疏散路线可分为三种类型：理想的疏散路线、可行的疏散路线和逃生的疏散路线。理想的疏散路线是没有受到灾情影响的疏散路线；可行的疏散路线是满足一定安全条件的路线，如泄漏的有毒气体扩散至疏散路线的浓度不足以威胁到人员的生命安全；逃生的疏散路线则以人类对有毒气体的最大耐受能力作为判别路线可通行性的依据。

最佳疏散路线，从实质上讲就是最为安全、对疏散人员造成危害最小的路径。最佳的疏散路线并不等于距离最短的路径，这是由于道路的通行难易程度不一样的缘故。例如，同样长的道路，宽阔公路与狭窄小路的通行速度显然不同；最佳的疏散路线也不等于疏散时间最短的路径，这是由于不同疏散路径受到毒气的危害程度不同的缘故。因此，对于灾害现场周边的街区道路，影响人员或车辆行进速度的因素不仅有道路的平坦程度、宽度、车流量、风速等，这些因素用通行难易系数 n 表示，也与人员遭受的毒气浓度有关，这一因素用疏散惩罚系数 f 表示，通行难易系数 n、疏散惩罚系数 f、道路的实际长度 d 相乘，得到的长度便为疏散路径的当量长度 S。

$$S=n(\rho)f(c)d \tag{3-2}$$

式中，S 是当量长度；通行难易系数 n 是随疏散人员的密度变化的函数；惩罚系数 f 是随疏散人员所遭受的有毒气体浓度变化的函数；d 是沿着疏散路线到达安全地点的距离。因此，最佳疏散路线是指当量长度最小的路径。同一人员通过当量长度相同的两条疏散路线所受到的毒气危害程度是相同的。

（五）避难场所

疏散工作的真正完成是以疏散人员安全抵达避难场所为标志的。采取的疏散决策必须考虑避难场所的选择问题。灾害事故发生后，需要疏散的人员数量大，在相当一段时间内无法返回居所。因此，必须选择安全且具备足够容纳能力的避难场所以供疏散人员停留。

一般来说，避难场所的选择应注意以下几点原则：

① 避难场所应围绕危险区呈离散分布，以使危险区域内的疏散人员就近快速到达，但危险源的下风向区域不适宜作为避难场所。

② 应距危险区域具有一定的距离，要充分考虑事故的持续时间较长，或者风向有可能会改变而波及避难场所等情况。

③ 应具备为大量疏散人员提供最基本生活条件保障的能力，若人员在避难场所停留时间较长的话，应做好饮食、住宿、医疗等相关事宜的后勤保障工作。一般可选择宽阔、容纳人员数量多的学校、工厂、企事业单位等作为灾害事故的临时避难场所。

（六）现场人员疏散的组织和实施

① 划定疏散的区域范围，制定正确的疏散路线，并有明确的疏散路线标志，并派驻公安或武警看守。

② 在警戒区域内发出通告、告示，通过广播、电视、移动宣传车或张贴告示，通知区域内人员疏散，说明疏散的原因、范围、去向及注意事项，避免不准确的消息在人群中传播，使人群的心理保持稳定。

③ 由政府、公安、社区、乡村等人员组成联合工作小组，分头动员、宣传、督促群众疏散，对开始疏散的人员，安排专门人员对疏散人员进行引导，并负责疏散秩序的维护，避免出现拥挤现象。

④ 组织收容小组，对疏散区域进行最后的搜寻疏散，对行动不便的老弱病幼给予帮助，对无故追留的人员予以劝说并动员其主动疏散。

⑤ 由公安组织对疏散区域的巡逻检查，注意是否有安全隐患，是否有个别人员因故没有疏散转移，若有，应督促其立即疏散或强迫疏散。

⑥ 若在疏散过程中出现人群恐慌状态，要尽量缩短恐慌状态的时间，使人群的情绪恢复到正常状态，提倡发扬团结互助的精神，做好疏散人员的安置。

第四章 泄漏控制与处置

化学事故的发生多与泄漏有关，而化学事故引发的直接祸根就是泄漏。当危险化学品介质从其存储的设备、输送的管道及盛装的容器中外泄时，极易引发人员中毒、环境污染，甚至引起火灾或爆炸事故的发生。因此，泄漏处理要及时、得当，避免重大事故的发生。化学泄漏事故的处置，一般包括泄漏源的控制和泄漏物的处置。

第一节　泄漏概述

一、泄漏的定义

泄漏是指盛装有流体的容器、设备、管道或装置，在各种内外因素的作用下，其密闭性受到不同程度的破坏，而导致流体非正常泄放、渗漏的现象。造成泄漏的根本原因是具有密封功能的容器、设备、管道或装置等在使用过程中出现缺陷通道，也就是人们常说的泄漏缺陷；而推动流体泄漏的能量则是泄漏缺陷两侧的压力差。流体泛指液体、气体、气液混合体，含有固体颗粒的气体或液体等。非正常泄放、渗漏是指不允许泄漏的部位产生了泄漏或允许有一定泄漏量的部位的实际泄漏量超过了规定值。

化学物质泄漏是指盛装有一定状态化学物质的容器、管道或装置，在各种内外因素作用下，其密闭性受到不同程度的破坏，而导致的化学物质非正常泄放、渗漏的现象。密闭性被破坏形成泄漏通道和泄漏体内外存在压力差是产生泄漏的直接原因。

二、泄漏的分类

（一）按介质泄漏的状态分类

按泄漏介质的性质分类，有易燃易爆性物质的泄漏、有毒性物质的泄漏和燃爆毒性兼有物质的泄漏。

按泄漏介质的状态分类，有如下三类：

1. 气体泄漏

如液化石油气、煤气、氯气、氨气、乙炔气、氢气等泄漏。

2. 液体泄漏

如油品、酸、碱、盐、有机溶剂等泄漏。

3. 固体泄漏

如粉剂泄漏等。

（二）按介质泄漏的机理分类

按照介质泄漏的机理分类有界面泄漏、渗透泄漏和破坏性泄漏三类。

1. 界面泄漏

在密封件（垫片、垫圈、填料）表面与接触件表面之间产生的一种泄漏现象，如法兰与垫片之间、填料与旋转轴之间的泄漏（封闭不严的结果）。

2. 渗透泄漏

介质通过密封件自身（垫片、填料）的毛细管或缺陷渗透出来，常见于垫片质量不好或被损坏、磨损。

3. 破坏性泄漏

密闭体（如容器、罐、管道、阀门体）由于破裂、变形失效等引起介质的泄漏，常见于设备腐蚀穿孔、受外力作用破裂而泄漏。

（三）按介质泄漏的部位分类

按介质泄漏的部位分类有如下三类：

1. 密封体泄漏

在容器、管道或装置上起密封作用的部件处发生的泄漏，如法兰、螺栓处泄漏，或旋转轴与填料、动环与静环之间的泄漏。

2. 关闭体泄漏

关闭体（如闸阀板、阀瓣、旋塞等）之间的泄漏，其特点是关闭体是起关闭、开启作用的部件，而非起密封作用。

3. 本体泄漏

密闭设备的主体（如容器、管道、阀门）产生的泄漏，常见原因是裂缝、腐蚀砂眼，甚至断裂等。

（四）按介质泄漏的时间分类

按介质泄漏的时间分类可以分为如下三类：

1. 经常性泄漏

从安装运转或使用开始就发生的一种泄漏。主要是施工质量或是安装和维修质量不佳等原因造成的。

2. 间歇性泄漏

运转或使用一段时间后才发生的泄漏，时漏时停。这种泄漏是由于操作工况不稳，介质本身的变化，外界气温的变化等因素所致。

3. 突发性泄漏

突然产生的泄漏。这种泄漏是由于误操作、超压超温所致，也与疲劳破损、腐蚀和气蚀等因素有关，这是一种危害性很大的泄漏。

（五）按介质泄漏量分类

1. 液体介质泄漏

（1）无泄漏　检测不出泄漏为准。

（2）渗漏　一种轻微泄漏。表面有明显的介质渗漏痕迹，像渗出的汗水一样。擦掉痕迹，几分钟后又出现渗漏痕迹。

（3）滴漏　介质泄漏成水球状，缓慢地流下或滴下，擦掉痕迹，5min内再现水球状渗漏者为滴漏。

（4）重漏　介质泄漏较重，连续成水珠状流下或滴下，但未达到流淌程度。

（5）流淌　介质泄漏严重，介质成线状流淌，喷涌不断。

2. 气态介质泄漏

（1）无泄漏　用小纸条或纤维检查为静止状态，用肥皂水检查无气泡者。

（2）渗漏　用小纸条检查微微飘动，用肥皂水检查有气泡，用湿的石蕊试纸检验有变色痕迹，有色气态介质可见淡色烟气。

（3）泄漏　用小纸条检查时飞舞，用肥皂水检查气泡成串，用湿的石蕊试纸测试马上变色，有色气体明显可见者。

（4）重漏　泄漏气体产生噪声，可听见。

三、易发生泄漏的部位

危险化学品的泄漏，一般容易发生在下列部位：

1. 管道

主要有管道、法兰和接头等部位泄漏。一般是连续的气体或液体泄漏，当压力很高时，会形成喷射的液柱或气柱。

2. 挠性连接器

包括软管、波纹管和铰接器等部位泄漏。由于压力不高，通常形成一个点的连续泄漏。

3. 过滤器

主要是过滤器本体与管道连接部位的泄漏。

4. 阀门

包括阀壳体、阀盖、阀杆等部位泄漏。泄漏后易形成点的连续泄漏或喷射成一个气柱或液柱。

5. 压力容器或反应器

常见有分离器、气体洗涤器、反应釜、热交换器、各种罐和容器等，主要包括容器破裂泄漏、容器本体泄漏、孔盖泄漏、喷嘴断裂泄漏、仪表管路泄漏及容器爆裂泄漏等。

6. 泵

包括泵体损坏泄漏、密封盖泄漏等，易形成连续源。

7. 压缩机

包括离心式、轴流式和往复式压缩机，含压缩机机壳损坏泄漏及密封套泄漏。

8. 储罐

露天储存危险物质的容器或压力容器，也包括与其连接的管道和辅助设备。

9. 加压或冷冻气体容器

包括露天或埋地放置的储存器、压力容器或运输槽车。

10. 火炬燃烧器或放散管

包括燃烧装置、放散管、多通接头、气体洗涤器和分离罐等，泄漏主要发生在筒体和多通接头部位。

四、泄漏的原因

影响泄漏的原因是多方面的，归纳起来主要有如下几种：

（一）设计不合理

设计不合理是造成泄漏的主要原因之一。设计不合理主要是由于设计人员不熟悉密封技术，没有充分考虑密封部位的工作压力、温度、介质，采用的密封形式不当，或选用的密封件不合理。通常表现在：设计的产品与压力、温度、介质等工况条件不符；设计的密封结构形式不好，不善于应用新的密封件和新的密封材料，如机械密封、O形圈及聚四氟乙烯、柔性石墨及其制品，液体密封剂和厌氧密封剂；设计时不重视采用防振和减振，润滑防磨损、防腐防锈、均压和疏导等措施。比如液化石油气储罐没有采用专用阀门，往往是造成阀门泄漏的主要原因。

由于设计不合理而引起的泄漏，一般较难处理。

（二）制造或施工不精

在制造或施工过程中，不符合设计要求，质量不高，没有严格按照制造工艺要求施工而造成的泄漏。通常表现在：铸件有砂眼、气孔、夹碴和裂纹，混凝土有蜂窝、麻面、空洞和裂缝等；零部件热处理不当或没有处理，使零件过硬、过软、变形；加工的精度低，导致设备间隙过大、轴与孔偏心距大、振动冲击大、零件磨损、密封面粗糙而泄漏等缺陷。

（三）安装不正确

安装时没有按照规程、规范正确装配，导致设备性能下降，产生泄漏。通常表现在：装配顺序混乱，安装技术水平欠佳，不遵守技术规程。如拧紧螺栓时，不按照对称、轮流、均压的方法；零部件配合不当，连接不紧，间隙不均，旋转不灵，密封不严；安装的垂直和水平度不符合要求，导致偏磨、偏心、振动，直至泄漏。

（四）操作不当

操作人员责任心不强、技术水平不高，误操作往往会引起意想不到的大量泄漏。引起泄漏的操作通常表现在：气孔油孔阻塞，不按时按量添加润滑剂，不按时清扫抹洗，导致设备磨损而泄漏；操作不平稳，压力和温度调节忽高忽低；操作阀门时，用力过大过猛，容易产生液击水锤，冲破阀门和管道，用力过大还会压伤阀门密封面；不按时巡回检查、处理和发现问题，如设备过热、气包缺水、溢流冒罐等；误操作和忘记操作而产生“跑、冒、滴、漏”。

（五）维修不周

维修过程中，除易产生“安装不正确”外，引起泄漏的维修表现在：没有按检修周期和修理类别进行，导致失修、大病小治、小病不治；维修时不遵守操作规程和技术要求，维修质量差；不善于选用密封件，不及时更换失效的垫片和填料，过紧或过松的安装密封件，密封面不平整光洁；违反操作规程，在无防范措施的情况下，换盘根，卸螺栓，造成设备泄漏；焊接不符合技术要求，有气孔、夹碴、裂纹等缺陷；质量检验制度不严格等。

（六）自然意外灾害引发的泄漏

地震、爆炸、洪水、风灾等自然灾害，或者外部机械撞击，交通事故等原因引发的意外泄漏事故也比较常见。汽车或铁路槽罐车发生交通事故，往往会造成罐车本体或阀门等损坏，引起泄漏。

第二节　泄漏源的控制

泄漏源控制是指通过控制化学品的泄放和渗漏，从根本上消除危险化学品的进一步扩散的方法和措施。

一、泄漏源的控制方法和措施

（一）关阀断料

关阀断料，是指通过中断泄漏设备物料的供应，从而控制灾情的发展。如果泄漏部位上游有可以关闭的阀门，应首先关闭该阀门，泄漏自然会消除；如果反应容器、换热容器发生泄漏，应考虑关闭进料阀。通过关闭有关阀门、停止作业或通过采取改变工艺流程、物料走副线、局部停车、打循环、减负荷运行等方法控制泄漏源。

（二）堵漏封口

堵漏是泄漏源控制最重要的手段之一，是从源头解决问题的根本措施。管道、阀门、法兰或容器壁发生泄漏，且泄漏点处在阀门以前或阀门损坏，不能关阀止漏时，可使用各种针对性的堵漏器具和方法实施封堵泄漏口，控制危险化学品的泄漏。

能否成功地进行堵漏取决于以下几个因素：接近泄漏点的危险程度、泄漏孔的尺寸、泄漏点处实际的或潜在的压力、泄漏介质的理化性质。进行堵漏操作时，做好安全防护措施以泄漏点为中心，在储罐或容器的四周设置水幕、喷雾水枪，或利用现场蒸汽管的蒸汽等雾状水对泄漏扩散的气体进行围堵、稀释降毒或驱散。

（三）工艺倒罐

储罐或槽车等容器发生泄漏后，采取堵漏措施无效或无法实施堵漏，储罐或槽车在短时间内又无法安全转移，泄漏物质向周围不断扩散蔓延，储罐或槽车内存留量较大的情况下，可采取倒罐措施，即把储罐或槽车中的物料通过输送设备和管道转移到另外的储罐、槽车或其他容器中的措施。它是处置危险化学品泄漏事故的有效措施，尤其是在控制现场险情、加快处置速度、清除现场隐患和减少事故损失上起着重要的作用。

1. 倒罐方法

倒罐的方法有两类：第一类是靠罐内压差倒罐，即液面高、压力大的罐向空罐导流，此法由于很容易达到两罐压力平衡，导出来的液体不会很多；第二类是外接泵、压缩机利用动力抽或压进行倒罐。常用的倒罐方法有静压差倒罐、压缩气体倒罐、压缩机倒罐和烃泵倒罐四种。

① 静压差倒罐。压差倒罐就是将事故装置和安全装置的气、液相管相连通，利用两装置的位置高低之差产生的静压差将事故装置中液体倒入安全装置中，如图 4-1 所示。该法工艺流程简单，操作方便，但是倒罐速度慢，很容易达到两罐压力平衡，倒罐不完全。

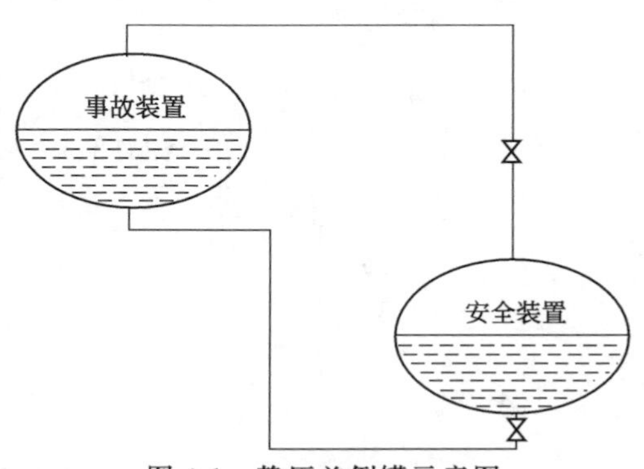

图 4-1 静压差倒罐示意图

② 压缩气体倒罐。压缩气体倒罐是将甲烷、氮气、二氧化碳等压缩气体或其他与储罐内液体混合后不会引起爆炸的不凝、不溶的高压惰性气体送入准备倒罐的事故装置中，使其与安全装置间产生一定的压差，从而将事故装置内的液体导入安全装置中，如图 4-2 所示。该法工艺流程简单，操作方便，但是值得注意的是，压缩气瓶的压力在导入事故装置前应减压，且进入装置的压缩气体压力应低于装置的设计压力。

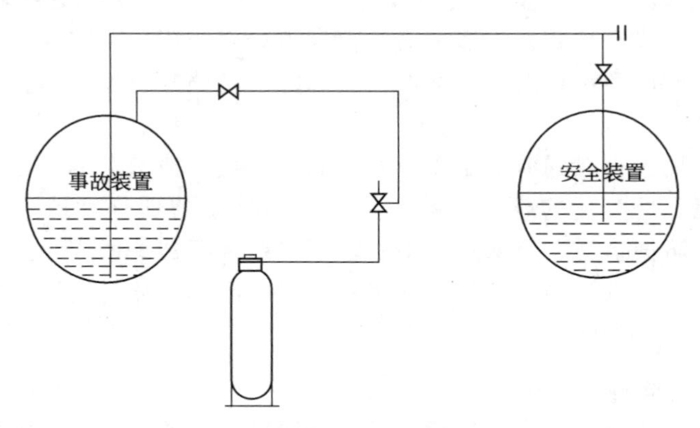

图 4-2 压缩气体倒罐示意图

③ 压缩机倒罐。压缩机倒罐就是首先将事故装置和安全装置的液相管连通，然后将事故装置的气相管接到压缩机出口管路上，安全装置的气相管接到压缩机入口管路上，用压缩机来抽吸安全装置的气相压力，经压缩后注入安全装置，这样在装置压力差的作用下将泄漏的液体由事故装置倒入安全装置，如图 4-3 所示。使用该法倒罐需要注意：采用压缩机进行倒罐作业，事故装置和安全装置之间的压差应保持在 0.2～0.3MPa 范围内，为加快倒罐作业速度，可同时开启两

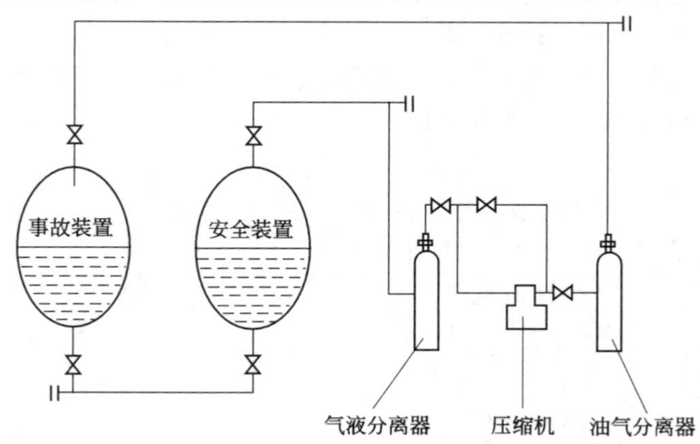

图 4-3 压缩机倒灌示意图

台压缩机；应密切注意控制事故装置的压力和液位的变化情况，不宜使事故装置的压力过低，一般应保持在 147～196kPa 范围内，以免气体进入，在装置内形成爆炸性混合气体；在开机前，应用惰性气体对压缩机气缸及管路中的空气进行置换。

④ 烃泵倒罐。烃泵倒罐是将事故装置和安全装置的气相管相互接通，事故装置的出液管接在烃泵的入口，安全装置的进液管接入烃泵的出口，然后开启烃泵，将液体由安全装置倒入安全装置，如图 4-4 所示。需要注意事项是：该法工艺流程简单，操作方便，能耗小，但是当事故装置内的压力过低时，应和压缩机联用，以提高事故装置内的气相压力，保证烃泵入口管路上有足够的静压头，避免发生气阻和抽空。

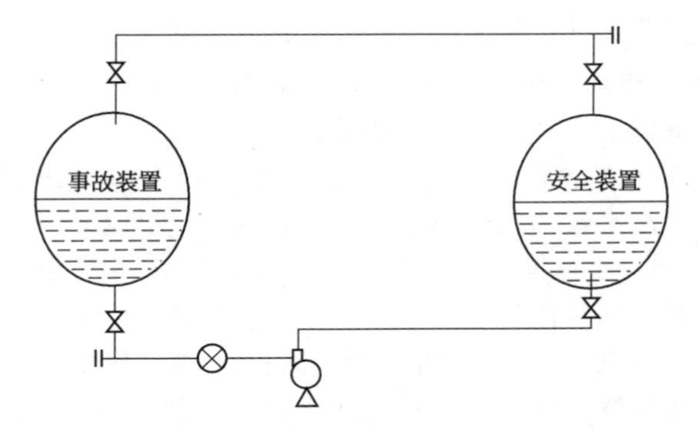

图 4-4 烃泵倒罐示意图

2. 倒罐作业要求

倒罐技术要求很高，工艺操作复杂，在操作实施中需要严密组织、仔细操作。

① 由专业人员实施。倒罐作业比较专业，需要有丰富倒罐经验和操作输转泵的专业人员组织实施。

② 要搞好水枪的掩护。在倒罐时，要设置若干支喷雾水枪对倒罐的作业人员实施掩护，驱散向倒罐作业人员集聚的气体，并向倒罐作业人员进行掩护性射水。对已经起火的储罐要实施不间断的射水（直流水）冷却。

③ 防止空气进入罐内。在倒罐时，避免由于罐内的液面迅速降低而吸进空气。

④ 防护要到位。在倒罐过程中，必须使用无火花工具和具有防爆性能的器材，并采取喷雾稀释、惰性气体掩护等措施，避免爆燃、爆炸事故发生。

(四) 注水排险

注水排险是指当储罐底部发生泄漏时，利用介质（如汽油、液化石油气等）比水轻且与水不相溶的性质，向罐内注入一定数量的水，以便在罐内底部形成水垫层，使泄漏处外泄的是水而不是罐内液体，从而减少泄漏量，切断泄漏源，然

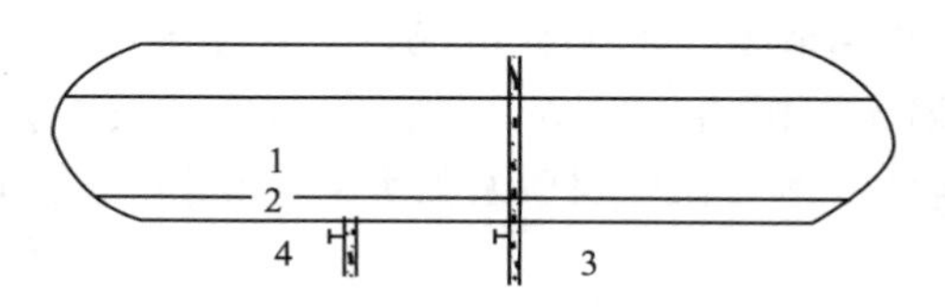

图 4-5 注水排险示意图

1—液化气层；2—水层；3—气相管；4—液相管

后采取堵漏等其他控制措施，从而控制事态的进一步恶化。注水排险如图4-5所示。

1. 适用对象

适用于泄漏部位在油罐底部、下部或与下部相邻的阀门或法兰的油罐泄漏事故。也适用于液化石油气和不溶于水且比重轻于水的其他危险物品的罐、槽底部、下部或与下部相邻的阀门或法兰的泄漏事故。若泄漏部位是在油罐的顶部或上部，则水垫层高度难以达到泄漏点高度，不能切断泄漏源。

2. 操作要求

① 若罐内液位较高，注水容易造成储罐冒顶，增加危险，故在注水前必须采取倒罐措施。待腾空量达到注水量要求后，再行注水。

② 要利用泄漏点的高度、储罐的横截面积、泄漏量，并考虑一定的附加量等，计算出所需的注水量，以远超过泄漏量的速度注入罐内。

③ 罐内注水到一定液面高度时，停止注水，关闭一切能关的阀门。选择合理的堵漏方法对泄漏部位进行堵漏。

④ 注水排险人员要精而少，加强个人防护，且一定要在开花或喷雾水枪的掩护下，尽量选择位置较低的孔口作为注水口，增加安全系数。

（五）主动点燃

当无法有效地实施堵漏或倒罐处置时，可采取点燃措施使泄漏出的可燃性气体或挥发性的可燃液体在外来引火物的作用下形成稳定燃烧，控制其泄漏，降低或消除泄漏毒气的毒害的程度和范围，避免易燃和有毒气体扩散后达到爆炸极限而引发燃烧爆炸事故。这种方法一般适用于泄漏点位于罐顶部。由于采用点燃方法危险性比较大，因此，在实施前应做好充分的准备工作，具备安全条件和严密的防范措施，谨慎实施。

1. 点燃准备

实施点燃前必须做好充分的准备工作，首先要确认危险区域内人员已经撤离，其次担任掩护和冷却等任务的喷雾水枪手要到达指定位置，检测泄漏周边地区已无高浓度混合可燃气体后，使用安全的点火工具操作。

2. 点燃方法

当事故装置顶部泄漏，无法实施堵漏和倒灌，而装置顶部泄漏的可燃气体范围和浓度有限时，处置人员可在上风方向穿避火服，根据现场情况在事故装置的顶部或架设排空管线，使用点火棒如长杆或电打火器等方法点燃。

当泄漏的事故装置内可燃化学品已燃烧时，处置人员可在实施冷却控制，保证安全的前提下从排污管接出引流管，向安全区域排放点燃，点燃时，操作人员处于安全区域的上风向，在做好个人安全防护的前提下，通过铺设导火索或抛射火种（信号枪、火把）等方法点燃。

（六）转移

当储罐、容器、管道内的液体大量外泄，堵漏方法不奏效又来不及倒罐时，可将事故装置转移到安全地点处置。首先应在事故点周围的安全区域修建围堤或处置池，然后将事故装置及内部的液体导入围堤或处置池内，再根据泄漏液体的性质采用相应的处置方法。如泄漏的物质呈酸性，可先将中和药剂（碱性物质）溶解于处置池中，再将事故装置移入，进而中和泄漏的酸性物质。

二、堵漏技术及方法

堵漏是控制危险化学品泄漏事故发展，避免更大人员伤亡和经济损失的重要现场处置措施。因此，应树立“处置泄漏，堵为先”的原则。堵漏是一项综合性强、技术性高、危险性大的特殊的密封技术。在事故现场，堵漏操作常是在带压带温下和有毒易燃易爆气体环境中进行，经常需要同时实施多项现场处置措施，如个人防毒保护、营救被困人员或伤员、现场火源控制、冷却保护等。

（一）堵漏的原理

堵漏是指在带压、带温或不停车的情况下，采用调整、堵塞等手段重建密封，终止泄漏的过程。要实现堵漏，重建密封，必须施加一个大于泄漏介质压力的外力，才能保证有效地切断泄漏通道。这个外力，可以是机械力、黏结力、热应力、气体压力等，传递外力至泄漏通道的机构可以是刚性体、弹性体或塑性流体等。因此，堵漏技术的机理是在大于泄漏介质压力的人为外力作用下，重建密封，切断泄漏通道，实现堵漏的目的。

（二）堵漏的基本措施

密闭体介质泄漏归结起来是由于密闭体在密封处出现间隙，在关闭体处关闭不严，或在本体上出现裂缝、腐蚀孔洞甚至断裂造成的。由此可见，堵漏的目的就是要及时消除这些引起泄漏的间隙、裂缝、非正常开口等。应采取的基本措施主要是：

① 对于关不严、间隙，采取使密封体靠拢、接触的措施。

② 对于裂缝、孔、断裂等，采取嵌入或填入堵塞物措施，或采取黏合剂黏合措施，或采取覆盖密封、包裹、上罩措施。

（三）堵漏的基本方法

1. 调整间隙消漏法

调整间隙消漏法是采用调节密封件预紧力、调整零件间相对位置、改变操作条件、关闭阀门等手段消除泄漏的方法。常用的有关闭法、紧固法、调位法、操作条件改变法等。

关闭法是对于关闭体不严，管道内物料泄漏的情况，采用关阀的方法即可堵漏。

紧固法是对于密封件因预紧力小而渗漏的现象，采用增加密封件的预紧力的方法，如紧固法兰的螺栓，进一步压紧垫片、填料、或阀门的密封面等。

调位法是通过调整零部件间的相对位置，如调整法兰、机械密封等间隙和位置，达到堵漏的方法。操作条件改变法是利用降低设备或系统内操作压力或温度来控制或减少非破坏性的渗漏的方法。

2. 机械堵漏法

机械堵漏法是利用密封层的机械变形力强压堵漏的方法，主要有卡箍法、塞楔法、上罩法、顶压法、压盖法和胀紧法。

卡箍法是利用金属卡箍带和密封垫片堵漏的方法。

塞楔法是利用韧性大的金属、木质、塑料等材料挤塞入泄漏孔、裂缝、洞而止漏的方法。

上罩法是用金属或非金属材料的罩子将泄漏部位整个包罩住而止漏的方法。

顶压法是在设备和管道上固定一螺杆直接或间接堵住设备和管道上的泄漏处的方法。这种方法适用于中低压设备上的砂眼、小洞等的堵漏。

压盖法是用螺栓将密封垫和压盖紧压在孔洞外面或内面而达到止漏的方法。这种方法适用于低压、便于操作的设备或管道的堵漏。

胀紧法是用堵漏工具随流体流入管道，在内部漏口处自行胀大而堵漏的方法。

3. 气垫堵漏法

气垫堵漏法是利用固定在泄漏口处的气垫或气袋，通过充气后鼓胀力，将泄漏口压住而堵漏的方法，主要有气垫外堵法、气垫内堵法和楔形气垫堵漏法。

4. 胶堵密封法

胶堵密封法是利用密封胶在泄漏口处形成的密封层进行堵漏的方法，主要有内涂法、外涂法和强力注胶法。

内涂法是用密封机进入设备或管道内部，在泄漏处自动喷射密封胶进行堵漏的方法。

外涂法是将密封胶从设备外部涂于裂缝、孔洞处进行堵漏的方法。

强压注胶法是在泄漏处预先制作一个密封腔或利用部件自身的封闭腔，将密封胶强力注入密封腔体内，经固化后形成密封层而堵漏的方法。该方法适用于高压高温、易燃易爆的部位。

5. 焊补堵漏法

焊补堵漏法是利用焊接方法直接或间接地把泄漏口密封的方法，主要有直焊法和间焊法。

直焊法是直接在泄漏口填焊堵漏的方法。间焊法是通过金属盖或其他密封件先将泄漏口包盖住，在焊接方法将这些罩盖物焊在设备上而堵漏的方法。该法仅适用于焊接性能好、介质温度较高的设备、容器、管道或阀门；不能用于易燃易爆的场合。

6. *磁压法*

磁压法是利用磁铁的强大磁力，将密封垫或密封胶压在设备的泄漏口而堵漏的方法，适用于泄漏处的表面平坦、设备内压不高，因砂眼、夹渣的漏孔泄漏的堵漏。

7. *引流粘接堵漏法*

引流粘接堵漏法是罩盖法的改进。它是通过特制的压盖，其上有一个引流通道，将压盖与泄漏体用胶粘连住，待胶固化后，再将压盖上的引流孔用螺钉拧上，或将引流管上的阀门关闭而堵漏的方法。

8. *冷冻法*

冷冻法是在泄漏处制造低温，或利用介质的气化制造低温，使泄漏介质在泄漏处冻结起来，或使泼于其上的水冻结而形成的密封层堵漏的方法。

在化学事故现场，选用具体的堵漏方法还应根据泄漏的部位、泄漏的形式、泄漏的介质以及泄漏条件等因素，综合衡量选择。在化学事故中常用的堵漏方法如表 4-1 所示。

表 4-1 化学事故中常用的堵漏方法

部位	形式	方法
容器	砂眼	磁压堵漏、引流堵漏
	缝隙	磁压堵漏、引流堵漏、夹具捆绑堵漏、气垫外堵法、胶堵密封法
	孔洞	塞楔堵漏、磁压堵漏、引流堵漏、夹具捆绑堵漏、胶堵密封法
	裂口	磁压堵漏、引流堵漏、夹具捆绑堵漏、胶堵密封法
管道	砂眼	堵漏捆绑带、引流堵漏、胶堵密封法
	缝隙	磁压堵漏、引流堵漏、夹具捆绑堵漏、气垫外堵法、胶堵密封法
	孔洞	塞楔堵漏、磁压堵漏、引流堵漏、
	裂口	磁压堵漏、引流堵漏、夹具捆绑堵漏、胶堵密封法
阀门	断裂	阀门堵漏工具、强压注胶法
法兰	界面泄漏	法兰夹具

三、堵漏组织与实施

（一）堵漏行动的原则

化学事故进行现场堵漏时，应坚持“堵漏对应、小组行动、强化防护”的原则。

1. 堵漏对应原则

堵漏对应原则是指在堵漏行动中“堵”与“漏”相对应，即“堵”的方法要针对“漏”的特点，“堵”的行动是制止“漏”的危害。救援人员要了解堵漏的主、客观有利条件和不利因素，针对泄漏情况，选择使用对应的堵漏器材，根据泄漏的危害和程度，提出相对应的堵漏措施。

2. 小组行动原则

小组行动原则是指在实施堵漏作业时以小组的形式出现。堵漏行动一般要接近泄漏源头、扩散中心，堵漏环境相当险恶，因此，进行危险区域作业，必须是小组行动，一个小组 2～3 人，携带堵漏器材实施堵漏。如需配合行动，则可以派出执行配合任务的小组协同操作。

3. 强化防护原则

强化防护原则是指实施堵漏人员要加强个人安全防护和掩护。进入扩散区域中心执行堵漏务的小组成员，必须按规定进行相应等级的防护。堵漏小组的行动还应有掩护或驱散泄漏物开辟通道或稀释浓度降低危险性或改善操作点恶劣环境。一旦发生险情，保护堵漏小组撤离。

（二）制定堵漏决策

现场堵漏是控制泄漏、制止泄漏、减尘危毒的关键措施，事关泄漏现场灾害处置的全局，指挥员必须科学论证、果断决策。

1. 快速查明情况

指挥员到达泄漏现场后，要组织侦察、检测小组、查明泄漏口形状、大小、压力和环境情况；查明泄漏的物质、泄漏量、储存总量；查明已经造成的危害和可能扩散的范围，为组织现场堵漏的决策指挥提供准确的第一手信息资料。

2. 迅速拟订方案

根据查明的泄漏情况，选择可以采用的堵漏方法和堵漏器材，并经研究论证，征求专家意见，确定 1～2 种堵漏方法，拟订整体行动方案，经现场指挥部批准实施。

3. 精选堵漏人员

按照拟订的堵漏方案，挑选精干人员组成堵小组。堵漏小组一般由 1 名消防特勤、中队干部任组长，也可以由特勤班长人组长，作业小组尽可能选派一名事故单位的工程技术人员或熟悉泄漏处情况的人员参加。由现场指挥员亲自向堵漏小组交代任务，明确行动要点，以及行动注意事项。

（三）堵漏行动准备

1. 依靠企业专业队伍堵漏

大型化工企业应建立专业堵漏队伍，预先制作针对本企业泄漏常用的泄漏专用工具、卡具，一旦发生泄漏，以企业专业堵漏队伍为主，及时展开作业，消防救援队伍配合。小型化工企业及城市液化气储站，也应有所准备，结合可能出现的泄漏情况，准备专用的卡具夹具，以应对可能出现的泄漏。

2. 发挥消防部队职能作用

在没有堵漏专业队伍和没有准备专用堵漏工具的化工企业发生泄漏，以及槽车等流动泄漏源发生泄漏时，一般由消防部队特勤队伍在调查研究的基础上预制卡具夹具，做好堵漏准备。消防队伍要认真分析研究各种化学品泄漏的规律和特点，研究不同对象、不同环境、不同条件下的堵漏方法，提高在各种复杂艰难条件下实施堵漏的能力。

3. 堵漏前的现场应急准备

在化学品泄漏的灾害事故现场，当拟定堵漏方案，组成堵漏小组以后，就要积极展开现场应急准备，决不能仓促上阵、在未做好充分准备的情况下就实施堵漏。现场应急准备包括做好个人防护，选择堵漏器材，察看泄漏情况，选择堵漏部位，预习操作程序，熟悉堵漏方法，以及进入扩散区域中心的前进路线和展开行动后的联络方式，出现紧急情况时的处置措施等。

（四）堵漏作业的注意事项

① 堵漏人员必须经过专门的培训，理论和实际操作考核合格后，方可上岗。

② 设置专门的技术人员，负责组织现场测绘、夹具设计及制定安全作业措施。

③ 制定处置方案的技术人员应全面掌握各种泄漏介质的物理、化学参数，特别要了解有毒有害、易燃易爆介质的物化参数。

④ 对危险程度大的泄漏点，应由专业人员做出堵漏作业危险度预测表，经相关部门审批后，方可实施。

⑤ 堵漏现场必须有专职或兼职的安全员监督指导。

⑥ 堵漏人员必须遵守防火、防爆、防静电、防化学品爆燃、防烫、防冻伤、防坠落、防碰伤、防噪声等有关国家标准、法规的规定。

⑦ 在坠落高度基准面 2m 以上（含 2m）进行堵漏作业时，必须遵守高空作业的国家标准，并根据堵漏作业的特点，架设带防护围栏的防滑平台，同时设有便于人员撤离泄漏点的安全通道。

⑧ 堵漏人员，作业时必须佩戴适合堵漏作业特殊需要的带有面罩的安全帽，穿防护服、防护鞋、防护手套、防静电服和鞋。使用防护用品的类型和等级，由泄漏介质性质和温度压力来决定。按有关国家标准和企业规定执行。

⑨ 堵漏有毒介质时，须戴防毒面具，过滤式防毒面具的配备与使用必须符合《过滤式防毒面具》的规定。其他种类防毒面具按现场介质特性确定。

⑩ 泄漏现场的噪声高于 110dB 时，处置人员须佩戴防噪声耳罩，同时需经

常与监护人保持联系。

⑪ 堵漏易燃、易爆介质时，要用蒸汽或惰性气体保护，用无火花工具进行作业，检查并保证接地良好。处置人员要穿戴防静电服和导电性工作鞋，防止在施工操作时产生火花。

⑫ 在生产装置区封堵易燃易爆泄漏介质需要钻孔时，必须从下面操作法中选择一种以上的操作法。

a. 冷却液降温法。在钻孔过程中，冷却液连续不断地浇在钻孔表面上，降低温度，使之无法出现火花。

b. 隔绝空气法。在注剂阀或G形卡具的通道内填满密封注剂，钻孔时钻头在孔道内旋转，空隙被密封注剂包围堵塞，空气不能进入钻孔处。

c. 惰性气体保护法。设计一个可以通入惰性气体的注剂阀，钻头通过注剂阀与泄漏介质接通时，惰性气体可以起保护作用。

⑬ 堵漏作业时，处置人员要站在泄漏处的上风口，或者用压缩空气或蒸汽把泄漏介质吹向一边。避免泄漏介质直接喷射到处置人员身上，保证操作安全。

⑭ 堵漏现场需用电或特殊情况下需动火时，必须按《安全防火技术操作规程》办理动电、动火证，严禁在无任何手续的情况下用电或动火。

⑮ 要按操作规程进行作业，严格控制注射压力和注射密封注剂的数量，防止密封注剂进入流体介质内部。

⑯ 为保证注射密封注剂操作安全，在连接高压注剂枪、拆下高压注剂枪及退枪添加密封注剂时，必须首先关闭注剂阀阀芯。

⑰ 消除法兰垫片泄漏时，要查看泄漏法兰连接螺栓的受力情况及削弱情况，必要时在G形卡具配合下，更换连接螺栓。

四、堵漏现场的勘测

化学事故堵漏技术是在泄漏事故发生后，以在不降低压力、温度及泄漏流量的条件下，重新在泄漏缺陷部位上创建堵漏密封装置为目的的一门新兴的工程技术学科。能否采用堵漏技术进行消除泄漏的作业，首先必须通过现场的精确勘测。勘测的目的是了解化学泄漏事故单位及现场情况，掌握化学泄漏介质及缺陷部位情况，为选择堵漏方法、工具、夹具设计和制造、安全防护、施工方法提供必要科学数据。

堵漏技术的现场勘测是在泄漏事故状态下进行的一项危险性作业，技术要求很高。勘测的内容主要包括泄漏现场环境的勘测、泄漏介质的勘测以及泄漏部位的勘测。

（一）泄漏现场环境勘测

泄漏现场的环境勘测包括以下几点：

① 泄漏单位、装置、设备、位号、泄漏部位的准确名称；

② 泄漏装置的生产特点；

③ 泄漏设备的操作参数和波动情况；

④ 泄漏周围存在的危险源情况；

⑤ 泄漏缺陷周围可能影响作业的设备、管道、仪器仪表、平台、建筑物等的具体位置；

⑥ 泄漏点是否处于高处作业，是否需要架设安全通道。

观测堵漏作业的地点是否宽敞，至少要有能够容纳两人及两人以上作业的空间，高处作业要搭脚手架和安全撤离通道。

（二）泄漏介质勘测

按照表 4-2 的内容要求进行泄漏介质的勘测。

表 4-2 泄漏介质勘测记录表

泄漏介质标识	名称		UN 编号		CAS 号	
	危险性类别		化学类别		分子式	
	结构式		相对分子质量			
泄漏介质化学参数	爆炸下限/%		爆炸上限/%		闪点/℃	
	引燃温度/℃		最小点火能/mJ		燃烧热/(kJ/mol)	
	溶解性		燃烧性		危险特性	
泄漏介质物理参数	熔点/℃		沸点/℃		饱和蒸气压/kPa	
	相对密度(水=1)		相对密度(空气=1)		临界温度/℃	
	最低工作温度/℃		最高工作温度/℃		作业环境温度/℃	
	最低工作压力/MPa		最高工作压力/MPa		临界压力/MPa	
勘测人员姓名：					年 月 日	

（三）泄漏部位勘测

泄漏部位勘测是堵漏技术现场勘测的核心内容。其基本要求如下：

① 人员。勘测时应由 2 名作业人员进行，并有泄漏单位的工作人员负责安全监护。

② 泄漏点清理。拆除泄漏点处的保温及各种障碍物，清除影响测绘精度的铁锈及各种黏附物，仔细观察泄漏缺陷情况，判断能否采用堵漏技术进行作业。

③ 勘测要领。准确无误的测绘泄漏点的尺寸，特别是密封基准尺寸，要多测几个部位，坚持一人主测，一人校对的原则，保证测绘的准确性和精度。

④ 标注方式。泄漏点的位置应在勘测示意图或附加图上标明；泄漏点的大小，可用长×宽或当量孔径表示。

⑤ 复审。泄漏部位上的同一尺寸应在多个位置上测量，记录其最大值和最小值，并与其原始资料进行对比，确定最终尺寸。

⑥ 施工准备。观察泄漏四周，判断夹具能否顺利安装，注剂枪与夹具的连接是否方便，是否需要改变注剂枪的连接方向等。

⑦ 记录保存。泄漏部位现场勘测数据应以文字形式记录保存。内容应包括泄漏介质勘测记录、泄漏部位的测量记录。

五、典型泄漏部位的堵漏

不同部位发生泄漏，应用的具体堵漏也有不同。下面主要针对受压本体、密封体和半闭体等关键部位泄漏情况，介绍几种常用的堵漏方法。

（一）受压本体堵漏

受压本体是指设备、容器、管道、阀门中除静密封、动密封、关闭件等以外的受压腔体。受压本体发生泄漏，常采取机械堵漏法、气垫堵漏法、磁压堵漏法、强压注胶法等。

1. 机械堵漏法

（1）卡箍堵漏法　用卡箍将密封垫卡死在泄漏处而达到止漏的方法称为卡箍法。卡箍法适用于管道和直径较小的设备的中低压介质堵漏。

卡箍堵漏法是将密封垫压在管道的泄漏口处，再套上卡箍，上紧卡箍上的螺栓，直至泄漏停止。卡箍堵漏用得较为普遍，主要用在金属、塑料、水泥等管道上，适用于孔洞、裂缝等泄漏处，并有加强作用。卡箍堵漏工具由卡箍、密封垫和紧固螺栓组成。密封垫的材料有橡胶、聚四氟乙烯、石墨等。卡箍材料有碳钢、不锈钢、铸铁等。卡箍材料和密封垫材料应根据介质的具体情况选用。

卡箍是由两块半圆形片箍组成，其形式有整卡式、半卡式、软卡式和堵头式。其中，整卡式卡箍是由内径微大于管道外径的两块半圆箍组成，根据泄漏处的大小、长短确定卡箍的长短，紧固的螺栓的个数由卡箍的长短设置，一般为两对，对称布置。整卡式适用于横向和纵向较大裂缝的泄漏。半卡式卡箍由一块半圆箍和两根箍带组成，主要用于单个孔洞和缝隙的堵漏。软卡式卡箍由较薄钢片制成，呈C字形，单开口，开口上有紧固螺栓。堵头式卡箍是在卡箍的半圆箍上，装有堵头可起导流作用，适用于较高压力下的堵漏。不同类型卡箍如图4-6所示。

（2）塞楔堵漏法　用韧性大的金属、木材、塑料等材料制成的圆锥体楔或斜楔塞入泄漏的孔洞而止漏的一种方法，称为塞楔堵漏。这种方法适用于常压或低压设备本体小孔、裂缝的泄漏。塞楔堵漏所用的材料一般有木材、塑料、铝、铜、低碳钢、不锈钢等。

根据泄漏介质性质选材。对于易燃易爆介质，选不产生火花材料，如木质、塑料、铝、铜的塞楔。对于腐蚀介质，选塑料、木质、不锈钢，不能选低碳钢的塞楔。

根据漏口形状选形。常用的形状有圆锥、圆柱、楔形。对于较大圆形孔洞，

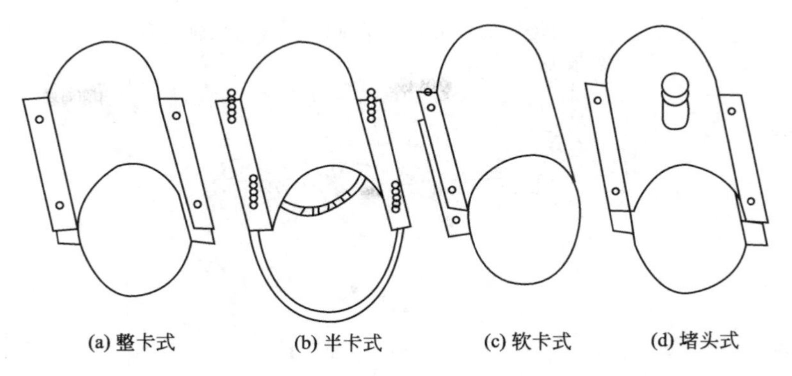

图 4-6 卡箍堵漏工具中卡箍形式

选大圆锥塞楔；对于较小孔洞、砂眼，选小圆锥塞楔；对于内外口径相近的漏口，选圆柱塞楔；对于长孔形或缝隙，选楔形塞楔。图 4-7 为不同形式的堵漏塞。

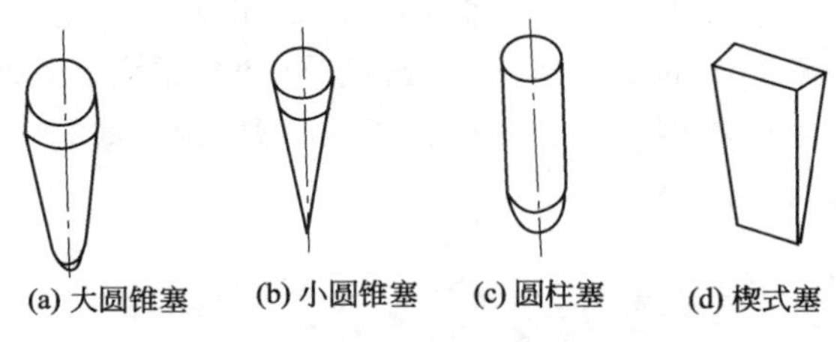

图 4-7 不同形式的堵漏塞

堵漏前，先将泄漏口周围的脆弱的锈层除去，露出结实的本体；可在泄漏口和塞楔上涂上一层密封胶；将塞楔压入泄漏口，用无火花或木质手锤有节奏地将其打入泄漏孔口，敲打点应对准，用力先小后大。如塞楔堵漏效果不够理想，可把留在本体外的堵塞除掉，然后采用粘接或卡箍方法，进行第二次堵漏。

(3) 捆扎堵漏法 利用捆扎工具使钢带（钢丝）紧紧地把设备或管道泄漏点上的密封垫、仿型压板、压块、密封胶压死而止漏的方法，称为捆扎堵漏。这种方法简单，捆扎堵漏法适用于管道较小的泄漏孔、缝隙泄漏。与卡箍法相比，捆扎堵漏法适合不同直径的管道或设备的泄漏，比较方便灵活，而卡箍法中的一种规格的卡套只能适合一种直径的管道或设备的泄漏。

捆扎堵漏法采用的器材有密封垫、捆扎（钢）带或丝、捆扎工具。密封垫材料为橡胶、聚四氟乙烯、石棉、石墨等。钢带材料为碳钢、不锈钢等。捆扎工具主要由切断钢带的切断机构、夹紧钢带的夹持机构、扎紧钢带的扎紧机构组成，如图 4-8 所示。

当管道或直径较小的设备出现泄漏，而且泄漏孔或缝隙较小，可以考虑采用捆扎堵漏。其方法是：将选好的钢带包在管道或设备上，钢带两段从不同方向穿

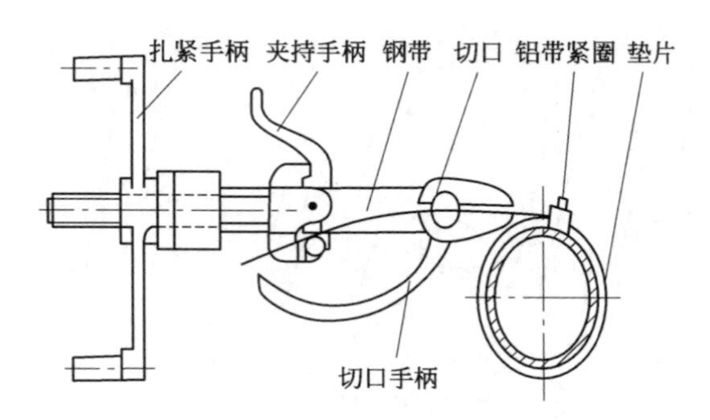

图 4-8 捆扎堵漏工具

在紧圈中，内面一端钢带应事先在钳台上弯成 L 形，并使 L 形卡在紧圈上，以不滑脱、不碍捆扎为准。外面一段钢带穿在捆扎工具上，首先将钢带放置在刃口槽中，然后把钢带放置在夹持槽中，扳动夹持手柄夹紧钢带。用手或工具自然压紧钢带的另一端，转动扎紧手柄，拉紧钢带。当钢带拉紧到一定程度，把预先准备好的密封垫放在钢带的内侧正对泄漏处，然后迅速转动扎紧手柄堵住泄漏处。待泄漏停止后，将紧圈上的紧固螺钉拧紧，扳动切断手柄，切断钢带。并把切口一端从紧固处弯折，以防钢带滑脱。捆扎工具堵漏过程如图 4-9 所示。

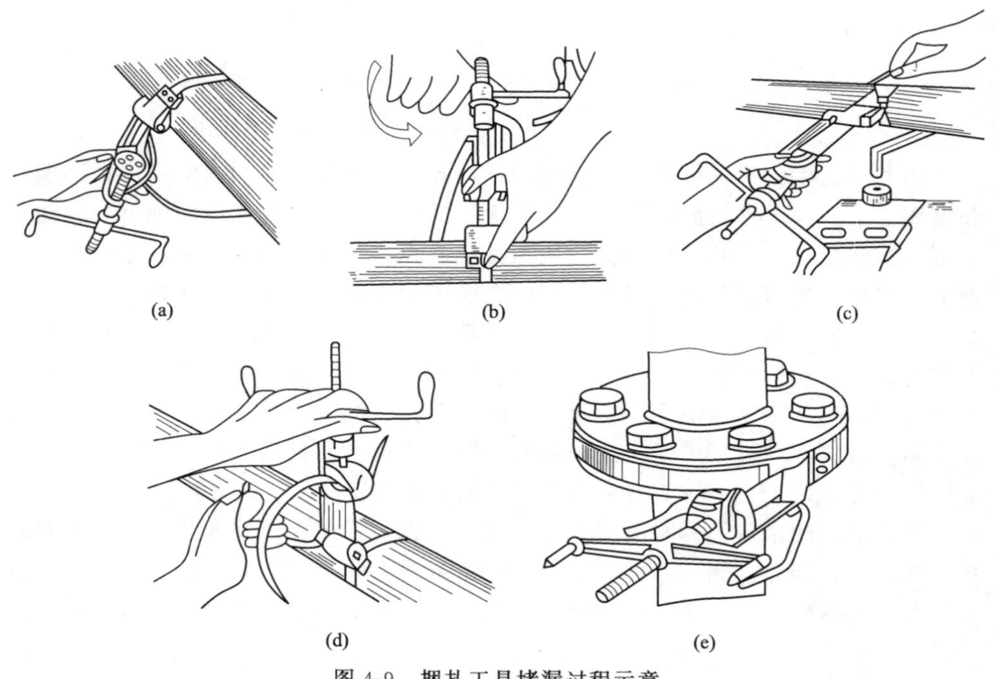

图 4-9 捆扎工具堵漏过程示意

(4) 顶压堵漏法　在设备和管道上固定一螺杆直接或间接堵住设备和管道上

的泄漏处的方法称为顶压堵漏。这种方法适用于中低压设备上的砂眼、小洞和短裂缝等处的堵漏。根据泄漏部位及尺寸大小不同，主要有支撑顶、半卡顶、万能顶、G 形顶、全卡顶、门形顶等。

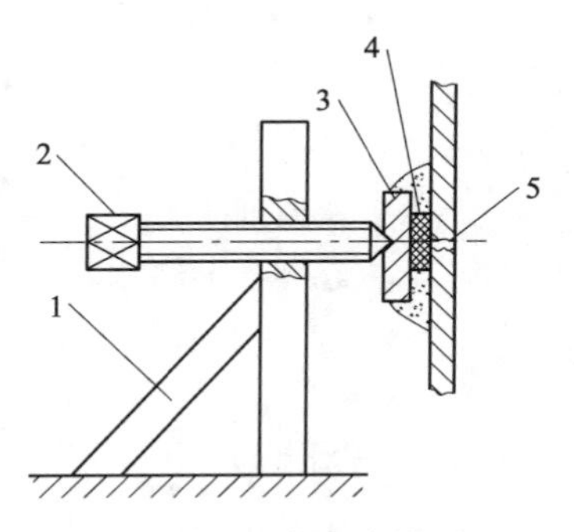

图 4-10 直角支撑顶

1—支架；2—顶杆；3—顶板；4—密封剂；5—泄漏本体

其中支撑顶是用一三角形支架固定在设备泄漏处附近（埋在地下或固定在设备上），顶杆与泄漏处在一条直线上。支撑顶适用于罐、塔等大型设备的堵漏。具体如图 4-10 所示。

半卡顶是用扁钢弯成半圆形，两端对称焊上螺杆，上套一横梁，横梁中间有一螺孔，与顶杆相啮合，顶压时转动螺杆。这种工具适用于管道上堵漏用。图 4-11 为半卡顶派生出来的一种形式，它用钢丝绳代替了半卡箍，可用于管道、容器、阀门等设备的砂眼、小孔的堵漏。

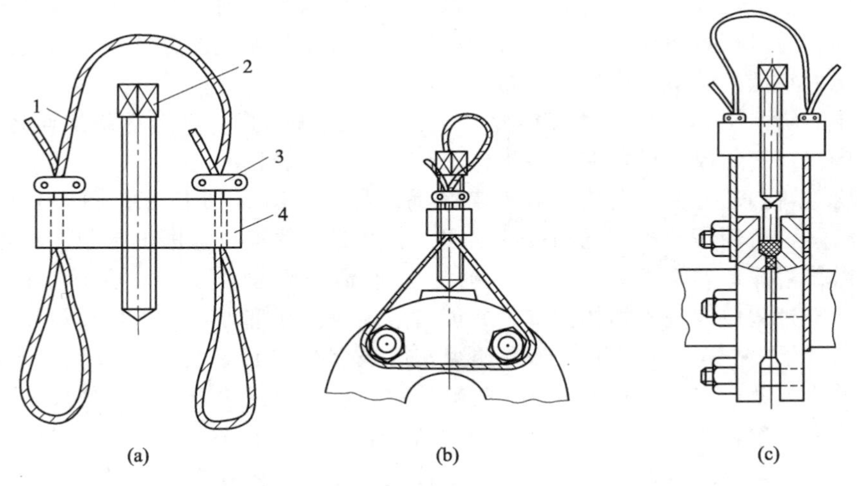

图 4-11 半卡顶

1—钢丝；2—螺杆；3—卡子；4—横梁

万能顶由立柱、钢丝绳、多头顶杆等组成。钢丝绳长短可任意调节，立柱和顶杆可以在纵横各方向任意调换位置。因此万能顶适用于各种管道和设备上任何部位的堵漏。如图 4-12 所示。

顶压堵漏按先后顺序，可分为只顶漏不粘固、先顶漏后粘固等形式，前者称为一步法，后者称为两步法。其密封形式有：①密封垫。它是在压板下垫一块橡胶垫或聚四氟乙烯垫，靠顶杆顶紧密封。②密封圈。它是在压板上加工圆形槽，其中嵌有 O 形密封圈。适用于孔洞较大，本体表面较平坦、较光滑的部位。

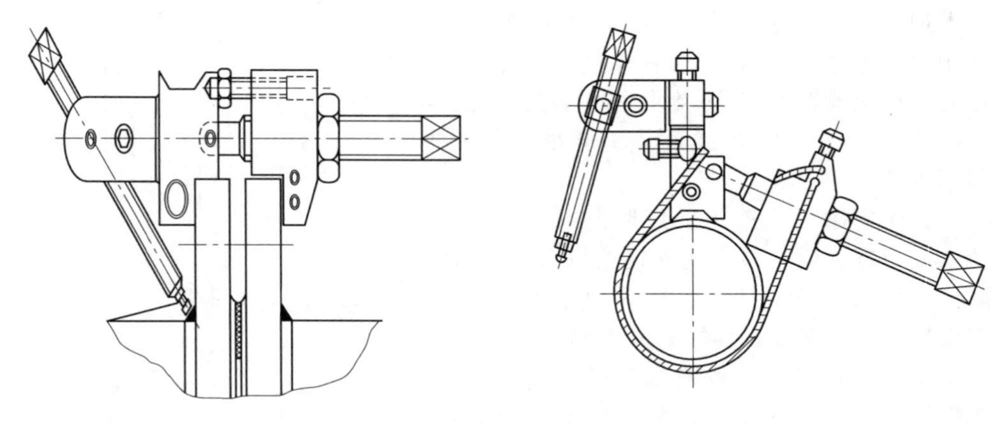

图 4-12　万能顶

③密封胶。首先在泄漏处清洗干净，然后在泄漏处涂上一层密封胶，外面预压上一层压板，待胶固化后，止住泄漏。此法适用于低压泄漏。

（5）压盖堵漏法　压盖堵漏法依靠泄漏缺陷内外表面，形成一个机械式的密封结构，通过拧紧螺栓来产生足够的密封压力，止住泄漏的方法。压盖堵漏法适用于压力较低的管道、容器等设备的堵漏。

压盖堵漏工具由 T 形活络螺栓、压盖、密封垫组成。T 形活络螺栓将压盖、密封垫（或密封胶）压紧在泄漏本体上，达到止漏的目的。

压盖堵漏法分为内盖堵漏和外盖堵漏两种，如图 4-13 所示。图 4-13(a) 为内盖堵漏，适用于长孔和椭圆孔的堵漏。方法是：先检查泄漏的部位，看是否能采取内盖堵漏。如果可以，进一步确定 T 形活络螺栓、压盖、密封垫的尺寸，压盖和密封垫应能进入本体内壁，并能有效地盖住泄漏处，四周含边量以单边计算不应低于 10mm。安装时，如果压盖密封垫套在 T 形螺栓上难以装进本体内，可在螺栓上钻一小孔并穿上铁丝。先穿压盖，后穿密封垫，并置于体内，然后轻轻地收紧铁丝，摆好压盖和密封垫的位置（最好事先做好记号），在本体外套上一块压盖，填充密封剂，拧上螺母，堵住泄漏处。如果效果不显著，可进一步用

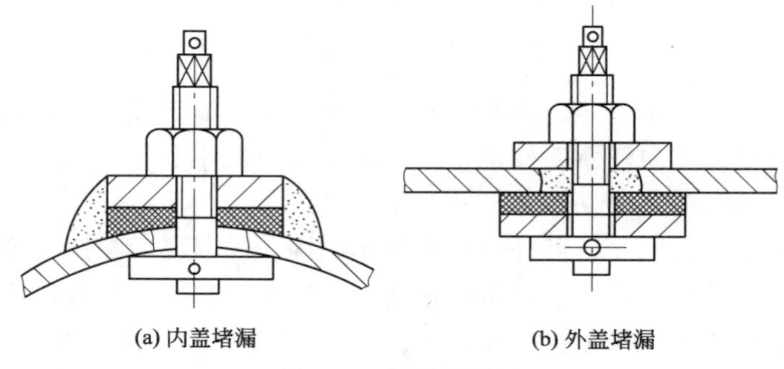

(a) 内盖堵漏　　(b) 外盖堵漏

图 4-13　压盖堵漏法

密封剂粘堵。图 4-13(b) 为外盖堵漏，其方法比内盖堵漏简单，但堵漏效果不如内盖堵漏。堵漏的方法是：先把 T 形螺栓放入本体内并卡在内壁上，然后在 T 形螺栓上套上密封垫和压盖，密封垫内孔应小，以套紧在螺栓上为准，再拧紧螺母直至不漏为止。为了防止 T 形螺栓掉入本体内，螺栓上应钻有小孔，以便穿铁丝作为保险用。

2. 气垫堵漏法

气垫堵漏法是经过特殊处理的、具有良好可塑性的充气袋（筒）在带压气体作用下膨胀，直接封堵泄漏处，从而控制流体泄漏的方法。气垫堵漏器材由气源、减压器、控制器、充气管、气垫（筒）、捆绑延长带等组成。

气垫是由结实的橡胶制成，内可充气，并使气垫胀起。气垫堵漏法适用于低压设备、容器、管道等本体孔洞、裂缝、管道断口的泄漏，主要用于液体的堵漏，适用的介质压力不超过 0.6MPa，适用温度不超过 85～95℃。

(1) 气垫外堵法 气垫外堵法是利用压紧在泄漏部位外部的气垫内部的压力对气垫下的密封垫产生的密封比压，在泄漏部位重建密封，从而达到堵漏的目的。其堵漏工具包括气垫、固定带、密封垫、耐酸保护袋和脚踏气泵，具体如图 4-14所示。

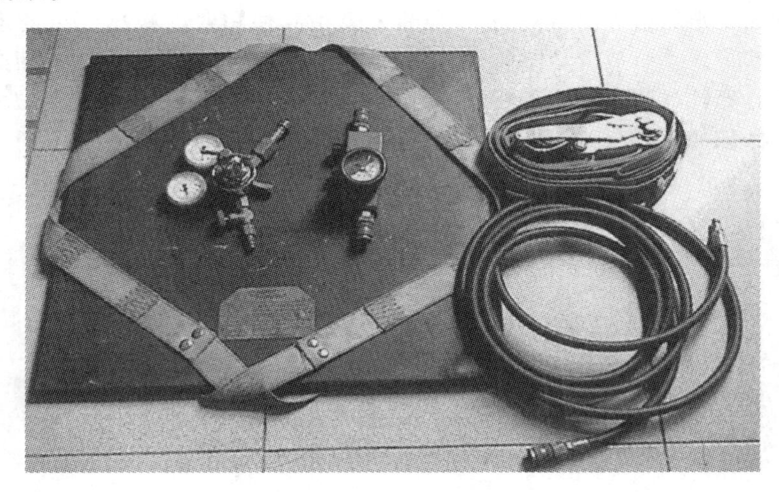

图 4-14 外封式堵漏气垫

用专用捆绑带将堵漏工具固定于被封堵位置，捆绑带的方向最好平行，在拉紧气垫时，要注意对各捆绑带均匀用力，必须等捆绑带固定好之后，再将脚踏充气泵、控制阀、充气管同堵漏工具连接紧密，方可开始充气。

(2) 气垫内堵法 气垫内堵法利用管道内的圆柱形气垫充气后的膨胀力与管道之间形成的密封比压，堵住泄漏。它主要用于在有害物质发生事故后，为防止有害液体污染排水管道，用气垫堵住下水道，或在管道破裂后，用气垫堵住破裂管道的终端等。气垫内堵法主要工具包括各种规格的圆柱形气垫（气垫膨胀后的直径可达到原有直径的两倍）、压缩空气瓶和连接器（带减压阀、安全阀）。常用的圆柱形气垫如图 4-15 所示。

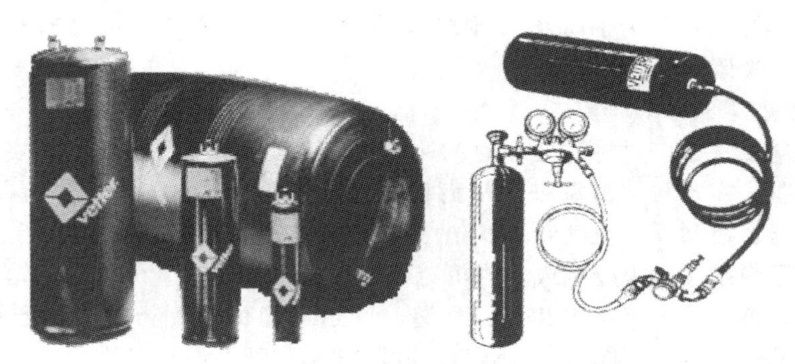

图 4-15　气垫内堵法堵漏工具圆柱形气垫

进行气垫内堵时，首先根据堵漏口的大小，选择合适尺寸的堵漏袋；将堵漏袋用充气软管与控制装置连接在一起；用压力管将控制装置与减压阀连接；将减压阀安装在压缩空气气瓶上。为了保护气袋免受腐蚀，在使用前可以在堵漏袋外套一个宽松的塑料袋；并用一根安全绳来牵引。使用时，根据管道的形状、尺寸，顺流水平或垂直放置堵漏袋，并将整个堵漏袋全部推入管道内；但必须远离尖锐物体。充气过程中，应保持安全距离；长时间使用，可以通过压力表来控制压力。其操作如图 4-16 所示。

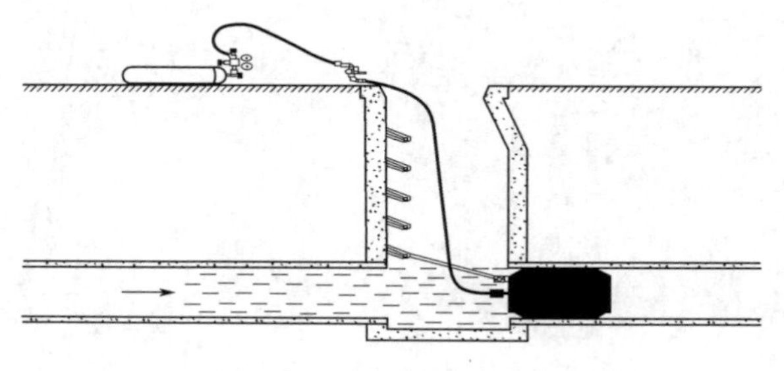

图 4-16　气垫内堵示意图

（3）气楔堵漏法　气塞堵漏法与机械塞楔堵漏相似，主要用于低压本体上的大裂缝或孔洞泄漏的堵漏，具有操作简单、迅速的特点，可以用密封枪从安全距离以外进行操作，需气量极小，可用脚踏气泵充气。它适用于直径小于 90mm、宽度小于 60mm 孔洞或裂缝的堵漏。其堵漏工具主要包括圆锥形和斜楔形的气垫、密封枪、脚踏气泵和截流器等。

其堵漏过程是根据泄漏孔的大小和形状，选择合适的塞楔，将塞楔用连接管连接好，塞入泄漏孔内，用脚踏气泵充气，利用气垫的膨胀力压紧泄漏孔壁，堵住泄漏。气楔堵漏工具如图 4-17 所示。

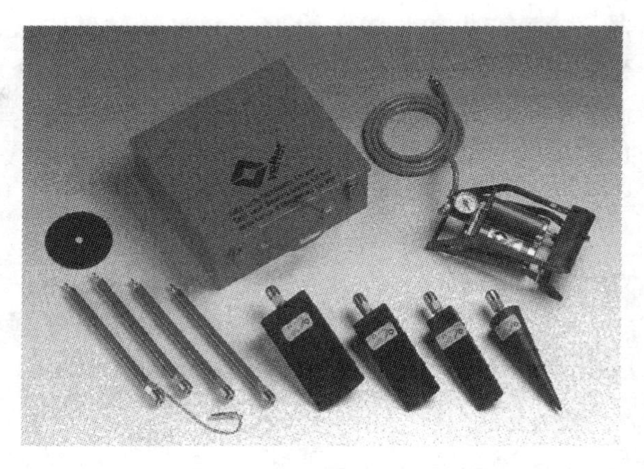

图 4-17 气楔堵漏工具

（4）气垫捆扎堵漏法 气垫捆扎堵漏法主要用于小直径管道破裂泄漏的堵漏，其直径范围为 5～48cm，具有操作简单、迅速等特点，特别适用于密封地形复杂以及空间狭窄的管道的堵漏。其堵漏工具包括气垫、捆扎带、气瓶和连接器等。

气垫捆扎堵漏法根据管道的直径选用相应的密封气垫，将气垫捆扎缠绕在泄漏的部位，并用捆扎带扎紧，然后向气垫充气，利用气垫的膨胀力压紧泄漏部位，从而止住泄漏。其堵漏效果如图 4-18 所示。

图 4-18 气垫捆扎堵漏

3. *磁压堵漏法*

磁压堵漏法是利用磁铁对受压体的吸引力，将密封胶、胶黏剂、密封垫压紧和固定在泄漏处堵住泄漏的方法，称为磁压堵漏。这种堵漏方法适用于温度低于 80℃，压力从真空到 1.8MPa，不能动火、无法固定压具或夹具、用其他方法无法解决的裂缝、松散组织、孔洞等低压泄漏部位的堵漏。磁压堵漏具有使用方便、操作简单的特点，可用于低碳钢、中碳钢、高碳钢、低合金钢及铸铁等顺磁性材料的立式罐、卧式罐、球罐和异型罐等大型储罐所产生的孔、缝、线、面等的泄漏，也可用于一般管线和设备上的泄漏堵漏。常用的磁压堵漏工具有以下几种：

（1）高压强磁堵漏器 在生产、储存、运输过程中，针对立式罐、槽罐车、大型容器、大直径管道等，由于各种原因造成内存介质发生跑、冒、滴、漏时，因一般堵漏器材受尺寸限制，无法实施堵漏时。ZY-磁压系列高压堵漏器，可对各种形状钢质容器、管道产生较强的吸附力（一定要导磁体），在温度≤80℃，压力≤10MPa，直径≥400mm的条件下，快速堵住各种泄漏介质，是理想的堵漏专用器材。该器材由主机和专用胶板组成，如图4-19所示。专用胶板有白色和黑色两种，白色胶板适用于酸碱介质、盐、油、水汽、液化气、煤气、化工物品泄漏时的堵漏；黑色胶板适用于油、水汽介质的堵漏。

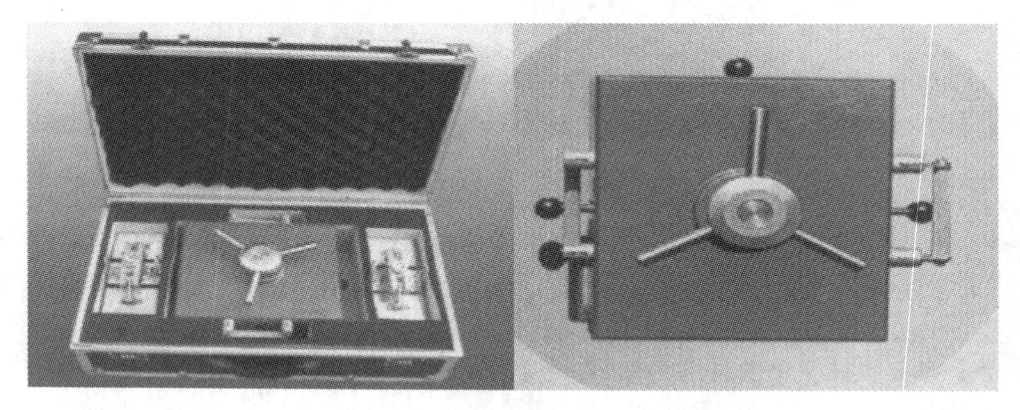

图 4-19 ZY-磁压系列高压堵漏器

（2）软体式强磁堵漏器　SFGJ系列强磁堵漏工具由本体材料（金属、橡胶、ABS、聚氨酯等）及本体上镶嵌的强磁材料和结合面上的密封材料（耐油橡胶）组成，能有效对容器、管道、槽车阀门等部位的泄漏实施封堵。该工具的最大特点是操作简单、方便、堵漏迅速。

SFGJ-BR-X-Φ260×H280帽式封堵工具，其载体材质为橡胶，适用于球面、柱面容器等切平面上装配的阀门、附件失效泄漏时的包容卸压抢险堵漏。帽式主体工具如图4-20所示。堵漏时，双人分别双手握紧工具两端手柄或采用机械吊装工具，将堵漏工具弯曲方向与泄漏物体的弯曲方向相对一致，对准泄漏点中心部位，压向凸出泄漏部位，施放包容结合，关闭引流阀门。需要注意的事项是：在堵漏操作前，注意远离周围一切亲磁物质，保持1m以上的安全距离，防止意外吸合，延缓救援进程。

图 4-20 帽式封堵工具

SFGJ-SX-X-520×520×50八角软体工具，其载体材质为橡胶，适用于容器、储罐、管线、船体、水下管网的中小裂缝、孔洞的应急抢险。水下配备专用吊装，找正工具。八角软体工具如图4-21所示。堵漏时，双手持堵漏工具手柄，对准泄漏点中心位置将箭头方向与泄漏物体轴向一致，快速压向泄漏点施放结合。需要注意的事项是：在堵漏操作前，注意远离周围一切亲磁物质，保持 1m 以上的安全距离，防止意外吸合，延缓救援进程。

SFGJ-SX-L-340×213×65 长方硬体工具，其载体材质为铝合金，适用于容器、储罐、管线、船体、水下管网的硬体抢险堵漏工具。长方硬体工具如图 4-22所示。堵漏时双手持堵漏工具手柄，对准泄漏点中心位置并与曲率轴线平行一致，快速压向泄漏点施放结合。需要注意的事项是：在堵漏操作前，注意远离周围一切亲磁物质，保持 1m 以上的安全距离，防止意外吸合，延缓救援进程。

图 4-21 八角软体工具

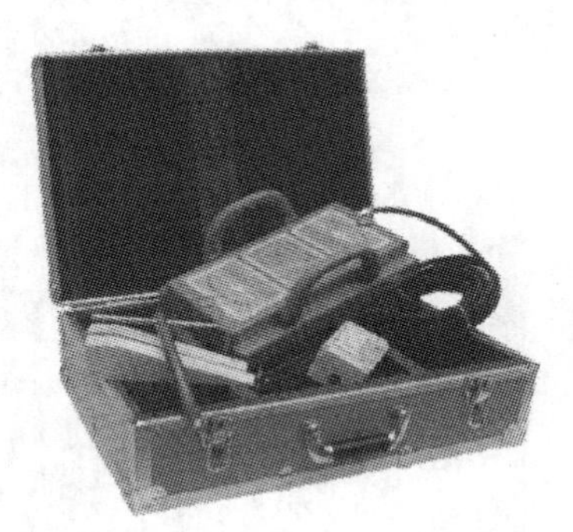

图 4-22 长方硬体工具

SFGJ-ZL-X-2×Φ100×H180 氯气罐阀门泄漏封堵工具，其载体材质为金属和橡胶，适用于氯气钢瓶（600kg-1T）在生产、储存、运输、使用、处置等环节发生的泄漏。氯气罐阀门泄漏封堵工具如图 4-23 所示。堵漏时将泄压管接头部位插入工具顶部的泄压阀中，逆时针旋转阀上黄圈锁紧接头，将另一端出口放入碱水容器中，在封堵密封面上沿密封环内侧敷上一圈黏性胶条，双手持住双筒帽体，对正泄漏阀门位置压向罐体，使其磁力吸合，将泄漏氯气引出，进行中和处理。将固定压紧装置钩住罐体护栏两边的孔，旋转丝杆对堵漏工具实施 2 次压紧封堵。顺时针旋转泄压阀上黄圈拨下快速接头，阀门即为关闭状态，泄漏被完全封堵。抢险后需要拆下堵漏工具时，先将二次固定装置取下，双手扳住帽体，下压使工具部分剥离罐体，并插入木楔，轻轻取下工具。

SFGJ-DN-B-500×200×500 多功能工具组合，其载体材质为橡胶，适用于各种管路、罐体、点状、线状、孔洞及凸起阀门等部位泄漏的封堵。多功能工具组合如图 4-24 所示。堵漏时选择合理位置摆放强磁吸座，搬下手柄使工具整体固定（注意：泄漏点需在与工具上方可移动横杆平行处）。根据泄漏罐体外径大小选择相应封堵环，将封堵环安放在包容泄压筒上，将高度调节杆调整到可行位置（包容泄压型调到最高位，其他工具均可调到最低位），将封堵用件插入连接杆中，将定位螺栓拧紧，吊起封堵用件，然后对准泄漏点向下旋转压力顶杆，将封堵用件紧压在泄漏点表面，完成封堵。

图 4-23 氯气罐阀门泄漏封堵工具

图 4-24 多功能工具组合

SFGJ-CLS-B-450×200×400 强腐蚀介质堵漏组合，选用进口复合橡胶材料，以保护堵漏工具组合不受腐蚀。适用于高危险化学品在储存和运输中发生的泄漏。例如：氯磺酸、硫磺酸、盐酸等。强腐蚀介质堵漏组合如图 4-25 所示。该工具组合可随意选择支撑点，工具组合平面可旋转 360°与泄漏点形成任意夹角，连接杆选用多头螺杆加大螺距，备有多种封堵块，可以快速更换。堵漏时可以根据泄漏点形状（孔洞、焊缝等），选择适合的压头，并装入压杆的接头上，将支架移送到泄漏部位，使压头对准泄漏点。将强磁吸座扳下手柄使工具整体固定，将圆盘的小旋钮锁紧。对准泄漏点向下旋转压力顶杆，将封堵用件紧压在泄漏点表面，完成封堵。完成抢险任务需拆卸堵漏工具时，打开拆卸箱选用专用拆卸工具。机械拆卸适用于轻型堵漏工具使用，将专用拆卸工具上的螺纹扦入堵漏工具上的拆卸孔内旋紧，接上加力手柄，然后用力压下，使堵漏工具局部脱离被封堵的物体后，再将木楔塞进缝隙，进行拆卸。电拆卸应注意拆卸工具电压是否与电源电压一致，将电源线的电瓶夹与汽车蓄电池正负极柱连接（红色+，黑色−），将拆卸箱内输出引线与堵漏工具连接（红色+，黑色−），对照电拆卸箱上的加温时间调整表，调节加温时间长短（加热 30～50min），磁吸附力下降后，可用机械拆卸工具配合拆卸。

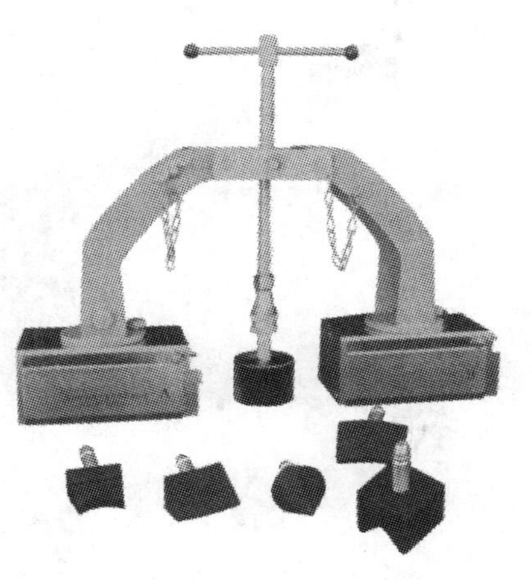

图 4-25　强腐蚀介质堵漏组合

4. 强压注胶法

本体的强压注胶堵漏法是注入等于或大于受压体内介质压力的密封剂，用以填充泄漏间隙或在泄漏处内外建立密封圈，从而阻止介质泄漏的一种方法。堵漏的实现，首先要在泄漏部位建造一个封闭的空腔或利用泄漏部位上原有的空腔，然后应用专用注射工具，把能耐泄漏介质温度并具有注射性能的密封剂注入并充满封闭空腔，而最终使密封腔内密封剂的压力等于或大于介质的压力，从而完全消除泄漏。如图 4-26 所示。这种方法不但适用于金属和非金属受压本体，也适用于法兰和填料等静密封处和阀门等部位的堵漏。堵漏的缺陷从砂眼、夹渣直至长裂缝、大洞等均可适用。

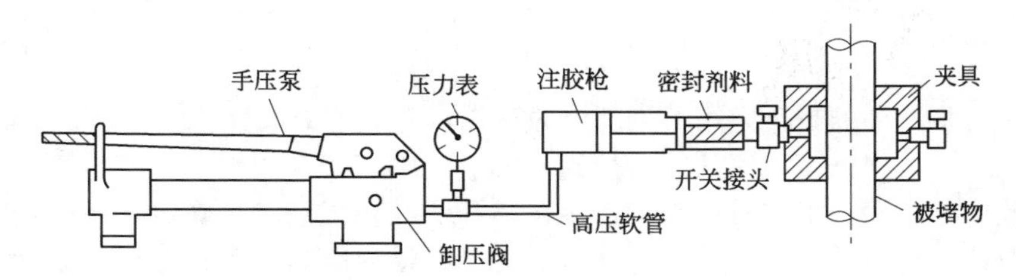

图 4-26　注胶堵漏工作原理

该堵漏工具主要包括注胶工具、注胶阀和换向阀、夹具、密封剂等。

（1）注胶工具　注胶工具由注射枪和液压泵用压力表和胶管等连接而成，如图 4-27 所示。当把密封剂胶棒放入注胶枪的胶棒室后，启动液压泵，液压油进入注胶枪的油缸，推动其柱塞，柱塞向前顶，将胶棒室内的胶棒挤入枪口，若枪口与固定在泄漏部位的空腔连接，即可把密封剂注入空腔内，形成密封层。

注射枪对密封剂产生的挤压推动力可由式(4-1) 确定：

$$P_{油}(\pi D_1^2/4)=P(\pi D_2^2/4) \tag{4-1}$$

式中，$P_{油}$ 为作用在柱塞上的油的压力，即泵出口压力表的表压；P 为注射

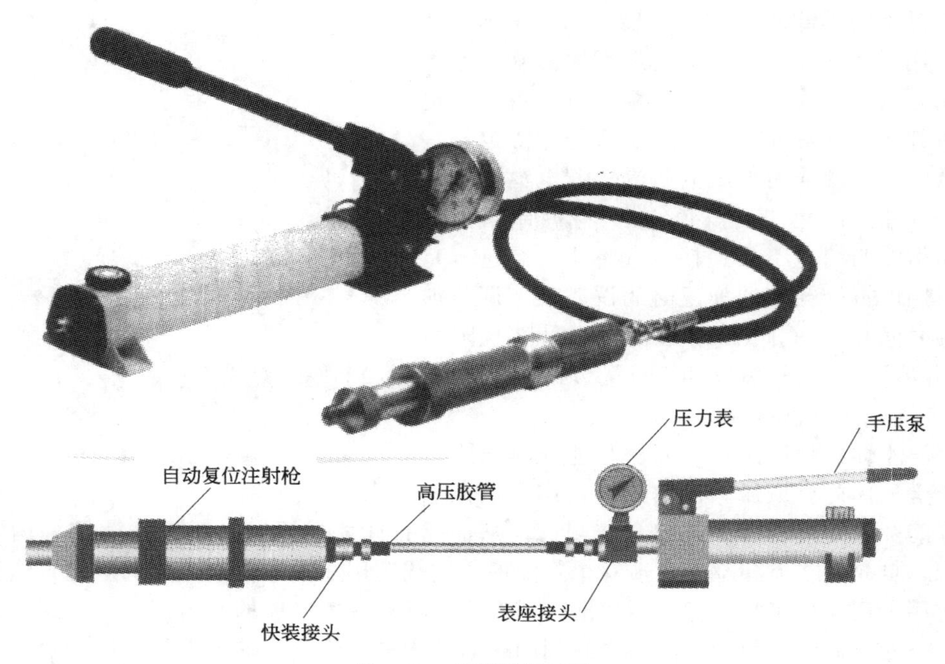

图 4-27　注胶堵漏工具

枪对密封剂的挤压力；D_1 为柱塞大端直径；D_2 为柱塞小端直径。

由(4-1) 式可得：

$$P = P_{油} \times \frac{D_{柱}^2}{D_{剂}^2} \tag{4-2}$$

注射枪产生的挤压力用于三部分的消耗，分别用 P_1、P_2、P_3 表示，即：

$$P = P_1 + P_2 + P_3 \tag{4-3}$$

式中，P 为注射腔对密封剂产生的挤压力，由式(4-2) 确定；P_1 为密封剂在注射筒内的流动阻力，与注射枪的结构、密封剂的品种和作业环境温度有关，在常温时一般在 8～20MPa 之间；P_2 为密封剂从注射枪出口到夹具注胶孔之间的沿程阻力，主要是安装在上面的注射阀、换向阀等的阻力，通常一个注射阀（或换向阀）的阻力在 3～5MPa 之间；P_3 为密封剂在封闭腔内的挤压力，它包括密封剂在夹具内的沿程流动阻力和泄漏介质的静压力，单位为 MPa。

由式(4-3) 得：

$$P_3 = P_{油}(D_1^2/D_2^2) - P_1 - P_2 \tag{4-4}$$

（2）注射阀和换向阀　它是连接注射枪和夹具的工具。

（3）夹具　夹具是注胶法带压堵漏法的关键部分，是加装在泄漏部位的上部与泄漏部位的部分外表面形成新的密封空间的金属构件。它与泄漏部位的外表面构成封闭的空腔，包容注入的密封剂，承受泄漏介质的压力和注射压力，并由注射压力产生足够的密封比压，才能消除泄漏。常用的夹具主要类型有：①直管夹具。直管夹具的大小由直管本体上的缺陷大小而定，一般为两半圆夹具，注胶孔根据管道的直径确定，一般为2～4个，孔的间距为100mm左右。②弯管夹具。弯管夹具的形状随弯管曲率的变化而变化，其形状呈扇形，该夹具加工较困难，一般用钢板焊制，然后夹持在泄漏处。③三通夹具。三通夹具的形状呈T形，加工难度较大，一般可用较大的三通管割开，形成三通夹具的两半，并加工出两个或两个以上的注胶孔，然后在割开的三通管上焊上耳子和颈圈，耳子上钻有孔，穿螺栓用，颈圈比三通外径大（大0.1～0.5mm），成两半圆，阻止密封剂流失。④大型设备或容器夹具。大型设备或容器夹具是按缺陷的大小量体裁衣，不像上述夹具那样注入一圈剂料，而只把剂料注入缺陷处，因而具有省工、省料的优点。护料盖具的固定方式，可采用粘接、焊接、钢丝绳绞紧等。各种常用夹具如图4-28所示。

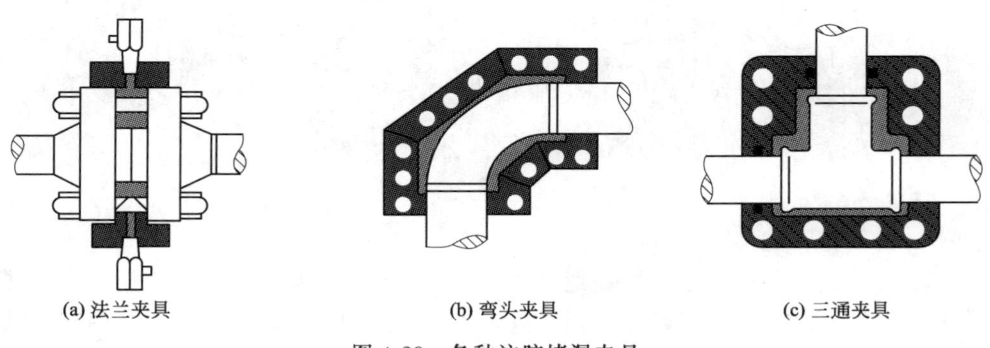
(a) 法兰夹具　(b) 弯头夹具　(c) 三通夹具

图4-28　各种注胶堵漏夹具

（4）密封剂　密封剂为固体的圆棒形，注胶堵漏的密封剂有多种，常用的剂料有热固型和非热固型两大类，它们是用合成橡胶作基体，与填充剂、催化剂、固化剂等配制而成。其种类比较多，不同的种类适用于不同的泄漏介质和温度、压力条件。密封剂性能的好坏，主要依据密封剂的使用温度、固化时间、耐介质性能以及使用寿命等指标。

一般密封剂在液压活塞的压力作用下，都具有较好的流动性，在注入过程中可到达密封空腔的任何位置，填塞各种复杂的泄漏缺陷。密封剂具有极为广泛的介质适应能力及耐高、低温的特点，因此，无论何种泄漏介质，都能选择到相应的密封剂。

一般比较大的密封夹具，首先采用热固化密封剂先注射，然后注入填充剂，最后再用热固化密封胶密封，这样既节约材料，又加快注射进度，效果比较好。

应用强压注胶法进行堵漏时，其堵漏过程是：①把注射阀安装在夹具上，旋塞全部打开。②将夹具安装在泄漏部位上，注意密封剂孔的位置，应有利于密封剂注入操作，并保证有一个密封剂孔对着泄漏孔，以便排放介质和卸压，降低注入推力，防止剂料出现气孔，有利于密封圈的形成。③上紧夹具螺栓，并检查夹具与泄漏部位的间隙，要保证夹具与泄漏部位的接触间隙不应大于0.5mm，超过时要采取措施缩小间隙。④连接注射枪和手压泵等部件，进行密封剂注入操作。在密封剂注入堵漏过程中，要注意密封剂的注入顺序。注入时，应从泄漏孔背后位置开始，从两边逐次向泄漏孔靠近。先从远离泄漏口位置的注射口开始，然后从两边分别逐次向泄漏口处逼近，最后再对着泄漏口的注射口进行注入。当注入的密封剂达到下一个注射口时，应进行换口，并将注过的注射口上的注射阀关闭。注胶过程如图4-29所示。⑤在最后注射口注入密封剂制止泄漏后，要暂停注入密封剂10～30min，待密封剂固化；然后，进行补注少量密封剂，只要使注入压力在原有压力基础上，增加3～5MPa即可。关闭注射阀，操作结束。

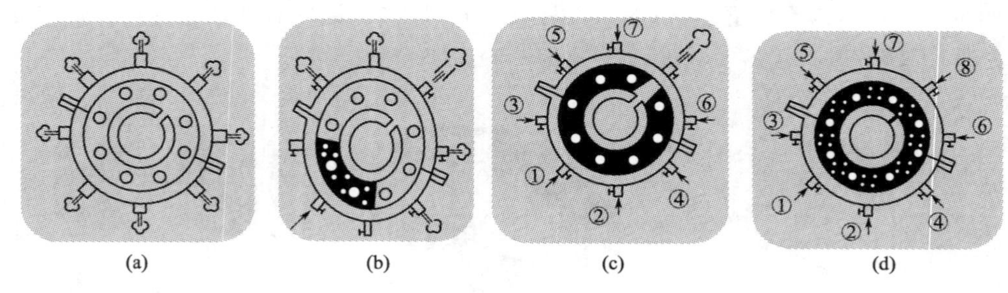

图4-29 注胶过程示意图

在注入密封剂过程中，要注意观察压力表指针的变化：指针随手压动作而升降时，表明密封剂注入正常；当指针只升不降，表明剂料腔已空，需加剂料，或表明密封剂已注满，应停止注入操作。每次加入密封剂要关闭注射阀。注入密封剂要控制压力，泄漏一旦停止，应停止操作，以免剂料进入受压本体内。热固性剂料要掌握好系统温度，对温度低而难以热固时，最好注入时或注入后对剂料进行加热固化。堵漏完毕，密封剂固化后，用螺栓换下注射阀。

（二）密封体堵漏

密封体（法兰）连接是最常见的连接结构，在设备、工具、管道、容器、阀门等受压体中应用十分广泛，其泄漏现象较为突出，许多重大事故常发生在法兰连接处。此部位发生泄漏的原因主要有法兰盘、密封垫圈或固定螺栓安装不正确或密封垫圈失效。密封体（法兰）的堵漏方法有多种，主要包括调整止漏法、机械堵漏法和强压注胶法。

1. 调整止漏法

法兰发生泄漏的部分原因是：在检修和安装密封件的过程中，产生偏口，密封面不平行，一边松，一边紧；产生错口，两法兰的轴线不在一条线上；产生偏垫，垫片装得不正；螺栓的预紧力不够和温度产生变化。调整止漏应在有预紧间隙的前提下进行。具体做法是：首先认真查找，并确认法兰泄漏的原因。

① 如果法兰不在一条直线上，出现错口现象而泄漏，应首先微松一下螺栓，将法兰的位置校正，使它们在一条直线上，然后均匀、对称轮流拧紧螺栓后即可止漏。

② 如果法兰的圆周间隙一边大、一边小，出现偏口而泄漏，一般在间隙大的一侧产生泄漏，因此拧紧间隙大的一边的螺栓，泄漏即可消除。

③ 如果法兰的圆周间隙基本一致，可以在泄漏一边开始，在向两边逐一拧紧螺栓，最后轮流对称地拧紧所有螺栓，即可止漏。

④ 因螺栓本身损坏时，应用G形夹紧器夹持在该螺栓处，然后松开该处的螺栓，更换新螺栓，螺栓拧紧后卸下G形夹紧器。

2. 机械堵漏法

(1) 全包式堵漏法　全包式堵漏工具是由钢板焊接的两个半圆腔组成，对于压力较高的部位，密封圈应嵌在槽中，根据具体情况可设置1～2道密封圈。密封圈厚度以0.5～1.5mm为宜，必要时，夹具上应设引流孔。安装前，认真检查法兰两段的管子的同轴度，除去上面的污物，将全包工具套在法兰上，对齐并拧紧螺栓，螺栓拧紧时应对称均匀，使密封圈与管道紧紧贴合，达到堵漏的目的。

(2) 卡箍堵漏法　卡箍堵漏法不但用于管道本体的堵漏，而且可以用于法兰的堵漏。堵漏前，应清洗法兰外圆面，使法兰外圆面保持一定的光洁度和同轴度。堵漏时，用G形工具夹紧螺栓处，卸下螺母，套上事先选定的螺栓密封垫，并上紧螺母。这样一一将各个螺栓密封好，然后在泄漏处用G形螺栓夹紧，并卸下最后一只螺栓作引流孔，让介质从螺栓孔漏出，将密封垫绕在法兰外圆面，搭接要吻合，厚薄要均匀，上好卡箍，使卡箍夹紧密封垫，最后穿上带有密封垫的螺栓，用螺母堵住引流螺孔，即可堵住法兰的泄漏。

(3) 顶压堵漏法　顶压堵漏法不但用于本体堵漏，也能用于法兰堵漏。钢丝绳套在泄漏处两边的螺栓上，并穿在带有顶杆的横梁上，用轧头卡紧。除去泄漏处周围的污物，将预制的密封填料压在泄漏处，填料的厚度为法兰间隙值，其长度为两螺栓空隙值。密封填料视工况选用石棉盘根、柔性石墨盘根、聚四氟乙烯、橡胶盘根等。密封填料上面放梯形顶板，上小下大，并有顶压凹坑，下边呈圆弧，压在填料上。顶压前最好在填料上、顶板上、法兰内侧上胶。预制的顶板与法兰两侧的配合间隙一般为0.5mm左右为宜，顶压好后，顶板两端和两侧用胶黏剂固定两螺栓上和法兰间，待固化后可拆除顶压工具。

3. 强压注胶堵漏法

在本体堵漏中介绍了强压注胶堵漏法的特点、原理、工具、注胶压力、密封剂以及堵漏方法，这些也适用于法兰的强压注胶堵漏法。法兰的注胶堵漏主要有以下方法：

(1) 卡箍夹具注胶堵漏法　卡箍夹具与法兰形成空腔，用于注射密封胶。它的适用范围广，能用于低温、高温、低压、高压部位的堵漏。卡箍一般由两个半圆箍组成，其截面有四种基本形式。平面形制作简单；凸面形耐压性高，不易松动；凹面形紧固力小；密封形密封性好，注胶浪费少。不管使用哪种形式的夹具，其截面应有足够的厚度，并有很好的刚性，不允许拧紧后有明显的变形。凸面形夹具是法兰堵漏中采用较多的一种。卡箍外面沿圆周方向均匀开有注胶孔，其个数随直径大小而定，一般为2～6个。操作方法是：①查明受压体内介质、温度和压力；②找出泄漏口位置和泄漏原因；③检查密封的完好程度、螺栓的紧固程度；④根据法兰的尺寸和间隙，选用备用夹具；⑤清洗泄漏处，上好夹具；⑥进行注胶堵漏作业，注胶顺序应从泄漏孔对面的注入孔开始，逐一注入密封注胶，封堵泄漏处两侧面，最后注入密封注胶，封堵泄漏处；⑦检查堵漏效果，如果效果不佳，应补堵，直至泄漏终止。其堵漏原理如图4-30所示。

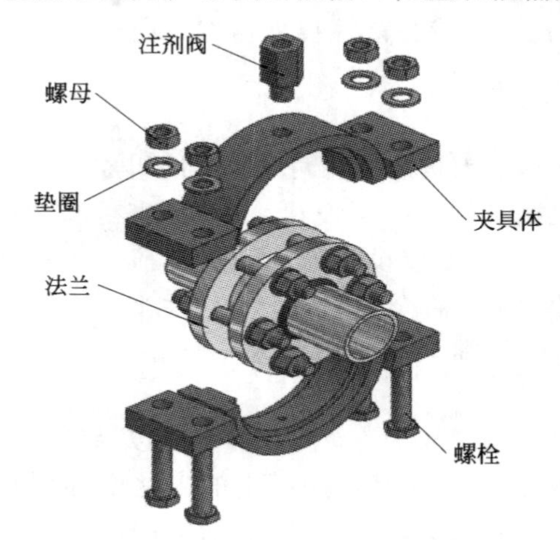

图4-30 卡箍夹具注胶堵漏示意

(2) 铜丝夹具注胶堵漏法 铜丝夹具注胶堵漏，适用于法兰间隙小于8mm，泄漏量较小，泄漏介质压力低于2.5MPa时选用。注胶孔一般采用耳子式注胶孔具。其安装方法是：用G形夹具夹持在安装注胶孔的螺栓处，换上长螺栓，穿上耳子式注胶孔具，拧紧螺母，按此方法一一将所有法兰螺母安装上耳子式注胶孔具。铜丝的直径应按法兰间隙选定，铜丝的嵌入深度一般不小于3mm，也不宜过深，铜丝长度应大于泄漏法兰的外圆周长的2倍或至少是一周外加200mm，接头可对接或搭接。铜丝的固定可使用平口錾子，将铜丝圈压入法兰盘的间隙中，并通过捻打法兰盘内边缘，将铜丝固定。密封注胶的注入方法与卡箍夹具的密封注胶注入方法相同。密封注胶注入堵漏作业要平稳进行，并合理地控制操作压力，以保证密封注胶有足够的工作密封比压，同时又要防止把密封注胶注射到泄漏系统中去。此外，可用非金属纤维代替铜丝，将其缠绕在法兰间隙中。

(3) 钢带夹具注胶堵漏法 钢带夹具注胶堵漏法是用钢带代替卡箍夹具，一般适用于压力在2.5MPa以下的法兰。安装注胶孔具时，在泄漏点附近装上一个G形卡具。松开泄漏点附近的一个螺栓，拧下螺母，装上螺栓专用注胶接头，再把螺母拧紧。拆下G形卡具，移到离泄漏点最远处装好，松开附近的一个螺栓，拧下螺母，装上螺栓专用注胶接头，再把螺母拧紧。其方法与铜丝堵漏注胶相同。安装填料和钢带时，选择边长或直径等于或大于泄漏法兰间隙的方形或圆形石棉盘根（或其他方形填料），其长度大于泄漏法兰外圆周长。从泄漏点附近的一侧把石棉盘根插入法兰间隙内，用手锤轻轻敲击盘根，使其嵌入泄漏法兰间隙内，盘根两端搭接长度约为50mm。一般选取厚0.5mm，宽25mm，长于泄漏法兰外圆周长的不锈钢带，装上钢带夹，用钢带拉紧器把钢带拉紧，使其紧紧地盘在泄漏法兰及盘根的外周圆上，拧紧钢带夹上的紧固螺钉，切断过长的钢带。密封注胶的注入方法与卡箍夹具的密封注胶注入方法相同。密封注胶注入堵漏作业要平稳进行，并合理地控制操作压力，以保证密封注胶有足够的工作密封比压，同时又要防止把密封注胶注射到泄漏系统中去。其堵漏原理如图4-31所示。

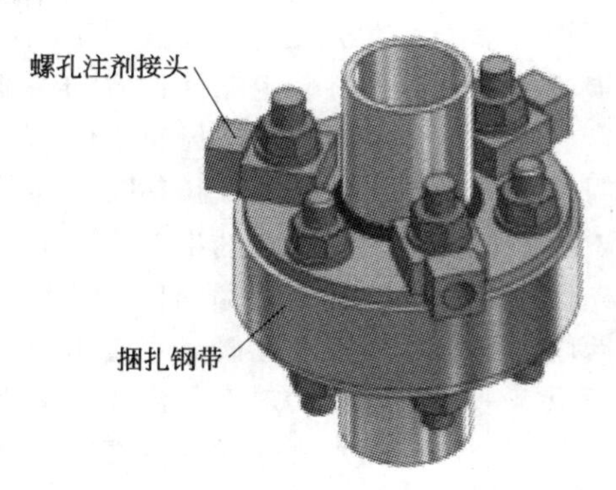

图4-31　钢带夹具注胶堵漏示意

（三）半闭体堵漏

半闭体（阀门）是设备和管道上不可缺少的配件，它是设备和管道中的主要泄漏源，许多事故都发生在阀门上。发生泄漏原因主要包括：阀门本体由于腐蚀、砂眼、裂缝等原因发生泄漏；阀门与管道或设备的法兰连接处泄漏；阀杆与填料连接处的泄漏。

对于阀门本体的泄漏可用前面介绍的本体堵漏方法进行堵漏，阀门连接法兰的泄漏可以法兰的堵漏方法进行堵漏。这里主要介绍阀门填料的堵漏方法。

1. 焊接堵漏法

焊接堵漏法只适用于普通的介质，不适用于易燃易爆介质的堵漏。常用的有：①上罩堵漏法。其堵漏方法是按照现场实测的阀门尺寸，制作一个钢罩，其技术要求应满足介质、温度、压力等条件。用于高压工况的钢罩上应设置引流装置，如堵头、小阀门等。打开引流装置，卸下手轮等碍事部件，装好钢罩，将其焊死在阀门上。钢罩焊死后，及时关闭小阀门。②直接焊接堵漏法。它是用焊接方法直接堵住压盖、压套螺母与轴、阀杆之间的泄漏，一般只适用于压力较低的普通介质。焊堵时，应先焊堵泄漏量小的部位，后焊堵泄漏量大的部位，焊到最后使介质集中到一点泄漏，这时可采用大电流快速焊堵泄漏孔。

2. 强压注胶堵漏法

阀门填料的强压注入密封注胶堵漏技术，是在填料损坏导致泄漏的情况下，从阀门填料函内部进行修复的一种堵漏技术。常用的堵漏方法包括：①螺纹连接注胶堵漏法。螺纹连接注入密封注胶堵漏法适用于较大的填料装置和在填料函壁较厚的条件下进行。它是直接在阀门本体上钻孔，并注入密封注胶，对泄漏部位实施封堵。其方法是：首先查明工况条件，了解填料结构、壁厚，正确判断填料损坏程度和部位，确定钻孔位置和深度。钻孔的位置应尽量偏低，以便于堵漏操作。确定钻孔位置后，用风钻或电钻钻孔，但不能钻透，攻螺纹，拧上特制的阀门，并将其开启，再用细长钻头打穿填料壁和填料，见到钻头处有介质冒出时，说明已打通，这时快速抽出钻头，关闭特制阀门，钻头伸进特制阀门的尺寸应事先计算好，以防钻头钻到阀杆上。然后，把注射枪连接到特制阀门上，打开特制阀门，强压注入密封注胶，直至填料止漏为止。填料采用注入密封注胶堵漏，一般只需一个注胶孔，对密封注胶用量大，密封注胶固化速度快的情况下，可考虑设置两个注胶孔。当介质为高温时，密封注胶的固化速度快，要求密封注胶的注入应连续，注入过程中，一旦填料止漏，应立即停止注入密封注胶，以免将密封注胶注入设备或管道中。②卡箍接头注胶堵漏法。当阀门填料函壁较薄时，无法在填料函壁上钻孔和攻螺纹，可采用卡箍接头注入密封注胶实施堵漏。卡箍接头分封闭式和开口式两种。封闭式一般为两半圆卡箍，其形状随填料函外壁外形而变化，上面有密封注胶注入螺孔，安装好后，螺孔应紧贴在填料函外壁上，以免注入密封注胶时外泄。开口式卡箍接头为 G 形，其上有一只顶丝注胶孔，安装时将顶丝处用样冲打一凹坑，旋转顶丝注胶孔，顶住在凹坑内。卡箍接头安装好后，通过注胶孔向填料函壁和填料钻孔，然后可按上述方法注入密封注胶。③焊接接头注胶堵漏法。在填料函壁能施焊的情况下，直接在阀门外壁上焊接螺口接头或特制阀门，可以节省在阀门上攻螺纹，又不需要制作卡箍接头。焊接接头焊好后，打开注胶阀开关，直接进行钻孔，钻孔处介质外泄时，抽出钻头，关闭注胶阀，连接注胶工具，实施注胶堵漏。

第三节 泄漏物处置

对于泄漏物的处置，应结合泄漏物质的状态，选择合适的方法。泄漏事故处置过程中，为了救援工作的顺利进行，降低危害，防止二次事故的发生，要对现场泄漏物及时进行覆盖、收容、稀释等处理措施，使泄漏物得到安全可靠的处置。根据泄漏物的状态，泄漏物主要包括气体泄漏物、液体泄漏物和固体泄漏物。本节主要将分别介绍不同泄漏物的处置方法和措施。

一、气体泄漏物的处置

（一）喷雾稀释

为减少大气污染，通常是采用喷雾水枪向有害物蒸气云喷射雾状水，加速气体向高空扩散，使其在安全地带扩散。对于能溶于水的泄漏气体，通过喷雾水的溶解降低有毒气体在空气中的浓度，同时可根据气体性质，在水中加入酸或碱液进行中和处理。在使用这一技术时，将产生大量的污染水，对应污水进行洗消处理，严禁任意排放。对于易燃气体，也可以在现场施放大量水蒸气或氮气，破坏燃烧条件。

除了遇水反应物质，如三氯氢硅，一般危险化学品泄漏场合都应首先布置喷雾水枪，起到稀释驱散，降低浓度，减轻毒性，预防辐射热的作用，掩护小分队行动，建立相对安全的局部区域等。喷雾水枪具有多功能、高效率的特点，消防力量应充分发挥消防水流作用。

（二）点燃放空

在易燃气体和有毒气体泄漏事故现场，为了减少和降低气体泄漏造成的危害程度，需要采取点燃、放空的工艺措施。

1. 点燃

点燃就是使泄漏出的气体在外来引火物的作用下发生燃烧。

对于泄漏的易燃气体和有毒气体，点燃的目的是避免易燃气体扩散后，在一定区域内达到爆炸极限，引起爆燃或爆炸；消除或降低泄漏毒气的毒害；加快处置速度，尽快恢复正常秩序。

采取点燃措施，危险性比较大，需具备一定的条件才允许采用点燃措施，具体条件是：泄漏物扩散，不点燃将会引起严重的后果；一般适用于顶部泄漏，而且无法实施有效的堵漏措施；扩散范围较小，泄漏浓度小于爆炸下限的30%；泄漏后能形成稳定燃烧，而且燃烧产物无毒或毒性较小。为了保证点燃的效果，其准备包括：要确认危险区域内人员已经撤离；灭火、掩护、冷却等防范措施要准备就位。在万无一失的情况下，周密而慎重地采取行动。

在实施点燃时，可以根据事故现场情况，选择合适的点燃的方法：铺设导火索，在安全区域内点燃；在上风方向，穿着避火服，使用长杆点燃；在上风方向，抛射火种（信号枪、火把）点燃；使用电打火器点燃。

2. 放空

放空是指打开相关阀门，加速物料的泄漏，使其尽快散失在大气环境中，浓度降低到允许的安全浓度以下，从而消除险情的方法。放空处置措施适用于密度比空气小的气体泄漏，如氢气、甲烷等。放空操作前，根据当时的天气等情况，在外围必须布置喷雾水枪、排风机（防爆）等加速气体稀释。

二、液体泄漏物的处置

（一）筑堤引流

修筑围堤是控制陆地上的液体泄漏物最常用的处理方法。如果化学品为液体，泄漏到地面上时会四处蔓延扩散，难以收集处理。为此需要筑堤堵截或者引流到安全地点。为此需要筑堤堵截或者引流到安全地点。对于储罐区发生液体泄漏时，要及时关闭雨水阀，防止物料沿明沟外流。

常用的围堤有环形、直线形、V形等。通常根据泄漏物流动情况修筑围堤拦截泄漏物。如果泄漏发生在平地上，则在泄漏点的周围修筑环形堤。如果泄漏发生在斜坡上，则在泄漏物流动的下方修筑V形堤。

利用围堤拦截泄漏物的关键除了泄漏物本身的特性外，就是确定修筑围堤的地点，这个地点既要离泄漏点足够远，保证有足够的时间在泄漏物到达前修好围堤，又要避免离泄漏点太远，使污染区域扩大，带来更大的损失。如果泄漏物是易燃物，操作时要特别注意，避免发生火灾。

（二）泡沫或凝胶覆盖

对于液体泄漏，为降低物料向大气中的蒸发速度，可用泡沫或其他覆盖物品覆盖外泄的物料，在其表面形成覆盖层，抑制其蒸发。

使用泡沫覆盖阻止泄漏物的挥发，降低泄漏物对大气的危害和泄漏物的燃烧性。泡沫覆盖必须和其他的收容措施如围堤、沟槽等配合使用。通常泡沫覆盖只适用于陆地泄漏物。

选用的泡沫必须与泄漏物不相容。实际应用时，要根据泄漏物的特性选择合适的泡沫。常用的普通蛋白泡沫适用于非极性物质；对于极性物质，使用抗溶泡沫。对于所有类型的泡沫，使用时建议每隔30～60min再覆盖一次，以便有效地抑制泄漏物的挥发。如果需要，这个过程可能一直持续到泄漏物处理完。

（三）低温冷却

低温冷却是将冷冻剂散布于整个泄漏物的表面上，减少有害泄漏物的挥发。在许多情况下，冷冻剂不仅能降低有害泄漏物的蒸气压，而且能通过冷冻将泄漏物固定住。

1. 影响低温冷却效果的因素

影响低温冷却效果的因素包括：①冷冻剂的供应。冷冻剂的供应将直接影响冷却效果。喷撒出的冷冻剂不可避免地要向可能的扩散区域分散，并且速度很快。整体挥发速率的降低与冷却效果成正比。②泄漏物的物理特性。泄漏物的物理特性，如当时温度下泄漏物的黏度、蒸气压及挥发率，对冷却效果的影响与其他影响因素相比很小，通常可以忽略不计。③环境因素。如雨、风、洪水等将干扰、破坏形成的惰性气体膜，严重影响冷却效果。

2. 常用的冷冻剂

（1）二氧化碳　二氧化碳冷冻剂有液态和固态两种形式。液态二氧化碳通常装于钢瓶中或装于带冷冻系统的大槽罐中，冷冻系统用来将槽罐内蒸发的二氧化碳再液化。固态二氧化碳又称干冰，是块状固体，因为不能储存于密闭容器中，所以在运输中损耗很大。液态二氧化碳应用时，先使用膨胀喷嘴将其转化为固态二氧化碳，再用雪片鼓风机将固态二氧化碳播撒至泄漏物表面。干冰应用时，先进行破碎，然后用雪片播撒器将破碎好的干冰播撒至泄漏物表面。播撒设备必须选用能耐低温的特殊材质。液态二氧化碳与液氮相比，有以下几大优点：①因为二氧化碳槽罐装备了气体循环冷冻系统，所以是无损耗储存；②二氧化碳罐是单层壁罐，液氮罐是中间带真空绝缘夹套的双层壁罐，这使得二氧化碳罐的制造成本低，在运输中抗外力性能更优；③二氧化碳更易播撒；④二氧化碳虽然无毒，但是大量使用，可使大气中缺氧，从而对人产生危害，随着二氧化碳浓度的增大，危害就逐步加大，二氧化碳溶于水后，水中 pH 值降低，会对水中生物产生危害。

(2) 液氮 液氮温度比干冰低得多，几乎所有的易挥发性有害物（氢除外）在液氮温度下皆能被冷冻，且蒸气压降至无害水平。液氮也不像二氧化碳那样，对水中生存环境产生危害。要将液氮有效地应用起来是很困难的。若用喷嘴喷射，则液氮一离开喷嘴就全部挥发为气态。若将液氮直接倾倒在泄漏物表面上，则局部形成冰面，冰面上的液氮立即沸腾挥发，冷冻力的损耗很大，因此，液氮的冷冻效果大大低于二氧化碳，尤其是固态二氧化碳。液氮在使用过程中产生的沸腾挥发，有导致爆炸的潜在危害。

(3) 湿冰 在某些有害物的泄漏处理中，湿冰也可用作冷冻剂。湿冰的主要优点是成本低、易于制备、易播撒，主要缺点是湿冰不是挥发而是溶化成水，从而增加了需要处理的污染物的量。

选用何种冷冻剂取决于冷冻剂对泄漏物的冷却效果和环境因素。应用低温冷却时必须考虑冷冻剂对随后采取的处理措施的影响。

（四）收集输转

对于大型液体泄漏，为了减少泄漏液体的挥发，降低危害，可选择用隔膜泵将泄漏出的物料抽入容器内或槽车内，收集后再集中处置。

（五）吸附法

当泄漏量小时，可用砂子、吸附材料等吸收。所有的陆地泄漏和某些有机物的水中泄漏都可用吸附法处理。吸附法处理泄漏物的关键是选择合适的吸附剂。

常用的吸附剂有：活性炭、天然有机吸附剂、天然无机吸附剂、合成吸附剂。

1. 活性炭

活性炭是从水中除去不溶性漂浮物（有机物、某些无机物）最有效的吸附剂。活性炭是由各种含碳物质如木头、煤、渣油、石油焦等碳化后，再经活化制得的，有颗粒状和粉状两种形状。清除水中泄漏物用的是颗粒状活性炭。被吸附的泄漏物可以通过解吸再生回收使用，解吸后的活性炭可以重复使用。

影响吸附效率的关键因素是被吸附物分子的大小和极性。吸附速率随着温度的上升和污染物浓度的下降而降低。所以必须通过试验来确定吸附某一物质所需的用碳量。试验应模拟泄漏发生时的条件进行。

活性炭是无毒物质，除非大量使用，一般不会对人或水中生物产生危害。由于活性炭易得而且实用，因此它是目前处理水中低浓度泄漏物最常用的吸附剂。

2. 天然有机吸附剂

天然有机吸附剂由天然产品如木纤维、玉米秆、稻草、木屑、树皮、花生皮等纤维素和橡胶组成，可以从水中除去油类和与油相似的有机物。

天然有机吸附剂具有价廉、无毒、易得等优点，但再生困难又成为一大缺陷。天然有机吸附剂的使用受环境条件如刮风、降雨、降雪、水流流速、波浪等的影响。在此条件下，不能使用粒状吸附剂。粒状吸附剂只能用来处理陆上泄漏和相对无干扰的水中不溶性漂浮物。

3. 天然无机吸附剂

天然无机吸附剂是由天然无机材料制成的，常用的天然无机材料有黏土、珍珠岩、蛭石、膨胀页岩和天然沸石。根据制作材料分为矿物吸附剂（如珍珠岩）和黏土类吸附剂（如沸石）。

矿物吸附剂可用来吸附各种类型的烃、酸及其衍生物、醇、醛、酮、酯和硝基化合物；黏土类吸附剂能吸附分子或离子，并且能有选择地吸附不同大小的分子或不同极性的离子。黏土类吸附剂只适用于陆地泄漏物，对于水体泄漏物，只能清除。由天然无机材料制成的吸附剂主要是粒状的，其使用受刮风、降雨、降雪等自然条件的影响。

4. 合成吸附剂

合成吸附剂是专门为纯的有机液体研制的，能有效地清除陆地泄漏物和水体的不溶性漂浮物。对于有极性且在水中能溶解或能与水互溶的物质，不能使用合成吸附剂清除。能再生是合成吸附剂的一大优点。常用的合成吸附剂有聚氨酯、聚丙烯和有大量网眼的树脂。

聚氨酯有外表面敞开式多孔状、外表面封闭式多孔状及非多孔状几种形式。所有形式的聚氨酯都能从水溶液中吸附泄漏物，但外表面敞开式多孔状聚氨酯能像海绵体一样吸附液体。吸附状况取决于吸附剂气孔结构的敞开度、连通性和被吸附物的黏度、湿润力。但聚氨酯不能用来吸附处理大泄漏或高毒性泄漏物。

聚丙烯是线性烃类聚合物，能吸附无机液体或溶液。分子量及结晶度较高的聚丙烯具有更好的溶解性和化学阻抗，但其生产难度和成本费用更高。它不能用来吸附处理大泄漏或高毒性泄漏物。

最常用的两种树脂是聚苯乙烯和聚甲基丙烯酸甲酯。这些树脂能与离子类化合物发生反应，不仅具有吸附特性，还表现出离子交换特性。

（六）固化处理

通过加入能与泄漏物发生化学反应的固化剂或稳定剂使泄漏物转化成稳定形

式，以便于处理、运输和处置。有的泄漏物变成稳定形式后，由原来的有害变成了无害，可原地堆放不需进一步处理；有的泄漏物变成稳定形式后仍然有害，必须运至废物处理场所进一步处理或在专用废弃场所掩埋。常用的固化剂有水泥、凝胶、石灰。

1. 水泥固化

通常使用普通硅酸盐水泥固化泄漏物。对于含高浓度重金属的场合，使用水泥固化非常有效。许多化合物会干扰固化过程，如锰、锡、铜和铅等的可溶性盐类会延长凝固时间，并大大降低其物理强度，特别是高浓度硫酸盐对水泥有不利的影响，有高浓度硫酸盐存在的场合一般使用低铝水泥。酸性泄漏物固化前应先中和，避免浪费更多的水泥。相对不溶的金属氢氧化物，固化前必须防止溶性金属从固体产物中析出。

水泥固化的优点：有的泄漏物变成稳定形式后，由原来的有害变成了无害，可原地堆放不需进一步处理。水泥固化的缺点：大多数固化过程需要大量水泥，必须有进入现场的通道，有的泄漏物变成稳定形式后仍然有害，必须运至废物处理场所进一步处理或在专用废弃场所掩埋。

2. 凝胶固化

凝胶是由亲液溶胶和某些增液溶胶通过胶凝作用而形成的冻状物，没有流动性。可以使泄漏物形成固体凝胶体。形成的凝胶体仍是有害物，需进一步处置。选择凝胶时，最重要的问题是凝胶必须与泄漏物相容。

使用凝胶的缺点：风、沉淀和温度变化将影响其应用并影响胶凝时间；凝胶的材料是有害物，必须作适当处置或回收使用；使用时应加倍小心，防止接触皮肤和吸入。

3. 石灰固化

使用石灰作固化剂时，加入石灰的同时需加入适量的细粒硬凝性材料如粉煤灰、研碎了的高炉炉渣或水泥窑灰等。

石灰作固化剂的优点：石灰和硬凝性材料易得。用石灰作固化剂的缺点：形成的大块产物需转移，石灰本身对皮肤和肺有腐蚀性。

（七）中和泄漏物

只有酸性有害物和碱性有害物才能用中和法处理。对于泄入水体的酸、碱或泄入水体后能生成酸、碱的物质，也可考虑用中和法处理；对于陆地泄漏物，如果反应能控制，常常用强酸、强碱中和，这样比较经济；对于水体泄漏物，建议使用弱酸、弱碱中和。现场应用中和法要求最终 pH 值控制在 6～9 之间，反应期间必须监测 pH 值变化。

常用的弱酸有乙酸、磷酸二氢钠，有时可用气态二氧化碳。磷酸二氢钠几乎能用于所有的碱泄漏，当氨泄入水中时，可以用气态二氧化碳处理。

常用的强碱有碳酸氢钠水溶液、碳酸钠水溶液、氢氧化钠水溶液。这些物质也可用来中和泄漏的氯。有时也用石灰、固体碳酸钠、苏打水中和酸性泄漏物。常用的弱碱有碳酸氢钠、碳酸钠和碳酸钙。碳酸氢钠是缓冲盐，即使过量，反应后的 pH 值只是 8.3。碳酸钠溶于水后，其碱性与氢氧化钠一样强，若过量，pH 值可达 11.4。碳酸钙与酸的反应速度虽然比钠盐慢，但因其不向环境加入任何毒性元素，反应后的最终 pH 值总是低于 9.4 而被广泛采用。

对于水体泄漏物，如果中和过程中可能产生金属离子，必须用沉淀剂清除。中和反应常常是剧烈的，由于放热和生成气体产生沸腾和飞溅，所以应急人员必须穿防化服、佩戴呼吸器。可以通过降低反应温度和稀释反应物来控制飞溅。

如果非常弱的酸和非常弱的碱泄入水体，pH 值能维持在 6～9 之间，建议不使用中和法处理。

现场使用中和法处理泄漏物受下列因素限制：泄漏物的量、中和反应的剧烈程度、反应生成潜在有毒气体的可能性、溶液的最终 pH 值能否控制在要求范围内。

三、固体泄漏物的处置

（一）机械转移法

机械转移法是采用除去或覆盖的方法，同时采用密封转移或密封掩埋的方式，处理泄漏的固体泄漏物。比如：将泄漏的固体物质用煤渣、砂土进行覆盖，并将泄漏物与砂土一起铲入密封桶或密封罐。

（二）喷洒可剥性覆盖剂

可剥性覆盖剂是由成膜剂、混合溶剂、增塑剂、剥离剂等组分形成的液体或胶体。对于泄漏的大量粉末性固体泄漏物，喷洒可剥性覆盖剂是一种理想的处理方法。通过采用这一措施，可实现固体物质的固化，经干燥形成薄膜后，非常容易清理。

第五章 危险化学品火灾扑救

危险化学品容易发生火灾、爆炸事故，但不同的化学品以及在不同情况下发生火灾时，其扑救方法差异很大，若处置不当，不仅不能有效扑灭火灾，反而会使灾情进一步扩大。此外，由于化学品本身及其燃烧产物大多具有较强的毒害性和腐蚀性，极易造成人员中毒、灼伤。因此，扑救危险化学品火灾是一项极其重要又非常危险的工作。

第一节 危险化学品火灾特性

一、危险化学品的定义及分类

（一）危险化学品的定义

危险化学品在国家的法律法规以及不同的场合中称呼也不尽相同。例如：在《中华人民共和国安全生产法》中称为危险物品，在《危险化学品安全管理条例》中称为危险化学品；在生产、经营、使用场所称为化工产品；在运输过程中，包括铁路运输、公路运输、水上运输、航空运输称为危险货物；在存储环节，称为危险物品或危险品。

1. 化学品

化学品是指各种化学元素、由元素组成的化合物及其混合物，无论是天然的或是人造的。按此定义，可以说人类生存的地球和大气层中所有有形物质包括固体、液体和气体都是化学品。

2. 危险化学品

一般的、不严格的、比较抽象的定义是："化学品中具有易燃、易爆、有毒、有害及有腐蚀性，对人员、设备、环境造成伤害或损害的化学品属危险化学品。"比较严格的定义是："化学品中符合有关危险化学品（物质）分类标准规定的化学品（物质）属于危险化学品"，简称"危险化学品"。

目前，我国危险化学品的管理主要依据是 2011 年 12 月 1 日起正式施行的

《危险化学品安全管理条例》(中华人民共和国国务院令第591号)。该条例第一章第三条中，将危险化学品定义为具有毒害、腐蚀、爆炸、燃烧、助燃等性质，对人体、设施、环境具有危害的剧毒化学品和其他化学品。需要指出的是，危险化学品具有实际操作意义的定义是国家安全生产监督管理总局公布的《危险化学品名录》中的化学品是危险化学品。除了已公认不是危险化学品的物质（如纯净食品、水、食盐）之外，未在名录中列为危险化学品的一般应经试验加以鉴别认定。

（二）危险化学品的分类

1. 分类原则和依据

关于危险化学品的分类，分类方法和标准也不尽一致。危险化学品种类繁多，性质各异，而且一种危险化学品常常具有多重危险性。但是在多种危险性中，必有一种主要的，即对人类危害最大的危险性。因此，在对危险化学品分类时，主要依据“择重归类”的原则，即根据该化学品的主要危险性来进行分类。

目前，国际通用的危险化学品标准有两个：一是《联合国危险货物运输建议书》规定了9类危险化学品的鉴定指标；二是联合国《全球化学品统一分类和标签协调制度》（Globally Harmonized System of Classification and Labeling of Chemicals，GHS）规定了26类危险化学品的鉴定指标和测定方法。我国对种类繁多的危险化学品按其主要危险特性实行分类管理，分类的主要依据有GB 6944—2012《危险货物分类和品名编号》和GB 13690—2009《化学品分类和危险性公示 通则》。其中，《危险货物分类和品名编号》主要是依据《联合国危险货物运输建议书》编写的。《化学品分类和危险性公示 通则》主要是依据《全球化学品统一分类和标签协调制度》编写的。

2. 根据化学品危险性的形态分类

依据《化学品分类和危险性公示 通则》，结合联合国《全球化学品统一分类和标签制度》，按照化学品危险性的形态，分别从理化危险、健康危险和环境危险三个方面对化学品进行分类，共设有27个危险性分类类别，包括16个物理危害分类类别、10个健康危害分类类别、1个环境危害分类类别。具体分类情况如表5-1所示。

① 理化危害。理化危害是与物质或混合物自身所具有的物理及化学特性相关联的。物理危害包括爆炸物、易燃气体、易燃气溶胶、氧化性气体、高压气体、易燃液体、易燃固体、自反应物质和混合物、发火液体、发火固体、自热物质和混合物、遇水放出易燃气体的物质和混合物、氧化性液体、氧化性固体、有机过氧化物、金属腐蚀剂。掌握物质和混合物潜在物理危险的分类标准，是分析判断危险化学品潜在危险性的前提。

表 5-1 化学品危险性分类

理化危害	健康危害	环境危害
爆炸物 易燃气体 易燃气溶胶 氧化性气体 高压气体 易燃液体 易燃固体 自反应物质和混合物 发火液体 发火固体 自热物质和混合物 遇水放出易燃气体的物质和混合物 氧化性液体 氧化性固体 有机过氧化物 金属腐蚀剂	急性毒性 生殖毒性 生殖细胞致突变性 吸入危险 呼吸或皮肤敏化作用 特定目标器官系统的毒性重复接触 严重眼损伤或眼刺激 特定目标器官系统的毒性单次接触 皮肤腐蚀或刺激 致癌性	危害水生环境物质

② 健康危害。健康危害是根据物质和混合物的分类标准来划分危害类别。健康危害包括急性毒性、生殖毒性、生殖细胞致突变性、吸入危险、呼吸或皮肤敏化作用、特定目标器官系统的毒性重复接触、严重眼损伤或眼刺激、特定目标器官系统的毒性单次接触、皮肤腐蚀或刺激、致癌性。了解健康危害分类，使得救援人员在处置危险化学品事故时预防危害传播，并有效救助受伤人员。

③ 环境危害。环境危害包括危害水生环境和危害臭氧层。危害水生环境包括急性水生毒性和慢性水生毒性。急性水生毒性是指物质本身的性质，可对在水中短时间接触该物质的生物体造成伤害。慢性水生毒性是指物质本身的性质，可对在水中接触该物质的生物体造成有害影响，接触时间根据生物体的生命周期确定。掌握环境危害分类，防止处置化学事故时次生灾害的发生，保护生态环境。

3. 根据危险化学品具有的危险性分类

依据 GB 12268—2012《危险货物品名表》和 GB 6944—2012《危险货物分类和品名编号》，按危险货物具有的危险性或最主要的危险性将危险化学品分为 9 个类别，即：第 1 类，爆炸品；第 2 类，气体；第 3 类，易燃液体；第 4 类，易燃固体、易于自燃的物质、遇水放出易燃气体的物质；第 5 类，氧化性物质和有机过氧化物；第 6 类，毒性物质和感染性物质；第 7 类，放射性物质；第 8 类，腐蚀性物质；第 9 类，杂项危险物质和物品，包括危害环境物质。其中第 1 类、第 2 类、第 5 类和第 6 类又分成不同类别。具体如下：

(1) 爆炸品　本类化学品指在外界作用下（如受热，受压，撞击等），能发生剧烈的化学反应，瞬时产生大量的气体和热量，使周围压力急骤上升，发生爆炸，对周围环境造成破坏的物品。也包括无整体爆炸危险，但具有燃烧、抛射及较小爆炸危险的物品。

按其爆炸性的大小，爆炸品可分为五项。①整体爆炸物品：具有整体爆炸危险的物质和物品；②抛射爆炸物品：具有迸射危险，但无整体爆炸危险的物质和物品；③燃烧爆炸物品：具有燃烧危险并有局部爆炸危险或局部迸射危险或这两种危险都有，但无整体爆炸危险的物质和物品；④一般爆炸物品：不呈现重大危险的物质和物品，万一被点燃或引爆，其危险作用大部分局限在包装内部，而对包装件外部无重大危险；⑤不敏感爆炸物品：非常不敏感物质，比较稳定，在着火试验中不会爆炸。

（2）压缩气体和液化气体　本类化学品系指压缩、液化或加压溶解的气体，并应符合下述两种情况之一者：①临界温度低于 50℃，或在 50℃时，其蒸气压力大于 294kPa 的压缩或液化气体。②温度在 21.1℃时，气体的绝对压力大于 249kPa；或在 37.8℃时，雷德蒸气压大于 275kPa 的液化气体和加压溶解的气体。

按其危险特征，可分为以下三项。①易燃气体：该类气体极易燃，能与空气形成爆炸性混合物，如氢气、乙炔、正丁烷等。②不燃气体：该类气体不燃、无毒，包括助燃气体。常见的有氮气、二氧化碳、惰性气体、氧气、压缩空气等。③毒性气体：该类气体有毒，毒性指标与有毒品毒性指标相同。常见的有氯气、二氧化硫、氨气、氰化氢等。

（3）易燃液体　本类化学品系指易燃的液体、液体混合物或含有固体物质的液体，但不包括由于其危险特性已列入其他类别的液体。其闭杯试验闪点等于或低于 61℃。

为了便于管理和有效地采取措施，易燃液体按其闪点的高低分为以下三项。①低闪点液体：指闪点＜－18℃的液体。如汽油、正戊烷、环戊烷、环戊烯、己烯异构体、乙醛、丙酮、乙醚、呋喃、甲胺水溶液、乙胺水溶液、二硫化碳等。②中闪点液体：指－18℃≤闪点＜23℃的液体。如石油醚、石油原油、石脑油、正庚烷及其异构体、辛烷及异辛烷、苯、粗苯、甲醇、乙醇、噻吩、吡啶、塑料印油、照相红碘水、打字蜡纸改正液、打字机洗字水、香蕉水、显影液、印制油墨、镜头水、封口胶等。③高闪点液体：指 23℃≤闪点≤61℃的液体。如煤油、磺化煤油、浸在煤油中的金属镧、铷、铈、壬烷及其异构体、癸烷、樟脑油、乳香油、松节油、松香水、癣药水、刹车油、修相油、影印油墨、照相用清除液、涂底液、医用碘酒等。

（4）易燃固体、自燃物品和遇湿易燃物品　本类危险化学品易于引起和促成火灾，按其燃烧特性分为以下三项。①易燃固体：指燃点低，对热、撞击、摩擦敏感，易被外部火源点燃，燃烧迅速，并可能散发出有毒烟雾或有毒气体的固体，但不包括已列入爆炸品的物品，如红磷。②自燃物品：指自燃点低，在空气中易发生氧化反应，放出热量，而自行燃烧的物品，如白磷。③遇湿易燃物品：指遇水或受潮时，发生剧烈化学反应，放出大量的易燃气体和热量的物品。有的不需明火，即能燃烧或爆炸，如钾、钠等。

（5）氧化剂和有机过氧化物　本类物品具有强氧化性，易引起燃烧、爆炸，按其组成分为以下两项。①氧化剂：指处于高氧化态，具有强氧化性，易分解并放出氧和热量的物质。包括含有过氧基的无机物，其本身不一定可燃，但能导致可燃物的燃烧，与松软的粉末状可燃物能组成爆炸性混合物，对热、振动或摩擦较敏感。氧化剂按其危险性大小，分为一级氧化剂和二级氧化剂。②有机过氧化物：指分子组成中含有过氧剂的有机物，其本身易燃易爆，极易分解，对热、振动或摩擦极为敏感。它是一种含有过氧化基（—O—O—）结构的有机物质，也可能是过氧化氢的衍生物。如过甲酸（HCOOH），过乙酸（CH_3COOOH）等。

（6）有毒品　本类化学品按其致病机理的不同分为以下两项：①毒害品：本类化学品系指进入机体后，累积达一定的量，能与体液和器官组织发生生物化学作用或生物物理学作用，扰乱或破坏机体的正常生理功能，引起某些器官和系统暂时性或永久性的病理改变，甚至危及生命的物品。具体指标：经口摄取半数致死量：固体 $LD_{50}\leqslant 500mg/kg$，液体 $LD_{50}\leqslant 2000mg/kg$；经皮肤接触 24h，半数致死量 $LD_{50}\leqslant 1000mg/kg$，粉尘、烟雾及蒸气吸入半数致死量 $LC_{50}\leqslant 10mg/L$ 的固体和液体。按其毒性大小分为一级毒害品和二级毒害品。②感染性物品。指含有治病的微生物，能引起病态，甚至死亡的物品。

（7）放射性物品　本类物品系指放射性比活度大于 $7.4\times10^4 Bq/kg$ 的物品。

物质能从原子核内部自行不断地放出具有穿透力、为人们不可见的射线（高速粒子流）的性质，称为放射性，具有放射性的物质称为放射性物品。放射性物品的分类方法很多，按放射性大小分类可分为一级放射性物品、二级放射性物品、三级放射性物品。

（8）腐蚀品　本类化学品系指能灼伤人体组织并对金属等物品造成损坏的固体或液体。与皮肤接触在 4h 内出现可见坏死现象，或温度在 55℃时，对 20 号钢的表面均匀年腐蚀率超过 6.25mm/年的固体或液体。

该类化学品按化学性质可分为三项。①酸性腐蚀品：如硝酸、发烟硝酸、发烟硫酸、溴酸、含酸≤50％的高氯酸、五氯化磷、己酰氯、溴乙酸等均属此类。酸性腐蚀品危险性较大，它能使动物皮肤受腐蚀，也能腐蚀金属，其中强酸可使皮肤立即出现坏死现象。②碱性腐蚀品：如氢氧化钠、烷基醇钠类（乙醇钠）、含肼≤64％的水合肼、环己胺、二环乙胺、蓄电池（含有碱液的）均属此类。碱性腐蚀品腐蚀性也比较大，其中强碱容易起皂化作用，对皮肤的腐蚀性较大。③其他腐蚀品：如木馏油、蒽、塑料沥青、含有效氯＞5％的次氯酸盐溶液（如次氯酸钠溶液）等均属此类。对于腐蚀品按其腐蚀性的强弱又细分为一级腐蚀品和二级腐蚀品。

二、影响危险化学品危险性的主要因素

影响危险化学品危险性的因素很多，主要是由危险化学品本身的性质所决定

的。危险化学品的物理、化学性质与状态可以说明其物理危险性和化学危险性。如气体、蒸气的密度可以说明该物质可能沿地面流动还是上升到上层空间，加热、燃烧、聚合等可使某些化学物质发生化学反应引起爆炸或产生有毒气体。

（一）物理性质与危险性的关系

① 沸点。在101.3kPa大气压下，物质由液态转变为气态的温度。沸点越低的物质，汽化越快，易迅速造成事故现场空气的高浓度污染。

② 熔点。物质在标准大气压（101.3kPa）下的溶解温度或温度范围，熔点反映物质的纯度，可以推断出该物质在各种环境介质（水、土壤、空气）中的分布。熔点的高低还与污染现场的洗消、污染物处理有关。

③ 相对密度（水为1）。环境温度（20℃）下，物质的密度与4℃时水的密度的比值，它是表示该物质是漂浮在水面上还是沉下去的重要参数。当相对密度小于1的液体发生火灾时，用水去扑灭将是无效的，因为水将沉至燃烧着的液面下，则水甚至可以由于其流动性使火灾蔓延至远处。

④ 蒸气压。饱和蒸气压的简称。指化学物质在一定温度下与其液体或固体相互平衡时的饱和压力。蒸气压仅是温度的函数，在一定温度下，每种物质的饱和蒸气压是一个常数。发生事故时的气温越高，化学物质的蒸气压越高，其在空气中的浓度相应增高。

⑤ 蒸气相对密度（空气为1）。指在给定条件下化学物质的蒸气密度与参比物质（空气）密度的比值。当蒸气相对密度值小于1时，表示该蒸气比空气轻，能在相对稳定的大气中趋于上升。在密闭的房间里，轻的气体趋向天花板移动或自敞开的窗户逸出房间。其值大于1时，表示重于空气，泄漏后趋向于集中至接近地面，能在较低处扩散到相当远的距离。若气体可燃，遇明火可能引起远处着火回燃。如果释放出来的蒸气是相对密度≤0.9的可燃气体，可能积在建筑物的上层空间，引起爆炸。

⑥ 蒸气/空气混合物的相对密度（20℃，空气为1）。指在与敞口空气相接触的液体和固体上方存在的蒸气与空气混合物相对于周围纯空气的密度。当相对密度≥1.1时，该混合物可能沿地面流动，并可能在低洼处积累。当其数值为0.9～1.1时，能与周围空气快速混合。

⑦ 闪点。闪点表示在大气压力（101.3kPa）下，一种液体表面上方释放出的可燃蒸气与空气完全混合后，可以被火焰或火花点燃的最低温度。闪点<21℃则该物质是高度易燃物质，21℃≤闪点≤55℃的物质是易燃物质。闪点是判断可燃性液体蒸气由于外界明火而发生闪燃的依据。闪点有开杯和闭杯两种值。闪点低于21℃的化学物质泄出后，极易在空气中形成爆炸混合物，引起燃烧与爆炸。

⑧ 自燃温度。一种物质与空气接触发生起火或引起自燃的最低温度，并且在此温度下无火源（火焰或火花）时，物质可继续燃烧。自燃温度不仅取决于物

质的化学性质，还与物料的大小、形状和性质等因素有关。自燃温度对在可能存在爆炸性蒸气/空气混合物的空间中使用的电气设备的选择是重要的。

⑨ 爆炸极限。指一种可燃气体或蒸气与空气的混合物能着火或引燃爆炸的浓度范围。空气中含有可燃气体（如氢、一氧化碳、甲烷等）或蒸气（如乙醇蒸气、苯蒸气）时，在一定浓度范围内，遇到火花就会使火焰蔓延而发生爆炸。其最低浓度称为下限，最高浓度称为上限。浓度低于或高于这一范围，都不会发生爆炸。一般用可燃气体或蒸气在混合物中的体积百分数表示。

⑩ 临界温度与临界压力。一些气体在加温加压下可变为液体，压入高压钢瓶或储罐中。能够使气体液化的最高温度叫临界温度，液化所需的最低压力叫临界压力。

（二）其他物理、化学危险性

电导率小于 10^4pS/m 的液体在流动，搅动时可产生静电，引起火灾与爆炸，如泵吸、搅拌、过滤等。当该液体中含有液体、气体或固体颗粒物（混合物、悬浮物）时，这种情况更容易发生。

有的化学可燃物质，有粉末或微细颗粒物（直径小于 0.5mm），与空气充分混合时，经引燃可能发生燃爆，在封闭空间中，爆炸可能很猛烈。

有些化学物质在储存时生成过氧化物，蒸发或加热后的残渣可能自燃爆炸。如醚类化合物。

聚合是一种物质的分子结合大分子的化学反应。聚合反应通常放出热量，可能导致压力聚积，有着火或爆炸的危险。

有些化学物加热可能引起猛烈燃烧或爆炸。如自身受热或局部受热时发生反应，这将导致燃烧，在封闭空间内可能导致猛烈爆炸。

有些化学物质在与其他物质混合或燃烧时，产生有毒气体放到空间。如：几乎所有有机物的燃烧都会产生 CO 有毒气体。再如：还有一些气体本身无毒，但大量充满在封闭空间，造成空气中过分饱和，使氧含量减少导致人员窒息。

强酸、强碱在与其他物质接触时常发生剧烈反应，产生侵蚀等作用。

（三）中毒危险性

在化学事故中，有毒化学物质能引起人员中毒，其危险性就大大增加。按危险化学品的存在状态，可分为：

1. 气态化学有毒品

沸点较低，释放后呈气雾状。这类化学物质主要有：氯、二氧化硫、氨、一氧化碳、砷化氢、光气、氯乙烯、二氧化氮等。

2. 液态化学有毒品

释放后呈液滴状，这类化学物质主要有：氯化苦、敌敌畏、苯、氯丙烯、丙酮、乙醚等。

3. 固态化学有毒品

释放后呈固体或粉末状，这类化学物质主要有：氰化钾、三氧化二砷、敌百虫、重铬酸钾、氯化汞等。

一般来说气态、液态的物质挥发度、扩散度比固态大，有造成大而广泛危害的可能，其危险性比固态大。但有些固态化学物质在与水或其他物质作用后，会产生毒性更大的气体、液体。

有毒化学物质的毒性大小与该物质的化学组成和结构有关，如含有氰基、砷、汞、硒的化合物毒性较大。毒物的挥发性越大，易被呼吸道吸收，毒性越强。毒物的溶解度越大，毒性也越强。

三、各类危险化学品的危险性与其理化性质的关系

（一）爆炸品的危险性与理化性质的关系

1. 对摩擦、撞击敏感度越高，分解速度越快，爆炸危险性越大

例如，利用质量为 10kg 的落锤，落高 25cm 的落锤机试验 100 次，泰安（学名季戊四醇硝酸酯）爆炸 100 次，苦味酸为 24～32 次，TNT 为 4～12 次，所以爆炸危险性为：泰安＞苦味酸＞TNT。

对于一般爆炸品说来，分解速度越大，危险性越大。例如，TNT 爆炸时分解速度较铵油炸药快，所以 TNT 的危险性较铵油炸药大。

2. 对温度越敏感，危险性越大

例如，TNT 的爆炸温度为 300℃，而雷汞仅为 165℃，后者在较低的温度下就能起爆，所以危险性较前者大。

3. 爆炸品分子结构中官能团的性质越不稳定，越易分解，危险性越大

例如，含乙炔基（$-C \equiv C-$）的乙炔银（$AgC \equiv CAg$）较含亚硝基（$-N=O$）的亚硝基苯酚更加危险，因为乙炔基较亚硝基更加不稳定，更易分解。

（二）可燃气体的火灾危险性与理化性质的关系

1. 爆炸极限下限越低、范围越宽，火灾危险性越大

爆炸极限是衡量可燃气体危险性的主要指标。不同种类的可燃气体，爆炸极限各不相同。乙炔的爆炸极限为 2%～80%，氢为 4%～75%，丙烷为 2.1%～9.5%，氨为 15.79%～27.4%，它们的危险性依次是：乙炔＞氢＞丙烷＞氨。这是因为爆炸极限下限越低，形成爆炸的条件越容易；爆炸极限越宽，形成爆炸浓度的机会越多，火灾危险性也就越大。

2. 着火能量越小，火灾危险性越大

可燃气体的着火能量都比较小，不同种类的可燃气体的最小着火能量可相差一二十倍。如氢的最小着火能量为 0.019mJ，甲烷为 0.28mJ，所以氢气的火灾危险性比甲烷大。

3. 化学性质越活泼，火灾危险性越大

含有双键和三键的可燃气体，化学性质活泼，极易与卤素等起加成反应，放出热量，且易聚合，发生燃爆危险。

4. 具有氧化剂性质、稳定性差

易分解的可燃气体（如环氧乙烷）危险性大，一旦与其他可燃气体相混，易发生燃烧爆炸。因此应严防泄漏，防止与其他可燃气体相混。

5. 可燃气体的密度与危险性的关系

气体越轻，越容易迅速上升扩散而消失，火灾危险性相对小些。若可燃气体的密度与空气接近，或比空气重，容易在局部聚集，形成爆炸性混合物不易散失，从而使火灾危险性增大。

(三) 易燃液体的火灾危险性与理化性质的关系

1. 闪点越低，火灾危险性越大

可燃液体与易燃液体是以闪点作为划分标准的，闪点≤61℃的可燃液体称为易燃液体；闪点＞61℃的即为可燃液体。闪点低，表示在很低的温度下就能闪燃，因此该液体容易着火燃烧。

2. 密度小，火灾危险性较大

一般说来，液体的密度越小，蒸发速度越快，越容易使空气中的蒸气浓度增加而危险性也增加。同样道理，沸点越低，危险性也就越大。

3. 着火能量越小，火灾危险性越大

一般易燃液体的最小着火能量都在0.2～0.8mJ之间，但是也有小的，例如二硫化碳（CS_2）的最小着火能量仅为0.0019mJ，因此虽然二硫化碳的密度大（比水重），但仍极危险。一般加水使液面上有水层封闭，以减少危险性。

(四) 易燃固体的危险性与理化性质的关系

1. 越易进行氧化反应，火灾危险性越大

例如，赤磷极易与氧迅速反应而猛烈燃烧，危险性大。

2. 本身可燃，具有还原剂倾向，性质不稳定，容易发生氧化还原反应的，火灾危险性大

例如，氨基钠等遇明火猛烈燃烧，甚至有爆炸危险。因为氨基钠具有较强的还原剂性质，增加火灾危险性。

3. 燃烧时，物质分子越容易分解，火灾危险性越大

例如，硝化棉、二硝基化合物等燃烧时分子迅速分解，迅速放出热量，使燃烧变得十分猛烈，危险性大。

4. 粉末状物质，又容易被空气氧化的，火灾危险性大

锰粉、铝粉、硫磺粉等易氧化，粉尘表面积大，飞扬时与空气大面积接触，燃烧速度就快，往往发生爆炸。

（五）氧化性物质的危险性与理化性质的关系

1. 对元素而言，非金属性较碘强，夺取电子的能力越强，氧化性就越强，危险性越大

例如，氟的非金属性较碘强，所以氟较碘更危险。

2. 带正电荷越多的离子，越容易夺得的电子，氧化性越强，危险性越大

例如，4价的锡离子较2价的锡离子氧化性强，危险性也较大。

3. 化合物中元素的化合价越高，氧化性越强，危险性也较高

例如，亚硝酸钠中的氮原子为正3价，在硝酸钠中氮原子为正5价，所以硝酸钠较亚硝酸钠的危险性大。

4. 分子结构中含有活泼的金属原子或活泼的非金属原子，氧化性强，危险性也大

例如，氯酸钾中的氯原子较溴酸钾中的溴原子活泼，因此氯酸钾的危险性较溴酸钾大。又如，氯酸钾中的钾原子较氯酸镁中的镁原子活泼，所以氯酸钾的危险性较氯酸镁大。

5. 与酸反应越剧烈的氧化剂危险性越大

例如，高锰酸钾与浓硫酸剧烈反应，有爆炸危险。有机过氧化物含有过氧基，容易分解放出氧，也有一定的氧化作用。因为其分子结构中含有碳和氢原子，物质本身进行氧化还原反应，极易发生燃烧爆炸，危险性很大。

（六）遇湿易燃物品的危险性与理化性质的关系

1. 物质的性质越活泼，与水反应越激烈，短期放出大量的热量与氢，越容易发生燃烧爆炸，危险性越大

例如，金属钠与水反应剧烈，金属钙相对温和，所以金属钠较金属钙的危险性大。

2. 本身越不稳定的遇湿易燃品危险性较大

例如，二硼氢不稳定，钠硼氢相对来说比较稳定，所以二硼氢的危险性较大。

（七）毒害品的危险性与理化性质的关系

1. 溶解性

一般来说，在水中、油中均溶解的毒害品，毒性大；水中溶解油中不溶，毒性第二；水中不溶，油中溶解，毒性第三；水中、油中均不溶，毒性最小。一般来说，毒性大，危险性也大。

2. 中毒危险性

毒害品的中毒危险性与毒性并不成绝对正比，而与以下因素有关。沸点越低，挥发性越大，空气中的浓度就越高，容易中毒；粉尘越细、越轻，越容易吸入肺泡而吸收中毒；越无色无味，越不易发觉，越容易中毒。例如，一氧化碳无

色无味，中毒者甚多。而氨气臭味浓烈，中毒者较少。

3. 易燃、有机毒害物质遇火源或氧化剂引起燃烧，越易燃烧，燃烧时越能放出有毒气体的，危险性越大

例如，丙烯腈、二甲胺、敌敌畏等燃烧时放出有毒气体，危险性大。

4. 皮肤越容易吸收的毒害品，危险性越大

例如，苯容易通过皮肤吸收，故危险性大。

5. 对皮肤的刺激、腐蚀性越大，危险性越大

例如，氰、亚硒酸钠等对皮肤有强烈腐蚀作用，所以危险性大。

（八）腐蚀性物品的危险性与理化性质的关系

1. 腐蚀性物品在水溶液中电离度越高，产生的氧离子或氢氧根离子浓度越高，酸碱性越强，危险性越大

例如，盐酸在水溶液中的电离度高，氢离子浓度大，柠檬酸在水溶液中的电离度小，氢离子浓度小，所以盐酸的危险性较柠檬酸大。

2. 氧化性越强，危险性越大

例如，浓硝酸的氧化性强，而盐酸不论浓淡，均无氧化性，所以硝酸的危险性较盐酸大。

3. 腐蚀性物品与水作用越剧烈，危险性越大

例如，浓硫酸与水相混，作用剧烈，产生大量热，发生突沸甚至爆炸，而浓盐酸与水相混无此作用，故硫酸的危险性较盐酸大。

4. 与蛋白质作用越强烈，危险性越大

例如，烧碱溶液能溶解蛋白质，故危险性大。甲醛非酸非碱，但能使蛋白质变性，因此被列为腐蚀性物品。

四、危险化学品火灾特点

（一）燃烧猛烈、蔓延迅速

危险化学品中的大部分物品都是易燃液体、气体或固体，这些物质参与燃烧时，火势将异常猛烈、迅速蔓延。

（二）易发生爆炸

危险化学品着火后，盛装易燃、可燃液体的罐、桶和液化气体的钢瓶等受火势威胁，随时都有发生爆炸的可能。如双氧水、二甲苯、乙醇、硫化钠（硫化碱）、多孔硝酸铵、硝酸铵、保险粉、亚硝酸钠、硝酸钡、高锰酸钾等储存物，在发生爆炸后威力大。另外，易燃液体的蒸气、可燃气体、可燃粉尘等，在一定条件下都能发生爆炸。

（三）参与燃烧的物质性质各异，火情复杂多变

危险化学品种类繁多，各具特性，有的易燃易爆，有的遇水燃烧，有的具有

毒性和较强的腐蚀性，有的相互混合便会发生剧烈的化学反应引起燃烧、爆炸。因此，在火场上火情变化难以预料，爆炸发生的时间无法准确测定，有毒气体的浓度在没有仪器的情况下无法准确测定，各种危险化学品混存发生火灾，其火情就更为复杂，火势情况随时都会发生突变。

（四）产生有毒气体，扑救难度大

危险化学品发生火灾后，盛装有毒物品的容器破坏泄漏，在燃烧和受热条件下，许多危险品能分解或蒸发出有毒气体。例如，氟化氢、硫化氢、氰化氢、溴甲烷等都是剧毒气体；氟化钾、3-丁烯腈等都是有毒液体，盛装这些气体或液体的容器破坏后，有毒气体或有毒蒸气就会泄漏。例如，乙基三氯硅烷是易燃液体，遇高温分解产生有毒的光气；二甲硫醚本身是易燃液体，遇高温分解产生有毒的硫氧化物烟气；三氟甲苯本身是易燃液体，常温下就会挥发出有芳香气味的有毒气体。这些有毒气体或蒸气在火场上扩散，给作战人员的安全带来了很大的威胁，给灭火救人、疏散物资等战斗行动带来了许多困难。另外，有时因灭火剂使用不当也会产生有毒气体等诸多因素，增大了扑救危险化学品火灾的难度。

（五）易发生化学性灼伤

危险化学品发生火灾后，盛装酸、碱的容器破裂后，酸、碱液就会四处流淌，当具有强烈的氧化性和腐蚀性的酸碱，与某些无机物接触时能发生剧烈的反应，产生有腐蚀性的气体、有毒气体。在有酸碱流淌的火场上，若用强水流盲目射水，或其他的物质发生爆炸，都会引起酸、碱飞溅灼伤在场人员。有些危险物品或其蒸气与空气中的水蒸气接触，能产生腐蚀性气体（如卤化物、硝酸等），人体与这些气体或液体接触也能发生灼伤或破坏性创伤。

（六）燃烧特性各异，灭火剂选择难度大

危险化学品火灾，由于各种物品的燃烧特性不一，在灭火剂的选择上有严格的要求。例如，乙硫醇、乙酰氯等易燃液体与水或水蒸气接触能发生反应，产生有毒、易燃气体，因此，此类物品不能用水灭火，应用二氧化碳、干粉、砂土等。

第二节　危险化学品火灾事故处置的基本程序

不同的危险化学品其性质不同、危害程度不同，处理方法也不尽相同，但是作为危险化学品事故处置有其共同的规律。危险化学品火灾事故处置一般包括以下几个方面。

一、询问灾情

救援力量接到灾情报警时，应尽量多询问一些有关灾害的详细情况，如危险化学品名称、泄漏还是火灾、灾害现场在什么地区，是发生在储存、运输中还是发生在生产工艺过程中。

救援力量到达灾害现场后，不要盲目进入灾区，首先向知情人询问情况，询问的内容包括：危险化学品名称、性质；泄漏原因；泄漏时间长短或泄漏量大小等；危险化学品的存量；周围环境情况，如附近有无其他危险化学品。

一般化学事故第一出动不应少于 2 个中队，即辖区中队和特勤中队。储存量超过 100t 的液化石油气站、储存量超过 200t 的氨站、大型化工装置发生泄漏时，第一出动不少于 4 个中队，更大型的事故应请求地方政府动员社会救援力量（如公安、交警、武警、专业救援部门等）参加。第一出动必须根据报警情况配齐消防技术装备，根据需要配备适当的侦检器材，如可燃气体检测仪器、智能气体侦检仪等；配齐呼吸保护器具，保证进入危险区的人员人均一具；配备适当的防护服装，如抢险救援服、防化服、避火服等；调集必要的特种工具，如堵漏器具、破拆器具等；消防车辆的调集应根据危险化学品的火灾性质，如易燃气体事故应调用水罐消防车、干粉消防车、二氧化碳消防车。水罐消防车用于运载救援人员、喷雾驱散气体、冷却容器、装置和灭火，干粉消防车、二氧化碳消防车主要用于灭火；易燃液体事故应调用水罐消防车、泡沫消防车和干粉消防车，水罐消防车用于运载救援人员、冷却容器及装置等，泡沫消防车与干粉消防车用于灭火；对于遇水燃烧或爆炸物质火灾，必须携带专用的灭火器材，如金属灭火器具等。水罐消防车主要用于运送人员和冷却其他装置。水、泡沫均不能用于灭火。

消防车辆和人员到达现场时，不要盲目进入危险区，应先将力量部署在外围，尽量部署在上风或侧上风处，并在此安全部位建立支队一级指挥部。消防车辆不应停靠在工艺管线或高压线下方，不要靠近危险建筑，车头应朝向撤退位置，占据消防水源，充分利用地形、地物作掩护设置水枪阵地。

二、侦察与检测

通过灾情询问，一般只能得到部分情况，详细准确的资料只有经过现场侦察和检测才能得到。根据不同灾情，派出若干个侦察小组，对事故现场进行侦察，侦察小组一般由 2～3 人组成，配备必要的防护措施和检测仪器。

（一）危险化学品的侦检

如果通过询问无法得知危险化学品的性质，必须实施现场检测。目前，对于未知毒害品的检测，难度较大，可选择的仪器有：智能侦检车；MX2000、MX21 等便携式智能气体检测仪；军用毒剂侦检仪。

对已知性质的危险化学品，可以用可燃气体检测仪、智能、气体检测仪等确定其危险范用。常用仪器有125种可燃气体和毒气检测仪，该仪器可以对大部分可燃气体的爆炸范围进行检测，仪器价格便宜、性能稳定、使用方便，是理想的检测仪器。

（二）气象检测

灾害现场的气象情况对处置措施影响较大，常用的气象检测仪有测风仪、智能气象仪等。

（三）受困人员情况侦察

是否有人员被困；被困人员数量；被闲人员是否已经中毒，是否有活动能力等。在夜间、浓烟及可见度较低的场所可使用红外夜视仪、火场生命仪等仪器。

（四）侦察泄漏情况

① 确定泄漏位置。必须弄清泄漏发生在什么部位，如容器、管线、阀门、法兰面等。

② 确定泄漏原因。常见的泄漏原因有容器超压破裂、管线腐蚀破裂、阀门未关闭、阀门接管折断、阀门填料老化、法兰面垫片失效等。

③ 确定泄漏性质。侦察人员必须对泄漏性质做出正确判断，是可以制止的泄漏或不可制止泄漏，如容器超压破裂，则无法止漏。对于简单的泄漏，如通过关闭阀可以止漏的情况，侦察人员应直接处理。

④ 确定泄漏程度。根据现场情况确定泄漏量、泄漏发展趋势。

（五）侦察环境

对周围环境必须弄清以下内容：

① 危险区域内有无火源或潜在火源，危险化学品的存量；

② 周围人员分布情况，危险化学品泄漏是否会造成人员中毒、死亡；

③ 一旦发生火灾是否会威胁周围其他危险品而引起连锁反应；

④ 水源情况；

⑤ 地形、地物或障碍情况。

三、设立警戒，紧急疏散

（一）确定警戒范围

确定警戒范围的方法有理论计算法、仪器测定法和经验法。

理论计算法适用于军事毒剂、放射性物质和部分易燃或有毒气体。根据污染条件，利用专门的软件进行计算，目前类似的软件国内外均有，然而距实际应用还有一定差距。

（二）警戒方法

一旦确定警戒范围，必须在警戒区设置警戒标志，如反光警戒标志牌、警戒绳，夜间可以拉防爆灯光警戒绳。在警戒区周围布置一定数量的警戒人员，防止无关人员和车辆进入警戒区。主要路口必须布置警戒人员，必要时实行交通管制。

（三）消除警戒区内火种

对于易燃气体、液体泄漏事故，如果火灾尚未发生，则必须消除警戒区内的火源。常见火源有明火、非防爆电器、高温设备、进入警戒区作业人员的手机、呼机、化纤类服装、钉子鞋、火花工具及汽车、摩托车等机动车辆的尾气。

（四）紧急疏散

迅速将警戒区及污染区内与事故应急处理无关的人员撤离，以减少不必要的人员伤亡。

（五）注意事项

① 如事故物质有毒，需要佩戴个体防护用品或采用简易有效的防护措施，并有相应的监护措施。

② 应向上风方向转移，明确专人引导和护送疏散人员到安全区，在撤离的路线上设立哨位，指明方向。

③ 不要在低洼处滞留。

④ 应查明是否有人滞留在污染区与着火区。

为使疏散工作顺利进行，至少有两个畅通无阻的紧急出口明显标志。

四、灭火作战

救援力量到场后，必须采取以下措施进行冷却和灭火。

（一）正确选用灭火剂

大多数易燃可燃液体都能用泡沫扑救，其中水溶性的有机溶剂应用抗溶性泡沫。可燃气体火灾可用二氧化碳、干粉等灭火剂扑救。有毒气体、酸碱液可用喷雾或开花水流稀释。遇火燃烧的物质及金属火灾，不能用水扑救。

（二）加强冷却

首先，确定危险部位（即易发生物理爆炸的容器），切断火源对这些部位的辐射，加大对该处的冷却力度，储存液化气的容器的冷却强度不小于 $0.2L/(m^2 \cdot s)$；其次，组织可靠的供水线路，保证不间断供水。

（三）控制火势蔓延

在加强冷却的同时，必须对火势进行控制，先消灭外围的火势，如地面火灾、建筑火灾等。然后集中力量，控制主要火源。对于可燃气体或液体火灾，在不具备灭火条件下，主要用水来控制和冷却，使其在一定范围内燃烧。

（四）堵截火势，防止蔓延

当物品部分燃烧，且可以用水或泡沫扑救的，应立即布置水枪或泡沫管枪等堵截火势，冷却受火焰烘烤的容器，要防止容器破裂，导致火势蔓延。如果燃烧物是不能用水扑救的化学物品，则应采取相应的灭火剂，或用砂土、石棉被等覆盖，及时扑灭火灾。

（五）确定主攻方向，重点突破

根据危险化学品泄漏的位置及火势情况，确定主攻方向。火场如有爆炸危险品、剧毒品、放射性物品等受火势威胁时，必须采取重点突破，排除爆炸、毒害危险品。要用强大的水流和灭火剂，消灭正在引起爆炸和其他物品燃烧的火源，同时冷却尚未爆炸和破坏的物品，控制火势对其威胁。组织突击力量，设法掩护疏散爆炸毒害危险品，为顺利灭火和成功排险创造条件。

（六）加强掩护，确保安全

在灭火战斗中，要做好防爆炸、防火烧、防毒气和防腐蚀工作。救援人员要着隔热服或防毒衣，佩戴防毒面具或口罩、湿毛巾等物品，并尽量利用有利于灭火、排险的安全的地形地物。在较大的事故现场，应划出一定的“危险区”，未经允许，不准随便进入。

五、清理现场，防止复燃

危险化学品事故成功处置后，要注意清理现场，防止某些物品没有清除干净而再次复燃。扑救某些剧毒、腐蚀性物品火灾或泄漏事故后，要对灭火用具、战斗服装进行清洗消毒，救援人员要到医院进行体格检查。

六、注意事项

（一）谨慎进入事故现场

危险化学品火灾后，现场情况复杂，危险性很大。因此，切勿急于进入事故现场。只有查清所面临的情况后，才能实施救援或灭火，否则可能会陷入被动的境地。

（二）判定危险程度

判定火灾事故的危险程度可以从多个方面入手。标签、容器标记、货运票据和现场知情人员都是有价值的信息源。

（三）划定警戒隔离区

在进入危险区现场之前，尽可能先行划定警戒隔离区，以确保人员及环境的安全。划定警戒区要同时考虑灭火救援所需设备的进出空间。

（四）尽量争取支援

建议火场指挥人员尽早向有关负责单位发出通知，请求派遣专家前来协助。

医疗救护的支援是必不可少的。

（五）确定进入事故现场的入口

进入警戒区内的救援人员，应佩戴好防护装具，从上风向进入。

（六）明确撤退的路线、方法和信号

事故现场要做统一规定，撤退信号应格外醒目，能使现场所有人员都看到听到。

第三节 危险化学品火灾扑救及战术

一、危险化学品火灾扑救的总要求

（一）战术原则

危险化学品火灾扑救遵循“先控制，后消灭”的战术原则。针对危险化学品火灾的火势发展蔓延快和燃烧面积大的特点，在火灾扑救中应积极采取统一指挥、以快制快堵截火势、防止蔓延；重点突破，排除险情；分割包围，速战速决的灭火战术。

（二）不同火灾扑救原则

1. 气体火灾处置原则

① 扑救可燃气体火灾切忌盲目灭火。如在扑救时或在冷却过程中，不小心把泄漏处的火焰扑灭了，在没有采取堵漏措施的情况下，也必须立即用长点火棒将火点燃，使其恢复稳定燃烧，防止可燃气体泄漏，引起燃爆。

② 首先应扑灭外围被火源引燃的可燃物火势，切断火势蔓延途径，控制燃烧范围，并积极抢救受伤和被困人员。

③ 如果火焰中有压力容器或有受到火焰辐射热威胁的压力容器，能搬离的应尽量搬离到安全地带，不能搬离的应采用足够的水枪进行冷却保护。为防止容器爆裂伤人，进行冷却的人员应尽量采用低姿射水或利用现场坚实的掩蔽体防护。对卧式储罐，冷却人员应选择储罐四侧角作为射水阵地。

④ 如果是输气管道泄漏着火，应首先设法找到并关闭气源阀门。

⑤ 储罐或管道泄漏关阀无效时，应根据火势大小判断气体压力和泄漏口的大小及其形状，准备好相应的堵漏材料（如软木塞、橡皮塞、气囊塞、黏合剂、弯管、卡管工具等）。

⑥ 堵漏工作准备就绪后，即可用水扑救火势，也可用干粉、二氧化碳灭火，但仍需用水冷却储罐或管壁。火势扑灭后，应立即用堵漏材料堵漏，同时用雾状

水稀释和驱散泄漏出来的气体。

⑦ 如果第一次堵漏失败、再次堵漏需一定时间，应立即用长点火棒将泄漏处点燃，使其恢复稳定燃烧，并准备再次灭火堵漏。

⑧ 如果泄漏口很大，根本无法堵漏，只能靠水冷却着火容器及其周围容器和可燃物品，控制着火范围，一直到燃气燃尽，火势自动熄灭。

⑨ 现场指挥部应密切注意各种危险征兆，当出现以下征兆时，总指挥必须及时做出准确判断，下达撤退命令。现场人员看到或听到事先规定的撤退信号后，应迅速撤退至安全地带。

2. 液体火灾处置原则

易燃液体通常是储存在容器内并用管道输送的。与气体不同的是，液体容器有的密闭，有的敞开，一般都是常压。只有反应锅（炉、釜）及输送管道内的液体压力较高。液体不管是否着火，如果发生泄漏或溢出，将顺着地面流淌或在水面漂散。当易燃液体着火时，应按以下原则处理：

① 首先应切断火势蔓延的途径，冷却和疏散受火势威胁的密闭容器和可燃物，控制燃烧范围，并积极抢救受伤和被困人员。如有液体流淌时，应筑堤（或用围油栏）拦截漂散流淌的易燃液体或挖沟导流。

② 及时了解和掌握着火液体的品名、密度、水溶性以及有无毒害、腐蚀、沸溢、喷溅等危险性，以便采取相应的灭火和防护措施。

③ 对较大的储罐或流淌火灾，应准确判断着火面积。大面积（$>50m^2$）液体火灾则必须根据其相对密度、水溶性和燃烧面积大小，选择正确的灭火剂扑救。对不溶于水的液体（如汽油、苯等），用直流水、雾状水灭火往往无效，可用普通氟蛋白泡沫或“轻水”泡沫扑灭。用干粉扑救时灭火效果要视燃烧面积大小和燃烧条件而定，在扑救的同时用水冷却周围储罐的罐壁。

④ 比水重又不溶于水的液体（如二硫化碳）起火时可用水扑救，水能覆盖在液面上灭火。用泡沫也有效。用干粉扑救时灭火效果要视燃烧面积大小和燃烧条件而定，同时用水冷却罐壁，降低燃烧强度。

⑤ 具有水溶性的液体（如醇类、酮类等），最好用抗溶性泡沫扑救，用干粉扑救时灭火效果要视燃烧面积大小和燃烧条件而定，同时需用水冷却罐壁，降低燃烧强度。

⑥ 扑救毒害性、腐蚀性或燃烧产物毒害性较强的易燃液体火灾，扑救人员必须佩戴防护面具，采取防护措施。对特殊物品的火灾，应使用专用防护服。考虑到过滤式防毒面具作用的局限性，在扑救毒害品火灾时应尽量使用隔离式空气呼吸器。为了在火场上正确使用和适应，平时应进行严格的适应性训练。

⑦ 扑救闪点不同黏度较大的介质混合物，如原油和重油等具有沸溢和喷溅危险的液体火灾，必须注意计算可能发生沸溢、喷溅的时间和观察是否有沸溢、喷溢的征兆。一旦现场指挥发现危险征兆时应迅速作出准确判断，及时下达撤退

命令，避免造成人员伤亡和装备损失。扑救人员看到或听到统一撤退信号后，应立即撤退至安全地带。

⑧ 遇易燃液体管道或储罐泄漏着火，在切断蔓延途径并把火势限制在一定范围内的同时，应设法找到并关闭进、出口阀门。如果管道阀门已损坏或储罐泄漏，应迅速准备好堵塞材料，然后先用泡沫、干粉、二氧化碳或雾状水等扑灭地面上的流淌火焰，再扑灭泄漏处的火焰，并迅速采取堵漏措施。与气体堵塞不同的是，液体一次堵漏失败，可连续堵几次，只要用泡沫覆盖地面，并堵住液体流淌和控制好周围着火源，不必点燃泄漏处的液体。

（三）安全防护

① 火场指挥部以及阵地设置应选择燃烧物品上风或侧风向位置。

② 进行火情侦察、火灾扑救、火场疏散的人员应有针对性地采取自我防护措施，如佩戴防护面具、穿戴专用防护服等。尤其是对于侦察人员，在情况不明的情况下，首次进入现场必须进行一级防护。

③ 对有可能发生爆炸爆裂、喷溅等特别危险需紧急撤退的情况，应按照统一的撤退信号和撤退方法及时撤退。撤退信号应格外醒目，能使现场所有人员都能看到或听到，并应经常演练。

（四）注意事项

① 进入现场速查明燃烧范围、燃烧物品及其周围物品的品名和主要危险性、火势蔓延的主要途径。

② 应在相关技术人员的参与下进行危险化学品装置的火灾扑救，不应见火就灭。

③ 选择正确的灭火剂和灭火方法。火势较大时应先堵截火势蔓延，控制燃烧范围，然后逐步扑灭火势。

④ 火灾扑救中，应注意灭火剂与泄漏物的收集处理，以防止二次污染的发生。

二、灭火的基本原理

由燃烧所必须具备的几个基本条件可以得知，灭火就是破坏燃烧条件使燃烧反应终止的过程。其基本原理归纳为以下四个方面：冷却、窒息、隔离和化学抑制。

（一）隔离灭火法

隔离法就是将正在燃烧的物质与未燃烧的物质分隔开或将未燃烧的物质疏散到安全地点，这样燃烧就会因失去可燃物而停止。如将火源附近的可燃、易燃、易爆和助燃物品搬走；关闭可燃气体、液体管路的阀门，以减少和阻止可燃物质进入燃烧区；设法阻拦流散的液体；拆除与火源毗连的易燃建筑物等。化工生产或运输过程中如果泄漏起火，可关闭阀门进行灭火。

（二）窒息灭火法

窒息法就是隔绝或稀释燃烧区空气中的含氧量，使可燃物质得不到足够的氧气而停止燃烧。如用不燃或难燃物捂盖燃烧物；用水蒸气或惰性气体灌注起火容器设备；封闭起火的建筑、设备的孔洞等。化工生产或运输过程中如果泄漏起火且泄漏孔不大，可用浸湿的棉被、麻袋、石棉毡等进行窒息灭火。

（三）冷却灭火法

冷却法就是把灭火剂直接喷射到燃烧物上，将燃烧物的温度降低到燃点以下，使燃烧停止，或将灭火剂喷洒在火源附近的可燃物上，降温以防止受热辐射影响而起火。常用的灭火剂主要是水（包括泡沫灭火剂中的水）。如用水扑救一般固体物质火灾；用二氧化碳扑救精密仪器、图书档案等贵重物品火灾；用水冷却受火势威胁的可燃物、建筑物、油罐等，防止火势扩大蔓延。必须注意的是，有些物质如钾、钠、电石等遇水发生猛烈反应，并能引起燃烧或爆炸，这类物质不能用水或其他含水的灭火剂扑救。

（四）化学抑制法

抑制法就是破坏燃烧过程中产生的游离基，使连锁反应中断，最终使燃烧停止。

三、危险化学品火灾扑救策略

（一）扑救初期火灾

在火灾尚未扩大到不可控制之前，应使用适当移动式灭火器来控制火灾。迅速关闭火灾部位的上下游阀门，切断进入火灾事故地点的一切物料，然后立即启用现有各种消防设备、器材扑灭初期火灾和控制火源。

（二）对相邻设施的保护

为防止火灾危及相邻设施，必须及时采取冷却保护措施，并迅速疏散受火势威胁的物资。有的火灾可能造成易燃液体外流，这时可用沙袋或其他材料筑堤拦截流淌的液体或挖沟导流，将物料导向安全地点。必要时用毛毡、海草帘堵住下水井、阴井口等处，防止火焰蔓延。

（三）火灾扑救

扑救危险化学品火灾决不可盲目行动，应针对每一类化学品，选择正确的灭火剂和灭火方法。必要时采取堵漏或隔离措施，预防次生灾害扩大。当火势被控制以后，仍然要派人监护，清理现场，消灭余火。

四、危险化学品火灾扑救准备

针对危险化学品火灾的火势发展蔓延快和燃烧面积大的特点以及危险化学品

火灾的特殊性，灭火救援的准备工作要做得尽量完备，以减少灭火救援行动中突发事故的发生。

（一）火情侦察

危险化学品火灾发生后，一般由消防部队或其他专业的处置队伍进行扑救，处置人员到达火灾现场后首先要查明以下情况。

① 火场上有无爆炸危险。若已发生爆炸，则需查明由于爆炸而造成的人员伤亡情况、建筑物破坏程度、有无再次爆炸的可能。

② 燃烧物品的理化性质、燃烧特性、现场物品的数量、存放形式等情况。

③ 火场周围的地理环境情况，即有无防护土围堤、周边水源位置等。

④ 扑救火灾适用灭火剂的类型。

（二）确定扑救对策

1. 正确选用灭火剂

扑救危险化学品火灾必须根据燃烧物品性质，正确选用灭火剂，防止因灭火剂使用不当而扩大火情，甚至引起爆炸。

① 大多数易燃、可燃液体火灾都能用泡沫扑救，其中水溶性的有机溶剂火灾应用抗溶性泡沫扑救。

② 可燃气体火灾应用二氧化碳、干粉、卤代烷等灭火剂扑救。

③ 有毒气体，酸、碱液火灾可用雾状或开花水流扑救，酸液火灾用碱性水流，碱液火灾用酸性水流扑救更为有效。

④ 轻金属物质火灾不能用水扑救，也不能用二氧化碳等灭火剂扑救，一般采用专用的轻金属灭火剂进行扑救，也可用干粉和干砂土等覆盖窒息灭火。

常见危险化学品火灾适用的灭火剂如表5-2所示。

表5-2　常见危险化学品火灾适用的灭火剂

危险化学品种类和名称			灭火剂						灭火注意事项
			水	砂土	泡沫	二氧化碳	干粉	卤代烷	
爆炸品			○	×					
氧化剂	无机	过氧化钾、过氧化钠、过氧化钙、过氧化锶、过氧化钡	×	○	×				
		其他氧化剂	○	○					先用砂土后用水，但要防止泛流
	有机	固体	○	○					盖砂土后可用水
		液体		○		○		○	

续表

危险化学品种类和名称		灭火剂						灭火注意事项
		水	砂土	泡沫	二氧化碳	干粉	卤代烷	
压缩气体和液化气体	可燃	○			○	○	○	
	其他	○						
自燃物品	烷基铝、铝铁溶剂	×	○	×		×	×	
	其他自燃物品	○	○					
遇水燃烧物品	钾、钠、钙、锶、铷、铯、钠汞齐、镁铝粉	×	○	×	×	×	×	
	碳化钙、保险粉、硼氢类	×	○	×	○			
	其他遇水燃烧物品	×	○	×				
易燃液体	二氧化碳	○						
	醇、醛、酮、醚	×	○	○				溶于水的，要用抗溶性泡沫
	其他易燃液体				○	○	○	
易燃固体	闪光粉、镁粉、铝粉、银粉、铝镍合金、氢化催化剂	×	○	×	×	×	×	
	钛粉、钍粉、锰粉、钴粉、铪粉、氨基化锂、氨基化钠	×	○	×	○			
	硝化棉、硝化纤维素	○	×					
	其他易燃固体	○						
毒害品	锑粉、铍粉、铊化合物、磷化铝、磷化锌、氰化物	×	○	×				盖砂土后可用水
	砷化物、有机磷农药	○	○	×				先用砂土后用水
	其他毒害品	○	○					
腐蚀物品	酸性腐蚀物品	×	○		○			盖砂后用水
	碱性及其他腐蚀物品	○	○					

注：○表示可以使用；×表示不可以使用。

常见泡沫灭火剂应用如表5-3所示。详情查阅GB 15308—2006《泡沫灭火剂》。

表5-3 常见泡沫灭火剂应用速查表

序号	药剂名称	英文缩写	与水混合时的体积分数	使用范围
1	蛋白泡沫	P	3%、6%	主要用于扑救非水溶性可燃、易燃液体、烃类液体和一般固体火灾。但不能用于扑救醇、醚、醛、酯、酮、羧酸等极性液体火灾以及醇含量超过10%的加醇汽油火灾
2	氟蛋白泡沫	FP	3%、6%	
3	成膜氟蛋白泡沫	FFFP	3%、6%	
4	合成泡沫	S	3%、6%	

续表

序号	药剂名称	英文缩写	与水混合时的体积分数	使用范围
5	水成膜泡沫	AFFF	3%、6%	主要用于扑救非水溶性液体火灾，特别对碳氢化合物A、B类火灾（如石油产品以及燃油、汽油等火灾）效果较好。但不能用于扑救醇、醛、酮、羧酸等极性液体火灾以及醇含量超过10%的加醇汽油火灾
6	抗溶性蛋白泡沫	P/AR	3%、6%	主要用于扑救非水溶性液体火灾和醇、醚、醛、酯、酮、羧酸等极性液体火灾
7	抗溶性氟蛋白泡沫	FP/AR	3%、6%	
8	抗溶性成膜氟蛋白泡沫	FFFP/AR	3%、6%	
9	抗溶性合成泡沫	S/AR	3%、6%	
10	抗溶性水成膜泡沫	AFFF/AR	3%、6%	主要用于扑救油类火灾和醇、醚、醛、酯、酮、羧酸等极性液体火灾
11	中倍数泡沫		3%、6%	主要使用在船舰中，实际使用较少
12	高倍数泡沫		3%、6%	可扑救A类、B类火灾，主要适用于煤矿、坑道、飞机库、汽车库、船舶、仓库、地下室等有限空间，以及地面大面积油类火灾

选用正确的灭火剂是成功扑救危险化学品火灾的开始，只有灭火剂选择正确，才有可能成功地扑救危险化学品火灾，在选用灭火剂时要注意以下几方面：

① 禁止使用砂土覆盖灭火的化学物品。对于爆炸物品，一旦着火，一般来讲只要不是堆集过高，不集装在封闭的容器内不一定会形成爆炸，可以用密集的水流或喷雾水枪扑救，切忌用砂土压盖，如用砂土压盖，将阻碍气体扩散，加速爆炸反应，增大爆炸威力。对容器内的液体火灾，用砂土灭火，会使液体溢出，火灾扩大。

② 禁止用二氧化碳灭火的化学物品。通常二氧化碳是以液态灌进钢瓶内作灭火剂用，喷射在燃烧区内的二氧化碳能稀释空气使氧或可燃气体的百分含量降低，当空气中的二氧化碳浓度达到29.2%时，燃烧着的火焰就会熄灭。二氧化碳除了具有窒息作用外，还有一定的冷却作用，但不能扑救钠、钾、镁、铝、锑、锡、铀等金属及其氢化物的火灾，因为这些物质的性质十分活泼，能夺取二氧化碳中的氧发生化学反应而燃烧。二氧化碳也不能扑灭能在惰性介质中由自身供氧燃烧的物质，如硝酸纤维、棉花的火灾，因为二氧化碳的渗透、环绕能力达不到扑灭一些纤维物质内部的阴燃火的水平。

③ 禁止用泡沫灭火的化学危险物品。泡沫灭火剂对扑灭易燃液体最为有效。因为泡沫灭火剂的灭火原理是遮盖在燃烧物表面隔绝空气，使燃烧物得不到氧的供应而熄灭。另外泡沫中水分蒸发时也可带走一定热量，有一定的冷却作用。但泡沫灭火剂不适用于扑救忌水、忌酸的化学危险物品。上述禁止用水的、遇水燃烧和遇水加速燃烧的化学危险物品，如氰化钠、氰化钾及其他氰化物等遇泡沫中

的酸性物质能生成剧毒气体氢化氰，因此不能用化学泡沫灭火。

2. 确定现场处置方案

危险化学品火灾的实际发生状况往往与先期制定的灭火救援预案有一定的出入，使按预案进行灭火救援工作受到限制，给现场处置工作造成一定的困难，会影响灭火救援行动的迅速性，所以尽快确定好现场处置方案是准备工作中的当务之急。

① 在火灾实际情况与预案相似的情况下，可按预案立即投入行动，偏差内容可边行动，边修订，这样可大大节约时间。

② 当火灾实际情况与方案差别较大时，可根据侦察情况，针对偏差内容的重点部分迅速进行修订，然后立即投入行动。

③ 一旦火灾实际情况与预案内容相距甚远，则火场指挥人员应根据侦察情况，针对关键环节，尽快做出切实可行的现场处置方案，然后按行动方案实施救援。

④ 如果火灾现场的一般情况都不明了时，则侦察时要认真，特别应注重安全方面的侦察，火场指挥人员根据情况，确定出现场处置方案（这种方案主要应以注重安全为要）。

（三）安全防护准备

安全防护准备是危险化学品火灾灭火救援工作的必要条件。安全防护准备不充分，势必会影响参战人员的战斗力，影响灭火救援工作的顺利进行。安全防护准备主要包括：防护器材准备、检测仪器的准备和请求医疗救护支援三个方面的内容。

1. 防护器材准备

在进行危险化学品火灾的扑救任务时，火灾现场情况复杂，毒气浓度可能很高，由于燃烧、爆炸致使同时存在高温、缺氧、断电、烟雾大、能见度低等恶劣条件。根据扑救火灾的需要，应准备好各种防护器材。防护器材的准备工作一般以个人防护器材为主。个人防护器材包括：对呼吸道、眼睛的防护为主的各种呼吸器具和防毒面具；对全身防护的全身防护服和对局部防护的防毒斗篷、手套、靴套等。个人防护措施就其作用来说，有呼吸防护和皮肤防护两个方面。

2. 检测仪器的准备

并非所有的危险化学品火灾与事故都有对可燃气体和有毒气体检测的必要，但对于大多数来说，这种需要是可能的，尤其在初始阶段划定警戒线（范围）时。正确选择可燃气体检测仪，首先应根据仪器使用的场合和事故现场情况来选择相应的防爆类别，其次，要根据现场进行的检测需要（泄漏检测、连续监控）来选择检测仪器的类型，其精度应符合检测现场要求。有毒气体探测仪不只用于有毒性气体泄漏发生的火灾事故中，更多的是用于不完全燃烧产物的测定，如一氧化碳、氮氧化物、硫化物、氰化物、二氧化硫、氯气等这些气体微量就能使人中毒，使现场灭火人员丧失活动能力，直接影响营救。

3. 请求医疗救护支援

危险化学品火灾现场可能有大量人员中毒、烧伤，在对火灾现场进行处置的同时，应尽早尽可能地通知当地的医疗卫生部门前来支援，确保被营救出的受伤人员得到及时有效的治疗。

第四节 不同危险化学品的扑救方法

一、扑救爆炸物品火灾的基本方法

爆炸物品一般都有专门或临时的储存仓库。这类物品由于内部结构含有爆炸性基团，受摩擦、撞击、震动、高温等外界因素激发，极易发生爆炸，遇明火则更危险。

遇爆炸物品火灾时，一般应采取以下方法：

① 迅速判断和查明再次发生爆炸的可能性和危险性，紧紧抓住爆炸后和再次发生爆炸之前的有利时机，采取一切可能的措施，全力制止再次爆炸的发生。

② 切忌用砂土盖压，以免增强爆炸物品爆炸时的威力。

③ 如果有疏散可能，人身安全上确有可靠保障，应立即组织力量及时疏散着火区域周围的爆炸物品，使着火区周围形成一个隔离带。

④ 扑救爆炸物品堆垛时，遥控水炮水流应采用吊射，避免强力水流直接冲击堆垛，以免堆垛倒塌引起再次爆炸。

⑤ 灭火人员应尽量利用现场现成的掩蔽体或尽量采用卧姿等低姿射水，尽可能地采取自我保护措施。消防车辆不要停靠在离爆炸物品太近的水源处。

⑥ 灭火人员发现有发生再次爆炸的危险时，应立即向现场指挥部报告，现场指挥部应迅速作出准确判断，确有发生再次爆炸征兆或危险时，应立即下达撤退命令。灭火人员看到或听到撤退信号后，应迅速撤至安全地带，来不及撤退时，应就地卧倒。

二、扑救压缩或液化气体火灾的基本方法

压缩或液化气体总是被储存在不同的容器内，或通过管道输送。其中储存在较小钢瓶内的气体压力较高，受热或受火焰熏烤容易发生爆炸。气体泄漏后遇火源已形成稳定燃烧时，其发生爆炸或再次爆炸的危险性与可燃气体泄漏未燃时相比要小得多。遇压缩或液化气体火灾一般应采取以下方法：

① 扑救气体火灾切忌盲目扑灭火势，在没有采取堵漏措施的情况下，必须

保持稳定燃烧；否则，大量可燃气体泄漏出来与空气混合，遇着火源就会发生爆炸。

② 在扑救过程中首先应扑灭外围被火源引燃的可燃物火势，切断火势蔓延途径，控制燃烧范围，并积极抢救受伤和被困人员。

③ 如果火势中有压力容器或有受到火焰辐射热威胁的压力容器，能疏散的应尽量在水枪的掩护下疏散到安全地带，不能疏散的应部署足够的力量进行冷却保护，为防止容器爆裂伤人，进行冷却的人员应尽量采用低姿射水或利用现场坚实的掩蔽体防护。对卧式储罐，冷却人员应选择储罐四侧角作为射水阵地。

④ 如果是输气管道泄漏着火，应设法找到气源阀门。阀门完好时，只要关闭气体的进出阀门，火势就会自动熄灭。

⑤ 储罐或管道泄漏关阀无效时，应根据火势判断气体压力和泄漏口的大小及其形状，准备好相应的堵漏材料（如软木塞、橡皮塞、气囊塞、黏合剂、弯管工具等）。

⑥ 堵漏工作准备就绪后，即可扑救火势，但仍需用水冷却烧烫的罐或管壁。火扑灭后，应立即用堵漏材料堵漏，同时用雾状水稀释和驱散泄漏出来的气体。如果确认泄漏口非常大，根本无法堵漏，只需冷却着火容器及其周围容器和可燃物品，控制着火范围，直到可燃物燃尽，火势自动熄灭。

⑦ 现场指挥应密切注意各种危险征兆，遇有火势熄灭后较长时间未能恢复稳定、燃烧或受热辐射的容器安全阀火焰变亮耀眼、暴鸣、晃动等爆裂征兆时，指挥员必须适时作出准确判断，及时下达撤退命令。现场人员看到或听到事先规定的撤退信号后，应迅速撤退至安全地带。

三、扑救易燃液体火灾的基本方法

易燃液体通常也是储存在容器内或利用管道输送。与气体不同的是，液体容器有的密闭，有的敞开，一般都是常压，只有反应锅（炉、釜）及输送管道内的液体压力较高。液体不管是否着火，如果发生泄漏或溢出，都将顺着地面（或水面）漂散流淌。而且，易燃液体还有密度和水溶性等涉及能否用水和普通泡沫扑救的问题以及危险性很大的沸溢和喷溅问题。遇到易燃液体火灾，一般应采用以下方法：

① 首先应切断火势蔓延的途径，冷却和疏散受火势威胁的压力及密闭容器和可燃物，控制燃烧范围，并积极抢救受伤和被困人员。如有液体流淌，应筑堤（或用围油栏）拦截漂散流淌的易燃液体或挖沟导流。

② 及时了解和掌握着火液体的品名、密度、水溶性，以及有无毒害、腐蚀、沸溢、喷溅等危险性，以便采取相应的灭火和防护措施。

③ 对较大的储罐或流淌火灾，应准确判断着火面积。小面积（一般 $50m^2$ 以内）液体火灾，一般可用雾状水扑灭，二氧化碳等灭火更有效。大面积液体火

灾则必须根据其相对密度、水溶性和燃烧面积大小，选择正确的灭火剂扑救。

④ 比水轻又不溶于水的液体（如汽油、苯等）的火灾，不宜采用直流水、雾状水灭火，可用普通蛋白泡沫或“轻水”泡沫灭火。用干粉等扑救时灭火效果要视燃烧面积大小和燃烧条件而定。

⑤ 比水重又不溶于水的液体（如二硫化碳）的火灾可用水扑救，也可用泡沫扑救，用干粉等扑救时，灭火效果要视燃烧面积大小和燃烧条件而定。

⑥ 具有水溶性的液体（如醇类、酮类等）的火灾应采用抗溶性泡沫扑救。用干粉等扑救时，灭火效果要视燃烧面积大小和燃烧条件而定。

⑦ 扑救毒害性、腐蚀性或燃烧产物毒害性较强的易燃液体的火灾，扑救人员必须佩戴防护面具，采取防护措施。

⑧ 扑救原油和重油等具有沸溢和喷溅危险的液体火灾，如有条件，可采取放水、搅拌等防止发生沸溢和喷溅的措施，灭火时要注意计算可能发生沸溢、喷溅的时间，观察是否有沸溢、喷溅的征兆。指挥员发现危险征兆时应迅速作出准确判断，及时下达撤退命令，避免造成人员伤亡和装备损失。扑救人员看到或听到统一撤退信号后，应立即撤至安全地带。

⑨ 遇易燃液体管道或储罐泄漏着火，阻止火势扩大。如果管道阀门已损坏或是储罐泄漏，应迅速准备好堵漏材料，首先用泡沫、干粉、二氧化碳或雾状水等扑灭地上的流淌火，然后扑灭泄漏处的火焰，并迅速实施堵漏。与气体堵漏不同的是，液体一次堵漏失败，可连续堵几次，只要用泡沫覆盖地面，并堵住液体流淌和控制好周围着火源，不必点燃泄漏口的液体。

四、扑救易燃固体、自燃物品火灾的基本方法

易燃固体、自燃物品一般都可用水或泡沫扑救，相对其他种类的危险化学物品而言是比较容易扑救的，只要控制住燃烧范围，逐步扑灭即可。

① 二硝基萘，2,4-二硝基苯甲醚、萘等是易燃固体，发生火灾，可用雾状水、泡沫扑救并切断火势蔓延途径。这类固体受热升华产生的易燃蒸气能在上层与空气形成爆炸性混合物，易发生爆燃。因此，在扑救过程中应不时向燃烧区域上空及周围喷射雾状水。

② 遇白磷火灾时，首先应切断火势蔓延途径，控制燃烧范围。对着火的白磷应用低压水或雾状水扑救。高压直流水冲击能引起白磷飞溅，导致灾害扩大。白磷熔融液体流淌时应用泥土、沙袋等筑堤拦截并用雾状水冷却，对磷块和冷却后已固化的白磷，应用钳子钳入储水容器中；来不及钳时可先用砂土掩盖，但应做好标记，等火势扑灭后，再逐步集中到储水容器中。

③ 少数易燃固体和自燃物品不能用水和泡沫扑救，如三硫化二磷、铝粉、烷基铝、保险粉等，应根据具体情况区别处理，选用干砂和不用压力喷射的干粉扑救。

五、扑救遇湿易燃物品火灾的基本方法

遇湿易燃物品能与水发生化学反应，产生可燃气体和热量，有时即使没有明火也能自动着火或爆炸，如金属钾、钠以及三乙基铅（液态）等。

遇到遇湿易燃物品火灾一般采取以下方法：

① 首先应了解遇湿易燃物品的品名、数量、是否与其他物品混存、燃烧范围、火势蔓延途径。

② 如果只有极少量（一般50g以内）遇湿易燃物品，则不管是否与其他物品混存，仍可用大量的水或泡沫扑救。水或泡沫刚接触着火点时，短时间内可能会使火势增大，但少量遇湿易燃物品燃尽后，火势很快就会减小或熄灭。

③ 如果遇湿易燃物品数最较多，且未与其他物品混存，则绝对禁止用水或泡沫、酸碱等湿性灭火剂扑救。遇湿易燃物品应用干粉、二氧化碳、卤代烷扑救，只有金属钾、钠、铝、镁等个别物品用氧化碳、卤代烷无效。固体遇湿易燃物品应用水泥、干砂、干粉、硅藻土和蛭石等覆盖。对遇湿易燃物品中的粉尘如镁粉、铝粉等，切忌喷射有压力的灭火剂，以防止将粉尘吹扬起来，与空气形成爆炸性混合物而导致粉尘爆炸发生。

④ 如果有较多的遇湿易燃物品与其他物品混存，则应先查明是哪类物品着火，遇湿易燃物品的包装是否损坏。可先用开花水枪向着火点吊射少量的水进行试探，如未见火势明显增大，证明遇湿物品尚未着火，包装也未损坏，应立即用大量水或泡沫扑救，扑灭火势后立即组织力量将淋过水或仍在潮湿区域的遇湿易燃物品疏散到安全地带分散开来。如射水试探后火势明显增大，则证明遇湿易燃物品已经着火或包装已经损坏，应禁止用水、泡沫、酸碱灭火器扑救。若是液体应用干粉等灭火剂扑救；若是固体应用水泥、干砂等覆盖。如遇钾、钠、铝、镁轻金属发生火灾，最好用石墨粉、氯化钠以及专用的轻金属灭火剂扑救。

⑤ 如果其他物品火灾威胁到相邻的较多遇湿易燃物品，应先用油布或塑料膜等其他防水布将遇湿易燃物品遮盖好，然后再在上面盖上棉被并淋上水。如果遇湿易燃物品堆放处地势不太高，可在其周围用土筑一道防水堤。在用水或泡沫扑救火灾时，对相邻的遇湿易燃物品应留一定的力量监护。

由于遇湿易燃物品性能特殊，又不能用常用的水和泡沫灭火剂扑救，对这类物品消防人员平时应多了解和熟悉其品名和主要危险特性。

常见遇水易燃物质处置要点如表5-4所示。详情查阅《常用危险化学品应急处置速查手册》（2009版）。

表5-4 常见遇水易燃物质处置要点速查表

序号	物质名称	用水扑救后果	处置要点
1	钾	生成氢气，放出大量热，使金属钾熔化，并引起钾和氢气燃烧	用石墨粉、碳酸钠干粉、碳酸钙干粉、干砂土覆盖，窒息灭火

续表

序号	物质名称	用水扑救后果	处置要点
2	钠	生成氢气，放出大量热，并引起钠、氢气燃烧，发生爆炸	用干燥石墨粉、干燥白云石粉末、干砂土、干燥石灰覆盖，窒息灭火
3	镁	生成氢气，放出大量热，并引起镁、氢气燃烧，发生爆炸	用石墨粉、碳酸钠干粉、碳酸钙干粉、干砂土覆盖，窒息灭火
4	钙	生成氢气，放出大量热，并引起钙、氢气燃烧，发生爆炸	用石墨粉、碳酸钠干粉、碳酸钙干粉、干砂土覆盖，窒息灭火
5	氢化钾	生成氢气，放出大量热，并引起氢化钾和氢气燃烧，放出剧毒的氰化钾烟雾，发生爆炸	用干燥石墨粉、干燥白云石粉末、干砂土、干燥石灰覆盖，窒息灭火
6	氢化钠	生成氢气，放出大量热，并引起氢化钠和氢气燃烧，发生爆炸	用干燥石墨粉、干燥白云石粉末、干砂土、干燥石灰覆盖，窒息灭火
7	氢化铝	生成氢气，放出大量热，并引起氢化铝和氢气燃烧	用干燥石墨粉、干燥白云石粉末、干砂土、干燥石灰覆盖，窒息灭火
8	氢化镁	生成氢气，放出大量热，并引起氢化镁和氢气燃烧	用干燥石墨粉、干燥白云石粉末、干砂土、干燥石灰覆盖，窒息灭火
9	氢化钙	生成氢气，放出大量热，并引起氢化钙和氢气燃烧	用干燥石墨粉、干燥白云石粉末、干砂土、干燥石灰覆盖，窒息灭火
10	碳化铝	生成甲烷，放出大量热，并引起甲烷燃烧，发生爆炸	用干燥石墨粉、干燥白云石粉末、干砂土、干燥石灰覆盖，窒息灭火
11	碳化镁	生成乙炔，放出大量热，并引起乙炔燃烧，发生爆炸	用干燥石墨粉、干燥白云石粉末、干砂土、干燥石灰覆盖，窒息灭火
12	碳化钙（电石）	生成乙炔，放出大量热，并引起乙炔燃烧，发生爆炸	干燥石墨粉或其他干粉（如干砂）灭火
13	磷化钙	生成磷化氢气体，放出大量热，并引起磷化氢燃烧，发生爆炸	用石墨粉、碳酸钠干粉、碳酸钙干粉、干砂土覆盖，窒息灭火
14	甲基钠	生成甲烷，放出大量热，并引起甲烷燃烧，发生爆炸	用石墨粉、碳酸钠干粉、碳酸钙干粉、干砂土覆盖，窒息灭火
15	连二亚硫酸钠（保险粉）	生成二氧化硫有毒气体和硫黄，放出大量热，并引起硫黄燃烧	用干石灰、干砂土、干燥苏打灰、石墨粉覆盖，窒息灭火
16	氨基化钠	生成氨气，放出大量热，并引起氨气燃烧	用干石灰、干砂土、干燥苏打灰、石墨粉覆盖，窒息灭火
17	氢化铝锂	生成氢气，放出大量热，引起氢气燃烧，发生爆炸	用干燥石墨粉、干燥白云石粉末、干砂土、干燥石灰覆盖，窒息灭火

六、扑救氧化剂和有机过氧化物火灾的基本方法

氧化剂和有机过氧化物从灭火角度讲是一个杂类，既有固体、液体，又有气体；既不像遇湿易燃物品一概不能用水和泡沫扑救，也不像易燃固体几乎都可用水和泡沫扑救。有些氧化剂本身不燃，但遇可燃物品或酸碱能着火和爆炸。有机过氧化物本身就能着火、爆炸，危险性特别大，扑救时应注意人员防护。不同的氧化剂和过氧化物的火灾，在水、泡沫、二氧化碳这类灭火剂的选择上是不同的，因此扑救此类物质火灾是一场复杂且艰难的战斗。遇到氧化剂和过氧化物火

灾，一般应采取以下方法：

① 迅速查明着火或反应的氧化剂和过氧化物以及其他燃烧物品的品名、数量、主要危险特性、燃烧范围、火势蔓延途径、能否用水或泡沫扑救。

② 能用水或泡沫扑救时，应尽可能切断火势蔓延途径，使着火区孤立，同时应积极抢救受伤和受困人员。

③ 不能用水、泡沫、二氧化碳扑救时，应用干粉或水泥、干砂覆盖，用水泥、干砂覆盖时应先从着火区域四周尤其是下风向等火势主要蔓延方向开始，形成孤立火势的隔离带，然后逐步向着火点逼近。

由于多数氧化剂和过氧化物遇酸会发生剧烈反应甚至爆炸，因此对于这类物品的火灾扑救，泡沫和二氧化碳也应慎用。

七、扑救毒害品和腐蚀品火灾的基本方法

毒害品、腐蚀品有些本身能着火，有的本身并不着火，但与其他可燃物品接触后能着火。这类物品发生火灾般应采取以下方法：

① 灭火人员必须穿防护服，佩戴防护面具。一般情况下采取全身防护即可，对有特殊要求的物品火灾，应使用专用防护服。考虑到过滤式防毒面具防毒范围的局限性，在扑救毒害品火灾时应尽量使用隔绝式氧气或空气呼吸器。

② 毒害品、腐蚀品火灾极易造成人员伤亡，灭火人员在采取防护措施后，应积极抢救受伤和被困人员，控制燃烧范围。

③ 扑救时应尽量使用低压水流或雾状水，避免腐蚀品、毒害品溅出。遇酸类或碱类腐蚀品最好调制相应的中和剂稀释中和。

④ 遇毒害品、腐蚀品容器泄漏火灾，应在扑灭火灾后，采用防腐材料堵漏。

⑤ 浓硫酸遇水能放出大量的热，会导致酸液沸腾飞溅，需特别注意防护。扑救浓硫酸与其他可燃物品接触发生的火灾，浓硫酸数量不多时，可用大量低压水快速扑救；如果浓硫酸量很大，应先用二氧化碳、干粉、卤代烷等灭火，然后再把着火物品与浓硫酸分开。

八、扑救放射性物品火灾的基本方法

放射性物品是一类能发射出人类肉眼看不见但却能严重损害人类生命健康的α、β、γ射线和中子流的特殊物品。扑救这类物品火灾必须采取特殊的能防护射线照射的措施。平时生产、经营、储存和运输、使用这类物品的单位及消防部门，应配备一定数量防护装备和放射性测试仪器。遇这类物品火灾一般应采取以下方法：

① 先派出精干人员携带放射性测试仪器，测试辐射（剂）量和范围。测试人员应尽可能地采取防护措施。

② 对辐射（剂）量超过0.0387C/kg的区域，应设置写有“危及生命、禁止进入”的文字说明的警告标志牌。

③ 对辐射（剂）量小于0.0387C/kg的区域，应设置写有"辐射危险、请勿接近"警告标志牌。测试人员还应进行不间断巡回监测。

④ 对辐射（剂）量大于0.0387C/kg的区域，灭火人员不能深入辐射源纵深灭火速攻。

⑤ 对辐射（剂）量小于0.0387C/kg的区域，可快速用水灭火或用泡沫、二氧化碳、干粉、卤代烃扑救，并积极抢救受伤人员。

⑥ 对燃烧现场包装没有被破坏的放射性物品，可在水枪的掩护下佩戴防护装备，设法疏散，无法疏散时，应就地冷却保护，防止造成新的破损，增加辐射（剂）量。

⑦ 对已破损的容器切忌搬动或用水流冲击，以防止放射性污染范围扩大。

九、几种特殊化学品的火灾扑救注意事项

① 扑救液化气体类火灾，切忌盲目扑灭火势，在没有采取堵漏措施的情况下，必须保持稳定燃烧。否则，大量可燃气体泄漏出来与空气混合，遇着火源就会发生爆炸，后果将不堪设想。

② 对于爆炸物品火灾，切忌用砂土盖压，以免增强爆炸物品爆炸时的威力；扑救爆炸物品堆垛火灾时，水流应采用吊射，避免强力水流直接冲击堆垛，以免堆垛倒塌引起再次爆炸。

③ 对于遇湿易燃物品火灾，绝对禁止用水、泡沫、酸碱等湿性灭火剂扑救。

④ 氧化剂和有机过氧化物的灭火比较复杂，应针对具体物质具体分析。

⑤ 扑救毒害品和腐蚀品的火灾时，应尽量使用低压水流或雾状水，避免腐蚀品、毒害品溅出；遇酸类或碱类腐蚀品，最好调制相应的中和剂稀释中和。

⑥ 易燃固体、自燃物品一般都可用水和泡沫扑救，只要控制住燃烧范围，逐步扑灭即可。但有少数易燃固体、自燃物品的扑救方法比较特殊。如2,4-二硝基苯甲醚、二硝基萘、萘等是易升华的易燃固体，受热放出易燃蒸气，能与空气形成爆炸性混合物，尤其在室内，易发生爆燃，在扑救过程中应不时向燃烧区域上空及周围喷射雾状水，并消除周围一切火源。

注意：发生化学品火灾时，灭火人员不应单独灭火，出口应始终保持清洁和畅通，要选择正确的灭火剂，灭火时还应考虑人员的安全。

第五节 灭火应用计算

灭火应用计算是化学事故救援决策活动的重要内容之一，它对于科学合理地利用现有灭火资源具有重要意义。

一、市政管网消防供水能力计算

（一）市政给水管道流量计算

$$Q=(VD^2)/2 \tag{5-1}$$

式中，Q 为市政给水管道的流量，L/s；D 为市政给水管道的口径，mm；V 为管道内水的当量流速，当管道内水压力为 0.098～0.29MPa 时，枝状管道 V 取 1m/s，环状管道 V 取 1.5m/s。

（二）市政给水管道消防供水能力

根据市政给水管道的流量和目前各类消防车的供水能力（最大流量分别为 30L/s、50L/s、80L/s 等）或火场实际需要，运用流量叠加原理，可以计算出同一条市政给水管道所能停靠的消防车辆数。

市政给水管道消防供水能力如表 5-5 所示。

表 5-5 市政给水管道消防供水能力

管径/mm	100		125		150		200		250		300	
管道压力/MPa	管道形状											
	枝状	环状	枝状	环状	枝状	环状	枝状	环状	枝状	环状	枝状	环状
	供水能力/辆											
0.1	1	1	1	1	1	1	1	2	2	3～4	3～4	6
0.2	1	1	1	1	1	1～2	1～2	3	2～3	5～6	4～5	7
0.3	1	1	1	1～2	1	2	2	3～4	3～4	6～7	5～6	8
0.4	1	1	1	1～2	1～2	2	2～3	4	4～5	6～7	6	9
0.6	1	1	1	1～2	1～2	2～3	3	4～5	4～5	8	6	>9

二、气体类化学危险品事故现场处置灭火剂量计算

（一）气体类化学危险品泄漏事故现场处置灭火剂量计算

1. 冷却用水量计算

（1）有固定冷却设施的储罐冷却用水量计算　冷却用水量包括移动式水枪用水量 $Q_{移}$ 和机动用水量 $Q_{机}$。

① 移动式水枪用水量 $Q_{移}$ 计算。一般单罐容积≤400m³ 时，$Q_{移}$＝30L/s；单罐容积＞400m³ 时，$Q_{移}$＝45L/s。

② 机动用水量 $Q_{机}$ 计算。当其中一个较大罐的固定冷却设施不能工作时，机动用水量应能保证用水枪进行冷却所需的用水量。

a. 球罐表面积计算

$$S=\pi D^2 \tag{5-2}$$

式中，S 为球罐的表面积，m²；π 为圆周率，取 3.14；D 为球的直径，m。

b. 机动用水量计算

$$Q_{机}=0.2S \tag{5-3}$$

式中，$Q_{机}$ 为机动用水量，L/s；0.2 为冷却供给强度，L/(s·m^2)；S 为球罐的表面积，m^2。

③ 冷却用水量计算

$$Q_1 = Q_{移} + Q_{机} \tag{5-4}$$

式中，Q_1 为有固定冷却设施的球罐区需要的冷却用水量，L/s；$Q_{移}$ 为移动式水枪用水量，L/s；$Q_{机}$ 为机动冷却用水量，L/s。

（2）无固定冷却设施的储罐冷却用水量计算

① 冷却需用水枪数计算

$$N_{枪} = S/30 \tag{5-5}$$

式中，$N_{枪}$ 为冷却需用 Φ19mm 水枪数；S 为球罐的表面积，m^2；30 为 Φ19mm 水枪有效射程不小于 15m 时的冷却面积，m^2。

当计算出的水枪数量少于 4 支时，由于战术需要仍采用 4 支；若球罐的容量较大，计算出的水枪数量超过 10 支时，可减少冷却水枪数量，但减少后的水枪数量应不少于 10 支。

② 冷却用水量计算

$$Q_1 = 6.5N_{枪} \tag{5-6}$$

式中，Q_1 为无固定冷却设施的球罐区需用的冷却用水量，L/s；6.5 为 Φ19mm 水枪有效射程不小于 15m 时的流量，L/s；$N_{枪}$ 为冷却需用 Φ19mm 水枪数。

2. 水幕用水量计算

$$Q_2 = 10L_{周}/20 \tag{5-7}$$

式中，Q_2 为水幕用水量，L/s；10 为每根 Φ65mm 水幕水带压力为 0.78MPa 时的流量，L/s；$L_{周}$ 为需设置水幕的周长，m，根据现场需要确定；20 为每根水幕水带的长度，m。

3. 掩护用水量计算

$$Q_3 = 6.5N_{枪} \tag{5-8}$$

式中，Q_3 为掩护用水量，L/s；6.5 为 Φ19mm 水枪有效射程不小于 15m 时的流量，L/s；$N_{枪}$ 为掩护需用 Φ19mm 水枪数（根据现场需要确定）。

4. 现场需用灭火剂量

现场总用水量(Q)＝冷却用水量(Q_1)＋水幕用水量(Q_2)＋掩护用水量(Q_3)

（二）气体类化学危险品爆炸燃烧事故现场处置灭火剂量计算

1. 冷却用水量计算

（1）有固定冷却设施的储罐冷却用水量计算　冷却用水量的计算同气体类化学危险品泄漏事故。

（2）无固定冷却设施的储罐冷却用水量计算　冷却用水量包括着火罐冷却用

水量 $Q_{火}$ 和邻近罐冷却用水量 $Q_{邻}$。

① 着火罐冷却用水量计算

a. 冷却需用水枪数计算。见式(5-5)。

b. 冷却用水量计算

$$Q_{火}=6.5N_{枪} \tag{5-9}$$

式中，$Q_{火}$ 为着火罐需要冷却用水量，L/s；6.5 为 Φ19mm 水枪有效射程不小于 15m 时的流量，L/s；$N_{枪}$ 为冷却需用 Φ19mm 水枪数。

② 邻近罐冷却用水量计算。距着火罐罐壁 30m（着火罐容量小于 200m^3，可减为 15m）范围内或距着火罐直径 1.5 倍的范围内的储罐，均称为邻近罐。

a. 每个邻近罐冷却需用水枪数计算。见式(5-5)。

当计算出的水枪数量少于 2 支时，每个邻近罐的冷却枪数仍采用 2 支；当邻近球罐的直径较大，冷却水枪数量超过 6 支时，仍按 6 支计算。

b. 冷却用水量计算

$$Q_{邻}=6.5N_{总枪} \tag{5-10}$$

式中，$Q_{邻}$ 为着火罐需要的冷却用水量，L/s；6.5 为 Φ19mm 水枪有效射程不小于 15m 时的流量，L/s；$N_{总枪}$ 为冷却需用 Φ19mm 水枪数。

③ 冷却用水量计算

$$Q_1=Q_{火}+Q_{邻} \tag{5-11}$$

式中，Q_1 为无固定冷却设施的球罐区需要的冷却用水量，L/s；$Q_{火}$ 为着火罐需要的冷却用水量，L/s；$Q_{邻}$ 为临近罐需要的冷却用水量，L/s。

2. 水幕用水量计算

水幕用水量计算见式(5-7)。

3. 掩护用水量计算

掩护用水量计算见式(5-8)。

4. 灭火用水量计算

$$Q_4=7.5N_{枪} \tag{5-12}$$

式中，Q_4 为灭火用水量，L/s；7.5 为 Φ19mm 水枪有效射程不小于 17m 时的流量，L/s；$N_{枪}$ 为灭火需用 Φ19mm 水枪数（根据火场需要确定）。

5. 火场需用灭火剂量

$$火场总用水量(Q)=总冷却用水量(Q_1)+水幕用水量(Q_2)+掩护用水量(Q_3)+灭火用水量(Q_4)$$

三、液体类化学危险品事故现场处置灭火剂量计算

（一）液体类化学危险品泄漏事故现场处置灭火剂量计算

1. 冷却用水量计算

泄漏储罐冷却用水量按泄漏罐的整个周长或表面积均需均匀冷却考虑。

(1) 柱形储罐冷却用水量计算

$$Q_1 = 0.8\pi D \tag{5-13}$$

式中，Q_1 为泄漏罐冷却用水量，L/s；0.8 为泄漏罐每米周长冷却用水量，L/(s·m)；π 为圆周率，取 3.14；D 为泄漏罐直径（m，现场提供）。

(2) 卧形储罐冷却用水量计算

$$Q_1 = 0.8 \times 2(a+b) \tag{5-14}$$

式中，Q_1 为泄漏罐冷却用水量，L/s；0.8 为泄漏罐每米周长冷却用水量，L/(s·m)；a 为卧罐水平投影长边长（m，现场提供）；b 为卧罐水平投影短边长（m，现场提供）。

(3) 球形储罐冷却用水量计算

$$Q_1 = 0.2\pi D^2 \tag{5-15}$$

式中，Q_1 为泄漏罐冷却用水量，L/s；0.2 为泄漏罐冷却供给强度，L/(s·m^2)；π 为圆周率，取 3.14；D 为球罐直径（m，现场提供）。

2. 覆盖流散液体普通泡沫液量及用水量计算

(1) 泡沫用量计算

$$Q = 1.25S \tag{5-16}$$

式中，Q 为覆盖需用泡沫量，L/s；1.25 为泡沫供给强度，L/(s·m^2)；S 为流散液体面积（m^2，现场提供）。

(2) 需用泡沫枪（炮）的数量计算

$$N = Q/q \tag{5-17}$$

式中，N 为泡沫枪（炮）的数量；Q 为泡沫用量，L/s；q 为每支（台）泡沫枪（炮）的泡沫产生量，L/s。

泡沫枪（炮）q 值的选取如表 5-6 所示，枪、炮的类型根据现场需要确定。

表 5-6　泡沫枪（炮）q 值选取

泡沫枪(炮)型号	PQ4	PQ8	PQ16	PQ32
泡沫量(q)/(L/s)	25	50	100	200
泡沫混合液量($q_{混}$)/(L/s)	4	8	16	32

(3) 泡沫混合液量计算

$$Q_{混} = Nq_{混} \tag{5-18}$$

式中，$Q_{混}$ 为需用泡沫混合液量，L/s；N 为泡沫枪（炮）的数量；$q_{混}$ 为每支（台）泡沫枪（炮）泡沫混合液量，L/s。泡沫枪（炮）$q_{混}$ 值的选取见表 5-6。

(4) 泡沫液量计算

$$Q_{液} = 0.018Q_{混} \tag{5-19}$$

式中，$Q_{液}$ 为泡沫液常备量，m^3 或 t；$Q_{混}$ 为泡沫混合液量，L/s；0.018

为泡沫液与水的配比为 6∶94 时，5min 使用泡沫液量的系数。

(5) 泡沫覆盖用水量

$$Q_{水}=0.94Q_{混} \quad (5\text{-}20)$$

式中，$Q_{水}$ 为泡沫覆盖用水量，L/s；0.94 为混合液内含水率；$Q_{混}$ 为泡沫混合液量，L/s。

(6) 泡沫覆盖用水储备量

$$Q_2=0.3Q_{水} \quad (5\text{-}21)$$

式中，Q_2 为泡沫覆盖用水常备量，m^3 或 t；0.3 为混泡沫覆盖采用 5min 时的用水量系数；$Q_{水}$ 为泡沫覆盖用水量。

3. 水幕用水计算

$$Q_3=10L_{周}/20 \quad (5\text{-}22)$$

式中，Q_3 为水幕用水量，L/s；10 为每根 Φ65mm 水幕水带压力为 0.78MPa 时的流量，L/s；$L_{周}$ 为需设置水幕的周长（m，根据现场需要确定）；20 为每根水幕水带的长度，m。

4. 掩护用水量计算

$$Q_4=6.5N_{枪} \quad (5\text{-}23)$$

式中，Q_4 为掩护用水量，L/s；6.5 为 Φ19mm 水枪有效射程不小于 15m 时的流量，L/s；$N_{枪}$ 为掩护需用 Φ19mm 水枪数（根据现场需要确定）。

5. 现场需用灭火剂量

现场总用水量(Q)＝冷却用水量(Q_1)＋泡沫覆盖流散液体用水量($Q_{水}$)＋水幕用水量(Q_3)＋掩护用水量(Q_4)

现场普通泡沫液用量(Q)＝覆盖流散液体泡沫液量($Q_{液}$)

(二) 液体类化学危险品爆炸燃烧事故现场处置灭火剂量计算

1. 普通泡沫液量及用水量计算

(1) 扑救燃烧储罐泡沫液量及用水量计算

① 燃烧液面积计算

a. 柱形储罐燃烧液面积计算

$$S=\pi D^2/4 \quad (5\text{-}24)$$

式中，S 为储罐燃烧液面积，m^2；π 为圆周率，取 3.14；D 为储罐直径（m，现场提供）。

b. 卧形储罐燃烧液面积计算

$$S=ab \quad (5\text{-}25)$$

式中，S 为储罐燃烧液面积，m^2；a 为卧罐水平投影长边长（m，现场提供）；b 为卧罐水平投影短边长（m，现场提供）。

c. 球形储罐燃烧液面积计算

$$S=\pi D^2 \tag{5-26}$$

式中，S 为储罐燃烧液面积，m^2；π 为圆周率，取 3.14；D 为球罐直径（m，现场提供）。

② 泡沫用量计算

$$Q_{泡1}=1.25S \tag{5-27}$$

式中，$Q_{泡1}$为灭火需用泡沫量，L/s；1.25 为泡沫供给强度，L/(s·m^2)；S 为燃烧液面积，m^2。

③ 需用泡沫枪（炮）的数量计算

$$N=Q_{泡1}/q \tag{5-28}$$

式中，N 为泡沫枪（炮）的数量；$Q_{泡1}$为泡沫用量，L/s；q 为每支（台）泡沫枪（炮）的泡沫产生量，L/s。

泡沫枪（炮）q 值的选取见表 5-6（枪、炮的类型根据现场需要确定）。

④ 泡沫混合液量计算

$$Q_{混1}=Nq_{混1} \tag{5-29}$$

式中，$Q_{混1}$为需用泡沫混合液量，L/s；N 为需用泡沫枪（炮）的数量；$q_{混1}$为每支（台）泡沫枪（炮）需要的混合液量，L/s。

泡沫枪（炮）$q_{混}$ 值的选取见表 5-6。

⑤ 泡沫液量计算

$$Q_{液1}=0.108Q_{混1} \tag{5-30}$$

式中，$Q_{液1}$为泡沫液常备量，m^3 或 t；$Q_{混1}$为泡沫混合液量，L/s；0.108 为泡沫液与水配比为 6∶94 时，30min 使用泡沫液量的系数。

⑥ 泡沫灭火用水量计算

$$Q_{水1}=0.94Q_{混1} \tag{5-31}$$

式中，$Q_{水1}$为泡沫灭火用水量，L/s；$Q_{混1}$为泡沫混合液量，L/s；0.94 为当液水比为 6∶94 时，混合液内的含水率。

⑦ 灭火用水储备量

$$Q_{水备1}=1.8Q_{水1} \tag{5-32}$$

式中，$Q_{水备1}$为灭火用水储备量，m^3 或 t；1.8 为泡沫灭火采用 30min 时的用水量系数；$Q_{水1}$为泡沫灭火用水量，L/s。

(2) 冷却用水量计算　冷却用水量包括着火罐冷却用水量 $Q_{火}$ 和邻近罐冷却用水量 $Q_{邻}$。

① 着火罐冷却用水量计算。着火罐冷却用水量按储罐的整个周长或表面积均需均匀冷却考虑。

a. 柱形储罐冷却用水量计算

$$Q_{火}=0.8\pi D \tag{5-33}$$

式中，$Q_{火}$ 为着火罐冷却用水量，L/s；0.8 为着火罐每米周长冷却用水量，

L/(s·m)；π 为圆周率，取 3.14；D 为着火罐直径（m，现场提供）。

b. 卧形储罐冷却用水量计算

$$Q_{火}=0.8\times2(a+b) \tag{5-34}$$

式中，$Q_{火}$ 为着火罐冷却用水量，L/s；0.8 为着火罐每米周长冷却用水量，L/(s·m)；a 为卧罐水平投影长边长（m，现场提供）；b 为卧罐水平投影短边长（m，现场提供）。

c. 球形储罐冷却用水量计算

$$Q_{火}=0.2\pi D^2 \tag{5-35}$$

式中，$Q_{火}$ 为着火罐冷却用水量，L/s；0.2 为着火罐冷却供给强度，L/(s·m^2)；π 为圆周率，取 3.14；D 为球罐直径（m，现场提供）。

② 邻近罐冷却用水量计算。在着火罐四周 1.5D（D 为着火罐直径）范围内的邻近罐均应进行冷却，邻近罐冷却用水量 $Q_{邻}$ 可按着火罐冷却用水量方法计算，但柱形、卧形罐冷却供给强度为 0.7L/(s·m)，且冷却范围按半个周长计算，球形罐冷却供给强度仍为 0.2L/(s·m^2)，但冷却范围按半个表面积计算，若邻近储罐超过 3 个时，应按其中 3 个较大罐计算，如果间距较小，宜按 4 个计算。

③ 冷却用水量计算

$$Q_2=Q_{火}+Q_{邻} \tag{5-36}$$

式中，Q_2 为储罐区需用冷却用水量，L/s；$Q_{火}$ 为着火罐需要的冷却用水量，L/s；$Q_{邻}$ 为邻近罐需要的冷却用水量，L/s。

（3）扑救流散液体火泡沫液量及用水量计算　地上、半地下储罐着火，可能出现储罐破裂，发生液体流散，因而需用泡沫枪扑救，可以根据储罐区的具体情况，确定需要使用 PQ8 型泡沫枪的数量。

① 泡沫用量计算

$$Q_{泡2}=1.25S \tag{5-37}$$

式中，$Q_{泡2}$为灭火需用泡沫量，L/s；1.25 为泡沫供给强度，L/(s·m^2)；S 为流散液体面积（m^2，现场提供）。

② PQ8 型泡沫枪的数量计算

$$N_{枪}=Q_{泡2}/50 \tag{5-38}$$

式中，$N_{枪}$ 为 PQ8 型泡沫枪数量；$Q_{泡2}$为灭火需用泡沫量，L/s；50 为每支 PQ8 型泡沫枪泡沫用量，L/s。

③ 泡沫混合液量计算

$$Q_{混2}=8N_{枪} \tag{5-39}$$

式中，$Q_{混2}$为灭火需用泡沫混合液量，L/s；8 为每支 PQ8 型泡沫枪泡沫混合液用量，L/s；$N_{枪}$ 为 PQ8 型泡沫枪数量。

④ 泡沫液量计算

$$Q_{液2}=0.108Q_{混2} \tag{5-40}$$

式中，$Q_{液2}$为泡沫液常备量，m^2 或 t；$Q_{混2}$为泡沫混合液量，L/s；0.108 为泡沫液与水配比为 6∶94 时，30min 使用泡沫液量的系数。

⑤ 泡沫灭火用水量计算

$$Q_{水2}=0.94Q_{混2} \tag{5-41}$$

式中，$Q_{水2}$为泡沫灭火用水量，L/s；$Q_{混2}$为泡沫混合液量，L/s；0.94 为混合液内含水率。

⑥ 灭火用水储备量计算

$$Q_{水备2}=1.8Q_{水2} \tag{5-42}$$

式中，$Q_{水备2}$为灭火用水常备量，m^2 或 t；1.8 为泡沫灭火采用 30min 时的用水量系数；$Q_{水2}$为灭火用水量，L/s。

(4) 水幕用水量计算

$$Q_4=10L_{周}/20 \tag{5-43}$$

式中，Q_4 为水幕用水量，L/s；10 为每根 Φ65mm 水幕水带压力为 0.78MPa 时的流量，L/s；$L_{周}$ 为需设置水幕的周长（m，根据现场需要确定）；20 为每根水幕水带的长度，m。

(5) 掩护用水量计算

$$Q_5=6.5N_{枪} \tag{5-44}$$

式中，Q_5 为掩护用水量，L/s；6.5 为 Φ19mm 水枪有效射程不小于 15m 时的流量，L/s；$N_{枪}$ 为掩护需用 Φ19mm 水枪数（根据现场需要确定）。

(6) 火场需用灭火剂量

火场总用水量(Q)＝扑灭储罐火用水量($Q_{水1}$)＋冷却用水量(Q_2)＋扑灭流散火用水量($Q_{水2}$)＋水幕用水量(Q_4)＋掩护用水量(Q_5)

火场总普通泡沫液用量(Q)＝扑灭储罐火泡沫液量($Q_{液1}$)＋扑灭流散火泡沫液量($Q_{液2}$)

2. 高倍泡沫液量及用水量计算

① 灭火体积。高倍泡沫灭火体积按灭火空间整个体积计算。一般情况下，不考虑空间内物体所占据的体积。

② 泡沫量。灭火空间（场所）或需要淹没的空间的体积，即为需要的泡沫量。

③ 泡沫倍数。高倍泡沫的倍数约为泡沫混合液量的 500～800 倍。

④ 需用高倍泡沫产生器的数量计算

$$N=V/(5q) \tag{5-45}$$

式中，N 为需用高倍泡沫产生器数量；V 为泡沫量，即需要保护的空间体积，m^3；q 为每个高倍泡沫产生器的泡沫产生量，m^3/min；5 表示高倍泡沫灭火应在 5min 内充满保护空间。

⑤ 泡沫混合液量计算

$$Q_{混}=Nq_{混} \quad (5\text{-}46)$$

式中，$Q_{混}$ 为保护空间需要混合液量，L/s；N 为保护空间需用高倍泡沫产生器数量；$q_{混}$ 为每个高倍泡沫产生器需用混合液量，L/s。

⑥ 泡沫液常备量计算。按普通泡沫方法计算。

$$Q_{液}=0.108Q_{混} \quad (5\text{-}47)$$

⑦ 泡沫灭火用水量计算。按普通泡沫方法计算，见式(5-20)。

3. 干粉量计算

（1）灭火干粉量计算

$$W_1=C(V-V_1)+2.4S \quad (5\text{-}48)$$

式中，W_1 为保护空间需要的干粉量，即灭火所需干粉量，kg；C 为干粉供给强度，kg/m^3，一般采用 0.6；V 为保护空间体积，m^3；V_1 为保护空间内不燃物的体积，m^3；S 为不能关闭的门、窗、孔、洞的面积，m^2。

（2）干粉常备量计算

$$W_2=2W_1 \quad (5\text{-}49)$$

式中，W_2 为干粉常备量，kg；2 为干粉常备量系数；W_1 为灭火所需干粉量，kg。

四、固体类化学危险品事故现场处置灭火剂量计算

（一）固体类化学危险品泄漏事故现场处置灭火剂量计算

1. 覆盖散落物品普通泡沫液量及用水量计算

（1）泡沫用量计算

$$Q=1.25S \quad (5\text{-}50)$$

式中，Q 为覆盖需用泡沫量，L/s；1.25 为泡沫供给强度，$L/(s \cdot m^2)$；S 为散落物品面积（m^2，现场提供）。

（2）需用泡沫枪的数量计算

$$N=Q/q_{枪} \quad (5\text{-}51)$$

式中，N 为泡沫枪的数量；Q 为覆盖需用泡沫用量，L/s；$q_{枪}$ 为每支泡沫枪的泡沫产生量，L/s。

泡沫枪 q 值的选取见表 5-6（枪的类型根据现场需要确定）。

（3）泡沫混合液量计算

$$Q_{混}=Nq_{混} \quad (5\text{-}52)$$

式中，$Q_{混}$ 为需用泡沫混合液量，L/s；N 为泡沫枪数量；$q_{混}$ 为每支泡沫枪泡沫混合液量，L/s。

泡沫枪 $q_{混}$ 值的选取见表 5-6。

（4）泡沫液量计算

$$Q_{液}=0.018Q_{混} \quad (5\text{-}53)$$

式中，$Q_{液}$ 为泡沫液常备量，m^3 或 t；$Q_{混}$ 为泡沫混合液量，L/s；0.018 为泡沫液与水配比为 6∶94 时，5min 使用泡沫液量的系数。

(5) 泡沫覆盖用水量计算　按普通泡沫方法计算，见式(5-20)。

(6) 泡沫覆盖用水储备量计算

$$Q_{水备}=0.3Q_{水} \quad (5\text{-}54)$$

式中，$Q_{水备}$ 为泡沫覆盖用水常备量，m^3 或 t；0.3 为泡沫覆盖采用 5min 时的用水量系数；$Q_{水}$ 为泡沫覆盖用水量，L/s。

2. 水幕用水量计算

水幕用水量计算见式(5-7)。

3. 掩护用水量计算

掩护用水量计算见式(5-8)。

4. 现场需用灭火剂量

现场总用水量(Q)＝泡沫覆盖散落物品用水量($Q_{水}$)＋水幕用水量(Q_2)＋掩护用水量(Q_3)

现场普通泡沫液用量(Q)＝覆盖流散物品泡沫液量($Q_{液}$)

(二) 固体类化学危险品爆炸燃烧事故现场处置灭火剂量计算

1. 扑救燃烧罐（桶）普通泡沫液量及用水量计算

(1) 泡沫用量计算　见式(5-27)。

(2) 需用泡沫枪（炮）的数量计算　见式（5-28)。

泡沫枪 q 值的选取见表 5-6（枪、炮的类型根据现场需要确定)。

(3) 泡沫混合液量计算　见式(5-29)。

(4) 泡沫液量计算　见式(5-30)。

(5) 泡沫灭火用水量计算　见式(5-31)。

(6) 灭火用水储备量计算　见式(5-32)。

2. 冷却用水量计算

冷却用水量包括着火罐(桶)冷却用水量 $Q_{火}$ 和邻近罐(桶)冷却用水量 $Q_{邻}$。

(1) 着火罐（桶）冷却用水量计算

$$Q_{火}=6.5N_{枪} \quad (5\text{-}55)$$

式中，$Q_{火}$ 为着火罐（桶）冷却用水量，L/s；6.5 为 Φ19mm 水枪有效射程不小于 15m 时的流量，L/s；$N_{枪}$ 为需用 Φ19mm 水枪数（根据火场需要确定)。

(2) 邻近罐（桶）冷却用水量计算

$$Q_{邻}=6.5N_{枪} \quad (5\text{-}56)$$

式中，$Q_{邻}$ 为邻近罐（桶）冷却用水量，L/s；6.5 为 Φ19mm 水枪有效射程不小于 15m 时的流量，L/s；$N_{枪}$ 为需用 Φ19mm 水枪数（根据火场需要确定）。

（3）冷却用水量计算　见式(5-36)。

3. 扑救流散火普通泡沫液量及用水量计算

储罐（桶）着火，可能出现储罐（桶）破裂，发生物品流散，因而需用泡沫枪扑救，可根据现场的具体情况，确定需要使用 PQ8 型泡沫枪的数量。

（1）泡沫用量计算　见式(5-37)。

（2）PQ8 型泡沫枪的数量计算　见式(5-38)。

（3）泡沫混合液量计算　见式(5-39)。

（4）泡沫液量计算　见式(5-40)。

（5）灭火用水量计算　见式(5-41)。

（6）灭火用水储备量计算　见式(5-42)。

4. 水幕用水量计算

水幕用水量计算见式(5-43)。

5. 掩护用水量计算

掩护用水量计算见式(5-44)。

6. 火场需用灭火剂量

火场总用水量(Q)＝扑灭储罐(桶)火用水量($Q_{水1}$)＋冷却用水量(Q_2)＋扑灭流散火用水量($Q_{水2}$)＋水幕用水量(Q_4)＋掩护用水量(Q_5)

火场总普通泡沫液用量(Q)＝扑灭储罐(桶)火泡沫液量($Q_{液1}$)＋扑灭流散火泡沫液量($Q_{液2}$)

第六章 化学事故现场洗消

随着化学工业的发展，在第一次世界大战和第二次世界大战中使用的军事毒剂，如氰化氢、光气、氯气等，目前已作为基本化工原料，在现代化学工业中被大量且广泛地应用。化学事故的处置紧紧围绕着化学毒物侦检监测，抢救中毒人员，组织污染区的人员防护或撤离，控制污染区，对毒物实施堵漏、输转，对染毒对象实施洗消处理等项工作展开。因此，洗消工作是化学事故抢险过程中一个必不可少的环节，它可以从根本上降低和消除毒源造成的污染。洗消工作原来由解放军防化部队防化洗消分队实施，现在这类任务一般由消防部队组建的消防特勤防化专业洗消力量承担，在公安、交通、环卫和事故单位的配合下开设洗消站实施洗消作业。由于目前救援力量对洗消工作重视程度不够，洗消剂种类单一，洗消装备缺乏，重大化学事故现场洗消任务重、洗消对象多，因此，救援力量应加强化学事故的现场洗消工作。洗消工作是一项要求高、技术强的处置工作。

第一节　洗消概述

一、洗消的定义及作用

（一）洗消的定义

洗消是指对染有化学毒剂、生物战剂、放射性物质等的人员、装备、环境等染毒对象进行洗涤、消毒、去除、灭活，使污染程度降低或消除到可以接受的安全水平。洗消的目的是把化学毒剂、放射性物质和病原体从各种物体表面上除掉或使之变成无害层面，以减少伤亡，保障生存。洗消作业是化学事故应急处置工作的重要组成部分。洗消是危险化学品泄漏事故处置的重要行动，是在灾害事故现场控制灾情发展、降低灾情危害的有效措施。它关系到泄漏事故的处置行动是否会前功尽弃，关系到危险化学品泄漏的处置任务能否圆满完成，关系到事故处置的染毒因素是否会留有后患。

（二）洗消的作用

化学事故中化学毒物的泄漏，不同于日常的跑、冒、滴、漏所造成的时间长、剂量小的环境污染。化学毒物的泄漏不仅可以使处置人员、器材装备染毒，而且能够造成空气、地面、土壤、农作物、建（构）筑物表面的严重污染；化学毒物如果渗入地下，流入江河、湖泊等水体，还会导致水域的严重污染。在危险化学品泄漏事故的处置现场，针对染毒的范围和程度，及时有效地组织洗消，是减少现场灾情危害、顺利完成灾害处置任务的重要环节。

1. 降低现场毒性

在危险化学品泄漏事故处置过程中或处置结束后，现场会有泄漏物泼洒于地面、滞留于低洼处，或黏附在建筑墙面及使用的装备器材上，及时地组织洗消就能降低现场毒物的散发，或彻底消除现场有毒遗留物。警戒区内的人员（包括救援人员）的服装、使用装备在撤离警戒区以前进行洗消，能有效防止二次污染。

2. 减少人员伤亡

灾害现场残留的有毒物质，特别是氯气、硫化氢和氰化氢等，如不及时予以彻底洗消清除，其毒气散发出来仍能威胁人员生命安全。因此有染毒物质的现场必须组织洗消，洗消能降低染毒人员的染毒程度，为染毒人员的医疗救治提供宝贵的时间，减少事故现场的人员伤亡。

3. 缩小警戒区域

如果泄漏的化学物质在事故现场得到及时控制，并对事故现场和泄漏点周边环境及时进行洗消，就能缩小警戒区域，精简警戒人员，便于有关部门实施警戒，便于居民的防护和撤离。

4. 提高处置效率

洗消能提高事故现场的能见度，便于现场处置的组织指挥；洗消能降低事故现场的污染程度，降低处置人员的防护水平，简化化学事故的处置程序，提高事故现场的处置能力。

5. 消除燃爆隐患

具有燃烧、爆炸危险特性的化学物质发生泄漏后，在事故处置现场一旦遇到火源，就有发生燃烧、爆炸的危险，洗消能使具有火灾爆炸危险的化学物质失去燃爆性，消除事故现场发生燃烧或爆炸的威胁。

6. 保护生态环境

洗消能消除或降低毒物对环境的污染，最大限度地降低事故损失。危险化学品的泄漏，除了对人员生命构成威胁以外，生态环境受到的污染更为严重，特别是残留在灾害事故处置现场的化学毒物，仍将长期影响、危害生态环境。所以，洗消是保护生态环境的有效措施，洗消越及时、越彻底，生态环境受到的污染就越轻，灾害事故造成的损失就越小。

二、洗消的任务和对象

（一）洗消的任务

洗消的任务就是对确定的染毒对象，实施彻底的洗涤和消毒，以降低或消除其危害，避免二次污染的发生，最大限度地减少人员的伤亡。

（二）洗消的对象

根据化学事故现场染毒对象的不同，应急洗消任务可分为：染毒战斗人员的洗消、染毒群众的洗消、染毒地面的洗消、染毒空气的洗消、染毒水源的洗消、染毒衣物的洗消、染毒植物的洗消、染毒动物的洗消、染毒器材装备的洗消和染毒建（构）筑物的洗消。消防部队在化学事故现场洗消的主要任务是：人员的洗消、车辆装备的洗消和环境的洗消。

1. 人员的洗消

人员的洗消包括：染毒区作业人员的洗消，染毒群众的洗消，警戒区内警戒人员、记者、医务人员等工作人员的洗消。

2. 车辆装备的洗消

灾害现场投入处置行动的消防车辆及其器材装备；社会联动力量投入的处置装备，包括各种检测、输转、堵漏等设备、仪器；原来停留在警戒区域内的车辆；有染毒可能的应全部洗消。

3. 环境的洗消

环境的洗消包括：染毒空气的洗消，染毒地面的洗消，染毒水域的洗消，染毒建（构）筑物的洗消和染毒树木、植被的洗消。

三、洗消的原则

化学事故处置的洗消工作必须坚持“因地制宜，积极兼容，快速高效，专业洗消与指导群众自消相结合”的积极洗消原则。

（一）因地制宜

由于国家和地方政府对消防部队在化学事故处置方面的专项投入有限，很多消防队伍还没有配备制式洗消器材，消防器材装备也十分有限。因此，消防部队在开展洗消工作时，必须立足于现有的消防器材装备，并充分发挥它们的洗消优势，结合灾害现场的实际情况来完成洗消任务。

（二）积极兼容

对于大型化学事故，消防队伍在组织实施洗消时，必须考虑到社会上现有的各种可用于洗消的器材装备，调动各种社会力量来弥补消防部队洗消器材装备和技术的不足，以满足化学事故现场应急洗消的需要。

（三）快速高效

化学事故的发生具有突发性强的特点，这就要求消防队伍对化学事故的洗消工作，平时要加强技战术训练，加强与社会协同力量的沟通与业务指导，化学事故一旦发生，消防队伍及时到达现场，实施快速高效的洗消，社会协同力量，呼之能来，来之能战。

（四）专业洗消与指导群众自消相结合

目前消防部队应急洗消的器材装备数量和技术水平还十分有限，消防部队平时不仅要提高自身的洗消技术业务水平，做到人人能消，人人会消；同时，还要加大宣传力度，提高群众的自消水平。消防部队在灾害事故现场不仅要有效地组织洗消，同时还要指导警戒区内受染轻微的群众进行自消，减缓现场洗消压力，做到染毒重的专业洗消，染毒轻的群众组织洗消，以满足化学事故现场对应急洗消的需要。

第二节　洗消原理

化学事故洗消的基本方法按照洗消原理，可分为化学洗消法、物理洗消法和生物洗消法。化学洗消法又可分为中和洗消法、氧化还原洗消法、催化洗消法、络合洗消法和燃烧洗消法等。物理洗消法又分为吸附洗消法、通风洗消法、溶洗洗消法、机械转移洗消法、冲洗洗消法、蒸发洗消法、反渗透洗消法等。生物洗消法又分为酶洗消法、微生物洗消法。

一、化学洗消法

化学洗消法利用化学消毒剂与有毒化学物质发生化学反应，改变化学毒物的化学性质，使之成为无毒或低毒物质，从而达到消毒的目的。化学洗消是较为彻底的消毒方法，但化学消毒方法一般以水为溶剂，消毒剂与毒剂之间的反应受温度影响大，一般在低温下反应速率很慢，在寒冷季节必须加热以提高反应速率。

（一）中和洗消法

中和洗消法是利用酸和碱发生中和反应的反应原理，来对酸或碱进行消毒的方法。

酸和碱都能强烈地腐蚀皮肤、设备，且具有较强的刺激性气味，吸入体内能损伤呼吸道和肺部。如果有强酸大量泄漏，可用碱性溶液，如氢氧化钠水溶液、碳酸钠水溶液、氨水、石灰水等实施洗消。如果大量碱性物质发生泄漏，如氨的泄漏，可用酸性物质中和消毒，如乙酸的水溶液、稀硫酸、稀硝酸、稀盐酸等。氨水本身是一种刺激性物质，用作消毒剂时其浓度不宜超过10%，以免造成伤害。无论是消毒酸还是消毒碱，使用时必须配制成稀的水溶液使用，以免引起新的酸碱伤害。强酸和强碱溶解于水时会放出大量的溶解热，因此配制水溶液时应将酸或碱慢慢地倒入水中，并不断搅动，使其散热；无论消毒酸，还是消毒碱，中和消毒完毕，还要用大量的水实施冲洗。

（二）氧化还原洗消法

氧化还原洗消法是利用氧化-还原反应原理，使化学毒物的毒性降低或消除的消毒方法。

氧化-还原反应的实质是反应物之间得失电子的反应，通过毒物电子的得失，使毒物中某些元素的价态发生变化，从而使毒物的毒性降低或消除。例如，硫醇、硫化氢、磷化氢、硫磷农药、含硫磷的某些军事毒剂等低价硫磷化合物，可用氧化剂，如漂白粉、三合二洗消剂等强氧化剂，迅速将其氧化成高价态的无毒化合物。

（三）催化洗消法

催化洗消法是利用催化原理在催化剂的作用下，使有毒化学物质加速生成无毒物的化学消毒方法。

催化反应的实质是催化剂的加入改变了化学反应的途径，降低了化学反应的活化能，使化学反应加速进行，而催化剂本身的化学性质和数量在反应前后并没有发生变化。一些有机硫磷农药、军事毒剂等都具有毒性大、毒效长的特点，但其水解的最终产物没有毒性。在常温、低浓度下它们需要数天的时间才能彻底水解，不能满足化学事故现场消毒的要求。但在常温的碱水溶液或碱醇溶液中，即使在高浓度下它们也可在几分钟之内水解完毕，这不是酸碱中和反应，而是碱催化反应。此外，催化洗消法还有催化氧化洗消法、催化光化洗消法等。催化洗消法只需少量的催化剂溶入水中即可，是一种经济高效、很有发展前途的化学消毒方法。

（四）络合洗消法

络合洗消法利用络合剂与有毒化学物质快速络合，生成无毒的络合物，使原有的毒物失去毒性。络合洗消法使用的络合剂又可分为有机络合剂和无机络合剂。

（五）燃烧洗消法

燃烧洗消法是通过燃烧来破坏有毒化学物质，使其毒性降低或失去毒性的消毒方法。对价值不大的物品实施消毒时可采用燃烧洗消法，但燃烧洗消法是一种不彻底的消毒方法，燃烧可能会使有毒化学物质挥发，造成邻近或下风方向空气污染，故使用燃烧洗消法时洗消人员应采取相应的防护措施。

化学洗消法一般都比较有效、可靠、彻底，但也具有很大的局限性，一种洗消剂往往只对某种或几种毒剂起的作用很大，不能适合大多数毒剂的洗消，而且还应考虑洗消剂的最佳洗消效果和不良作用（如腐蚀）之间的协调；反应受温度影响较大，温度越低，反应速率越慢，在寒冷季节必须加热以提高反应速率；使用化学消毒方法，一般需使用过量的消毒剂，在后勤保障及经济性方面加重了负担。因此，到目前为止，化学洗消法还不是一种理想的消毒方法。

二、物理洗消法

物理洗消方法是利用物理的手段，如通风、稀释、溶解、收集输转、掩埋隔离等，将毒物的浓度降低、泄漏物隔离封闭或清离现场，达到消除毒物危害的方法。物理法洗消是指在洗消过程中不破坏毒剂的分子结构，只是通过溶洗、吸附、蒸发和渗透等措施将毒剂从染毒对象上清除掉，物理洗消法实施洗消，俗称“搬家”。常用的物理消毒方法有吸附洗消法、通风洗消法、溶洗洗消法、机械转移洗消法、冲洗洗消法、蒸发洗消法和反渗透洗消法等。

（一）吸附洗消法

吸附洗消法是利用具有较强吸附能力的物质来吸附化学毒物，如吸附垫、活性白土、硅胶、活性炭等，都是装备的军用吸附消毒剂。吸附洗消法是将吸附剂布洒在染毒表面，将毒剂转移到吸附剂中，从而达到消毒目的。吸附洗消法的优点是操作简单，吸附剂没有刺激性和腐蚀性，对各种液体毒剂吸附剂没有选择性，吸附剂来源广泛，适用于人员的自消。其缺点是消毒效率较低，只适于液体毒物的局部消毒，同时吸附剂不能破坏毒剂，用过的吸附剂为染毒物质，必须做进一步消毒处理。

（二）通风洗消法

通风洗消法是采用通风的方法，使局部区域内的有毒气体或有毒蒸气浓度降低的消毒方法。通风洗消法一般适用于局部空间区域的消毒，如车间内、库房内、污水井内、下水道内等。根据局部空间区域内有毒气体或蒸气浓度的高低，可采用自然通风或强制通风的消毒措施。采用强制通风消毒时，局部空间区域内排出的有毒气体或蒸气不得重新进入局部空间区域。若采用机械排毒通风的办法实施消毒，应根据有毒气体或有毒蒸气的密度与空气密度的大小，来确定排毒口的具体位置。采用机械通风排毒时，若排出的毒物具有燃爆性，排毒设备必须防爆。

（三）溶洗洗消法

溶洗洗消法是指用棉花、纱布等浸以汽油、酒精、煤油等溶剂，将染毒物表面的毒物溶解擦洗掉。此种消毒方法消耗溶剂较多，消毒不彻底，多用于精密仪器和电子设备的消毒。

（四）机械转移洗消法

机械转移洗消法是采用除去或覆盖染毒层的办法，也可采用将染毒物密封移走或密封掩埋的方法，使事故现场的毒物浓度得以降低的方法。例如，用推土机铲除并移走染毒的土层或雪层，用砂土、水泥粉、炉渣等对染毒地面实施覆盖等。这种方法虽然不能破坏毒物的毒性，但在化学事故处置现场至少可在一段时间内，使处置人员的防护水平得以降低。对消除放射性污染，这是最常用的洗消方法。对于消毒胶黏毒剂，首先进行剥离铲除是非常必要的先行工作。机械转移洗消法不仅可用人工方法，也可使用工程机械，但需要充足的时间、人力和设备，只适合在没有或缺少洗消装备的情况下作为辅助方法使用。

（五）冲洗洗消法

冲洗洗消法是用水冲洗染毒物的表面，使毒物与物体表面脱离，并随水一起被清除，从而达到消毒的目的。在采用冲洗洗消法实施消毒时，若在水中加入某些洗涤剂，如洗衣粉、肥皂、洗涤液、表面活性剂之类的物质，冲洗效果更好。冲洗洗消法的优点是操作简单，腐蚀性小，冲洗剂价廉易得。其缺点是耗水量大，处理不当会使毒剂扩散和渗透，扩大染毒区域的范围。

（六）蒸发洗消法

蒸发洗消法是将染毒的表面曝露在热气流中使化学毒剂蒸发，从而达到消毒的目的。理论上所需的最低能量由化学毒剂的沸点、蒸发潜热以及沾染毒剂的比热容所决定。对车辆内部、精密仪器的消毒，热空气是比较理想的热气流。装备的燃气射流车就是利用航空涡轮喷气发动机所喷出的高速热气流对大型装备进行洗消。在寒冷地区，热空气消毒也许是最令人满意的消毒方法。蒸发消毒虽然可使部分毒剂受热分解，但大部分毒剂将处于更加活跃的空气染毒状态，对下风区域有威胁。实施时应根据大气扩散模式和毒剂种类，估算出危害范围和程度，进行合理的指挥和防护。

（七）反渗透洗消法

反渗透技术是20世纪50年代发展起来的分离技术。最初用于海水淡化，现已广泛用于水处理及其他多种工业领域。如图6-1(a)所示，在一定温度下用一个只能使溶剂通过而不能使溶质透过的半透膜把纯溶剂与溶液隔开，溶剂就会通过半透膜渗透到溶液中使溶液液面上升，直到溶液液面升到一定高度达到平衡状态，渗透才停止。渗透平衡时，溶剂液面和同一水平的溶液截面上所受的压力分别为p及$p+\rho gh$（ρ是平衡时溶液的密度，g是重力加速度，h是溶液液面与纯溶剂液面的高度差），后者与前者之差称作渗透压，以Π表示。如图6-1(b)所示，当施加在溶液与纯溶剂上的压力差大于溶液的渗透压时，则溶液中的溶剂通过半透膜渗透到纯溶剂中，这种现象称为反渗透。

所以在洗消中，反渗透的定义是指采用具有选择透过性的薄膜，在压力推动下使水透过而其他物质被藏留的过程。反渗透主要用于水源消毒，用一定的压力把染毒的水通过特殊的半透膜，可膜内将会出来干净的可供饮用的水。20世纪

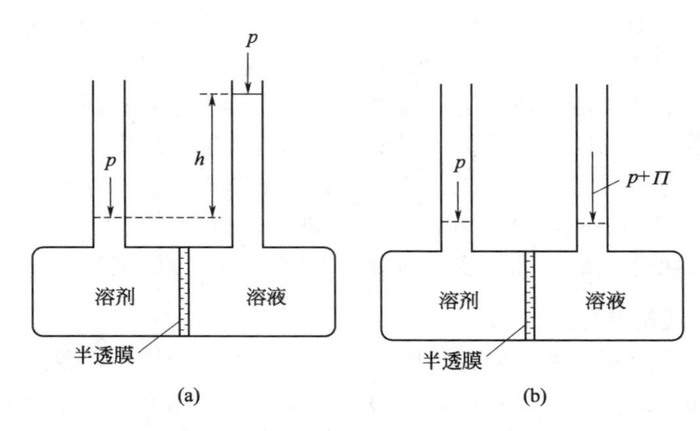

图 6-1 渗透平衡示意图

60 年代末美军已将反渗透技术应用于核、生、化污染水的消毒，70 年代列入装备。目前基于这种膜技术的水源净化装备已是西方国家的主要净水装备。反渗透消毒的最大优点是高效节能，分离范围广。

物理洗消方法的实质是通过将毒物的浓度稀释至其最高容许浓度以下，或防止人体接触来减弱或控制毒物的危害，洗消剂（或其他消毒介质如热空气、高压水）不与毒剂发生化学反应，在洗消过程中毒剂的分子结构没有被破坏。其突出特点是通用性好，洗消时可不用考虑毒剂的化学结构，如吸附法不受温度限制，对于精密装备使用热空气吹扫和有机溶剂冲洗等都是非常有效的方法，但是它只适合于临时性解决现场毒物的危害，清除下来的毒剂可能对地面和环境造成二次危害，需要进行二次消毒。

三、生物洗消法

生物洗消法是利用酶、微生物等生物材料和生物技术，使有毒有害化学品和有害微生物转化为低毒或无毒物质的洗消方法。该方法是一种新型的洗消方法。目前，常用的生物洗消法分为酶洗消法、微生物洗消法。生物酶洗消剂是利用生物发酵培养得到的一类高效水解酶，该方法的主要原理是利用降解酶的生物活性快速高效地切断磷脂键，使不溶于水的毒剂大分子降解为无毒且可以溶于水的小分子，从而达到使染毒部位迅速脱毒的目的，并且降解后的溶液无毒，不会造成二次污染。生物酶洗消剂与传统的化学反应型洗消剂相比，具有快速、高效、安全、环境友好、用量少、后勤负担小等独特的优点。

四、自然消毒

由于人工洗消是一项费时费力而且消耗极大的工作，有时我们不可能有足够的装备和人员去对所有的沾染进行洗消，而且有时也不需要和不可能完全洗消，因此洗消常常是局部的，其余部分要靠风吹日晒的自然消毒。

采用人工消毒还是利用自然消毒，这取决于指挥员的正确判断。一方面要分析染毒地域的状态，另一方面要确定自然消毒的方法是否满足需要，后者需要指挥员有丰富的关于毒剂、有毒有害化学品和有害微生物的自然降解与气候地理等条件的关系方面的知识。

自然消毒包括物理、化学和生物等多方面的复杂过程。为了充分利用毒剂的自然消毒，必须同有效的分析化验相结合。

洗消方法较多，各有特点和适用的范围。在进行染毒现场洗消时，应根据毒物的种类、泄漏量，以及毒物的性态、被污染或洗消的对象等因素来考虑洗消方法的选择。洗消方法的选择应符合的基本要求是：消毒要快，毒性消除彻底，洗消费用尽量低，消毒剂不会对人造成伤害。

五、常用的洗消技术

洗消技术的发展经历了三个阶段，即常温常压喷洒洗消阶段，高温高压射流洗消阶段和非水洗消阶段。洗消技术的发展也推动了洗消器材和装备的开发和研究。

（一）常温常压喷洒洗消阶段

20世纪40年代以来，传统的洗消技术是以水基、常温常压喷洒技术为主。常温是指洗消装备中除人员、洗消车外无加热元件，洗消液的温度接近自然界中水的温度；常压是工作压力较低，一般为0.2～0.3MPa；喷洒是指洗消装备的冲洗力量小，洗消液流量大。这种技术的缺点是效率较低，洗消液用量大，而且低温会导致洗消液严重冻结，影响装备效能的发挥。

（二）高温高压射流洗消阶段

20世纪80年代，高温高压射流技术在洗消领域得到广泛应用。高温指水温80℃、蒸气温度140～200℃、燃气温度500℃以上；高压指工作压力为6～7MPa、燃气流速可高达400m/s；射流包括液体、气体射流和光射流。德国、意大利率先将高温高压射流技术应用于水基洗消装备，由于高温高压射流技术利用高温和高压形成的射流洗消，产生物理和化学双重洗消效能，因此具有洗消效率高、省时、省力、省洗消剂甚至不用洗消剂等特点，是洗消技术的发展趋势。

（三）非水洗消阶段

随着科学技术的发展，各类洗消装备中应用的电子、光学精密仪器、敏感材料将逐渐增多，它们一般受温湿度影响较大，不耐腐蚀，在受污染的情况下，不能用水基和具有腐蚀性的洗消剂，只能采用热空气、有机溶剂和吸附剂进行洗消。因此，开发新型非水洗消方法、研制非水洗消装备是新时期的研究课题。

第三节　洗消药剂

洗消药剂是化学毒剂消毒剂、放射性沾染消除剂、生物战剂灭菌剂的总称。洗消剂是能消除核生化污染的化学物质，消毒剂是指凡能与化学毒物作用，使其失去毒性或毒性降低的化学物质，消除剂是对放射性沾染有消除作用的物质，灭菌剂是对生物战剂有灭菌作用的物质。按一定比例将消毒剂溶于溶剂中，配成的溶液称为消毒液。

一、洗消药剂的分类

（一）按作用特点分类

根据洗消剂与沾染物的作用特点，可将洗消剂分为反应型洗消剂和吸附型洗消剂，前者主要包括酸碱型洗消剂和氧化还原型洗消剂。酸碱型洗消剂是利用酸碱中和反应的原理消除沾染物。吸附型洗消剂不同于反应型消毒剂，是利用固体吸附剂的吸附性把沾染物从染毒表面上除去，从而达到消毒目的，这类洗消剂包括活性白土、纳米氧化物等，另外其他具有较强吸附能力的物质，如毛巾、棉花、木屑等在应急情况下也可以作为吸附剂使用，使沾染物质尽可能被收集转移。

（二）按洗消剂状态分类

洗消剂依据形态可分为“气、液、固”三种单相及其复相剂型。其中，“泡沫”消毒剂属于气液两相；液体消毒剂包括水基和非水基消毒剂；“乳液”消毒剂属于水油双相；“凝胶”消毒剂属于溶液和固体的混合体；固体消毒剂包括“吸附型”和“吸附反应型”消毒剂。气相洗消剂包括臭氧（O_3）、二氧化氯（ClO_2）和过氧化氢（H_2O_2）蒸气等；水基洗消剂包括三合二洗消剂、一氯胺和氢氧化钠等的水溶液；非水基洗消剂包括191、DS-2和GD-5等；固相洗消剂包括活性白土、纳米氧化物等；泡沫洗消剂包括CASCAD和MDF200等；乳液洗消剂包括C_8乳液和二甲苯乳液等；凝胶洗消剂包括$CuSO_4$-Oxone-硅凝胶和$FeSO_4$-H_2O_2-Oxone-硅凝胶等。

二、常用洗消药剂的种类

从经济角度上讲，通风法、水冲法与掩埋法都是非常经济的消毒方法。因此，空气、水和土壤也是消毒剂。下面主要介绍一些专用消毒剂。

（一）氧化氯化消毒剂

这类消毒剂主要有次氯酸盐类消毒剂和氯胺类消毒剂，适用于低价有毒而高价无毒的化合物的消毒。

1. 次氯酸盐类

次氯酸盐类消毒剂具有一定腐蚀性和刺激性，不能用来对精密仪器、电子设备及不耐腐蚀的物体表面实施洗消；但制备容易，价格较低，主要用于对地面、道路、建（构）筑物、水域、空气，甚至器材装备的大面积消毒。次氯酸盐类消毒剂既可配成水的悬浊液使用，也可以粉状形式使用。但以粉状形式使用时，要注意可能由于它与某些有机物作用猛烈而引起燃烧。常见的次氯酸盐类消毒剂主要有：三合二洗消剂 [$3Ca(OCl)_2 \cdot 2Ca(OH)_2$]（三次氯酸钙合二氢氧化钙）、漂白粉、次氯酸钙 [$Ca(OCl)_2$]、次氯酸钠等。下面主要介绍漂白粉和三合二洗消剂。

(1) 成分组成　三合二洗消剂是三分子次氯酸钙和二分子氢氧化钙组成的复盐，三合二洗消剂能制成纯品晶体。漂白粉是很复杂的混合物，在反应式中通常用 $Ca(OCl)_2$ 来表示漂白粉。漂白粉工业品的组成概略为：

次氯酸钙	32%～36%
氢氧化钙	15%
氧化钙	29%
潮解水和结晶水	10%～12%
碳酸钙和其他	剩余量

(2) 理化性质

① 漂白粉是白色固体粉末，有氯气味，密度为 0.6～0.8g/cm^3，有效氯含量为 28%～32%，稍溶于水，不溶于有机溶剂。由于漂白粉含有较多的氯化钙，容易受潮结块而失去有效氯，稳定性较三合二洗消剂差，但制造容易，原料来源广，价格便宜。

② 三合二洗消剂能溶于水，有氯气味，溶液呈乳浊状，有杂质沉淀，不溶于有机溶剂，在空气中可吸收空气中的水分而潮解，时间长也会失效。纯品的有效氯含量比漂白粉高，约 56%。

(3) 洗消机理　三合二洗消剂消毒效力比漂白粉强，但三合二洗消剂与漂白粉洗消机理相同，通过氧化氯化使有毒物质失去毒性，起氧化氯作用的只有次氯酸钙。

(4) 使用　由于漂白粉与三合二洗消剂价格比较低，故适用于大面积消毒，消毒剂用量也相对较大。根据不同对象漂白粉可以制成粉状、浆状或悬浊液来使用。

在化学突发事故应急中，氧化氯化消毒剂可以对一些含低价有毒但高价无毒的元素的有机化合物起消毒作用。它们可配成水乳浊液使用，也可以粉状使用。但用干粉时，要注意可能由于它与某些有机物体作用猛烈而引起燃烧。按 1∶1 或 1∶2 体积比调制的漂白粉水浆，可以对混凝土表面、木质物品表面以及粗糙金属表面消毒。按 1∶5 调制的悬浊液可以对道路，工厂、仓库地面消毒。

漂白粉除有消毒能力外，还有灭菌能力。漂白粉的水溶液释放出有效氯，破坏细菌代谢酶的活性而起杀菌作用。0.03%～0.15%的漂白粉水溶液用于饮水消毒；1%～3%的漂白粉水溶液用喷洒或擦拭消毒；0.5%的漂白粉水溶液用浸泡餐具；干粉用于粪便的消毒。

2. 氯胺类

常见的氯胺类消毒剂主要有：一氯胺、二氯胺、六氯胺、六氯三聚氰胺等。氯胺类消毒剂制备工艺复杂，生产成本较高，但其刺激性和腐蚀性较小，主要用于对人员皮肤的消毒，一般配成稀溶液使用。下面主要介绍一氯胺和二氯胺。

(1) 结构组成　氯胺是有机胺中的氨基的一个氢或两个氢被氯取代。当一个氢被取代时，还剩下一个氢，是呈酸性的，因而可被金属离子取代，一般的一氯胺是钠盐。通常这些被取代的氨基是连接在苯环上的，因而一氯胺与二氯胺有下列结构。

一氯胺　$C_6H_5-N(Cl)(Na)$

二氯胺　$C_6H_5-N(Cl)(Cl)$

苯环对位有甲基时也可称为一氯胺与二氯胺。它们也都是氧化氯化消毒剂。

(2) 理化性质

① 一氯胺是白色或淡黄色的固体结晶，工业品含有三个结晶水，稍溶于酒精，溶液呈浑浊状，有效氯含量为26%～30%。

② 二氯胺也是一种氧化剂，在结构上比一氯胺多了一个氯原子，所以有效氯含量也高，一般为57%左右。二氯胺为白色或淡黄色的结晶，有氯气味，不溶于水，难溶于汽油和煤油，稍溶于四氯化碳，能溶于二氯乙烷、三氯乙烯和酒精中。它在有机溶剂中的消毒反应主要是氯化，而在有水参加时则是氧化反应。

(3) 洗消机理　由于一氯胺是弱酸强碱生成的盐，故在水溶液中有部分一氯胺游离成正负离子：

$$C_6H_5SO_2N(Cl)(Na) \rightleftharpoons [C_6H_5SO_2N-Cl]^- + Na^+$$

同时，部分一氯胺在水中进行缓慢的水解，生成次氯酸钠：

$$C_6H_5SO_2N(Cl)(Na) + H_2O \longrightarrow C_6H_5SO_2NH_2 + NaOCl$$

生成的次氯酸就像漂白粉一样起氧化氯化消毒作用（也能起灭菌作用，对饮水、餐具都能起灭菌作用）。

各种酸能使一氯胺迅速水解，水解后放出次氯酸：

$$C_6H_5SO_2N(Cl)(Na) + HAc \rightleftharpoons C_6H_5SO_2N(Cl)(H) + NaAc$$

$$C_6H_5SO_2N(Cl)(H) + H_2O \rightleftharpoons C_6H_5SO_2NH_2 + HOCl$$

有酸存在时，一氯胺的氧化氯化能力增强。如果是强酸，则使一氯胺分解过决，反而失去消毒能力。

一氯胺在碱性溶液中会发生较大的变化，甚至失去灭菌消毒能力。因为碱的存在，一氯胺本身发生异构化作用，大部分以亚胺形式存在：

$$C_6H_5-\overset{O}{\underset{O}{\overset{\|}{\underset{\|}{S}}}}-N\begin{matrix}Cl\\Na\end{matrix} \overset{OH^-}{\rightleftharpoons} C_6H_5-\overset{O}{\underset{ONa}{\overset{\|}{\underset{|}{S}}}}=N-Cl$$

此时造成N—Cl键距缩短，分子趋向稳定，即氯原子不易离去，这样就失掉了灭菌消毒作用。所以在应用时，一定保持溶液呈弱酸性，决不能使溶液呈碱性。

酸也能破坏二氯胺，使有效氯降低，甚至丧失，道理同一氯胺。

(4) 使用　氯胺的刺激味及腐蚀性较小，但价格较贵，不适合大量使用，只能配成溶液对小面积污染处进行洗消。

通常用18%～25%的一氯胺水溶液（含有效氯4%～5%），对人员的皮肤进行消毒（这里指低价硫毒剂毒物，下同）。5%～10%一氯胺酒精溶液可对精密器材消毒。也可用0.1%～0.5%的一氯胺水溶液对眼、耳、鼻、口腔等消毒。

通常用10%的二氯胺二氯乙烷溶液，对金属、木质表面消毒（指对低价硫化合物），消毒后10～15min用氨水等碱性物质破坏剩余的二氯胺，然后用水擦拭，清洗物体表面，晾干后上油保养。在没有一氯胺的情况下，也可用5%的二氯胺酒精溶液对皮肤和服装进行消毒，消毒后10～15min用清水冲洗干净。

一氯胺比二氯胺的用处广。

（二）酸碱中和型消毒剂

1. 碱性洗消剂

碱性洗消剂包括强碱性洗消剂、弱碱性洗消剂、碱性盐洗消剂。

强碱性消毒剂如氢氧化钠、氢氧化钾等，都具有较强的腐蚀性，必须配成水的稀溶液使用。水溶液的浓度一般控制在5%～10%，否则可能会引起碱的伤害。强碱性消毒剂主要用于地面、道路、建（构）筑物、水域的洗消。其中氢氧化钠又叫苛性钠或烧碱，是白色固体，易溶于水，也能溶于乙醇，溶解时放热，溶液呈碱性。固体吸水性很强，易潮解；吸收空气中的二氧化碳能变成碳酸钠。腐蚀性强，能腐蚀金属、灼烧皮肤、破坏纤维和毛皮制品、溶解漆层，5%的氢氧化钠水溶液是常用的除漆剂。通常采用5%～10%的氢氧化钠水溶液对硫酸、盐酸、硝酸中和洗消。工业上常用的各种酸，在生产过程中，难免会有泄漏，一旦流于地面或其他物体表面时，将会造成一定的腐蚀。此时，如用氢氧化钠溶液对其进行消毒处理，酸将会全部被破坏掉。

最常用的弱碱性消毒剂是氨水。氨水是化学工业的基本产品，无色液体，有刺激臭味，氨气易挥发出来，它易溶于水，在水中呈下列平衡：

$$NH_3+H_2O \rightleftharpoons NH_3 \cdot H_2O \rightleftharpoons NH_4^+ + OH^- \quad (6\text{-}1)$$

市售的氨水浓度在10%～25%之间。不同的氨水凝固点也不同，浓度越大，凝固点越低。例如12%的氨水，凝固点为－17℃；25%的氨水为－36℃；30%的氨水为－38℃。因此，氨水可在冬季使用，也是较好的中和剂。氨水具有一定的刺激性、腐蚀性和挥发性，其使用浓度一般不超过10%，特别适用于捕捉扩散到空气中的酸性毒物。

碱性盐类消毒剂主要有碳酸钠、碳酸氢钠、乙醇钠和硫化钠等，使用时一般配成水溶液使用。

碳酸钠又名苏打或纯碱，是白色固体，易溶于水，不溶于有机溶剂。其水溶液呈碱性，并能水解生成氢氧化钠：

$$Na_2CO_3+2H_2O \longrightarrow 2NaOH+H_2CO_3 \quad (6\text{-}2)$$

$$H_2CO_3 \longrightarrow CO_2+H_2O \quad (6\text{-}3)$$

碳酸钠的腐蚀性比氢氧化钠小，它可用来对皮肤、服装上沾染上的各种酸进行中和消毒。

碳酸氢钠是最常用的碱性盐类消毒剂，别名小苏打，白色粉末或不透明单斜晶系细微结晶，相对密度2.159，无臭，味咸。可溶于水，微溶于乙醇，其水溶液因水解而呈微碱性，受热易分解放出二氧化碳。在干燥空气中无变化，在潮湿空气中缓慢分解。碳酸氢钠可用作中和洗消剂，如强酸［硫酸（H_2SO_4）、盐酸（HCl）、硝酸（HNO_3）］、氯气、氯化氢、农药大量泄漏时，既可配成水的悬浊液使用，也可以粉状形式使用。与水混合时，制成5%～10%碳酸氢钠溶液进行现场中和洗消。其水溶液呈弱碱性，对人员皮肤的刺激性很小，通常用2%的碳酸氢钠水溶液来洗口、洗眼、洗鼻等。

碱醇胺洗消剂是将苛性碱（氢氧化钠或氢氧化钾）溶解于醇中，再加脂肪胺配制成的多组分溶液，该溶液呈碱性，琥珀色，略带氨味。具有代表性的是美国在20世纪60年代制备的DS-2洗消剂，随后被许多国家采用，但是，由于对环境有污染，本身有一定的毒性，所以逐渐被其他洗消剂所取代。

2. 酸性洗消剂

酸性消毒剂可分为强酸性消毒剂和弱酸性消毒剂，强酸性消毒剂主要有稀硫酸、稀盐酸和稀硝酸，弱酸性消毒剂主要有石炭酸、乙酸和碳酸等。弱酸的稀溶液可对人员的皮肤实施消毒，强酸在实施消毒时必须配成稀溶液，以免引起酸的伤害。当大量碱性物质泄漏时，如氨的泄漏，既可在消防车水罐中加入稀盐酸等酸性物质向罐体、容器喷射，以减轻危害，也可将泄漏的液氨导入稀盐酸溶液中，使其中和形成无危害或微毒废水。在洗消过程中，酸的水溶液浓度不能太高，以免引起酸的伤害，中和后需用大量的水冲净。

（三）溶剂型消毒剂

溶剂型消毒剂主要有水，工业酒精，汽油，煤油，氯仿、洗衣粉、肥皂的水溶液等。

1. 水

水是洗消中最常用的溶剂，它来源丰富，取用方便，性质稳定，腐蚀性小。目前常用的一些消毒剂大部分都用水作溶剂调制洗消液。水除了可作溶剂外，还能直接破坏某些毒物的毒性（用水浸泡、煮沸，使其水解），也可用水来冲洗污染物体。在冬季，为了防冻，可以在水中加入适量的防冻剂以降低凝固点。常用的防冻剂有氯化钙、氯化镁、氯化钠等，用量应视气温变化情况而定。

水可以把染毒物表面的毒剂冲洗下来，但是单纯用冷水洗消效果很差。采用高温高压的热水，一方面可以增加毒剂在水中的溶解度，另一方面可以靠机械作用将毒剂冲刷下来，提高消毒效果。

2. 酒精

酒精学名乙醇，是无色液体，有酒香味，易燃烧，腐蚀性小，可与水任意互溶。酒精能溶解一些消毒剂，也可溶解一些有毒有害物质，这就提高了消毒效果。消毒时，可用酒精或酒精水溶液来调制消毒液，也可用酒精直接擦拭消毒灭菌。

3. 煤油和汽油

煤油和汽油是无色或淡黄色液体，不溶于水，也不能溶解无机消毒剂，但能溶解一些有毒有害物质，特别是有机的、黏度高的化合物，用水或水溶性消毒剂消毒效果很差，而采用煤油或汽油效果较好。煤油或汽油易挥发，易燃烧，保管时要注意防火。

（四）吸附型洗消剂

吸附型洗消剂是利用其较强的吸附能力来吸附化学毒物，从而达到洗消的目的，常用的有活性炭、活性白土等。这些吸附型洗消剂虽然使用简单、操作方便、吸附剂本身无刺激性和腐蚀性，但是消毒效率较低，还存在吸附的毒剂在解吸时二次污染的问题。

为了提高吸附型洗消剂的反应性能，美国、德国进行了大量研究，主要是将一些反应活性成分（如次氯酸钙）或催化剂，通过高科技手段均匀混入吸附型洗消剂中，所吸附的毒剂会被活性成分消毒降解，在一定程度上解决了毒剂解吸时的二次污染问题。

（五）新型洗消剂

1. 敌腐特灵

敌腐特灵可用于清洗被化学品污染的皮肤或器材。

敌腐特灵是法国开发的一种酸碱两性的螯合剂，其多受体分子具有阻止腐蚀性和刺激性化学物质进一步侵入人体的特点，敌腐特灵能与侵入人体表面的化学物质立即结合，使生成物质呈中性，然后将其排出。敌腐特灵是一种眼睛及皮肤化学溅触的水性除污剂，可以有效除去600种化学物质，包括酸、碱、氧化剂及还原剂、刺激物、催泪瓦斯、溶剂、烷基化合物。敌腐特灵无毒，无刺激性，无腐蚀性，是一种适用于化学灼伤的多用途溶剂。对受到化学品污染的皮肤或器材进行洗消，容量为106mL，一般接触化学物10s内使用效果最佳，时效为5年。使用时打开盖子，对准伤口或器材进行喷射。洗消前，必须脱掉全身衣物，否则衣物内残存的化学品会继续腐蚀人体，造成严重后果。对受到化学品污染的眼睛进行洗消，容量为50mL，一般接触化学物10s内使用效果最佳，时效为2年。使用时打开盖子，将瓶子套于眼睛上，仰起头即可。洗消前，必须清理眼睛周围异物，否则残存的化学品会继续腐蚀眼睛，造成严重后果。

2. 乳状液消毒剂和反应型吸附消毒粉

常规洗消剂在洗消效果上基本都能满足应急洗消的要求，但在性能上仍存在对金属腐蚀性强、污染大等问题。针对这些问题，科研人员利用当今出现的新材料、新技术、新工艺，不断开发研究新型洗消剂。乳状液消毒剂和反应型吸附消毒粉是改进性研究的主要方向。

将消毒活性成分制成乳液、微乳液或微乳胶，可以降低次氯酸盐类消毒剂的腐蚀性。这类洗消剂有德国以次氯酸钙为活性成分的C_8乳液消毒剂以及意大利以有机氯胺为活性成分的BX24消毒剂等。改进后的氯化、氧化消毒剂腐蚀性显著降低，而且因洗消剂黏度较单纯的水溶液大，可在洗消表面上滞留较长时间，从而减少了消毒剂用量，提高了洗消效率。

3. 比亚有机磷降解酶洗消剂

“比亚有机磷降解酶”是国家“863”高技术研究发展计划重大生物工程成果。比亚有机磷降解酶的主要原理是利用降解酶的生物活性快速高效将高毒的农药大分子降解为无毒的可以溶于水的小分子，可用于有机磷农药泄漏现场的洗消降毒，并且降解后的水是无毒的，没有二次污染。比亚有机磷降解酶对于甲胺磷和氧乐果的降解效果最好，降解率均可达到100%。

4. 特利沃瑞克斯

它可用于任何一种泄漏化学液体。其作用可分为三个阶段：

① 中和作用。对于酸和碱，中和完成之后，液体将变回到黄绿色。

② 胶凝作用。化学物质将会被包裹在一层分子网膜内。

③ 固化作用。化学物质将被固化，因而易于被移走。

特利沃瑞克斯的优点为：化学反应物质反应后可以固化；无须事先确认该物质类别，可快速实施救援行动；局部污染的风险可以立即排除；酸碱物质的中和以颜色作为标志；使用一种配方即可彻底解决问题。

5. GD-6 雾化洗消剂

GD-6是GD系列雾化洗消剂的最新型号，十几年以来，GD一直是雾化洗消领域的主导技术。GD-6 是一种不导电、不溶于水、对人体和环境没有危害的生化洗消剂，在同等消毒效果下，用量仅相当于 DS-2 的 10%，且 GD-6 非常稳定，储存期可达 10 年，可以直接对开放环境、基础设施、毒气云团、屋内屋外、车体内外、大型装备、精密仪器等目标进行洗消，紧急时还可以直接对着人体洗消。GD-6 能洗消绝大多数已知的化学战剂、生物战剂、致病微生物及大部分工业毒气。

6. 美国 SNL 泡沫（DF-2000）消毒剂

由美国圣地亚国家实验室在 90 年代末开发研制，被喻为核生化反恐第一响应洗消剂。对 HD（芥子气）、VX（维埃克斯）、GD（梭曼）和生物战剂均具有良好的消毒效果。它由过氧化物、多种表面活性剂、泡沫剂（发泡剂、稳泡剂、渗透剂、铺展剂等）、水、空气组成。泡沫可增强毒物的溶解度、提高消毒剂在被污染物质表面上的附着力、减少消毒剂用量、降低废液的产生量，有显著的环境友好特性。

7. 中国“催化-氧化”泡沫消毒剂

它对已知化学毒剂、生物战剂和一些有毒工业品均具有良好消毒效果。它由固体过氧化物与金属离子形成催化-氧化泡沫消毒体系，呈弱碱性，泡沫可增强毒物的溶解度、提高消毒剂在表面上的附着力、减少消毒剂用量、降低废液的产生量，有显著的环境友好特性。消毒快速高效，携行方便安全。

8. 美国 L 凝胶消毒剂

它对 VX、HD 以及细菌、病毒具有广谱消毒作用，用量仅为 $0.2L/m^2$ 左右。它由消毒活性剂与凝胶溶液复配而成，即在气相硅凝胶中加入固体过氧化物。从应用角度，凝胶体系较泡沫更有优势，表现在黏附性好，用量少，凝胶材料更为绿色，凝胶自动龟裂而脱落，无污染。它具有很好的黏度和触变性，适合垂直表面和天花板消毒，可用于受污染的大型体育场馆等设施。

三、消毒剂的选用原则

洗消剂的种类繁多，对特定的化学毒物实施消毒，在进行现场染毒洗消时，应根据毒物的种类、泄漏量，以及毒物的性质、状态、被污染或洗消的对象等因素，综合考虑洗消方法的选择。总体来说，洗消剂在选择上应坚持“高效、广谱、低成本、低腐蚀、无污染、稳定、易携带、对环境要求低”的原则。选择消毒剂时，首先应根据毒物的化学结构和理化性质，选择适合毒物特点的消毒剂，在此前提下，本着“净、快、省、廉、易、稳、安”的原则来进行选择。“净”是指洗消剂的消毒效果要彻底，“快”是指洗消剂的消毒速度要快，“省”是指洗消剂的用量要少，“廉”是指洗消剂的价格要尽可能低廉，“易”是指洗消剂要易于得到，“稳”是指洗消剂在运输和储存过程中要具有较好的稳定性，“安”是指洗消剂本身不会对人员、器材装备构成不安全因素。

四、典型化学品的洗消

（一）光气的洗消

光气在第一次世界大战中用于战场，作为军用毒剂使用，而后光气不仅用于军事，而且在民用工业中也得到了发展，如染料、药物、橡胶和塑料制品，以及多肽化合物的合成等，其用途越来越广，使用价值也越来越大，造成光气泄漏事故相对比较多。一旦泄漏对车间、工厂甚至附近居民将造成生命危险，所以对其消毒具有重要意义。

根据光气的性质，常选用水、碱水和氨气以及氨水作为消毒剂。其中氨气或氨水和光气反应非常迅速，生成的产物无毒。

$$4NH_3 + COCl_2 \longrightarrow CO(NH_2)_2 + 2NH_4Cl \tag{6-4}$$

实际上这一反应并不如此单一，分析证明有多种生成物，但主要生成物为无毒的脲和氯化铵。因此，可用浓氨水喷成雾状对光气等酰卤化合物消毒。

消毒方法：在光气生产车间墙壁上安装氨或氨水喷管，喷管端部带有喷头。当有光气泄漏时，立即启动喷管总开关，氨或氨水通过喷头向外喷洒，使氨和光气在气流和扩散作用下自然消毒。救援人员为了防护氨的刺激可佩戴空气呼吸器、氧气呼吸器、防毒面具，没有者可佩戴碱水口罩甚至清水口罩、毛巾等。

（二）含氰化合物的洗消

常见的含氰化合物，有气态的氰化氢（或易挥发液体氢氰酸）与各种氰化的盐，如氰化钠、氰化钾、氰化锌、氰化铜等。因此，氰化合物的洗消包括气态氰化氢的吸收问题与水中氰负离子的排除问题。

1. 气态氰化氢的洗消

氰化氢毒性很大，通过呼吸道吸入少量氰化氢就容易迅速死亡。氰化氢是一个很弱的酸，用中等以上强度的碱就可利用酸碱中和原理将它吸收，也可以用络合反应，氰根很容易形成金属氰离子 $M(CN)_x^-$。这两种反应都可用于干法或湿法吸收。能防氰化氢染毒空气的防毒面具，其滤毒罐中就装有含氰化银、氰化铜的活性炭。活性炭不能吸收氰化氢，但金属氰化物与氰化氢就很容易作用生成无毒的银氰络离子、铜氰络离子而对染毒空气起到滤毒作用。氰化氢易溶于水，但水解不快，水溶液仍有毒性。氰化氢能被氧化成氰酸（HOCN），这是无毒的。但如用氯气使氰化氢氯化，则会生成氯化氰（CNCl），仍有氰化氢一样的吸入中毒毒性。

2. 已进入水中的氰根离子（CN^-）的洗消

（1）碱性氯化法　其原理是氧化法。通过控制条件，防止生成氯化氰，而只生成氰酸。含氰根污染水，先调到碱性，再加入氯气进行氧化分解。氯气进入水中，生成次氯酸（HOCl），因而直接加入三合二消毒剂也可以。反应如下：

$$Cl_2 + H_2O \rightleftharpoons HOCl + H^+ + Cl^- \quad (6\text{-}5)$$

$$CN^- + HOCl \longrightarrow CNCl + OH^- \quad (6\text{-}6)$$

$$CNCl + OH^- \longrightarrow Cl^- + HOCN \quad (6\text{-}7)$$

反应条件必须控制在 pH 值为 10 以上，要时刻检查溶液的 pH 值，因 pH 值低了分解就慢，就会有大量的氯化氰存在，上式也可能再进一步分解变成 CO_2 和 N_2：

$$2CNO^- + 3OCl^- + H_2O \longrightarrow 2CO_2 + N_2 + 3Cl^- + 2OH^- \quad (6\text{-}8)$$

此反应在 pH 值较高时进行得很慢。因此，必须控制 pH 值在 7.5～8 之间。这就是说，采用碱性氯化法时，将 pH 分两段来控制（前一段 pH 值在 10 以上，后一段为 7.5～8)，并且要充分供给氧化剂。

氧化剂用氯气、次氯酸、次氯酸钠、次氯酸钙等均可。这些氧化剂本身的碱度不一样。使用时一定要注意，以保持每一步所需的 pH 值。从表 6-1 中可以看出每一步所需氧化剂的量。

表 6-1　分解 1k CN^- 时所需氧化剂的理论量　　　　单位：k

氧化剂	第一步氧化到氰酸为止	第二步氧化到二氧化碳与氮为止
Cl_2	2.73	6.83
HOCl	2.00	5.00
NaOCl	2.85	7.15
$Ca(OCl)_2$	2.75	6.90

(2) 臭氧氧化　氰化物与臭氧的反应依下式进行，氰被氧化分解生成氮气和碳酸氢盐。

$$CN^- + O_3 \longrightarrow CNO^- + O_2 \quad (6\text{-}9)$$

$$2CNO^- + 3O_3 + H_2O \longrightarrow 2HCO_3^- + N_2 + 3O_2 \quad (6\text{-}10)$$

此反应所需 pH 值较高，pH 值在 11～12 之间，效果最好。

臭氧氧化法虽然产物无毒，但臭氧是以气态通入溶液中，属气液反应，操作不便，且臭氧价格也较高。

(3) 电解氧化法　电解氧化法，既经济又有效，电解所需处理的污染水溶液，在阳极，会发生氧化反应，即将氰根氧化。但必须要将饱和食盐水加入处理水溶液中以加强电解效率。当然电极也要用不会引起腐蚀的。电解时在阳极上的反应如下：

$$CN^- + 2OH^- \longrightarrow CNO^- + H_2O + 2e \quad (6\text{-}11)$$

$$2CNO^- + 4OH^- \longrightarrow 2CO_2 + N_2 + 2H_2O + 6e \quad (6\text{-}12)$$

$$CNO^- + 2H_2O \longrightarrow NH_4^+ + CO_3^{2-} \quad (6\text{-}13)$$

其分解机理被认为是氰在阳极氧化之后首先形成氰酸，接着继续分解成氮气和二氧化碳，产物均无毒。

（三）氯气的洗消

氯气泄漏是化工厂中易发生的事故，大量氯气泄漏后，除用通风法驱走染毒空气外，在浓度较高时可向氯气云团喷射水雾，氯很易溶解于水中。

$$Cl_2 + H_2O \rightleftharpoons HCl + HClO \tag{6-14}$$

$$HCl \longrightarrow H^+ + Cl^- \tag{6-15}$$

$$HOCl \rightleftharpoons H^+ + OCl^- \tag{6-16}$$

因而喷水吸收氯后，水中有溶解氯、HClO、ClO^-与稀盐酸。溶解氯会进一步与水作用，稀盐酸因浓度不高可视为无毒。问题在于HOCl与OCl^-，它们因逆反应而仍可产生氯，因而不能认为消毒彻底。这与水溶液的pH值有很大关系。一般来说，当$pH \leqslant 5.6$时，ClO^-不再存在，以HOCl形式存在；$pH \geqslant 9.5$时，HOCl也不再存在，溶解氯增加。这当然是不好的，控制喷水的pH值也非易事。但如水中有少量氨，则发生下列反应。

$$NH_3 + HOCl \longrightarrow NH_2Cl + H_2O \tag{6-17}$$

$$NH_2Cl + HOCl \longrightarrow NHCl_2 + H_2O \tag{6-18}$$

$$NHCl_2 + HOCl \longrightarrow NCl_3 + H_2O \tag{6-19}$$

还可能有：

$$2NH_3 + Cl_2 \longrightarrow NH_4Cl + NH_2Cl \tag{6-20}$$

$$NH_2Cl + 2NH_3\ (\text{过量}) \longrightarrow NH_4Cl + N_2H_4 \tag{6-21}$$

一般情况下，以式(6-17)的反应为主，生成NH_2Cl，这是最简单的氯胺类化合物。虽然它也不太稳定（上述反应也是可逆的），但一般情况下，NH_2Cl再要生成氯已不太可能。因而用含少量氨的水对氯气消毒要比单用水为好。如果不用氨，大量水喷射氯气云团也可能做到大幅度降低空气中的含氯量。至于事故发生处的下风方面，污染的空气虽会有氯，但浓度较低。尽管此时仍可能发生吸入中毒，但不必用喷水法消毒，通风法即可。

第四节　洗消工作的实施

一、洗消等级与方式

（一）洗消等级

洗消的目的是保障生存、维持和恢复救援能力。与此相对应，洗消可分为局部洗消和全面洗消两个等级。

1. 局部洗消

局部洗消是以保障生存、维持救援能力为目的所采取的应急措施，通常由染毒分队指挥员组织染毒分队利用自身配备的制式洗消装备或就便器材自行洗消。局部洗消的范围包括染毒人员、染毒装备上的必要部位和有限的活动区域，其洗消顺序一般为：皮肤洗消，个人服装、面具、手套的洗消，装备的操作部位及活动区域的洗消。局部洗消的目的是以较快的速度对影响生存和救援能力的地方进行洗消，不能随意扩大洗消范围。

局部洗消所使用的洗消剂应具有多效性，即洗消时不必鉴别危险化学品的种类而可直接使用，这样才能保证快速完成洗消工作。

局部洗消完成后，可以使人员在救援时不直接接触致死性沾染，并防止污染的扩散。局部洗消后，人员不能解除防护。

2. 全面洗消

全面洗消亦称彻底洗消，是以恢复救援能力、重建生存条件为目的所采取的应急措施。全面洗消包括对染毒人员、染毒服装、染毒车辆、染毒装备、染毒地域和染毒建（构）筑物等的彻底洗消。全面洗消后，人员可以解除防护，但要定期对染毒情况进行检测和观察人员是否有中毒症状。

全面洗消通常是在局部洗消后，根据指挥部的指示，在洗消专业分队开设的洗消站进行。全面洗消要有充分的时间和后勤保障，要有洗消专业分队的技术保障。

（二）洗消方式

根据化学事故应急救援的要求，洗消大体上可以分为固定洗消和移动洗消两种方式。

1. 固定洗消

固定洗消是开设固定洗消站，接收被污染对象前来消毒去污的一种洗消方式，适宜于洗消对象数量多、洗消任务繁重时采用。固定洗消站一般设人员洗消场和车辆装备洗消场，并根据地形条件及洗消站需占用的面积划定污染区与洁净区，污染区应位于下风方向。

固定洗消站一般应设在便于污染对象到达的非污染地区，并尽可能靠近水源，洗消场地可在应急准备阶段构筑完成。固定洗消站可按照洗消任务量及洗消对象的情况，全面启动或部分启动。由固定洗消站派出的作业人员在被污染对象的集合点清点其数量，并会同运送被污染对象的负责人，将被污染的人员分成若干组，或将被污染的车辆装备分成若干批，根据洗消站的容量和作业能力，确定每次进入洗消站的数量，使消毒去污工作有秩序地进行。

固定洗消站的设置要求如下：

① 及时设立。救援力量到场后，应立即设立固定洗消站，以便及时对抢救疏散出来的染毒人员进行洗消。

② 选择有利地势。固定洗消站一般应设立在上风向的跨污染区和安全区；

应设置在交通便利处，以便及时利用交通工具将洗消后的人员进行疏散或向医疗部门进行转送；应尽可能靠近水源，以保障洗消工作顺利进行。

③ 出入口处应有明显的标识。

④ 洗消场所应密闭，防止废气、废水跑出去。

⑤ 出入口处应有相应的检测人员。在固定洗消站的入口处应设有专人负责检测，以确定前来洗消的对象有无洗消的必要或指出洗消的重点部位；在固定洗消站的出口处也要有专人对洗消后的人员进行检测，以确定洗消是否彻底。

⑥ 洗消废水必须收集处理，不能随意排放，以免引起二次污染。

洗消站的工作原理是利用洗消液将沾染到防护区表面的污染物剥离，将渗入到涂层内的化学物质萃取出来或与之发生化学反应生成无害物，从而达到去污的目的。工作过程如下：

① 配液过程。在溶液配制站接收到控制部分的指令后，自动称取给定量的指定药剂投入配液罐中，然后开启阀门加入消防水，在适当温度下进行搅拌，经充分溶解后由高压气体将配制好的浓洗消液经过过滤后压入溶液储存站中。

② 喷淋过程。利用高压气体将一定比例的浓溶液从溶液储存站或直接从溶液配制站压入所需比例稀溶液配制站中，稀溶液配制站中的关键部件——配量器经过灌充和喷淋两个过程完成洗消药液从高浓度向所需低浓度的转化。

③ 灌充过程。浓溶液从配量器的一端压入配量器中，直到溶液注满整个配量器，配量器内的水从另一端被排光为止，再利用消防水与外界压差将浓溶液从配量器中压出，溶液在喷口附近与消防水混合形成所需浓度的混合溶液，并通过调节流量调节阀的开度来控制喷淋溶液的浓度。洗消站系统组成框图如图 6-2 所示。

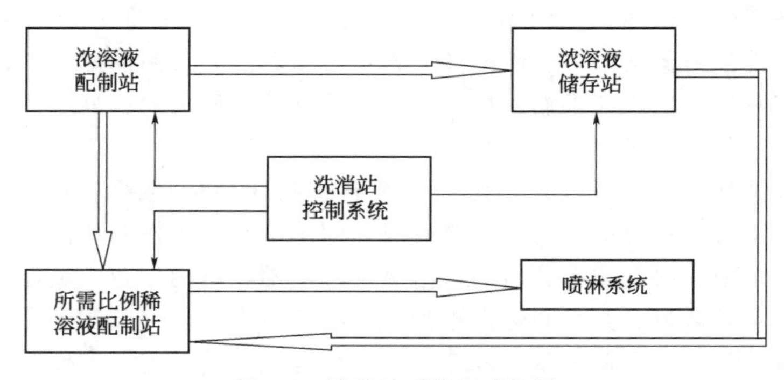

图 6-2　洗消站系统组成框图

2. *移动洗消*

移动洗消是利用移动洗消装备对需要紧急处理的染毒对象实施消毒去污的一种洗消方式。一般情况下，对化学事故现场周围的染毒地面、染毒道路、染毒水源、染毒建（构）筑物、染毒空气实施洗消时均采用移动洗消。特别是在危险区域完成工程抢险、消防任务而严重被污染的人员，需要及时进行洗消，如果令其前往固定洗消站进行洗消，就会耽误时机，可能造成较严重的伤亡后果。为此，洗消分队应派出洗消装备和作业人员随同工程抢险人员、消防队伍行动，在危险区域边界外开设临时洗消点。临时洗消点可同时承担被污染伤员的洗消工作。

二、洗消准备

（一）调集洗消装备

公安消防队和专职消防队应适时调集化学事故抢险救援消防车、核生化侦检消防车或化学洗消消防车。公安消防队和专职消防队应视情况调集单人洗消帐篷、公众洗消帐篷、生化洗消装置、简易洗消喷淋器或强酸强碱洗消器等，视情况调用社会相关单位的洒水车、农用喷雾（粉）器等车辆、器材。

（二）建立洗消小组

根据现场洗消工作需求，视情况组建若干洗消小组；每个洗消小组至少有 5 名队员组成，其中，组长 1 名，检测人员 2 名，指导协助洗消人员 2 名。对于洗消量大、洗消持续长的现场，洗消人员应做好轮换工作。依据灾害事故不同危险区域和毒物的毒性，洗消人员采取相应的安全防护等级与标准。

（三）划分洗消场地

洗消场地主要用于污染人员和污染装备的洗消。洗消场地应设置在危险区以外、上风向的安全区内，且靠近危险区边界，出入口应有明显的标识，并有检测人员。根据洗消量的大小及地形条件，将洗消场地划分为待洗区、洗消区、观察区，洗消现场示意图如图 6-3 所示。

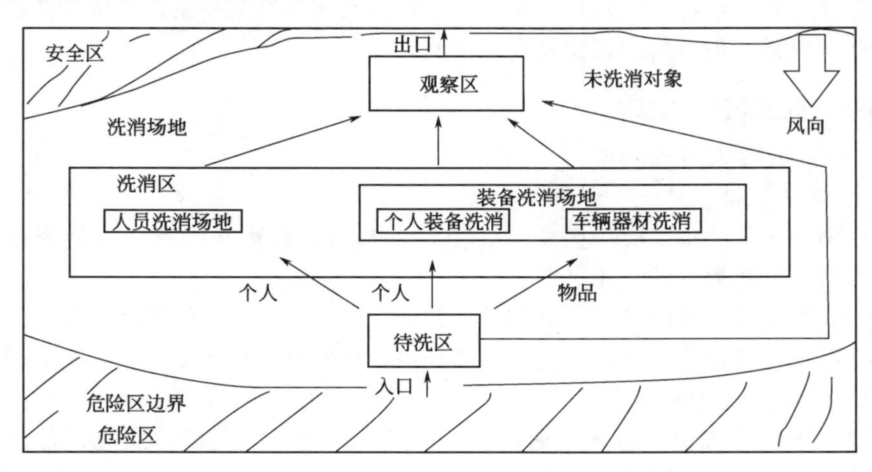

图 6-3　洗消现场示意图

不同区域的设置要求及功能：①待洗区应位于下风方向，负责对污染人员、污染装备的评估，筛选出洗消对象，编配人员和物品，并将不需要洗消的送至观察区；②洗消区应选择在地势平坦、水源充足的区域，负责对洗消对象进行洗消；③观察区应设置在交通便利的区域，负责未洗消对象的观察，完成洗消的人员和装备的检测以及个人物品、装备的重新组合。采用固定洗消时，洗消站应设置在洗消场地内的洗消区，洗消站包括人员洗消场地和装备洗消场地。采用移动洗消时，临时洗消点应根据污染人员、污染装备的洗消需要，在洗消区内临时确定。

（四）展开洗消装备

做好洗消车辆、器材的准备工作，主要包括以下内容：①检查洗消车辆、器材；②卸下装备，连接设备，使洗消车辆、器材达到待运行状态；③做好发电、送电、供水、供液的准备。

（五）准备洗消剂

1. 洗消剂用量的确定

明确污染物的种类时，根据污染物与洗消剂发生物理或化学作用的对应关系，确定洗消剂的理论用量；实际用量应考虑配制及洗消过程中的损失，可为理论用量的1.5～2.0倍。不能确定污染物的种类或多种污染物共存时，可采用消防站配备的有机磷降解酶等洗消剂进行洗消，洗消剂的实际用量应根据洗消剂的日消耗量和洗消的任务量来估算。

2. 洗消液的配制

洗消液的配制可以按照以下步骤：①根据受染对象和洗消要求，确定洗消液的浓度；②根据洗消液的用量，分别计算洗消剂和溶剂的用量；③依据洗消器材的不同，将洗消剂和溶剂按比例进行调制。

三、洗消行动的实施

（一）染毒人员的洗消

1. 洗消程序

对染毒人员的洗消应按照检测→更衣→喷淋；检测→喷淋→检测合格；更衣→送医院（疏散）的顺序进行。

对人员实施洗消时，应依照伤员→妇幼→老年→青壮年的顺序安排洗消。参战人员在脱去防护服装前必须进行彻底洗消，经检测合格后方可脱去防护服装。

2. 不同部位的洗消

（1）皮肤的洗消。对皮肤的洗消，可按吸、消、洗的顺序实施。首先用纱布、棉花或纸片等将明显的毒剂液滴轻轻吸掉，然后用细纱布浸渍皮肤消毒液，对染毒部位由外向里进行擦拭，重复消毒2～3次；数分钟后，用纱布或毛巾等浸上干净的温水，将皮肤消毒部位擦净。人员皮肤局部染毒后，也可立即拍撒消毒粉，停留 1～3min 后，用泡沫塑料擦拭并除去，需要重复三次，然后用细纱布浸渍皮肤消毒液，对染毒部位由外向里进行擦拭，重复消毒 2～3 次；数分钟后，用纱布或毛巾等浸上干净的温水，将皮肤消毒部位擦净。

（2）眼睛和面部的洗消。眼睛和面部的消毒时，人要深呼吸，憋住气，脱掉面具，立即用水冲洗眼睛。冲洗时，应闭嘴，防止液体流入嘴内。对面部和面罩，可将皮肤消毒液浸在纱布上，进行擦拭消毒，然后用干净的温水冲洗干净。

（3）伤口的洗消。伤口染毒时，必须立即用纱布将伤口内的毒剂液滴吸掉。肢体部位负伤，应在其上端扎上止血带或其他代用品，用皮肤消毒液加数倍水或用大量清水反复冲洗伤口，然后包扎。

3. 注意事项

对于染毒人员的洗消，需要大量的洁净热水，有条件的单位可通过洗消装置，或喷洗装置对人员进行喷淋冲洗。对人员洗消的场所必须密闭，同时要保障大量的热水供应。染毒人员洗消完毕经检测合格后，方可离开洗消站。否则，染毒人员需要重新洗消、检测，直到检测合格。

（二）服装及装具的洗消

服装、装具用后应及时进行洗消。一是采用人员消毒包或其他方法进行紧急局部消毒，关键要将服装上的毒剂液滴清除；二是对服装、装具进行全部消毒，可采取多种方法。

1. 自然消毒

自然消毒是利用自然条件（如风吹、雨淋、日晒等）引起毒剂解吸附、挥发和分解的消毒方法。污染服装须晾晒于空旷、通风、远离人群处或处于人群集中的下风方向，必须将毒区边界加以明显标志，禁止人、畜进入。该方法适合于被易挥发有毒气体污染的透气式防毒服，不需专门装备，简便、易行，但对空气有污染。

2. 消毒粉消毒

消毒粉的生产原料为膨润土，主要成分是蒙脱土。消毒粉为白色粉末，不溶于水和有机溶剂，无腐蚀性。它具有多孔结构，具有良好的吸附性，可吸附各种液态毒剂，吸附机理主要是物理吸附，化学吸附量较少。消毒粉吸附液态毒剂的能力是相当可观的，其吸附能力可达到 100～150mg/g。

人员服装局部染毒后，消毒人员应全身防护，迅速将消毒粉均匀拍撒在染毒部位上，停留 1～3min 后，揉擦数十次，拍打干净，然后再重复两次上述消毒过程，消毒粉用量为 $1g/10cm^2$。消毒时，人员应全身防护，应站在上风方向，并经常变换位置，以免重新染毒。

3. 药剂/水淋消毒

药剂/水淋消毒法适合于隔绝式防护器材。通过淋浴或喷枪将药剂分散在防护服表面，保持一定时间后，用清水冲洗。根据污染类型可选择适合的洗消剂，需专门的洗消装备，会产生洗消废水。

4. 高温煮沸消毒

高温煮沸消毒是将染毒的服装、装具放在沸水中煮，使毒剂发生水解的消毒方法。通常在水中加入2%碳酸钠，用于中和酸性和破坏毒性，加速水解。可用专门洗消装备或其他容器（如盆、桶）与热水等组合进行消毒。合成纤维、毛皮、皮革、活性炭布等不适合煮沸消毒。

5. 蒸气熏蒸消毒

蒸气熏蒸消毒适合于易分解、易反应的毒剂污染物和各种服装消毒。在密闭空间，采用湿热蒸气、反应型气雾剂等对受污染装具进行熏蒸消毒，根据洗消对象选择温度和洗消剂。

6. 热空气洗消法

热空气洗消法是利用热空气的热效应使沾染在服装、装具上的毒剂蒸发掉的消毒方法。消毒时，将染毒的服装、装具悬挂在密闭的消毒室内，向室内通入热空气，使吸附的毒剂受热蒸发。消毒室每隔0.5～3min换气一次，排出蒸发的毒气。房间、地坑、帐篷等均可作为消毒室。

（三）精密敏感设备洗消

精密敏感设备主要指电子、光学、音像、通信、数字化设备等。此类设备精密、价值昂贵，甚至内部存有极为重要的文件信息，设备染毒后不能使用有腐蚀性的消毒剂及水进行洗消处理。

对忌水性的精密仪器设备，可用药棉蘸取洗消剂反复擦拭，经检测合格，方可离开洗消场。或采用非水反应型气雾剂消毒技术、热空气流吹扫技术、真空负压热空气组合技术实施洗消。

（四）器材装备的洗消

由于不同的器材装备使用的材质不同，因此其染毒程度和洗消方法也有差异。对金属、玻璃等坚硬的材料，毒物不易渗入，只需表面洗消即可；对木质、橡胶、皮革等松软的材料，毒剂容易渗透，需要进行多次洗消。在洗消时，应根据不同的材料，确定消毒液的用量和消毒次数。

对器材装备的局部，若进行擦拭消毒，应按自上而下，由前至后，自外向里，分段逐面的顺序，先吸去明显毒剂液滴，然后用消毒液擦拭2～3次，对人员经常接触的部位及缝隙、沟槽和油垢较多的部位，应用铁丝或细木棍等缠上棉花或布，蘸消毒液擦拭。消毒10～15min后，用清水冲洗干净，并擦干上油保养。

对染毒器材若采用喷洗或高压冲洗的办法实施洗消，其洗消顺序一般为：①集中染毒器材实施洗消液的外部喷淋或高压冲洗；②用洗消液对染毒器材的内部进行冲洗；③将染毒器材可拆卸的部件拆开，并集中用洗消液喷淋或冲洗；④用洁净水冲洗后进行检测；⑤经检测合格，擦拭干净上油保养，并搬离洗消场；经检测不合格的器材，应重新洗消。

对染毒车辆的洗消应使用高压清洗机、高压水枪等射水器材，实施自上而下的洗消。车辆的隐蔽部位、轮胎等难以洗涤的部位，要用高压水流彻底消毒。各部位经检测合格，上油保养后，方可驶离现场。

（五）化学事故发生区及染毒区的洗消

1. 化学事故发生区及染毒区的洗消实施方法

对化学发生区及染毒区的洗消作业包括对泄漏对象、道路、地面、树木、建（构）筑物表面和水源的消毒处理。对化学事故发生区的消毒作业必须周密组织，因为这项作业实施起来危险性较大，情况复杂，具有较高的难度。对液体泄漏毒物必须在毒物泄漏得到控制后，才能开始实施洗消。如果染毒面积较小，有可能全面消毒时，可以根据消毒面积的大小，由洗消专业组织统一指挥，集中可使用的洗消车辆，将消毒区划分成若干条和块，一次或多次反复作业。应该注意，对事故发生区进行洗消，不宜集中过多的车辆，应该采用轮番作业的方法。为了保障抢修、抢险工作的顺利实施，在事故发生区开辟消毒通道的方法，经常被采用。此时，只需1～2辆消防车即可完成任务。如果需要进行地面消毒的范围很小，不必使用洗消车辆，应由洗消专业组织派出洗消作业人员携带轻便洗消器材进行作业。对（建）构筑物表面和离源点附近设施表面的洗消作业，应充分发挥高压水枪、高压清洗泵的作用。不论对何种染毒对象实施洗消，都必须达到消毒标准，因为喷洒一次消毒剂，并不一定能彻底消除危害。

2. 可用于化学事故发生区及污染区的洗消装备器材

根据化学毒物的性质选定消毒药剂后，洗消人员还需要用一定的装备器材将消毒剂释放到染毒区域。消防部队在实施洗消时除充分发挥已配备的化学洗消车的作用外，还应考虑能够进行洗消应援的相关单位和相关器材，以解决化学事故现场洗消器材的不足。因所需消毒范围大小的不同、所用消毒剂量多少的差异，可选用各种形式的器材，大到洒水车，小到喷雾器都可选用。

化学突发事故应急中可以用作洗消车辆的除防化兵的专用洗消车、特勤消防部队装备的防化洗消车外，公安消防部队的消防车也是难得的应急洗消器材。消防车主要用于灭火，但需要时，可用来喷洒消毒液实施洗消。

水罐消防车是消防部队最常用的一种消防车，近几年水罐消防车得到了较大的发展，出现了中低压泵水罐消防车、高低压泵水罐消防车，这些都是难得的洗消车辆。使用水罐消防车实施洗消时，尽可能选用罐内涂有聚酯层的中低压泵或高低压泵水罐消防车，以减轻洗消液对罐体的腐蚀，满足不同洗消对象的洗消要求，提高洗消效率。用泡沫消防车实施洗消时，可用泡沫液罐盛放浓度较高的消毒液，消毒液经比例混合器与水混合后，通过水枪或水炮喷向染毒区域或特定的染毒对象。干粉消防车是采用化学消毒粉剂对化学事故发生区或污染区实施消毒的较理想装备，必要时干粉消防车可作为洗消供水车使用。

此外，还有二氧化碳消防车、排烟消防车、高喷消防车等，根据事故现场的具体情况都可用作消毒车辆。值得注意的是我国已研制出遥控消防车，它由装载消防车、自动行走喷射炮、遥控操纵器等部分组成，能自动监视、自动行进、自动探测，还能摄像、警报以及人工遥控。这应是公安消防部队化学事故应急处置装备开发的奋斗方向。

环卫部门的洒水车是大中型城市用来对道路洒水的车辆，实施化学救援时在其水罐内加入消毒剂，就可直接对地面实施洗消。绿化部门还有一种对马路两旁的高大树木洒水或喷射杀虫药剂的车辆，配有小型水炮，能将水喷到一定高度。这种车辆在实施洗消时，可对染毒树木、染毒建（构）筑物、染毒的高位设备实施消毒。农用喷雾器、喷粉器是植物杀虫灭菌的防护器材，必要时它们可用作对地面和植物实施消毒的小型洗消器材。

（六）不同泄漏介质的洗消

1. 有毒介质的洗消方法

有毒介质沾染人体表面的洗消方法如下：①用纱布或棉布吸去体表沾染的可见毒液或可疑液滴；②根据有毒性泄漏介质的特性，选用相应的洗消剂对皮肤进行清洗；③利用约 40℃的温水（可加中性肥皂水或洗涤剂）冲洗。

有毒介质沾染物体表面的洗消方法如下：①化学消毒。对于有毒泄漏介质，将石灰粉、漂白粉、三合二洗消剂等的溶液喷洒在染毒区域或受污染物体表面，进行化学反应，形成无毒或低毒物质。②冲洗稀释。利用高压水枪对污染物体进行喷洒冲洗，对染毒空气喷射雾状水进行稀释降毒或用水驱动排烟机吹散降毒。③吸附转移。用吸附垫、吸附棉、消毒粉、活性炭、砂土、蛭石、粉煤灰等具有吸附能力的物质吸附回收有毒物质，然后转移处理。④溶洗去毒。利用浸以汽油、煤油、酒精等溶剂的棉纱、纱布等溶解擦洗染毒物表面的毒物。但不宜用于类似未涂油漆木制品的多孔性的物体表面，以及能被溶剂溶解的塑料、橡胶制品等表面。擦洗过的棉纱、纱布等要集中处理。利用热水或加有普通洗涤剂（如肥皂粉等）的溶剂溶洗效果更好。⑤机械清除。利用铲土工具将地面的染毒层铲除。铲除时，应从上风方向开始。为作业便利，可在染毒地面、物品表面覆盖砂土、煤渣、草垫等，供处置人员暂时通过。也可采用挖土坑掩埋法埋掉染毒物品，但土坑应有一定深度，掩埋时必须加大量消毒剂。

2. 腐蚀性介质的洗消方法

腐蚀性介质沾染人体表面的洗消：①对于酸性腐蚀性泄漏介质，可利用约 40℃的温水（可加中性肥皂水或洗涤剂）冲洗；局部洗消可用清水、碳酸钠溶液、碳酸氢钠溶液、专用洗消液等清洗。②对于碱性腐蚀性泄漏介质，可利用约40℃的温水（可加中性肥皂水或洗涤剂）冲洗；局部洗消可用清水、硼酸、专用洗消液等清洗。

腐蚀性介质沾染物体表面的洗消：①对于酸性腐蚀性泄漏介质，用石灰乳、氢氧化钠、氢氧化钙、氨水等碱性溶液喷洒在染毒区域或受污染物体表面，进行化学中和；②对于碱性腐蚀性泄漏介质，用稀硫酸等酸性水溶液喷洒在染毒区域或受污染物体表面，进行化学中和。

3. 放射性介质的洗消方法

放射性介质沾染人体表面的洗消：①人体表面的局部去污应先用工具对防护装具进行拍打，拍打时被拍打者应迎风站立，自上而下进行；然后用毛巾、棉花、干净的布等蘸水擦拭暴露的皮肤或直接用水洗涤暴露的皮肤，同时漱口、洗眼窝、耳孔和鼻腔。对污染严重的部位，可用5%的EDTA-2Na水溶液擦洗。②对于比较严重的人员，在完成局部去污后，可进行全部去污，人员的全部去污宜在人员洗消站内进行。去污时，应以淋浴为主，利用热水、肥皂或洗涤剂等清洗全身，去污完毕后，人员要接受沾染检查，若达不到规定的标准以下，应再次清洗。

放射性介质沾染物体表面的洗消方法如下：①消防水枪去污。采用消防水枪冲洗建筑物和表面光滑无渗透的设备。②水蒸气去污。利用喷枪喷出的水蒸气对工厂内部受污染的有涂层和钢衬的小室进行去污。③高压水喷射。利用压力达20～30MPa的高压水对机械设备和建筑物内部表面进行去污。④加有化学添加剂的水法去污。应用含有去污剂和络合剂的溶液对污染的表面进行去污。⑤破碎去污。在较小的区域内污染，可采用钻孔和破碎、高压破碎、火焰破碎和高频微波破碎等方法对垂直水泥表面污染去污。⑥喷洒泡沫和凝胶去污。金属和水泥表面的污染可利用喷洒泡沫和凝胶去污，能减少去污过程产生的污水量。⑦可剥性覆盖剂去污。由成膜剂、混合溶剂、增塑剂、剥离剂等组分形成的液体或胶状的可剥性覆盖剂可用于大量的设备和建筑结构去污。

四、现场洗消的基本要求

（一）洗消人员要求

洗消人员应满足以下要求：①承担受污染对象的消毒和消除，使污染程度降低到可以接受的安全水平；②达到《公安消防部队灭火救援业务训练与考核大纲》要求，应通过考核；③应具备一定基础化学知识；④单独操作的洗消人员应有三年以上的工作实践；⑤应具备与公众沟通的能力和熟练使用洗消器材的能力。

（二）装备要求

按照建标152—2017《城市消防站建设标准》、GB/T 29178《消防应急救

援 装备配备指南》以及 GA 622《消防特勤队（站）装备配备标准》中的规定配备洗消车辆和洗消器材。为了满足洗消的需要，应储备一定量的洗消剂，并与有关厂家建立联系。现场洗消时，应按照装备的使用方法进行操作，现场洗消剂的临时储存应符合 GB 15903《常用化学危险品储存通则》中的相关规定。

（三）操作要求

洗消人员应做好个人安全防护，避免直接接触污染的物品；洗消作业完成后，洗消人员应进行全面卫生处理。以灾害事故的危害范围和可能污染的范围为依据确定洗消范围和洗消对象。以化学毒剂的毒性、浓度和现场监测结果为依据确定洗消处置的时间和次数。以污染物的性质和浓度、影响因素、洗消对象为依据选择洗消方法，避免破坏洗消对象的使用价值和造成环境污染。对次生污染地的洗消，应按该类化学污染洗消方法进行洗消处理。搞好饮用水、污水、食品的洗消及卫生管理，搞好环境卫生，防范异地和二次污染。洗消污水应收集处理，不得任意排放，若需排放必须经过检测，以防造成次生灾害。

第七章 急性中毒与中毒急救

第一节 化学毒物的分类

化学毒物是指能以较小剂量通过化学作用引起机体健康损害的物质。例如，氰化钾一次服入 250mg 可致命；氯化钾一次服入 60g 仅有碍健康。故前者是毒物，后者不称为毒物。

化学毒物是各类突发化学灾害事故的基本要素，是指进入人体后，能损害机体的组织与器官，通过在组织与器官内发生生物化学或生物物理学的作用，扰乱或破坏机体的正常生理功能，使机体发生病理变化的外源性化学物质。

随着化学技术的发展，化学毒物的种类与数量迅速扩增。据统计，半致死量小于 10mg/kg 的高毒性毒物约有 5000 种，较大毒性的化学毒物已不下万种，半致死量小于 1mg/kg 的剧毒化学毒物也可达 3000 种，而工业或民用化学有毒试剂更是数不胜数。本章着重介绍几类常见的化学毒物。

化学毒物种类繁多，分类的方法很多，有军用、工业毒物、临床特点等多种分类方法。按照来源可分为人工合成毒物、天然毒物。按照用途不同可以分为工业危险化学品、军用化学毒剂、农业化学试剂等。本章中主要按照化学毒物的用途、来源及临床特点的不同进行分类。

一、工业毒物

工业毒物是指工业生成过程中使用或生产的毒物，如氯气、氨气、二氧化硫、甲醛、苯、光气、有机磷（硫）农药等。

（一）按照毒害作用的对象和症状分类

按照毒害作用的对象和症状，工业毒物又可分为呼吸系统中毒物、神经系统中毒物、血液系统中毒物、消化系统中毒物和泌尿系统中毒物共五类，如表 7-1 所示。

表 7-1　工业毒物的分类

类别	症状	常见毒物
呼吸系统中毒物	单纯性窒息	氮气、二氧化碳、烷烃等
	化学性窒息	一氧化碳、氰化物
	刺激肺部	氯气、二氧化氮、溴、氟、光气等
	刺激上呼吸道	氨、二氧化硫、甲醛、乙酸乙酯、苯乙烯
神经系统中毒物	闪电样昏倒	窒息性气体、苯、汽油
	震颤	汞、汽油、有机磷(氯)农药等
	震颤麻痹	锰、一氧化碳、二硫化碳
	阵发性痉挛	二硫化碳、有机氯
	强直性痉挛	有机磷、氰化物、一氧化碳
	瞳孔缩小	有机磷、苯胺、乙醇
	瞳孔扩大	氰化物
	神经炎	铅、砷、二硫化碳
	中毒性脑炎	一氧化碳、汽油、四氯化碳
	中毒性精神病	四乙基铅、二硫化碳等
血液系统中毒物	溶血症	三硝基苯、砷化氢
	碳氧血红蛋白血症	一氧化碳
	高铁血红蛋白血症	苯胺、二硝基苯、三硝基苯、亚硝酸盐、氮氧化物
	造血功能障碍	苯
消化系统中毒物	腹痛	铅、砷、磷、有机磷等
	中毒性肝炎	四氯化碳、硝基苯、有机氯、砷、磷等
泌尿系统中毒物	中毒性肾炎	镉、溴化物、四氯化碳、有机氯等

（二）按工业毒物对人体的主要毒理作用和临床特征分类

按工业毒物对人体的主要毒理作用和临床特征分类：

1．刺激性毒物

刺激性气体常以局部损害为主，仅在刺激作用过强时引起全身反应，决定病变部位和程度的因素是毒物的溶解度和浓度。高溶解度的氨、盐酸接触到湿润的眼球结膜及上呼吸道黏膜时，立即附着在局部并产生刺激作用；中等溶解度的氯、二氧化硫，低浓度时只侵犯眼和上呼吸道，而高浓度时则可侵犯全呼吸道；低浓度的二氧化氮、光气对上呼吸道刺激性小，易进入呼吸道深部并逐渐与水作用而对肺产生刺激和腐蚀，常引起肺水肿导致缺氧窒息。液态的刺激性毒物可直接接触皮肤黏膜而发生灼伤。

2．窒息性毒物

这类毒物进人体内后，使血液的运氧能力或组织细胞利用氧气的能力发生障碍，致使机体组织缺氧。可出现头晕、心悸、烦躁、呕吐、呼吸困难、惊厥、意识模糊，迅速陷入昏迷状态，最后可因呼吸麻痹而死亡。常见的窒息性毒物为一氧化碳、氰化物、硫化氢等。

3. 其他毒物

包括有机溶剂及一些易燃、易爆物质，高浓度中毒时主要表现在发生中枢神经系统的麻醉作用。首先出现兴奋不安、震颤、抽搐，继而步态蹒跚，运动失调、瘫痪，以后逐渐进入麻痹而死亡。同时，这类毒物对皮肤和黏膜也可产生刺激作用。

二、军事毒剂

军事毒剂是指被研究制造出来用于战争的毒物。在战争中，应用军事毒剂毒害人畜、毁灭生态。它是构成化学武器的基本要素。

根据军用毒剂的性质、作用原理及战术目的，可按不同方法进行分类。如按战术用途分类可分致死性毒剂、致伤性毒剂、扰乱性毒剂和牵制性毒剂；按作用快慢可分速效性毒剂和缓效性毒剂等。对于军事毒剂，最常见的分类方法是按照其毒害作用进行分类，也可按杀伤作用持续时间以及杀伤作用的结果进行分类。

（一）按毒害作用分类

按照毒害作用，军事毒剂主要有神经性毒剂、糜烂性毒剂、全身中毒性毒剂、失能性毒剂、窒息性毒剂和刺激剂六类。具体分类见表 7-2。

表 7-2 军事毒剂的分类

军事毒剂类别	军事毒剂品种
神经性毒剂	沙林、维埃克斯、梭曼、塔崩
糜烂性毒剂	芥子气、路易氏气
全身中毒性毒剂	氢氰酸、氯化氰
失能性毒剂	毕兹
窒息性毒剂	光气
刺激剂	西埃斯、西阿尔、苯氯乙酮、亚当氏气

1. 神经性毒剂

神经性毒剂是一类抑制体内胆碱酯酶，破坏神经系统正常传导功能的毒剂，与常见的有机磷农药同属磷酸酯类化合物。神经性毒剂是有机磷酸酯衍生物，又称有机磷毒剂或胆碱能神经毒剂。该类毒剂毒性强，中毒途径多，作用迅速，杀伤力强，危害持续时间长，中毒后主要引起中枢神经系统、植物神经系统、呼吸系统及血液循环系统的功能障碍。主要通过呼吸道、消化道和皮肤吸收中毒，是军用毒剂中毒性最大的一类毒剂。神经性毒剂一般分为两类，即 G 类神经毒剂和V类神经毒剂。G类神经毒剂是指氟膦酸酯或氰膦酸酯类毒剂，主要代表物有塔崩（GA）、沙林（GB）和梭曼（GD）。V类神经毒剂是指硫代膦酸烷酯类毒剂，主要代表物有维埃克斯（VX）。

这类毒剂是在含磷杀虫剂的基础上发展起来的，是一类破坏人体神经系统正常传导功能的毒剂。它们的主要理化特性见表7-3。

表7-3 神经性毒剂的主要理化特性

名称	塔崩	沙林	梭曼	维埃克斯
常温状态	无色水样液体，工业品呈红棕色	无色水样液体	无色水样液体	无色油状液体
气味	微果香味	无或微果香味	微果香味，工业品有樟脑味	无或有硫醇味
溶解度	微溶于水，易溶于有机溶剂	可与水及多种有机溶剂互溶	微溶于水，易溶于有机溶剂	微溶于水，易溶于有机溶剂
水解作用	缓慢生成HCN和无毒残留物，加碱和煮沸加快水解	慢，生成HF和无毒残留物，加碱和煮沸加快水解	很慢	很难，加碱煮沸加快水解
使用状态	蒸气或气溶胶	蒸气或液滴	蒸气或液滴	液滴或气溶胶

2. 糜烂性毒剂

糜烂性毒剂是指使细胞组织变性坏死的毒剂。通过皮肤直接接触和吸入引起中毒。这类毒剂所造成的损害以皮肤糜烂为主，一般不引起人员的死亡。但若是经呼吸道中毒，或是严重的皮肤中毒，毒剂被大量吸收而引起严重的全身中毒时，能够引起死亡。其代表性毒剂为芥子气和路易氏气等。

糜烂性毒剂是以引起皮肤和组织起泡、糜烂，使细胞组织变性坏死为典型中毒症状的毒剂。糜烂性毒剂的主要代表物是芥子气、氮芥气和路易氏气。该类毒剂性质稳定，作用持久，使用状态主要为液滴态，其蒸气或雾也可造成中毒。化学结构及主要理化特征见表7-4。糜烂性毒剂主要通过呼吸道、皮肤、眼睛等侵入人体，直接破坏肌体组织细胞，凡是与它们接触的部分，无论是体表或是体内，都会引起一定的损伤，从而造成呼吸道黏膜坏死性炎症皮肤糜烂、眼睛刺痛畏光甚至失明等。这类毒剂渗透力强，吸收后也能导致全身中毒，中毒后需长期治疗才能痊愈。

表7-4 糜烂性毒剂主要代表物的化学结构及主要理化特征

名称	芥子气	氮芥气	路易氏气
化学名称	二氯二乙基硫醚	三氯三乙胺	氯乙烯氯砷
结构	$S(CH_2CH_2Cl)_2$	$N(CH_2CH_2Cl)_3$	$ClCH=CHAsCl_2$
常温状态	无色油状液体，工业品呈棕褐色	无色油状液体，工业品呈浅褐色	无色油状液体，工业品呈深褐色

续表

名称	芥子气	氮芥气	路易氏气
气味	芥末或大蒜气味	微鱼腥味	天竺葵味
溶解性	难溶于水，易溶于有机溶剂	难溶于水，易溶于有机溶剂	微溶于水，易溶于有机溶剂
使用状态	液滴或雾状	液滴或雾状	液滴或雾状

3. 全身中毒性毒剂

全身中毒性毒剂是一类破坏组织细胞对氧的正常利用，使得全身缺氧而引起伤亡的毒剂。人员主要通过吸入引起中毒。其主要中毒症状为口舌麻木、流涎、头痛头晕、呼吸困难、瞳孔散大、强直性阵发性痉挛等。这类毒剂毒性较大，中毒后症状发展快，中毒严重时迅速死亡。全身中毒性毒剂主要是指分子中含氰基的一类毒剂，所以也称含氰毒剂。属于这一类的毒剂主要有氢氰酸与氯化氰。氢氰酸（HCN）是氰化氢的水溶液，是氰化物中毒性最大的。有苦杏仁味，可与水及有机物混溶，使用状态一般为蒸气状，主要通过呼吸道吸入中毒，也可经过皮肤或消化道吸收，重者可迅速死亡。

4. 失能性毒剂

失能性毒剂是指能造成人员思维、运动功能障碍和躯体功能失调而导致暂时丧失战斗力的一类毒剂。失能性毒剂一般不会造成永久性伤害或死亡。人员通过吸入中毒。主要中毒症状为思维障碍、精神错觉、嗜睡或躯体瘫痪、体温或血压失调等。失能性毒剂是一种正在研究发展中的毒剂。主要代表物有毕兹（BZ）。

毕兹（二苯基羟乙酸-3-奎宁环酯）为无臭、白色或淡黄色结晶。沸点较高，不溶于水，微溶于乙醇，可溶于氯仿、苯等有机溶剂中。战争时使用状态为烟状。主要通过呼吸道吸入中毒。中毒症状有：瞳孔散大、头痛、幻觉、思维减慢、反应呆痴等。

常温下毕兹很难水解，可使水源长期染毒。加热加碱可使水解加速，加压煮沸大部分可水解破坏。毕兹是碱性化学物质，遇酸生成盐，即可溶于水中。因此，毕兹在酸性水溶液中的溶解度较大。毕兹毒剂虽具有使人失能的作用，但因失能剂造成的效果难以预测，且生产成本要比其他毒剂要高。因此，使用和发展这种毒剂就受到较大限制。

5. 窒息性毒剂

窒息性毒剂是指损害呼吸器官，通过吸入引起急性中毒性肺水肿而造成窒息的一类毒剂。这类毒剂主要刺激呼吸道和肺部，导致呼吸功能破坏，主要症状为咳嗽、呼吸困难、皮肤从青紫发展到苍白、口吐粉红色泡沫样分泌物等。这类毒剂作用较慢，但中毒严重时仍可引起死亡。其代表物有光气、氯气、双光气等，是最早大规模使用的军用化学毒剂。

光气（$COCl_2$）常温下为无色气体，有烂干草或烂苹果味，工业品呈浅黄或橙黄色。光气稍溶于水、易溶于有机溶剂，中毒症状分为 4 期：刺激反应期、潜伏期、发作期和恢复期。在高浓度光气中，中毒者会在几分钟内由于反射性呼吸、心跳停止而死亡。

6. 刺激剂

刺激剂是一类对眼睛、上呼吸道和皮肤有强烈刺激作用的毒剂，主要引起流泪、喷嚏、咳嗽、胸痛和呕吐等。这类毒剂见效快，但轻度中毒人员在脱离染毒地带后症状可自行消失。其代表性毒剂有苯氯乙酮、亚当氏气、西埃斯和西阿尔等。

刺激性毒剂作用迅速强烈，主要引起眼睛刺痛、大量流泪，引起咳嗽、喷嚏或引起皮肤剧烈疼痛，但其只产生瞬时性感官刺激作用，不能造成永久伤害，更不会造成死亡。

刺激性毒剂按毒性作用分为催泪性和喷嚏性毒剂两类。前者以刺激眼睛为主，极低浓度即能引起眼强烈疼痛、大量流泪、怕光和眼睑痉挛；高浓度催泪剂对上呼吸道和皮肤也有刺激作用，代表物有苯氯乙酮、西埃斯（CS）等。后者以上呼吸道强烈刺激作用为主，引起剧烈和难以控制的喷嚏、咳嗽、流涕和流涎，并有恶心、呕吐和全身不适，主要代表物有亚当氏气。刺激性毒剂代表物的主要物理特性见表 7-5。

表 7-5　刺激性毒剂代表物的主要物理特性

名　称	西埃斯(CS)	CN	亚当氏气
化学名	邻氯代苯亚甲基丙二腈	苯氯乙酮	氯化二苯胺胂
常态	白色晶体	无色晶体	金黄色晶体
气味	胡椒味	荷花香味	无味
溶解度	微溶于水，易溶于有机溶剂	微溶于水，易溶于有机溶剂	难溶于水，难溶于有机溶剂
使用状态	烟状	烟状	烟状

除前面所讲的几类军用毒剂外，美军侵越战争中曾大量使用了除莠剂毁坏农作物和森林，又称植物杀伤剂（anti-plant agents）。造成植物脱叶、枯萎或生长异常而导致死亡的一类化合物叫作植物杀伤剂。这类毒剂主要是杀伤植物，人员吸入、误食或皮肤大量接触，也会引起中毒。这类毒剂一般使用状态为白色、橙色、蓝色粉末或油状液滴，大量使用能使植物叶子变黄、枯萎、脱落，达到暴露对方目标、限制部队行动的目的。按前面所讲的军用毒剂的定义来说，植物杀伤剂不应列入军用毒剂，但自从美国大规模使用这类毒剂，并确实在战斗效果上起到了实际作用以来，是否应将这类毒剂列入军用毒剂引起了新的看法。

另外，为了增强毒剂毒性和改进其使用性能，有些国家还研究了毒剂的混合使用、胶黏化和微包胶等技术。同时，新毒剂的研究也并未停止，其中包括新型失能剂、有机氟化物（能穿透防毒面具的毒剂）以及毒素战剂和基因武器等。

（二）按杀伤作用持续时间分类

军事毒剂按杀伤作用持续时间可分为暂时性毒剂和持久性毒剂两类。

1. 暂时性毒剂

暂时性毒剂施放后以蒸气、气溶胶等形式存在，能迅速向四周扩散传播，主要造成空气污染。其有效杀伤作用持续时间短，从几分钟至几十分钟。主要有沙林、氢氰酸、氯化氰、光气、毕兹等。

2. 持久性毒剂

持久性毒剂施放后以液滴状或微粉状等形式存在，其有效浓度维持时间较长，一般为几小时至几昼夜以上。主要有梭曼、维埃克斯、芥子气、路易氏气等。

（三）按杀伤作用的结果分类

军事毒剂按杀伤作用的结果可分为致死性毒剂和非致死性毒剂两类。

1. 致死性毒剂

致死性毒剂施放后会迅速造成人畜死亡。如沙林、梭曼、氢氰酸、光气等。

2. 非致死性毒剂

非致死性毒剂施放后主要造成人畜严重损伤，大剂量中毒也可致死。如芥子气、路易氏气、毕兹等。

三、其他化学毒物

（一）农药

随着农业生产的扩大和发展，农药的应用越来越广泛。它对环境的污染以及同人体的接触机会也越来越多，因此也会带来一定的危害。农药不仅可引起人、畜及禽的中毒，某些农药对动物尚有致畸胎或致癌的作用。

1. 有机磷杀虫剂

有机磷杀虫剂种类甚多，根据其毒性大小可分为三类：

（1）高毒类　有特普、甲拌磷、硫特普、磷胺、内吸磷、棉安磷、八甲磷、乙拌磷、甲基对硫磷、久效磷、谷硫磷、对硫磷、甲胺磷、三硫磷等。

（2）中等毒类　有乙硫磷、敌敌畏、甲基内吸磷、二甲硫吸磷、茂果、乐果、倍硫磷、稻丰散、杀螟松、二溴磷等。

（3）低毒类　有敌百虫、马拉硫磷、灭蚜松等。

有机磷杀虫剂是一种神经毒物，可经胃肠道、呼吸道迅速吸收，经皮吸收较慢。

2. 杀鼠药

杀鼠药引起的中毒是经常发生的，主要的中毒形式有误食和投毒。杀鼠药的品种非常多，主要有毒鼠强、杀鼠灵、敌鼠、氟乙酰胺等。

（二）剧毒药物

在日常使用的药物中能造成中毒的药物种类非常多，它们产生的毒理作用也是多方面的。使用不当易对人造成伤害的有：镇静催眠药、麻醉药、强效镇痛药、拟（或抗）胆碱药物、拟（或抗）肾上腺素药物以及激素药物等等。主要有巴比妥类药物、可卡因类药物、阿托品类药物等。

（三）天然毒物

自然界中植物、动物、细菌、真菌等均有产生毒素的种类，以下讨论几个常见、重要的毒素。

1. 蓖麻毒素

蓖麻毒素为蓖麻的成熟种子中所含有的一种蛋白毒素。蓖麻子经压榨后可榨出蓖麻油，为一种脂肪油，呈淡黄色或几乎无色透明的黏稠液体，微臭，味淡而微辛。内服可作为泻剂，在医药上还可用作调制软膏。工业上用作滑润油以及制造肥皂的原料。蓖麻叶可饲养蓖麻蚕，也可作土农药。

中毒主要是由蓖麻毒素及蓖麻碱所致。蓖麻毒素可损害肝、肾细胞，使之发生浊肿、出血及坏死等，并有凝集、溶解红细胞的作用，引起急性中毒性肝病、中毒性肾病、出血性胃肠炎、小血管栓塞，也可引起呼吸及血管运动中枢的麻痹，以致发生呼吸循环衰竭。据证明，食入蓖麻毒素 30mg 或蓖麻碱 0.16g 便可中毒致死。儿童食入蓖麻子 5～6 粒也可致死。死亡的主要原因为循环衰竭及急性肾功能衰竭。将蓖麻子煮沸 2h 后可以去毒。中毒多因生食蓖麻子或把蓖麻油误当食用油食用。

2. 莨菪碱

莨菪碱是由茄科植物曼陀罗所产生的一种生物碱。曼陀罗全株均有毒，其根、茎、叶、花及种子均含有不同量的生物碱。曼陀罗的主要成分为莨菪碱、阿托品及东莨菪碱。

上述这些生物碱的毒理作用主要靶位为神经系统，属于神经性毒剂。可经消化道、呼吸道及皮肤等迅速吸收。

3. 乌头碱

乌头碱是由毛莨科植物乌头所产生的生物碱。乌头碱能通过消化道或经由破损皮肤吸收，中毒过程极迅速。乌头碱主要作用于神经系统，使中枢神经与周围神经先兴奋而后抑制甚至麻痹，血管运动中枢及呼吸中枢皆可麻痹。

4. 河豚毒素

在海洋鱼类中已知大约有 500 种有毒性，其中以河豚中毒在我国最为常见。

经化学分析证明，河豚毒素是一种氨基全氢喹唑啉化合物，分子式是 $C_{11}H_{17}N_3O_8$，粗制品为棕黄色粉末，精制品为白色无定形粉末，微溶于水，pH

值在7以上和pH值在3以下不稳定，在碱性条件下，易降解为喹唑啉化合物。

河豚毒素对胃肠道有局部刺激作用，吸收后迅速作用于神经末梢和神经中枢，阻碍神经传导，致使神经呈麻痹状态，先是感觉神经麻痹，后是运动神经麻痹，严重者脑干麻痹，导致呼吸循环衰竭。河豚毒素属于已知的小分子量、非蛋白质的神经性毒素，其毒性较剧毒的氰化钠还要大1000多倍，据报道，0.5mg河豚毒素可以毒死一个体重70千克的人，即致死量约等于每千克体重7μg。

第二节　化学毒物的毒性作用

一、化学毒物毒性及其表现

毒性（toxicity）是指某种化学物引起机体损害能力的大小或强弱。化学物的毒性大小与机体吸收该化学物的剂量，进入靶器官毒效应部位的数量和引起机体损害的程度有关。高毒性化学物仅以小剂量就能引起机体的损害。低毒性化学物则需大剂量才能引起体的伤害。

（一）刺激

刺激说明身体已与毒物有了相当的接触，一般受到刺激的部位为皮肤、眼睛和呼吸系统。许多化学品和皮肤接触后，能引起不同程度的皮肤炎症；与眼睛接触轻则导致轻微的、暂时性的不适，重则导致永久性的伤残。一些刺激性气体、尘雾可引起气管炎，甚至严重损害气管和肺组织，如二氧化硫、氯气、煤尘，一些化学物质将会渗透到肺泡区，引起强烈的刺激。

（二）过敏

某些化学品可引起皮肤或呼吸系统过敏，如出现皮疹或水泡等症状。这种症状不一定在接触的部位出现，而可能在身体的其他部位出现，引起这种症状的化学品有很多，如环氧树脂、胶类硬化剂、偶氮燃料、煤焦油衍生物和铬酸等。

呼吸系统过敏可引起职业性哮喘，这种症状的反应一般包括咳嗽及呼吸困难。引起这种反应的化学品有甲苯、聚氨酯、甲醛等。

（三）窒息

窒息涉及身体组织氧化作用的干扰。

1. 单纯窒息

由于环境中氧气不足造成的窒息为单纯窒息。当氧气被氮气、二氧化碳、甲烷、氢气、氮气等气体所代替，空气中氧浓度降到17%以下，致使肌体组织的供氧不足，就会引起头晕、恶心、调节功能紊乱等症状。缺氧严重时导致昏迷，甚至死亡。

2. 血液窒息

一些毒性化学毒物能影响机体血液传递氧的能力，引起血液窒息。典型的血液窒息性物质是一氧化碳。一氧化碳与血液中的血红蛋白结合，导致其无法正常运输氧气。当空气中一氧化碳含量达到0.05%时就会导致血液携带氧能力严重下降。

3. 细胞内窒息

一些毒性化学物质能影响机体和氧结合的能力，使机体细胞无法最终利用氧气。如氰化氢、硫化氢等物质影响细胞和氧的结合能力，因此，尽管血液中含氧充足，但是机体仍然会窒息。

（四）麻痹和昏迷

接触高浓度的某些化学品，有类似醉酒的作用。如乙醇、丙醇、丙酮、丁酮、乙炔、烃类、乙醚、异丙醚等会导致中枢神经抑制。这些化学品一次大量接触可导致昏迷甚至死亡。

（五）靶器官中毒

肝、肾、脑、皮肤是最常见的毒物靶器官。其中，肝脏的作用是净化血液中的有毒性危险化学品，并将其转化为无害的水溶性的物质。然而有些物质对肝脏有害，如乙醇、氯仿、四氯化碳、三氯乙烯等。根据接触的剂量和频率，反复损害肝脏组织可能造成伤害并引起病变和降低肝脏的功能。不少生产性毒性危险化学品对肾有毒性，尤以重金属和卤代烃最为突出，如汞、铅、铊、镉、四氯化碳、氯仿、六氟丙烯、二氯乙烷、溴甲烷、溴乙烷、碘乙烯等。长期接触一些有机溶剂会引起疲劳、失眠、头痛、恶心，更严重的将导致运动神经障碍、瘫痪、感觉障碍。如接触有机磷酸盐化合物可能导致神经系统失去功能。

（六）致癌

长期接触一定的化学物质可能引起细胞的无节制生长，形成恶性肿瘤。这些肿瘤可能在第一次接触这些物质的许多年后才表现出来，潜伏期一般为4～40年，造成职业肿瘤的部位变化多样，并不局限于接触区域。如砷、石棉、铬、镍等物质可能导致肺癌，接触苯可引起再生障碍性贫血。

（七）致畸

接触化学物质可能对未出生胎儿造成危害，干扰胎儿的正常发育，导致胚胎畸形。在怀孕的前三个月，由于胎儿的脑、心脏、胳膊和腿等重要器官正在发育，此时接触具有致畸作用的一些化学品可导致比较严重的畸形，其机理可能与一些化学物质可干扰正常的细胞分裂过程有关，如麻醉性气体、水银和一些有机溶剂，从而导致胎儿畸形。

(八) 致突变

突变是生物体遗传物质的结构或分子发生突然变化的现象。突变可以发生在染色水平或者基因水平。染色体结构和数目的改变叫作染色体畸变，也称为染色体突变。发生在基因水平的突变称为基因突变，它涉及基因的一个或多个序列的改变，包括一对或多对碱基对的替换、增加或缺失。

(九) 肺尘埃沉着病

肺尘埃沉着病是由于肺的换气区域发生了小尘粒的沉积以及肺组织与这些沉积物发生反应引起的。肺尘埃沉着病患者的换气功能下降，在紧张活动时将发生呼吸短促症状。这种作用是不可逆的，一般很难在早期发现肺的变化。

二、毒性作用

化学物质的毒性作用（toxic effect）是毒物原形或其代谢产物在效应部位达到一定数量并停留一定时间，与组织大分子成分互相作用的结果。毒性作用又称为毒效应，是化学物质对机体所致的不良或有害的生物学改变，故又可称为不良效应、损伤作用或损害作用。毒性作用的特点是，在接触化学物质后，机体表现出各种功能障碍、应激能力下降、维持机体稳态能力降低及对环境中的其他有害因素敏感性增高等。这些毒效应可以根据不同的分类原则划分为以下几种类型。

(一) 按毒作用发生的时间分类

1. 急性毒作用（acute toxic action）

急性毒作用是指较短时间内（小于 24h）一次或多次接触化学物后，在短期内（小于两周）出现的毒效应。如各种腐蚀性化学物、许多神经性的毒物、氧化磷酸化抑制剂、致死合成剂等，均可引起急性毒作用。

2. 慢性毒作用（chronic toxic action）

慢性毒作用是指长期甚至终身接触小剂量化学物缓慢产生的毒效应。如环境或职业性接触化学物，多数表现出这种效应。

3. 迟发性毒作用（delayed toxic action）

在接触当时不引起明显病变，或在急性中毒后临床上可暂时恢复，但经过一段时间后，又出现一些明显的病变和临床症状，这种效应称为迟发性毒作用。典型的例子是重度一氧化碳中毒，经救治恢复神志后，过若干天又可能出现精神或神经症状。

4. 远期毒作用（remote toxic action）

远期毒作用是指化学物作用于机体或停止接触后，经过若干年，而后发生不同于中毒病理改变的毒效应。一般指致突变、致癌和致畸作用。

（二）按毒作用发生的部位分类

1. 局部毒作用（local toxic action）

局部毒作用是指化学物引起机体直接接触部位的损伤。多表现为腐蚀和刺激作用。腐蚀性化学物主要作用于皮肤和消化道，刺激性的气体和蒸气作用于呼吸道。这类作用表现为受作用部位的细胞广泛损伤或坏死。

2. 全身毒作用（systemic toxic action）

全身毒作用是化学物吸收后，随血液循环分布到全身而产生的毒作用。毒物被吸收后的全身作用，其损害一般主要发生于一定的组织和器官系统。受损伤或发生改变的可能只是个别器官或系统，此时这些受损的效应器官称为靶器官（target organ）。常常表现为麻醉作用、窒息作用、组织损伤及全身病变。如一氧化碳与血红蛋白有极大的亲和力，能引起全身缺氧，并损伤对缺氧敏感的中枢神经系统及增加呼吸系统的负担。靶器官并不一定是毒物或其活性代谢产物浓度最高的器官。许多具有全身作用的毒物，不一定能引起局部作用；能引起局部作用的毒物，则可能通过神经反射或吸收入血而引起全身性反应。

（三）按毒作用损伤的恢复情况分类

1. 可逆性毒作用（reversible toxic action）

可逆性毒作用是指停止接触毒物后其作用可逐渐消退。接触的毒物浓度低，时间很短，所产生的毒效应多是可逆的。

2. 不可逆性毒作用（irreversible toxic action）

不可逆性毒作用是指停止接触毒物后，引起的损伤继续存在，甚至可进一步发展的毒效应。某些毒作用显然是不可逆的，如致突变、致癌、神经元损伤、肝硬化等。某些作用尽管在停止接触后一定的时间内消失，但仍可看作是不可逆的。如有机磷农药对胆碱酯酶的“不可逆性”抑制，因停止接触后酶的抑制时间也就是该酶重新合成和补偿所需的时间。这对于已受抑制的酶分子本身来说是不可逆的，但对机体的健康来说却是可逆的。

（四）按毒作用性质分类

1. 一般毒作用

一般毒作用是指化学物质在一定的剂量范围内经一定的接触时间，按照一定的接触方式，均可能产生的某些毒效应。例如急性作用、慢性作用。

2. 特殊毒作用

特殊毒作用是指接触化学物质后引起不同于一般毒作用规律或出现特殊病理改变的毒作用。

（1）变态反应（allergic reaction） 某些化学物可以作为半抗原与内源性的蛋白质结合成抗原，从而激发抗体产生。反复接触该种化学物后，可以产生抗原抗体反应，引起典型的、与中毒表现显然不同的过敏症状，变态性反应的产生与发病者的个体敏感性有关，与接触毒物的剂量无关，不表现一般毒作用所显示的典型“S”形剂量-反应曲线。

(2) 特异体质反应（idiosyncratic reaction） 指由遗传决定的特异体质、对某种化学物所产生的异常反应。例如给予缺乏血清胆碱酯酶的患者一个正常人不发生反应的琥珀酰胆碱剂量，该患者即可出现持续的肌肉僵直和窒息。

(3) 致癌作用（carcinogenesis） 指化学物能引发动物和人类恶性肿瘤，增加肿瘤发病率和死亡率的作用。

(4) 畸作用（teratogenesis） 指化学物作用于胚胎，影响器官分化和发育，出现永久性的结构或功能异常，导致胎儿畸形的作用。

(5) 致突变作用（mutagenesis） 指化学物使生物遗传物质（DNA）发生可遗传性的改变。例如，DNA 分子上单个碱基的改变，细胞染色体的畸变。

三、毒性的计量

化学毒物的毒性根据使用者的需要，有不同的计量方法，常用的包括毒物浓度、染毒密度和毒害剂量等计量方法。

（一）毒物浓度

毒物浓度指单位体积染毒空气或水中所含毒物的质量。表示空气或水染毒的严重程度。常用的单位是 mg/m^3。其计算公式是：

$$\text{毒物浓度}=\frac{\text{毒物质量}}{\text{染毒空气(或水)的体积}} \tag{7-1}$$

对于气态毒物可采用一百万份空气体积中所含毒物体积的份数（$\times 10^{-6}$）表示。此时的体积是以气温 25℃、大气压 1.01×10^5Pa 为标准而计算的。上述的质量浓度与体积浓度之间存在的换算关系是：

$$\text{质量浓度}(mg/m^3)=10^{-6}\times\frac{\text{该毒物的分子量}}{22.45} \tag{7-2}$$

式中，22.45 为 1mol 分子在 25℃和 0.101MPa 下的气体体积，L。

毒物浓度一般适合于蒸气、烟雾态毒物，这些毒物主要通过呼吸道吸入或黏膜吸收侵入机体。

毒物浓度可以细分为以下几种：

1. 阈浓度

阈浓度是指化学毒物作用于机体主要中毒部位时，感到刺激或引起典型症状的最低浓度，有些资料又称作临界浓度。如对于眼睛的刺激剂，到达阈浓度时眼睛开始流泪；而对神经性毒剂，阈浓度是指引起缩瞳的最低浓度，所以阈浓度是引起初期中毒症状的临界浓度。阈浓度通常以 mg/L 表示，表 7-6 列出某些军用毒剂的阈浓度。

表 7-6 军用毒剂的阈浓度

类别	名称	作用时间	阈浓度/(mg/L)
刺激剂	苯氯乙酮		0.0003
	亚当氏气		0.0002～0.0003
	西埃斯(CS)		0.00001
	西阿尔(CR)		0.000004
	氰溴甲苯		0.0003
	二苯氰胂		0.00005～0.0001
	二苯氯胂		0.00005～0.0001
	辣椒素		0.000001
全身中毒性毒剂	氢氰酸		0.01
	氯化氰		0.002
窒息性毒剂	光气	10min	0.005
	双光气	10min	0.005
糜烂性毒剂	芥子气	1h	0.0058
	路易氏气	1h	1.0
	氮芥气	1h	0.152
神经性毒剂	塔崩	2min	0.001～0.005
	沙林	2min	0.0005
	梭曼	1～2min	0.0001
	维埃克斯(VX)	1min	0.00007～0.00009

阈浓度虽然有明确的含义，但是在确定具体的量值时，由于各种外界条件和个体的差异，往往会得出很不一致的结果。

2. 不可耐浓度

不可耐浓度是指无防护人员忍受到一定时间而不受伤害的最大毒物浓度。所谓一定时间通常为1min。不可耐浓度用于刺激剂时，在超过该浓度后，人员受其作用到一定时间，就会产生不可抑制的流泪、咳嗽或喷嚏等症状。由此可见，对于刺激剂来说，只要超过不可耐浓度就会使人员丧失活动能力，对其他种类的毒物也是如此。不可耐浓度通常以mg/L表示。表7-7列出部分军用毒剂的不可耐浓度。

需要指出的是，不可耐浓度与工业上常用的最大允许浓度是有区别的。有害物质的最大允许浓度是指每天工作8h，长时间内不会损害健康的浓度。这种最大允许浓度不能说明化学事故过程中短时间内化学毒物对人员的伤害作用。

表 7-7 部分军用毒剂的不可耐浓度

名称	不可耐浓度/(mg/L)	
	Ⅰ	Ⅱ
苯氯乙酮	0.0015～0.002(2min)	0.0045
亚当氏气	0.008～0.01(2min),0.005(3min)	0.0004
西埃斯(CS)	0.034(6～9s),0.01(12s),0.001～0.005(1min)	
西阿尔(CR)	0.5～5(1min)	
氢氰酸	0.550(1min),0.300(1min),0.050～0.060(20～60min)	
氯化氰		0.0610
光气		0.0200
双光气		0.0400
芥子气		0.0010
路易氏气	0.01～0.03(2min)	0.0008
塔崩	0.005～0.01(1min)	
沙林	0.0005(2min)	
梭曼	0.0001(2min)	
维埃克斯(VX)	0.003(1min)	
备注	Ⅰ数据取自《苏军使用毒剂的理论基础》和《苏、美军装备毒剂中毒症状与毒性》; Ⅱ数据取自《化学战剂》,陈时伟等编译	

3. 致死浓度

致死浓度是指化学毒物作用于无防护机体引起致命性中毒的毒物浓度。若以吸入中毒方式用致死浓度量度毒物的毒性时，必须考虑吸入作用时间，因为吸入机体内的毒物剂量，不仅取决于毒物浓度，而且取决于作用时间。当毒物浓度低于致死浓度时，作用时间延长，同样会引起致死中毒。致死浓度以符号 LC 表示，通常以 mg/L 为单位。

致死浓度又叫绝对致死浓度，它表示达到 100%死亡的毒物浓度，但是由于中毒个体因素的影响，致死浓度往往数据失真。因此，一般都是指使 90%以上无防护人员死亡的染毒浓度，以（$LC_{90\sim100}$）表示，或者采用半致死浓度，半致死浓度是表示使 50%无防护人员死亡的毒物浓度，以 LC_{50} 表示。

4. 失能浓度

失能浓度是指化学毒物作用于无防护机体引起失能性中毒的毒物浓度，以符号 IC 表示，通常以 mg/L 为单位，它可分为失能浓度和半失能浓度。失能浓度是指使 90%以上无防护人员丧失活动能力的毒物浓度（$IC_{90\sim100}$），半失能浓度是指使 50%无防护人员丧失活动能力的毒物浓度（IC_{50}）。

（二）染毒密度

染毒密度是指单位面积的染毒皮肤、物体或地面上污染毒物的平均质量。用来表示这些染毒部位染毒的严重程度。通常以 $\mu g/cm^2$、mg/cm^2、g/m^2 为单位。其计算公式是：

$$\text{染毒密度}=\frac{\text{毒物质量}}{\text{染毒地面(或物体)的面积}} \tag{7-3}$$

（三）毒害剂量

毒害剂量最初只是用来反映蒸气或气溶胶状毒物经呼吸道吸入量的度量，在定义上表示毒物云团浓度与作用时间的乘积，也称为浓时积，以符号 LC_t 表示，以 mg·min/m^3 为单位。随着化学毒物使用的发展，毒害剂量的概念已经应用到通过皮肤、口服、注射途径进入机体的剂量，用 LD 表示，可按每个人为单位计算，如 mg/人，也可按体重单位计算，如 mg/kg。

与毒害程度相对应的毒害剂量称为毒害剂量级。常用的毒害剂量等级是：致死剂量、半致死剂量、失能剂量和半失能剂量。

1. 致死剂量（lethal dose）

致死剂量是指能够造成 90%～100%中毒人员死亡的毒物剂量。该剂量对于气体、蒸气和气溶胶，用 $LC_{t90\sim100}$ 表示，单位为 mg·min/m^3；对于液态，用 $LD_{90\sim100}$ 表示，单位为 mg/kg。

2. 半致死剂量（median lethal dose）

半致死剂量是指能够造成 50%中毒人员死亡的毒物剂量。对于气体、蒸气和气溶胶，用 LC_{t50} 表示，单位为 mg·min/m^3；对于液态，用 LD_{50} 表示，单位为 mg/kg。化学物质的急性毒性与 LD_{50} 呈反比，即急性毒性越大，LD_{50} 的数值越小。

3. 失能剂量（incapacitating dose）

失能剂量是指能够造成 90%～100%中毒人员丧失工作能力的毒物剂量。对于气体、蒸气和气溶胶，用 $IC_{t90\sim100}$ 表示，单位为 mg·min/m^3；对于液态，用 $ID_{90\sim100}$ 表示，单位为 mg/kg。

4. 半失能剂量（median incapacitating dose）

半失能剂量是指能够造成 50%中毒人员丧失工作能力的毒物剂量。对于气体、蒸气和气溶胶，用 IC_{t50} 表示，单位为 mg·min/m^3；对于液态，用 ID_{50} 表示，单位为 mg/kg。

此外，文献中时常用到其他符号表示致死剂量、有效毒害剂量（Ect 或 ED）、阈剂量、无作用剂量、蓄积系数等。其中：

与致死有关的剂量除了致死剂量、半致死剂量外，还有最小致死剂量、最大耐受剂量。最小致死剂量（minimum lethal dose，MLD）是化学物质引起个别动物死亡的最小剂量，低于该剂量水平，不再引起动物死亡。最大耐受剂量（maximal tolerance dose，MTD）是化学物质不引起受试对象出现死亡的最高剂量，若高于该剂量即可出现死亡。

有效毒害剂量是指使人员产生某种毒害效应的毒害剂量，使用这个概念时，应说明这个效应是什么，如使人员失能，则有效毒害剂量就是失能毒害剂量。

阈剂量（threshold dose）是化学物引起生物体某种非致死性毒效应（包括生理、生化、病理、临床征象等改变）的最低剂量。一次染毒所得的阈剂量称急性阈剂量（Lim_{ac}）；长期多次小剂量染毒所得的阈剂量称慢性阈剂量（Lim_{ch}）。在亚慢性或慢性实验中，阈剂量表达为最低有害作用水平（lowest observed adverse effect level，LOAEL）。类似的概念还有最小作用剂量（minimal effect dose，MED）。

无作用剂量（no effect dose）是化学物不引起生物体某种毒效应的最大剂量，比其高一档水平的剂量就是阈剂量。一般是根据目前认识水平，用最敏感的实验动物，采用最灵敏的实验方法和观察指标，未能观察到化学物对生物体有害作用的最高剂量。因此，在亚慢性或慢性实验中，以无明显作用水平（no observed effect level，NOEL）或无明显有害作用水平（no observed adverse effect level，NOAEL）表示。

实际上，阈剂量和无作用剂量都有一定的相对性，不存在绝对的阈剂量和无作用剂量。因为，如果使用更敏感的实验动物和观察指标，就可能出现更低的阈剂量或无作用剂量。所以，将阈剂量和无作用剂量称为 LOAEL 和 NOAEL 较为确切。在表示某种外来化学物的 LOAEL 和 NOAEL 时，必须说明实验动物的种属、品系、染毒途径、染毒时间和观察指标。根据亚慢性或慢性毒性试验的结果获得的 LOAEL 和 NOAEL 是评价外来化学物引起生物体损害的主要指标，可作为制订某种外来化学物接触限值的基础。

蓄积系数（accumulation coefficient）是化学物在生物体内的蓄积现象，是发生慢性中毒的物质基础。蓄积毒性是评价外来化学物是否容易引起慢性中毒的指标，蓄积毒性大小可用蓄积系数（K）来表示，常用分次染毒所得的 LD_{50}（n）与一次染毒所得 ED_{50}（l）之比值表示，即 $K=LD_{50}(n)/ED_{50}(l)$。K 值愈大，蓄积毒性愈小。

四、毒性分级

该化学物引起某种毒效应所需的剂量愈小，毒性愈大；所需的剂量愈大，则毒性愈小。在同样剂量水平下，高毒性化学物引起机体的损害程度较严重，而低毒性化学物引起的损伤程度往往较轻微。

描述急性毒性的最常用的指标是半数致死剂量（LD_{50}）。其含义是指某种化学物预期可致 50％动物死亡的剂量值。它是常用的急性毒性分级的主要依据。在生产、包装、运输、储存和销售使用过程中，需根据化学物毒性分级，采取相应的防护措施。为便于比较化学物的毒性及有毒化学物的管理，国内外根据

LD_{50}值大小提出了许多急性毒性分级标准，但这些分级标准尚未统一。国内工业品急性毒性分级标准见表7-8。值得注意的是，一些化学物质急性毒性不大，而慢性毒性却很高，所以化学物的急性毒性分级与慢性毒性分级不能一概而论。

表7-8 我国工业毒物急性毒性分级标准

毒性分级	小鼠经口 LD_{50}/(mg/kg)	小鼠吸入 LD_{50}/(mg/kg)	小鼠经皮 LD_{50}/(mg/kg)
剧毒	<10	<50	<10
高毒	10～100	50～500	10～50
中等毒	101～1000	501～5000	51～500
低毒	1001～10000	5001～50000	501～5000
微毒	>10000	>50000	>5000

常见的剧毒品有：六氯苯、羰基铁、氰化钠、氢氟酸、氯化氰、氯化汞、氢氰酸、砷酸汞、汞蒸气、砷化氢、光气、氟光气、磷化氢、三氧化二砷、有机砷化物、有机磷化物、有机氟化物、有机硼化物、铍及其化合物、丙烯腈、乙腈等。

常见的高毒物有：氟化氢、对二氯苯、甲基丙烯腈、丙酮氰醇、二氯乙烷、三氯乙烷、偶氮二异丁腈、黄磷、三氯氧磷、五氯化二磷、三氯甲烷、溴甲烷、二乙烯酮、氯化亚氮、铊化合物、四乙基铅、四乙基锡、三氯化锑、溴水、氯气、三氧化二钒、二氧化锰、二氯硅烷、三氯甲硅烷、苯胺、硫化氢、硼烷、氯化氢、氟乙酸、丙烯醛、乙烯酮、氟乙酰胺、碘乙酸乙酯、溴乙酸乙酯、氯乙酸乙酯、有机氰化物、芳香胺、叠氮钠、砷化钠等。

常见的中毒毒品有：苯、四氯化碳、三氯硝基甲烷、乙烯吡啶、三硝基甲苯、五氯酚钠、硫酸、砷化镓、丙烯酰胺、环氧乙烷、环氧氯丙烷、丙烯醇、二氯丙醇、糖醛、三氟化硼、四氯化硅、硫酸镉、氧化镉、硝酸、甲醛、甲醇、肼(联氨)、二硫化碳、甲苯、二甲苯、一氧化碳、一氧化氮等。

五、毒性作用间的关系

(一) 剂量

剂量（dose）有多种表示方式。既可指机体接触化学物质的量或在实验中给予机体受试物的量（外剂量），又可指化学物质被吸收的量或在靶器官中的量(内剂量)。由于靶器官中化学物质的数量难以准确测定，所以通常剂量是指机体接触化学物质的量或给予机体化学物质的量，单位为mg/kg体重。当一种化学物质经由不同途径（胃肠道、呼吸道、皮肤、静脉等）与机体接触时，其吸收系数（即吸收入血量与接触量之比）与吸收速率各不相同。因此在提及剂量时；必须说明接触途径。对接触环境污染物，则根据空气、水、食品等介质中存在的浓度（分别为mg/m^3，mg/L和mg/kg）乘以进入体内的介质总量来计算剂量。

除静脉注射外，其他接触途径均需考虑吸收系数；经呼吸道吸入时，还需考虑通气量。通气量与个体的体力活动强度有关。活动强度越大，通气量越大。在劳动现场调查时，一般取 8h 通气量为 $10m^3$，吸收系数为 1.0（即假定化学物质经呼吸道的吸收率为 100%）。

（二）量反应与质反应

反应（response）指化学物质与机体接触后引起的生物学改变，可分为两类：一类属于计量资料，有强度和性质的差别，可以某种测量数值表示。另一类效应属于计数资料，没有强度的差别，不能以具体的数值表示，而只能以“阴性或阳性”“有或无”来表示，如死亡或存活、患病或未患病等，称为质反应（quantal response）。量反应通常用于表示化学物质在个体中引起的毒性效应强度的变化，质反应则用于表示化学物质在群体中引起的某种毒效应的发生比例。

（三）剂量-量反应关系和剂量-质反应关系

剂量-量反应关系（graded dose-effect relationship）表示化学物质的剂量变化与个体中发生的量反应强度改变之间的关系。剂量-质反应关系（quantal dose-response relationship）表示化学物质的剂量变化与某一群体中质反应发生率高低之间的关系。如在急性吸入毒性实验中，随着苯的浓度增高，各试验组的小鼠死亡率也相应增高，表明两者之间存在剂量-质反应关系。

剂量-量反应关系和剂量-质反应关系统称为剂量-反应关系，是毒理学的重要概念。化学物质的剂量越大，所致的量反应强度应该越大，或出现的质反应发生率应该越高。在毒理学研究中，剂量-反应关系显示被视为受试物与机体损伤之间存在因果关系的证据。当然，必须排除实验干扰因素造成的假象。

（四）剂量-反应曲线

剂量-反应关系可以用曲线表示，表示效应强度的计量单位或表示出现某种效应的量-反应曲线有以下几种状态：

1. 直线

化学物质剂量的变化与效应强度或反应率的改变成正比。由于在生物体中，效应的产生要受到多种因素的影响，情况十分复杂，故此种曲线少见。仅在某些简单的体外试验中，在一定剂量范围内才见到。

2. 抛物线

为一条先陡峭后平缓的曲线。即在曲线前段，随着剂量的增加，效应或反应率的变化迅速；但在曲线后段，则变化相对缓慢。由于类似于数学中的对数曲线，又称对数曲线型。这种曲线只需将剂量换算为对数即可转变为一条直线。常见于剂量-量反应关系中。

3. U 形曲线

某些化学物质在低剂量时对机体有益，但在高剂量则有害，如将其剂量对应效应或反应率作图时，表现为一条U形曲线。如某些维生素与机体必需的金属元素，在缺乏时会引起疾病，但在高剂量时会引起机体中毒。在这样的情况下，曲线的左侧随着剂量的增加逐渐降低，反映了化学物质对机体的保护作用；而曲线的右侧则随着剂量的增加而不断升高，反映了化学物质对机体的毒性作用。

4. S形曲线

多见于剂量-质反应关系中。又可分为非对称S形曲线和对称S形曲线两种形式。

（1）非对称S形曲线　该曲线的两端不对称，与对称S形曲线比较，在靠近横坐标左侧的一端曲线由平缓转为陡峭的距离较短，而靠近右侧的一端曲线则伸展较长。它表示随着剂量增加，反应率的变化呈偏态分布。此种曲线在毒理学中最为常见，因为毒理学试验使用的实验组数和动物数有限，样本较小；在受试群体中总有些高耐受性的个体；而且，随着剂量增加，机体的变化更趋复杂，自稳机制参与调节也更加明显。因此，需要较大幅度地提高剂量才能使反应率有所增加。

（2）对称S形曲线　当受试动物的全部个体对某化学物的敏感性的变异，呈对称的正态频数分时，剂量与反应率的关系呈现对称S形曲线。

（五）毒害剂量与杀伤程度、杀伤率的关系

在发生化学事故时，化学毒物可能会使空气、水源或地面染毒。一般情况下，当化学毒物使空气或水源染毒时，不论毒物呈气状、雾状还是烟状，都以毒剂的毒物浓度表示，表明毒物的污染程度，单位为mg/L或mg/m^3；当地面或其他物体表面染毒时，用染毒密度表示化学毒物的污染程度。把发生化学事故时化学毒物的污染程度与该毒物的毒性进行比较就可以估算出毒物的杀伤程度。

化学毒物的毒性效果，以某一毒害剂量等级的毒害剂量数T_{ctx}或T_{Dx}所造成的杀伤率来评定。毒害剂量数可用式(7-4)或式(7-5)表示：

$$T_{ctx}=\frac{1}{L_{ctx}}\int_0^t C\mathrm{d}t \tag{7-4}$$

或

$$T_{Dx}=\frac{P_D G_B}{L_{Dx}} \tag{7-5}$$

将式中式(7-4) $\frac{1}{L_{ctx}}$或$\frac{1}{L_{Dx}}$用符号ξ表示，ξ与许多因素有关，特别是作用时间t。因此，式(7-4)和式(7-5)只对t值较小时才成立，若人员长时间受毒物云团作用，则式(7-4)中的L_{ctx}和C都将随t而变，故应改成式(7-6)：

$$T_{ctx}=\int_0^t \xi\mathrm{d}t \tag{7-6}$$

在实际使用过程中，为了方便快捷地进行估算，通常将事故发生后人员遭受不同毒害程度的杀伤率与毒害剂量数之间的关系用图或表来表示，估算时直接查

图或查表就可以了。

若是液滴状化学毒物，往往是根据染毒地域内所造成的染毒密度（g/m^2）与杀伤率（%）之间的相互关系，或者由染毒密度，按人的投影面积近似取 $1m^2$，平均体重为 70kg 计算，换算成比剂量，既可得到比剂量与杀伤率之间的关系，也可以把它换成毒害剂量数与杀伤率之间的关系。

根据对各种化学毒物的大量实验所得到的数据，经过整理后可以得出近似地表示任何一种毒物所造成的致死率（%）与半致死毒害剂量数（T_{ct50} 或 T_{D50}）之间的关系。因此，只要知道毒物的半致死剂量，就可以估算出具有任何毒害剂量值时可能造成的致死率。

需要指出的是，化学毒物对人员作用的毒性数据，特别是军用毒剂对人员作用的毒性数据，部分来自第一次世界大战，或者由于偶然的中毒事故总结归纳出来的。大量的独行数据，主要是靠动物试验，将动物试验的结果经过处理外推到人。用这种处理方法所获得的毒性数据，显然只能供作参考，因为这些数据直接受试验动物的个体差异（如动物的身体结构、健康、营养状况、年龄、性别以及机体的代谢作用等）的影响，导致毒性数据各不相同，有时甚至会有很大的差别。

第三节 毒物侵入人体的过程

一、毒物进入人体的途径

化学毒物主要经呼吸道吸收进入人体，亦可经皮肤和消化道进入。在化学事故现场，人员中毒的主要途径是经呼吸道、皮肤进入体内，经消化道进入则比较次要。

（一）呼吸道

呼吸道由鼻咽部、气管-支气管、细支气管和肺泡等组成。呼吸道是气体、蒸气、雾、烟、粉尘形式的毒物进入体内最重要的途径。肺组织是呼吸道中吸收毒物的主要器官。人的肺脏由亿万个肺泡组成，肺泡壁很薄，壁上有丰富的毛细血管，毒物一旦进入肺脏，很快就会通过肺泡壁进入血液循环而被运送到全身。经呼吸道吸收的毒物未经肝脏的生物转化解毒过程即直接进入大循环并分布全身，毒作用发生较快。

气态毒物经过呼吸道吸收受许多因素的影响，其中主要是毒物在空气中的浓度或肺泡气与血浆中的分压差。浓度高则毒物在呼吸膜内外的分压差大，进入机体的速度就较快。其次，与毒物的分子量及其血/气分配系数（blood/air partition coefficient）有关。质量轻的气体，扩散较快；分配系数大的毒物，易吸收。例如二硫化碳的血/气分配系数为5，苯6.85，而甲醇为1700，故甲醇较二硫化碳和苯易被吸收入血液。气态毒物进入呼吸道的深度取决于其水溶性。水溶性较大的毒物如氨气，易在上呼吸道吸收，除非浓度较高，一般不易到达肺泡。水溶性较小的毒物如光气、氨氧化物等，因其对上呼吸道的刺激较小，易进入呼吸道深部。此外，劳动强度、肺的通气量与肺血流量以及生产环境的气象条件等因素也可影响毒物在呼吸道中的吸收。

气溶胶状态的毒物在呼吸道的吸收情况颇为复杂，受呼吸道结构特点、呼吸方式、粒子的形状、分散度、溶解度以及呼吸系统的清除功能等多种因素的影响。

烟、粉尘等气溶胶态毒物进入呼吸道还与粒度有关，20～60μm的粒子，被阻挡在鼻腔和喉头，10～20μm的粒子滞留在上呼吸道，且易被咳痰咳出，只有0.5～5μm的粒子易进入下呼吸道和肺泡被吸收或吞噬细胞吞食，而小于0.5μm的粒子又可随呼吸重新进入空气。

（二）皮肤

在化学事故现场处置中，液态毒物经皮肤或伤口吸收引起中毒也是常见的。皮肤对外来化合物具有屏障作用，但确有不少外来化合物可经皮肤吸收，如芳香族的氨基和硝基化合物、有机磷酸酯类化合物、氨基甲酸酯类化合物、金属有机化合物（四乙铅）等可通过完整皮肤吸收入血而引起中毒。毒物主要通过表皮细胞，也可通过皮肤的附属器，如毛囊、皮脂腺或汗腺进入真皮而被吸收入血；但皮肤附属器仅占皮肤表面积的0.1%～0.2%，只能吸收少量毒物，实际意义并不大。经皮吸收的毒物也不经肝脏的生物转化解毒过程即直接进入大循环。

毒物经皮肤吸收分为穿透皮肤角质层和由角质层进入乳头层和真皮而被吸收入血的两个阶段。毒物穿透角质层的能力与其分子量的大小、脂溶性和角质层的厚度有关，分子量大于300的物质一般不易透过角质层。角质层下的颗粒层为多层膜状结构，且胞膜富含固醇磷脂，脂溶性物质可透过此层，但能阻碍水溶性物质进入。毒物经表皮到达真皮后，如不同时具有一定水溶性，也很难进入真皮的毛细血管，故易经皮吸收的毒物往往是脂、水两溶性物质；所以了解其脂/水分配系数（lipid/water partition coefficient）有助于估测经皮吸收的可能性。

根据脂/水分配系数，液态毒物可分成水溶性、脂溶性和水溶脂溶性三类。仅水溶性的毒物难以渗透完好的皮肤，如氰化钾水溶液，不易经皮肤吸收中毒。但脂溶性的毒物却能溶进皮肤，如苯、氯仿易经皮肤吸收中毒。脂水兼溶性毒物经表皮吸收后，因其还有水溶性，能够促使毒物在肌体血液中进一步扩散和吸收，所以脂水兼溶的毒物最易通过皮肤吸收而中毒，如苯胺、肼、甲基肼等吸收迅速且吸收率高。

某些难经皮肤吸收的毒物，如金属汞蒸气在浓度较高时也可经皮肤吸收。皮肤有病损或表皮屏障遭腐蚀性毒物破坏，原本难经完整皮肤吸收的毒物也能进入。毒物的浓度和黏稠度，接触皮肤的部位和面积，生产环境的温度和湿度等均可影响毒物经皮吸收。

（三）消化道

毒物经消化道吸收多半是由于个人卫生习惯不良，手沾染的毒物随进食、饮水或吸烟等而进入消化道。进入呼吸道的难溶性毒物被清除后，可经由咽部被咽下而进入消化道。

固态毒物如金属、类金属及其化合物，无机盐类以及某些有机化合物的毒物以及粉末状毒物，以消化道吸收中毒为主，毒物在消化道内的吸收与其溶解度密切相关。难溶性的气溶胶进入呼吸道后，被呼吸系统清除至咽喉部时，也可随吞咽动作进入消化道。有的毒物如氰化物，进入口腔，可被口腔黏膜吸收。

（四）注入

有毒动物咬、刺、蜇伤时，毒素可直接注入人体。经皮下、肌肉或血管等超量或误注药物可引起医源性中毒。偶可遇到注入毒物的人为性伤害。

二、毒物在体内的过程

（一）分布

毒物被吸收后，随血液循环分布到全身。毒物在体内分布的情况主要取决于其进入细胞的能力及与组织的结合力。大多数毒物在体内的分布呈不均匀分布，相对集中于某些组织器官，如铅、氟集中于骨骼，一氧化碳集中于红细胞。在组织器官相对集中的毒物随时间的推移而有所变动，呈动态变化。最初，常分布于血流量较大的组织器官，随后逐渐移至血液循环较差的部位。

（二）生物转化

进入机体的毒物，有的可直接作用于靶部位产生毒效应，并可以原形排出。但多数毒物吸收后在体内代谢酶的作用下，其化学结构发生一系列改变，形成其衍生物和分解产物的过程称为毒物的生物转化（biotransformation）或称代谢转化。

毒物在体内的生物转化主要包括氧化、还原、水解和结合（或合成）四类反应。毒物经生物转化后，亲脂物质最终变为更具极性和水溶性的物质，有利于经尿或胆汁排出体外；同时，也使其透过生物膜进入细胞的能力以及与组织成分的亲和力减弱，从而消除或降低其毒性。但是，也有不少毒物经生物转化后其毒性反而增强，或由无毒而成为有毒。许多致癌物如芳香胺、苯并［a］芘等，均是经代谢转化而被活化。

（三）排出

毒物可以原形或代谢物的形式从体内排出。排出的速率对其毒效应有较大影响，排出缓慢的，其潜在的毒效应相对较大。

1. 肾脏

肾脏是排泄毒物及其代谢物极为有效的器官，是最重要的排泄途径，许多毒物均经肾排出。其排出速度除受肾小球滤过率、肾小管分泌及重吸收作用的影响外，还取决于排出物质本身的分子量、脂溶性、极性和离子化程度。尿中排出的毒物或代谢物的浓度常与血液中的浓度密切相关，所以测定尿中毒物或其代谢物水平，可间接衡量毒物的体内负荷情况；结合临床征象和其他检查，有助于诊断。

2. 呼吸道

气态毒物可以其原形经呼吸道排出，例如乙醚、苯蒸气等。排出的方式为被动扩散，排出的速率主要取决于肺泡呼吸膜内外有毒气体的分压差；通气量也影响其排出速度。

3. 消化道

肝脏也是毒物排泄的重要器官，尤其对经胃肠道吸收的毒物更为重要。肝脏是许多毒物的生物转化部位，其代谢产物直接排入胆汁随粪便排出。有些毒物如铅、锰等，可由肝细胞分泌，经胆汁随粪便排出。有些毒物排入肠腔后可被肠腔壁再吸收，形成肝肠循环。

4. 其他途径

如汞可经唾液腺排出；铅、锰、苯等可经乳腺排入乳汁；有的还可通过胎盘屏障进入胎儿，如铅等；头发和指甲虽不是排出器官，但有的毒物可富集于此，如铅、砷等。

（四）蓄积

毒物或其代谢产物在接触间隔期内，如不能完全排出，则可在体内逐渐积累，此种现象称为毒物的蓄积（accumulation）。毒物的蓄积作用是引起慢性中毒的物质基础。当毒物的蓄积部位与其靶器官一致时，则易发生慢性中毒，例如，有机汞化合物蓄积于脑组织，可引起中枢神经系统损害。若蓄积部位并非其毒作用部位时，此部位则称该毒物的“储存库”（storage depot），如铅蓄积于骨骼内。储存库内的毒物处于相对无活性状态，在一定程度上属保护机制，对毒性危害起缓冲作用。但在某些条件下，如感染、服用酸性药物等，体内平衡状态被打破时，库内的毒物可释放入血液，有可能诱发或加重毒性反应。

有些毒物因其代谢迅速，停止接触后，体内的含量很快降低，难以检出；但反复接触，仍可引起慢性中毒。例如，反复接触低浓度有机磷农药，由于每次接触所致的胆碱酯酶活力轻微抑制的叠加作用，最终引起酶活性明显抑制，而呈现所谓功能蓄积。

三、影响毒物对机体毒作用的因素

（一）毒物的化学结构

物质的化学结构不仅直接决定其理化性质，也决定其参与各种化学反应的能力，而物质的理化性质和化学活性又与其生物学活性和生物学作用有着密切的联系，并在某种程度上决定其毒性。目前已了解一些毒物的化学结构与其毒性有关。例如，脂肪族直链饱和烃类化合物的麻醉作用，在3～8个碳原子范围内，随碳原子数增加而增强；氯代饱和烷烃的肝脏毒性随着氯原子取代数的增加而增大等。据此，可推测某些新化学物的大致毒性和毒作用特点。

毒物的理化性质对其进入途径和体内过程有重要影响。分散度高的毒物，易经呼吸道吸收，化学活性也大，例如，锰的烟尘毒性大于锰的粉尘。沸点低而挥发的毒物，在空气中蒸气浓度高，吸入中毒的危险性大；一些毒物绝对毒性虽大，但其挥发性很小，其吸入中毒的危险性就不大高。毒物的溶解度也和其毒作用特点有关，氧化铅较硫化铅易溶解于血清，故其毒性大于后者；苯易溶于脂肪，进入体内主要分布于含类脂质较多的骨髓及脑组织，因此，对造血系统、神经系统毒性较大。刺激性气体因其水溶性差异，对呼吸道的作用部位和速度也不尽相同。

（二）剂量、浓度和接触时间

不论毒物的毒性大小如何，都必须在体内达到一定数量才会引起中毒。空气中毒物浓度高，接触时间长，若防护措施不良，则进入体内的量多，容易发生中毒。由于作业时间一般来说相对固定，因此降低空气中毒物的浓度，减少毒物进入体内的数量是预防职业中毒的最重要环节。

（三）联合作用

1. 毒物的联合作用

在生产环境中常有几种毒物同时存在，并作用于人体。此种作用可表现为独立、相加、协同和拮抗作用。毒物的拮抗作用在实际中并无多大意义。在进行毒物危害或安全性评价时应注意毒物的相加或协同作用，还应注意与生活性毒物的联合作用。

2. 生产环境和劳动强度

环境中的温、湿度可影响毒物对机体的毒作用。在高温环境下毒物的毒作用一般较常温高。有人研究了58种化学物在低温、室温和高温时对大鼠的毒性，发现在36℃高温毒性最强。高温环境使毒物的挥发性增加，机体呼吸、心率加快，出汗增多等，均有利于毒物的吸收；体力劳动强度大时，毒物吸收多，机体耗氧量也增多，对毒物的毒作用更为敏感。

（四）个体易感性

人体对毒物毒作用敏感性存在着较大的个体差异，即使在同一接触条件下，不同个体所出现的反应也相差很大。造成这种个体差异的因素很多，如年龄、性别、健康状况、生理状况、营养、内分泌功能、免疫状态及个体遗传特征等。研究表明，产生毒物个体易感性差异的主要决定因素是遗传特征，例如，葡萄糖-6-磷酸脱氢酶（G-6-PD）缺陷者，对血液毒物较为敏感，易发生溶血性贫血；在相同接触条件下，不同 ALAD 基因型者对铅毒作用的敏感性亦有明显差异，携带铅易感基因（ALAD2）者较 ALAD1 者易致铅中毒。

第四节　急性化学中毒

中毒是指化学毒物进入体内，在其作用部位积累达到一定量而产生病损的全身性疾病。中毒是毒物与人体相互作用的过程，一般毒物在机体某部位要达到一定量，才能使机体的功能或器质发生障碍、干扰或破坏机体内的代谢过程，引起中毒症状，如头痛、恶心、呕吐等。

一、中毒的类型

（一）根据中毒的原因分类

1. 意外中毒

意外中毒是毒物急性中毒的最常见的一类中毒。意外中毒可以发生在化学品生产、运输、储藏、使用等各个环节。如生产时有毒气体泄漏、运输过程中因交通事故引起有毒物质泄漏。此外，在日常生活中可以发生意外中毒。如误食有毒物品或者其污染的食物，误食有毒动植物，被有毒动物咬伤、蜇伤，家庭中煤气、煤炉使用不当导致中毒。

2. 环境污染导致的中毒

随着工业化、城市化的不断发展，能源、矿产、植被等自然资源被大量开发利用，加之交通运输发展，车辆猛增，人群接触和迁移也增多，大气、江河、土壤等被大量有毒的化学物质严重污染。由此也可以引起群体性中毒和死亡。

3. 其他原因中毒

用药物自杀或他杀以及滥用药物等，也可以引起中毒。其中，用药物自杀是国内外最常见的一种自杀方式之一，尤其多见于女性。滥用药物主要是指为了寻求陶醉、欢欣等情感，超过治疗需要，长期反复使用某种药物或化学品而成瘾的状况。滥用药物常导致慢性中毒，不仅使滥用药物者本人的健康受到严重危害，也会带来诸多社会问题，已经受到许多国家的密切关注。

(二) 根据中毒的时间分类

根据毒物对机体的作用的时间长短和症状等情况，可将中毒分为急性、亚急性和慢性中毒。当大量毒物短时间进入人体，并在24h内引起中毒症状的，称为急性中毒。急性中毒者需要进行迅速有效的救治，否则会出现严重后果，甚至死亡。在化学事故救援中，救援人员面对的都是急性中毒人员。亚急性中毒是指毒物进入肌体2～30天之内发生中毒症状。慢性中毒是指毒物进入肌体30天后在体内蓄积到一定量后才出现中毒症状。

二、中毒后的主要症状

肌体与有毒化学之间的相互作用是一个复杂的过程，中毒后症状也不一样。毒物对各个系统的作用的主要症状分述如下：

(一) 呼吸系统

化学毒物一旦吸入，轻者可引起呼吸道炎症，重者发生化学性肺炎或肺水肿。

1. 急性呼吸道炎

急性呼吸道炎主要集中表现在鼻咽、气管、支气管部位，刺激性毒物可引起鼻炎、咽喉炎、声门水肿、气管支气管炎等。症状有流涕、喷嚏、咽痛、咳嗽、咳痰、胸闷、胸痛、气急、呼吸困难等。

2. 化学性肺炎

危害部位在肺脏，此处发生炎症比急性呼吸道炎更严重。患者有剧烈咳嗽、咳痰（有时候痰中带血丝）、胸闷、胸痛、气急、呼吸困难、发热等。

3. 化学性肺水肿

患者肺泡内和肺泡间充满液体，多为大量吸入刺激性气体引起，是最严重的呼吸道病变，抢救不及时可造成死亡。患者有明显的呼吸困难，皮肤、黏膜青紫（紫绀），剧咳，带有大量粉红色泡沫痰，烦躁不安等。

4. 慢性影响

除了急性刺激外，呼吸系统长期小剂量接触某些毒物也可导致慢性病变。如长期接触铬及砷化合物，可引起鼻黏膜糜烂、溃疡甚至发生鼻中隔穿孔。长期低浓度吸入刺激性气体或粉尘，可引起慢性支气管炎，重者可发生肺气肿。某些对呼吸道有致敏性的毒物，如乙二胺可引起哮喘。

一些沸点低、挥发性强的有毒物质或微粉末，最易使呼吸器官受到损害，长时间吸收气态有毒物质，最初由于刺激而引起呼吸器官上皮层的透过性障碍，慢慢地成为纤维肿或肉芽症。

(二) 神经系统

有毒物质可以损害中枢神经和周围神经。主要侵犯神经系统的毒物称为“神经性毒物”。由毒物导致的大脑障碍一般对精神的影响有抑郁、困睡、精神病和狂躁症。一些有毒物质即使少量也会引起中枢神经永久性的变化，甚至致死。

1. 神经衰弱

这是许多毒物慢性中毒的早期表现，患者出现头痛、头晕、乏力、情绪不稳、记忆力减退、睡眠不好、植物神经功能紊乱等。

2. 周围神经病

常见的引起周围神经病的毒物有铅、铊、砷、正己烷、丙烯酰胺、氯丙烯等。毒物可侵犯运动神经、感觉神经或混合神经，表现有运动障碍，四肢远端的手套、袜套样分布的感觉减退或消失，反射减弱，肌肉萎缩等，严重者可出现瘫痪。

3. 中毒性脑病

中毒性脑病多是由能引起组织缺氧的毒物和直接对神经系统有选择性毒性的毒物引起的。前者如一氧化碳、硫化氢、氰化物、氮气、甲烷等；后者如铅、四乙基铅、汞、锰、二硫化碳等。急性中毒性脑病是急性中毒中最严重的病变之一，常见症状有头痛、头晕、嗜睡、视力模糊，步态蹒跚，甚至烦躁，抽搐、惊厥、昏迷等。可出现精神症状、瘫痪等，严重者可发生脑病而死亡。慢性中毒脑病可有痴呆型、精神分裂症型、震颤麻痹型、共济失调型。

（三）血液系统

有许多化学毒物能引起血液系统损坏。如苯、砷、铅等，能引起贫血；苯能引起血细胞减少症；氧化砷可破坏红细胞，引起溶血；苯、三硝基甲苯、四氯化碳等可抑制造血机能，引起血液中红细胞、白细胞和血小板减少，发生再生障碍性贫血；一氧化碳、氰化物、硫化氢可阻止红细胞的正常机能，严重时致死。

（四）消化系统

有毒物质对消化系统的损害也很大。例如：汞可致汞毒性口腔炎，氟可导致“氟斑牙”；汞、砷等毒物经口侵入可引起血性胃肠炎；铅中毒可有腹绞痛；黄磷、砷化物，多数有机溶液，例如苯、氯仿、四氯化碳以及其他有机氯化物等物质可致中毒性肝病。瓦斯、挥发性有机溶剂的蒸气等，液体或固体有毒物质进入胃里可引起障碍，轻微的会有咽痛、呕吐或便秘，严重时也会有致死的可能。

（五）循环系统

常见的有机溶剂中的苯、有机磷农药以及某些刺激性气体和窒息性气体对心肌有损害，其表现为心慌、胸闷、心前区不适、心率快等；急性中毒可出现休克；长期接触一氧化碳可促进动脉粥样硬化等。

（六）泌尿系统

经肾随尿排出是有毒物质排出体外的最严重的途径。泌尿系统各部位可能受到有毒物质损害，如杀虫脒中毒可出现出血性膀胱炎等，但常见的还有肾损害。不少生产性毒物对肾有毒性，尤以重金属和卤代烃最为突出。如汞、铅、铊、镉、四氯化碳、氯仿、二氯乙烷、溴甲烷、溴乙烷、碘乙烷等。

（七）骨骼损害

长期接触氟可引起氟骨症。磷中毒下颌改变首先为牙槽嵴的吸收，随着吸收的加重发生感染，严重者发生下颌骨坏死。长期接触氯乙烯可致肢端溶骨症，即指骨末端发生骨缺损。镉中毒可发生骨软化。

（八）眼损害

生产性毒物引起的眼损害分为接触性和中毒性两类。前者是毒物直接作用于眼部所致；后者则是全身中毒在眼部的改变。接触性眼损害主要为酸、碱及其他腐蚀性毒物引起的眼灼伤。眼部的化学灼伤重者可造成终生失明，必须及时救治。引起中毒性眼病最典型的毒物为甲醇和三硝基甲苯。甲醇急性中毒的眼部表现有视觉模糊、眼球压痛、畏光、视力减退、视野缩小等，严重中毒时有复视、双目失明。慢性三硝基甲苯中毒的主要临床表现之一是中毒性白内障，即眼晶状体发生混浊，混浊一旦出现，停止接触不会消退，晶状体全部混浊时可导致失明。

（九）皮肤损害

根据作用机制不同引起皮肤损害的化学物质分为：原发性刺激物、致敏物和光敏感物。常见的原发性刺激物为酸类、碱类、金属盐、溶剂等；常见皮肤致敏物有金属盐类；光敏感物有沥青、焦油、吡啶、蒽等。

（十）化学灼伤

化学灼伤是化工生产中的常见急症，是化学物质对皮肤、黏膜刺激、腐蚀及化学反应热引起的急性损害。按临床分类有体表化学灼伤、呼吸道化学灼伤、消化道化学灼伤。常见的致伤物有酸、碱、酚类、黄磷等。某些化学物质在致伤的同时可经皮肤、黏膜吸收引起中毒，如黄磷灼伤、酸灼伤、氯乙酸灼伤，甚至引起死亡。

三、中毒的判断

（一）呼吸、呕吐物及体表气味

（1）蒜臭味　有机磷、磷砷化合物。

（2）苦杏仁味　氰化物及含氰苷果仁。

（3）酒味　酒精及其他醇类化合物。

（4）酮味（刺鼻甜味）　丙酮、氯仿、指甲油去除剂。

（5）香蕉味　乙酸乙酯、乙戊酯等。

(6) 碳酸味　苯酚、来苏。

(7) 辛辣味　氯乙酰乙酯。

(8) 梨味　水合氯醛。

(9) 氨味　氨水、硝酸铵。

(10) 其他　煤油、汽油、硝基苯等。

(二) 皮肤黏膜

(1) 紫绀　亚硝酸盐、氮氧化合物、氯酸盐、磺胺、非那西丁、硝苯化合物等。

(2) 樱桃红　氰化物、一氧化碳。

(3) 潮红　酒精、阿托品类、抗组胺类药物。

(4) 紫癜　毒蛇和毒虫咬伤。

(5) 黄疸　四氯化碳、砷、磷、蛇毒、毒蕈。

(6) 红斑、水疱　芥子气、氮芥。

(7) 灼伤　腐蚀性毒物、硝酸（痂皮可呈黄色）、盐酸（灰棕色）、硫酸（黑色）。

(8) 多汗　胆碱酯酶抑制剂（有机磷毒物、毒扁豆碱等）、拟胆碱药、毒蘑。

(9) 无汗　抗胆碱药（如阿托品）、抗组胺药物、三环类抗抑郁药。

(10) 接触性皮炎　多种工业毒物、染料、油漆、塑料、有机汞、苯酚、巴豆、有机磷农药。

(11) 光敏性皮炎　沥青、灰灰菜、荞麦叶和花。

(三) 五官

(1) 瞳孔缩小　有机磷、毒扁豆碱、毛果芸香碱、毒蕈、阿片类如吗啡、海洛因、巴比妥、氯丙嗪类、抗胆碱酯酶药。

(2) 瞳孔扩大　抗胆碱药（阿托品）、三环类抗抑郁类药、毒蕈、抗组织胺类药、曼陀罗、可卡因等。

(3) 眼球震颤　苯妥英钠、巴比妥类。

(4) 视幻觉　酒精、麦角酸二乙胺、抗胆碱药、阻滞剂、L-多巴、曼陀罗、海洛因。

(5) 嗅觉减退　铬、酚。

(6) 听力减退　奎宁、水杨酸盐类、氨基糖苷类抗生素。

(7) 齿龈黑线　铅、汞、砷、铋。

(8) 流涎　胆碱酯酶抑制剂（有机磷毒物、毒扁豆碱等）、拟胆碱药、毒蘑菇、砷化物、汞化物。

(9) 口干　抗胆碱药、麻黄碱、苯丙胺、抗组胺药物。

(四) 呼吸系统

(1) 呼吸加快　抗胆碱药、呼吸兴奋试剂。

（2）呼吸减慢 镇痛、安眠药物、有机磷毒物、蛇毒。

（3）哮喘 刺激性气体、有机磷毒物。

（4）肺水肿 有机磷农药、毒蘑菇、刺激性及窒息性化合物（光气、氮氧化合物、硫化氢、氨气、氯化氢、二氧化硫等）、硫酸二甲酯。

（五）循环系统

（1）心动过速 抗胆碱药、甲状腺素片、苯丙胺类、三环类抗抑郁药、可卡因、醇类。

（2）心动过缓 胆碱酯酶抑制剂（有机磷毒物、毒扁豆碱等）、毒蘑菇、乌头碱、洋地黄类、可溶性钡盐。

（3）血压升高 苯丙胺类、拟肾上腺素、有机磷毒物早期。

（六）消化系统

（1）呕吐 胆碱酯酶抑制剂（有机磷毒物、毒扁豆碱等）、毒蘑菇、重金属盐、腐蚀性毒物。

（2）腹（绞）痛 胆碱酯酶抑制剂（有机磷毒物、毒扁豆碱等）、毒蘑菇、乌头碱、巴豆、砷化物、汞化物、磷化物、腐蚀性毒物。

（3）腹泻 毒蘑菇、有机磷毒物、砷化物、汞化物、巴豆、蓖麻子。

（七）神经系统

（1）兴奋、躁动 醇类早期、可卡因、苯丙胺类、抗胆碱药。

（2）嗜睡、昏迷 镇静安眠药、抗抑郁药、醇类后期、有机磷毒物、麻醉剂（乙醚、氯仿）、有机溶剂（苯系化合物、汽油）。

（3）肌肉颤动 胆碱酯酶抑制剂（有机磷毒物、毒扁豆碱等）。

（4）抽搐、惊厥 氰化物、异烟肼、胆碱酯酶抑制剂（有机磷毒物、毒扁豆碱等）、毒蘑菇、氯化烃类、水杨酸盐。

（5）瘫痪 肉毒毒素、高效镇痛剂、可溶性钡盐。

（八）尿的颜色

（1）血尿 磺胺、毒蘑菇、氯胍、酚。

（2）葡萄酒色 砷化氢、苯胺、硝基苯等致溶血毒物。

（3）绿色 美蓝。

（4）棕黑色 苯酚、亚硝酸盐。

（5）棕红色 安替比林、辛克芬、山道年。

（九）体温

（1）体温升高 锌、铜、镍、镉、锑、铅等金属烟热，五氯酚钠、麻黄碱、苯丙胺、三环类抗抑郁药、抗组胺药物、二硝基苯酚类。

（2）体温降低 醇类（重度中毒）、镇静催眠药、麻醉镇痛药。

四、中毒危险性指标

中毒危险性指标可进一步说明化学物的毒性和毒作用特点。

（一）致死作用带

是指不同的致死性指标之间的比值。如 LD_{100}/LD_{50} 或 LD_{100}/MLD。致死作用带实际上反映化学物致死剂量的离散程度。致死作用带愈窄，表示该化学物引起实验动物死亡的危险性愈大。

（二）急性毒作用带

通常以半数致死剂量与急性阈剂量的比值（LD_{50}/Lim_{ac}）表示。某化学物的急性毒作用愈宽，说明该化学物引起急性致死中毒的危险性愈小。

（三）慢性毒作用带

通常以急性阈剂量与慢性阈剂量的比值（Lim_{ac}/Lim_{ch}）表示。某化学物的慢性毒作用带愈宽，表明该化学物在体内的蓄积作用大，说明该化学物引起慢性中毒的危险性愈大，实验动物多次接受较低剂量（浓度）的化学物，即能产生慢性毒效应。

（四）吸入中毒危险性指标

化学物经呼吸道吸入中毒的危险性，除与半数致死浓度（LC_{50}）大小有关外，还与该化学物的挥发性有关。以化学物在 20℃时的蒸气饱和浓度作为衡量权重之一，即急性吸入中毒危险指数，即 20℃下化学物蒸气的饱和浓度/小鼠吸入 2h 的 LC_{50}。

（五）立即危及生命或健康的浓度（immediately dangerous life or health levels，IDLH）

IDLH 由美国职业安全卫生研究所（NIOSH）提出，是制定呼吸防护器选用标准的一种最高浓度。它的含义是指接触有害化学物质的作业工人在呼吸器失效或损坏的情况下，于 30min 之内撤离现场而不致发生损伤（如眼部或呼吸道的刺激）或不可逆的健康影响的车间空气中化学物质的最高浓度。IDLH 对评价化学物质的急性职业中毒的可能性有重要参考作用，具 IDLH 的化学物质大多有发生急性中毒的可能。

第五节　急性化学中毒的现场急救

救援人员进入化学灾害事故现场进行人员的疏散和中毒人员的抢救工作之

前，必须了解现场危险区域的地形、建筑物分布、有无爆炸及燃烧的危险、毒物种类及大致浓度，选择合适的安全防护器材，并首先做好自身的防护。

进入现场危险区域人员应至少2～3人为一组集体行动，以便互相监护照应。同时，必须明确一位负责人，指挥协调在危险区域的救援行动。

一、现场危险区域群众的安全疏散

（一）做好防护再撤离

群众撤离前或在撤离过程中，应自行或帮助戴好防毒面罩或用湿毛巾捂住口鼻，同时穿好防毒衣或雨衣（风衣），救援人员再迅速组织和指导其撤离现场的危险区域。

（二）就近朝上风或侧风方向撤离

现场组织撤离的人员应迅速判明风向，可利用旗帜、树枝、手帕来辨明风向。应尽可能利用交通工具将群众向上风向做快速转移。撤离时，应选择安全的撤离路线，避免横穿毒源中心区域或危险地带。

（三）重点对危重伤员和老、弱、幼、妇群众实施抢救式撤离

在事故现场特别是有大批伤病员的情况下，现场救援人员应重点搜寻和帮助危重伤员和老、弱、幼、妇群众迅速撤离，要实行分工合作，做到任务到人，职责明确，团结协作。对于呼吸心跳骤停的中毒伤员应立即将其运送安全区后，就地立即实施人工心肺复苏，并通知其他医务人员前来抢救，或者边做人工心肺复苏边就近转送医院。

（四）对被污染的撤出群众应及时进行消毒

在现场安全区域集中设置洗消站，采用脱除污染的衣物、用流动清水冲洗皮肤等方法，及时对被污染的撤出群众进行消毒，防止发生继发伤害。

二、急性化学中毒现场救治

（一）一般原则

对急性中毒的处理原则是：尽快中止毒物的继续侵害；排除体内未吸收的毒物；促进毒物排泄，选用有效解毒药物；对症治疗，尤其是迅速建立并加强生命支持治疗。

（二）具体措施

1. 中止毒物继续进入体内

明确中毒途径后，立即采取措施，中止毒物继续进入体内。

对吸入性中毒，立即撤离中毒现场，移至空气新鲜、开阔的地方，解开衣领，视情况给予吸氧或人工辅助呼吸。

对皮肤、黏膜接触中毒，立即将伤员撤离中毒环境，脱去被污染的衣物，认

真清洗皮肤、黏膜、毛发及指甲缝（不可用热水，因热水可使血管扩张，增加毒物吸收）。

（1）无创伤的皮肤、黏膜用蒸馏水（忌用热水）反复冲洗，可根据毒物的酸碱性选用清洗剂冲洗，如酸性毒物用肥皂水或3%～4%的苏打水，碱性毒物则用食醋、3%～5%的乙酸或3%硼酸等，最后用清水冲洗干净。

（2）若毒物由伤口进入，应在伤口的近端扎止血带（每隔15min放松1min，以防肢体坏死），局部冰敷，对创面的毒物应用吸引器或局部引流排毒先将其吸出，再用清洗剂冲洗，然后用清水冲洗干净。眼内溅入的毒物，应立即用清水彻底冲洗，腐蚀性毒物更须反复冲洗，至少15min。固体性腐蚀性毒物应立即以机械方法取出。

（3）有些毒物（如有机磷农药）可经皮肤排泄，但排泄后可被再吸收，故在治疗中应不间断地清洗皮肤、毛发，以防毒物再吸收。

经消化道或注入中毒者，应立即停止食用或注入毒物。

2. 排除体内未吸收的毒物

经消化道进入体内的毒物，经消化道黏膜吸收后才出现中毒症状，所以在急救处理时应尽可能地将未被吸收的毒物采用催化、洗胃和导泻等方法使其排出，以减少吸收。

（1）催吐　催吐方法简便，出现呕吐比较快，不受条件限制，能使小肠上段的内容物吐出。方法是先饮服冷开水500～600mL，再用手指、压舌板或硬羽毛等物品刺激伤员咽腭和咽后壁，产生呕吐反射，使胃内容物吐出。反复进行直至认为胃内毒物吐尽为止。

（2）洗胃　催吐的方法不能使毒物完全排出，故有洗胃条件时应选择洗胃法。

插入胃管后用注射器抽尽胃内容物，注入洗胃液300mL，再抽尽，如此反复进行，直到抽出的胃内容物清晰为止。一般需用洗胃液（清水或生理盐水等）5000～10000mL。洗胃应尽早进行，一般中毒后6h内洗胃效果较好。

3. 加速毒物的排泄

进入体内尚未被清除或已经被吸收的毒物应加速其排泄，可用导泻、利尿和血液净化疗法。

（1）导泻　给肠胃道给予导泻药，以加速肠胃道的排空速度，使部分已进入肠道的毒物快速排出，减少毒物的吸收。

（2）利尿和输液　肾脏是毒物及代谢产物的重要排泄器官，凡能通过肾脏排泄的毒物中毒，均可使用利尿和输液方法治疗。

① 大量饮水有利尿排毒作用，亦可同时口服速尿20～40mg/日。

② 用大量的5%葡萄糖注射液或生理盐水静脉点滴，必要时可加速尿、维生素C、碳酸氢钠等药物。

（3）血液净化疗法 血液净化疗法是促进某些毒物排出体外的有效方法之一，主要用于可透出毒物的严重中毒。

4. 应用解毒剂

解毒剂可通过物理、化学和生理拮抗作用阻止或减少毒物的吸收，使毒物灭活及对抗毒物的毒性作用，以减轻危害。解毒剂可分为一般解毒剂和特效性解毒剂两类。

（1）一般解毒剂 此类解毒剂无特异性，解毒效果差，但可以广泛应用。

① 中和。皮肤、黏膜接触的毒物或口服后未被吸收的毒物，可用中和的方法使毒物灭活。例如，强酸可用弱碱性药物如氧化镁、碳酸氢钠、石灰水上清液等给予中和，强碱则可用弱酸性药物如3%乙酸或食用醋等予以中和。

② 沉淀。用沉淀剂使毒物发生沉淀，可以减少吸收，降低毒性。重金属盐类毒物中毒可用牛奶、蛋清、鞣酸蛋白等使之沉淀，硝酸银中毒可用食盐液使之沉淀，草酸类药物中毒可用石灰水使之沉淀。

③ 吸附。活性炭或树脂可吸附除氧化物以外的多数毒物，以减少毒物的吸收。

④ 氧化。高锰酸钾、过氧化氢可使生物碱、氢化物及部分有机磷农药氧化解毒。

⑤ 黏膜保护。蛋清、牛奶、食用油、米汤、面糊等可涂布于胃黏膜的表面，保护黏膜以减轻毒物的刺激并延缓毒物的吸收。

（2）特效性解毒剂 此类解毒剂有针对性，解毒效果较好。有重金属解毒剂、有机磷农药解毒剂、高铁血红蛋白还原剂、氰化物解毒剂等。

① 金属解毒剂。主要有乙二胺四乙酸二钠钙（$CaNa_2EDTA$）、二乙三胺五乙酸三钠钙（DTPA）、二巯基丙醇（BAL）、二巯基丁二酸钠（NaDMS）、青霉胺等，可用于治疗金属类毒物中毒，如铅、汞、砷、锰等。

② 氰化物的解毒剂。亚硝酸盐、硫代硫酸钠和美蓝对氰化物中毒有疗效，并可联合使用，胱氨酸也有疗效。此外也用亚硝酸异戊酯、亚甲蓝、4-二甲氨基苯酚。

③ 有机氟农药。氟乙酸钠、氟乙酰胺等的解毒剂有甘油乙酸酯和乙酸胺等。

④ 高铁血红蛋白血症的解毒剂。美蓝和甲苯胺蓝可治疗苯胺、硝基苯、多种染料、非那西丁等中毒导致的高铁血红蛋白血症。

⑤ 胆碱酯酶抑制剂的解毒剂。阿托品为抗胆碱药物，适用于有机磷类、神经毒剂及其他胆碱酯酶抑制剂中毒。可根据病情每15min～2h肌注或静注一次，每次0.5～2mg，病情好转或出现阿托品化表现为止。心动过速和高热患者慎用。胆碱酯酶复活剂能使被抑制的胆碱酯酶恢复活性。目前应用最广的有氯磷定，其他尚有解磷定和双复磷等。用于有机磷类、神经毒剂等中毒，与阿托品有协同作用。

此外，可根据毒物或其代谢产物的性质，利用药物的拮抗作用降低或消除毒物或其代谢产物的毒作用，例如：①氯气、二氧化硫等吸入可形成酸类，用4%碳酸氢钠喷雾吸入；②溴甲烷、甲醇等吸收后，毒物的分解产物为甲酸，用口服碱性药物或注射乳酸钠，以起到中和作用等。也可采用药物和毒物起化学反应的方法，使毒物成为不溶性物质，防止吸收。如口服铊后，用普鲁士蓝，铊可置换普鲁士蓝的钾而解毒。碳酸钡、氯化钡中毒用10%硫酸钠静注，是常用的解毒法。

5. 对症治疗

(1) 对于急性呼吸衰竭者　首先保持其呼吸道通畅，必要时进行气管插管气管切开，运用呼吸机进行辅助型或控制型人工呼吸，并根据病情给予适当的吸入氧浓度。及时查明及处理呼吸衰竭的原因。

(2) 对于急性脑水肿者　中毒伤员经常伴有脑水肿，应予及时救治。除应用三磷酸腺苷、辅酶A、脑活素及胞二磷胆碱等脑细胞活化剂外，可行脱水治疗。

(3) 对于其他并发症者　对于休克、心搏骤停、肺水肿、心肌炎、肝脏损害、水与电解质紊乱和酸碱失衡等并发症的中毒伤员，均应及时发现，并尽快采取措施救治，若有条件宜将重症者送医院急症监护室（ICU）密切监护，以提高救治存活率。

三、现场中毒伤员的转送

在对现场中毒伤员实施了必要的救治措施后，应及时安排其转送医院进一步治疗。

(一) 合理安排车辆

在救护车辆不够的情况下，对危重病员应在医疗监护的情况下安排急救型救护车转送，中度伤病员安排普通型救护车转送，对轻度伤病员可安排客车或货车集体转送。

(二) 合理选送医院

转送伤病员时，应根据伤病员的情况以及附近医疗机构的技术力量和特点有针对性地转送，避免再度转院。如一氧化碳中毒病人宜就近转到有高压氧舱的医院，有颅脑外伤的病人尽可能转送有颅脑外科的医院，烧伤严重的伤员尽可能转送有烧伤力量的医院。但是必须注意避免发生一味追求医院条件而延误抢救时机的情况。

(三) 做好中毒伤员的统计

对现场急救处理后的伤员，应该做到一人一卡（化救卡），将基本情况初步诊断，处理措施记录在卡上，并别在病人胸前或挂在手腕上，便于识别和登记统计工作。

四、常见化学中毒的现场救治

（一）刺激性气体中毒的现场救治

刺激性气体过量吸入可引起以呼吸道刺激、炎症乃至肺水肿为主要表现的疾病状态，称为刺激性气体中毒。如氯气、光气、氨气、酸类和成酸化合物（硫酸、盐酸、氯化氢、硫化氢）等。

1．毒性作用

刺激性气体的主要毒性在于它们对呼吸系统的刺激及损伤作用，因为它们可在黏膜表面形成具有强烈腐蚀作用的物质，如酸类或成酸化合物、氨气和光气等。上述损伤作用发生在呼吸道，则可引起刺激反应，严重者可导致化学性炎症、水肿、充血、出血，甚至黏膜坏死；发生在肺泡，则引起化学性肺水肿。化学物的刺激性还可引起支气管痉挛及分泌增加，进一步加重可导致肺水肿。

2．中毒症状

刺激性气体中毒主要存在三种中毒症状。

（1）化学性（中毒性）呼吸道炎　主要因刺激性气体对呼吸道黏膜的直接刺激损伤作用所引起，水溶性越大的刺激性气体对上呼吸道的损伤作用也越强，其进入深部肺组织的量也相应较少，如氯气、氨气、各种酸雾等。此时的症状有喷嚏、流泪、畏光、咽干、眼痛等，严重时可有血痰及气急、胸闷等症状；高浓度刺激性气体吸入可因喉头水肿而致明显缺氧，有时甚至引起喉头痉挛，导致窒息死亡。较重的化学性呼吸道炎可出现头痛、头晕、乏力等全身症状。

（2）化学性（中毒性）肺炎　主要因刺激性气体进入呼吸道深部对细支气管及肺泡上皮的刺激损伤作用而引起，此时的症状除有上呼吸道刺激症状外，主要表现为较明显的胸闷、胸痛、呼吸急促、痰多，体温有中度升高，伴有明显的全身症状如头痛、头晕、乏力等。

（3）化学性（中毒性）肺水肿　吸入高浓度的刺激性气体可在短期内迅速出现严重的肺水肿，但一般情况下，化学性肺水肿多由化学性呼吸道炎和化学性肺炎演进而来，主要症状有呼吸急促、严重胸闷气憋、剧烈咳嗽，并伴有烦躁不安、大汗淋漓等。

3．救治措施

（1）迅速将伤员脱离事故现场，移到上风向空气新鲜处。保护呼吸道通畅，防止梗阻，并注意保温，给吸入氧气有利于稀释吸入的毒气，并有促使毒气排出的作用。

（2）密切观察患者意识、瞳孔、血压、呼吸、脉搏等生命体征，发现异常立即处理。对无心跳呼吸者采取人工呼吸和心肺复苏。

（3）积极改善症状，如剧咳者可使用祛痰止咳剂，躁动不安者可给予安定镇静剂，如安定、非那根；支气管痉挛可用异丙基肾上腺素气雾剂吸入或氨茶碱静脉注射；中和性药物雾化吸入有助于缓解呼吸道刺激症状，其中加入糖皮质激素和氨茶碱效果更好。

(4) 适度给氧，多用鼻塞或面罩，进入肺部的氧含量应小于55%，慎用机械正压给氧，以免诱发气道坏死组织堵塞、气胸等。

(5) 可采用钙通道阻滞剂在亚细胞水平上切断肺水肿的发生环节。

(二) 窒息性气体中毒的现场救治

窒息性气体过量吸入可造成机体以缺氧为主要环节的疾病状态，称为窒息性气体中毒。常见的窒息性气体有一氧化碳、硫化氢、氰化氢等。

1. 毒性作用

窒息性气体的主要毒性在于它们可在体内造成细胞及组织缺氧，如一氧化碳能明显降低血红蛋白对氧气的化学结合能力，从而造成组织供氧障碍；再如硫化氢主要作用于细胞内的呼吸酶，阻碍细胞对氧的利用。缺氧引发的最严重的恶果就是脑水肿，严重者导致伤员死亡。

2. 中毒症状

窒息性气体中毒的症状有缺氧，轻度缺氧时主要表现为注意力不集中、头痛、头晕、乏力等，缺氧较重时可有耳鸣、呕吐、烦躁、抽搐甚至昏迷。但上述症状往往被不同窒息性气体的独特毒性所干扰或掩盖，因此，不同窒息性气体引起的相近程度的缺氧都有相同的表现。

如吸入一氧化碳后可迅速与血红蛋白结合，生成碳氧血红蛋白，阻碍氧气在血液中的输送。由于碳氧血红蛋白为鲜红色，而使患者皮肤黏膜在中毒后呈樱红色，与一般缺氧有明显不同，全身乏力十分明显，以致中毒后仍然清醒，但行动困难，不能自救，其余症状与一般缺氧相近。

高浓度的硫化氢吸入一口后，呼吸立即停止，发生所谓“闪电型”死亡；这是由于硫化氢可在血中形成蓝紫色硫化变性血红蛋白，少量(4%～5%)即能引起紫绀，故硫化氢中毒伤员肤色多呈蓝灰色，呼出气及衣物带有强烈臭鸡蛋气味，呼吸道及肺部可发生化学性炎症甚至肺水肿。

3. 救治措施

(1) 中断毒物继续侵入　迅速将伤员脱离危险现场，同时清除衣物及皮肤污染物。

(2) 采取解毒措施　通过利尿、络合剂、服用特效解毒剂等，降低、减少或消除毒气的毒害作用。如氰化物中毒可采用亚硝酸盐—硫代硫酸钠联合疗法，亚硝酸戊酯和亚硝酸钠可使血红蛋白迅速转变为较多的高铁血红蛋白，后者与 CN^- 结合成比较稳定的氰高铁血红蛋白。数分钟后氰高铁血红蛋白又逐渐离解，放出 CN^-，此时再用硫代硫酸钠，使 CN^- 与硫结合成毒性极小的硫氰化合物，从而增强体内的解毒功能。

有的气体没有特效解毒剂，如一氧化碳，其中毒后可给高浓度氧吸入，以加速碳氧血红蛋白解离，也可看作解毒措施。

（三）皮肤污染物中毒的现场救治

对于皮肤污染物中毒的患者，救治者应迅速脱去污染的衣着，用大量的流动清水如淋浴、蛇管彻底冲洗污染皮肤以稀释或清除毒物，必要时可反复冲洗，阻止毒物继续损伤皮肤或经皮肤吸收；冲洗液忌用热水，不强调用中和剂，切勿因等待配制中和剂而贻误时间。

（四）眼部污染物中毒的现场救治

眼部接触具有刺激性、腐蚀性的气态、液态、固态化学物，应立即用流动水或生理盐水冲洗，至少10min，这是减少组织受损最重要的措施，也可将面部浸入面盘清水内，拉开眼睑，摆动头部，以达到清除作用。

第八章 化学致伤的现场急救

化学事故除了造成现场人员的急性中毒外，还可能对现场人员产生其他方面的损伤，如化学灼伤、热力灼伤、低温冻伤等伤害。在化学事故救援过程中，做好化学致伤的早期急救处理不仅可以减轻伤员的痛苦，还可以减轻创面的继发性损伤。

第一节 化学灼伤的现场急救

化学灼伤是常温或高温化学物直接对皮肤刺激、腐蚀及化学反应热引起的急性皮肤、黏膜的损害，常伴有眼灼伤和呼吸道损伤。某些化学物质还可以经皮肤黏膜吸收引起中毒，故化学灼伤一般不同于火灼伤和开水烫伤等物理灼伤。物理灼伤是高温造成的伤害，使人体立即感到强烈的疼痛，人体肌肤会本能地立即避开。化学品灼伤有一个化学反应过程，开始并不疼痛，要经过几分钟、几个小时甚至几天才表现出严重的伤害，并且伤害还会不断地加深。因此，化学品灼伤比物理灼伤伤害更大。

一、化学灼伤的原因

造成化学灼伤的原因很多，常见的有：

① 运输过程中装有腐蚀性物质的槽罐车爆炸，大量化学物质泄漏引起化学灼伤。

② 意外泄漏的刺激性、腐蚀性气体接触体表及呼吸道表面的水分，形成酸或碱引起化学灼伤。

③ 生产过程中腐蚀性化学物质意外泄漏、喷溅。

④ 易燃气体爆炸及燃烧事故中，常伴有群体性化学灼伤的发生。

二、化学灼伤机理

具有化学灼伤危害的物质与皮肤的接触时间一般比热灼伤的长，因此某些化学灼伤可以是进行性损害，甚至通过创面等途径吸收，导致全身各脏器的损害。

（一）局部损害

局部损害与化学物质的种类、浓度及与皮肤接触的时间等均有关系。化学物质的性能不同，局部损害的方式也不同。如酸凝固组织蛋白，碱则皂化脂肪组织；有的毁坏组织的胶体状态，使细胞脱水或与组织蛋白结合；有的则因本身的燃烧而引起灼伤，如磷灼伤；有的本身对健康皮肤并不致伤，但由于大爆炸燃烧致皮肤灼伤，进而引起毒物从创面吸收，加深局部的损害或引起中毒等。局部损害中除皮肤损害外，黏膜受伤的机会也较多，尤其是某些化学蒸气或发生爆炸燃烧时更为多见。因此，除与浓度及作用时间有关外，接触时间越长，组织受损程度越严重。

（二）全身损害

化学灼伤的严重性不仅在于局部损害，更严重的是有些化学药物可以从创面、正常皮肤、呼吸道、消化道黏膜等吸收，引起中毒和内脏继发性损伤，甚至死亡。有的灼伤并不太严重，但由于有合并中毒，增加了救治的困难，使治愈效果比同面积与深度的一般灼伤差。由于化学工业迅速发展，能致伤的化学物品种类繁多，有时对某些致伤物品的性能一时不了解，更增加了抢救困难。

虽然化学致伤物质的性能各不相同，全身各重要内脏器官都有被损伤的可能，但多数化学物质是经过肝、肾而排出体外，故此两种器官的损害较多见，病理改变的范围也较广。常见的有中毒性肝炎，急性肝出血坏死，急性肾功能不全及肾小管肾炎等，还有肺水肿、贫血、中毒性脑病、脑水肿、周围或中枢神经损害、消化道溃疡及大出血等。

三、化学灼伤的处理原则

化学灼伤的处理原则同一般灼伤，应迅速脱离事故现场，终止化学物质对机体的继续损害；采取有效解毒措施，防止中毒；进行全面体检和化学监测。

（一）脱离现场与应急处置

终止化学物质对机体继续损害，应立即脱离现场，脱去被化学物质浸渍的衣服，并迅速用大量清水冲洗。其目的一是稀释，二是机械冲洗，将化学物质从创面和黏膜上冲洗干净，冲洗时可能产生一定热量，继续冲洗，可使热量逐渐消散。冲洗用水要多，时间要够长，一般清水（自来水、井水和河水等）均可使用。冲洗持续时间一般要求在 2h 以上，尤其在碱灼伤时，冲洗时间过短很难奏效。如果同时有火焰灼伤，冲洗尚有冷疗的作用，当然有些化学致伤物质并不溶于水，冲洗的机械作用也可将其自创面清除干净。

头、面部灼伤时，要注意眼睛、鼻、耳、口腔内的清洗。特别是眼睛，应首先冲洗，动作要轻柔，一般清水亦可，如有条件可用生理盐水冲洗。如发现眼睑痉挛、流泪，结膜充血，角膜上皮肤及前房混浊等，应立即用生理盐水或蒸馏水冲洗。用消炎眼药水、眼膏等以预防继发性感染。局部不必用眼罩或纱布包扎，但应用单层油纱布覆盖以保护裸露的角膜，防止干燥所致损害。

石灰灼伤时，在清洗前应将石灰去除，以免遇水后石灰产生热，加深创面损害。

有些化学物质则要按其理化特性分别处理。大量流动水的持续冲洗比单纯用中和剂拮抗的效果更好。用中和剂的时间不宜过长，一般 20min 即可，中和处理后仍需再用清水冲洗，以避免因为中和反应产生热而给机体带来进一步的损伤。

（二）防止中毒

有些化学物质可引起全身中毒，应严密观察病情变化，一旦诊断有化学中毒可能时，应根据致伤因素的性质和病理损害的特点，选用相应的解毒剂或对抗剂治疗，有些毒物迄今尚无特效解毒药物。在发生中毒时，应使毒物尽快排出体外，以减少其危害。

一般可静脉补液和使用利尿剂，以加快排尿。苯胺或硝基苯中毒所引起的严重高铁血红蛋白症，除给氧外，可酌情输注适量新鲜血液，以改善缺氧状态。

（三）监护与转送

当化学灼伤的严重程度超出了现场急救力量的医疗水平或承受能力时，应及时转送。同时要进行必要的急救处置，对于人体的重要脏器，要维持，如肺、心、脑和肾的功能，防止多脏器衰竭。

局部化学灼伤的急救措施如表 8-1 所示。

表 8-1 局部化学灼伤的急救措施

化学物质	局部特点	中毒机理	洗消剂	中和剂
碱类				
氢氧化钾、氢氧化钠、氢氧化钙、氢氧化钡、氢氧化锂	大疱性红斑或黏湿焦痂	仅食入	水	乙酸(0.5%～5%)；柠檬汁等
氨水	大疱性红斑或黏湿焦痂	蒸气	水	乙酸(0.5%～5%)；柠檬汁等
生石灰	大疱性红斑或黏湿焦痂	无	先刷去石灰再用水	乙酸(0.5%～5%)；柠檬汁等
烷基汞盐	红斑、水疱	由水疱吸收	水及去除水疱	无
金属钠	剧毒性深度灼伤	无	油质覆盖	无
硝基氯苯	水疱、蓝绿色渗出物、化学物品黏附	呼吸道及皮肤吸收	水	10%酒精；5%乙酸；1%亚甲蓝

续表

化学物质	局部特点	中毒机理	洗消剂	中和剂
碱类				
糜烂性物质 芥子气	剧痛性大疱	蒸气	水冲洗后 开放水疱	二硫基丙醇(BAL)
催泪剂	红斑、溃疡	蒸气	水	无
无机磷	红斑、Ⅲ度灼伤	组织吸收	水、冷水包裹	为了识别可用2% 硫酸铜或3%硝酸银
环氧乙烷	大水疱	组织吸收	水	无
酸类				
硫酸	黑色或棕褐色干痂	蒸气	水与肥皂	氢氧化镁或 碳酸氢钠溶液
硝酸	黄色、褐色或 黑色干痂			
盐酸	黄褐色或白色干痂			
三氯乙酸	灰色干痂			
氢氟酸	红斑伴中心坏死	无	水	皮下或动脉内注射 10%葡萄糖酸钙
草酸	呈白色无痛性溃疡	仅食入	水	10%葡萄糖酸钙
碳酸	白色或褐色干痂， 无痛	皮肤吸收	水	10%乙烯酒精或甘油
铬酸	溃疡、水疱	蒸气	水	亚硝酸钠
次氯酸	Ⅱ度灼伤	无	水	1%硫代硫酸钠
其他酸				
钨酸、苦味酸、鞣酸 甲酚、甲酸	硬痂	皮肤吸收	水	油质覆盖
氢氰酸	斑丘疹、疱疹	食入、皮肤吸收蒸气		0.1%过锰酸钾冲洗； 5%硫化铵湿敷

四、外典型化学灼伤的现场急救

(一) 酸灼伤

酸灼伤的种类甚多。能造成灼伤的酸主要是强酸，如硫酸、硝酸和盐酸等无机酸，其他还有三氯乙酸、石炭酸、铬酸、氯磺酸和氢氟酸等。

1. 强酸灼伤

高浓度酸能使皮肤角质层蛋白质凝固坏死，呈界限明显的皮肤灼伤，并可引起局部疼痛性凝固性坏死。各种不同的酸灼伤，其皮肤产生的颜色变化也不同，如硫酸创面呈青黑色或棕黑色；硝酸灼伤先呈黄色，以后转为黄褐色；盐酸灼伤则呈黄蓝色；三氯乙酸的创面先为白色，以后变为青铜色等。此外，颜色的改变还与酸灼伤的深浅有关，潮红色最浅，灰色、棕黄色或黑色则较深。

痂皮的柔软度亦为判断酸灼伤深浅的方法之一。浅度者较软，深度者较韧，往往为斑纹样、皮革样痂皮，但有时在早期较软，以后转韧。一般来说，痂皮色深、较韧、如皮革样，脱水明显而内陷者，多为Ⅲ度。此外，由于酸灼伤后形成一薄膜，末梢神经得以保护，故疼痛一般较轻。当然，这与酸的性质及早期清洗是否彻底也有关。如果疼痛较明显，则多表示酸在继续侵蚀，一般也表示灼伤较深。酸灼伤创面肿胀较轻，很少有水疱，创面渗液极少，因此，不能以有无水疱作为判断灼伤深度的标准。

酸灼伤后迅速形成一层薄膜，创面干燥，痂下很少有感染，自然脱痂时间长，有时可达1个月以上，脱痂后创面愈合较慢。

浓硫酸有吸水的特性，含有三氧化硫，在空气中形成烟雾，吸入后刺激上呼吸道，最小口服致死量为4mL。浓硝酸与空气接触后产生刺激性的二氧化氮，吸入肺内与水接触而形成硝酸和亚硝酸；易致肺水肿。盐酸可呈氯化氢气态，引起气管支气管炎，脸痉挛和角膜溃疡。

氯磺酸遇水后可分解为硫酸和盐酸，比一般酸灼伤更为严重，常为Ⅲ度灼伤，必须予以重视。

酸灼伤后立即用水冲洗是最为重要的急救措施，冲洗后一般不需用中和剂，必要时可用2%～5%的碳酸氢钠、2.5%氢氧化镁或肥皂水处理创面后，用大量清水冲洗，以去除剩余的中和溶液。

创面处理采用一般灼伤的处理方法。由于酸灼伤后形成的痂皮完整，宜采用暴露疗法。如确定为Ⅲ度，亦应争取早期切痂植皮。

口服腐蚀性酸可引起上消化道灼伤、喉部水肿及呼吸困难，可口服氢氧化铝凝胶、鸡蛋清和牛奶等中和剂。忌用碳酸氢钠，以防胃胀气，引起穿孔。禁用胃管洗胃或用催吐剂。可口服强的松，以减少纤维化，预防消化道疤痕狭窄。

2. 氢氟酸灼伤

氢氟酸是一种无机酸，具有强腐蚀性，它可以引起特殊的生物性损伤。作为一种清洗剂，已被广泛应用于高级辛烷燃烧、致冷剂、半导体制造以及玻璃磨砂和石刻等工业领域。在国外，有些家庭也用此作为除锈剂。因此，在工业化城市急诊室或职业病治疗中心，经常可见到应用氢氟酸而引起的损伤。

氢氟酸是氯化氢与高品位氟矿石反应产生的氟化氢气体，该气体冷却液化即成氢氟酸，40%～48%的氢氟酸溶液即可产生烟雾，它是一种高溶性的溶质，其渗透系数与水相近。通过氟化氢分子扩散可实现氟离子的跨膜转运，主要出现低钙、高钾和低钠血症。

（1）氢氟酸损伤机理及其特点　与常用的盐酸或硫酸不同，氢氟酸生物学作用包括两个阶段，首先，与其他无机酸一样作为一种腐蚀剂作用于表面组织；其次，由于氟离子具有强大的渗液力，它可引起组织骨化坏死，骨质脱钙和深部组织迟发性剧痛。

氢氟酸灼伤的机理主要有初始的脱水作用，氢氟酸灼伤引起深组织剧烈疼痛。当氟化物穿透皮肤及皮下组织时，可以引起组织液化坏死以及伤部骨组织的脱钙作用。氢氟酸损伤作用是进行性的，如不及时治疗，灼伤面积和深度将不断发展，必须引起足够重视。

严重氢氟酸灼伤可引起氟离子全身性中毒，导致致命的低钙血症。低钙血症是氟化物中毒的主要死亡原因。

氢氟酸引起的吸入损伤和眼部灼伤，除了具有一般原因引起的灼伤的特点外，还具有氢氟酸灼伤的特征，临床上必须加以重视。

近50年来氢氟酸灼伤的治疗方案，主要是用某些阳离子，通常是钙离子、镁离子或季铵类物质来结合氟离子，或是将这些阳离子的制剂注射到深部组织，或是局部应用通过扩散与氟离子结合。

① 早期处理：灼伤后应立即脱去污染的衣服或手套，并应用大量清水彻底冲洗灼伤创面。

② 钙剂的外用：直接涂于创面，进行创面湿敷等方法，临床应用的结果表明疗效是满意的。

③ 糖皮质激素的应用：糖皮质激素可配入外用药应用，对于眼部灼伤或深度灼伤的伤员可以口服。

④ 手术治疗：深度氢氟酸灼伤的伤员，手术治疗是根本性的治疗措施。

⑤ 眼部损伤的治疗：眼部损伤应用大量清水冲洗后，用1%葡萄糖酸钙及可的松眼药水滴眼，并口服倍他米松类药物，然后根据情况进行眼科的专科治疗。

⑥ 吸入性损伤的治疗：氢氟酸浓度在40%以上时即可产生烟雾。因此，接触高浓度氢氟酸的人若无安全保护措施，可能导致吸入性损伤。对于有吸入性损伤的患者应立即通过面罩或鼻导管给纯氧、雾化溶液。密切注意水肿引起的上呼吸道梗阻。

⑦ 对重症伤员的救治：对重症伤员除进行上述治疗外，还应进行积极的综合治疗。重症患者或伴有吸入性损伤者应进行重症监护，进行心电图和血钙浓度的连续监测，以积极防治低钙血症，必要时通过静脉途径补充钙离子，使血钙浓度维持在正常范围。

(2) 预防　对有关人员应进行经常性的防护知识宣传，同时对生产设备定期检修，强化密闭，注意室内通风。接触氢氟酸的人员宜穿戴防护衣裤、手套和眼镜，必要时戴浸药口罩，即在该口罩中夹有经碳酸钙溶液浸润后晾干的纱布。在使用氢氟酸的地方应备有水源及含钙的外溶液。一旦致伤，除在现场急救处理外，应立即送专科医院以便及时诊治。

3. 石炭酸灼伤

石炭酸是医学、农业和塑料工业中常用的化学剂。石炭酸灼伤也时有发生。石炭酸溶于酒精、甘油、植物油和脂肪，在100g水中溶解9.3g。

石炭酸从皮肤或胃肠道黏膜吸收，局部的吸收率与接触面积和时间成正比。石炭酸蒸气可很快从肺部吸收，其吸收率与蒸气的浓度和呼吸的频率有关。浓石炭酸可产生较厚的凝固坏死层，形成无血管屏障，这可以阻止石炭酸的进一步吸收。石炭酸吸入血后，会影响中枢神经系统肝、肾、心、肺和红细胞的功能。

（1）石炭酸中毒的表现

① 局部表现：10%的石炭酸溶液可使皮肤呈白色或棕色，浓度愈高，坏死愈严重。经常接触石炭酸复合物的工人，由于皮肤的色素细胞受损，往往发生皮肤白斑，停止接触后白斑仍会进行性发展，局部皮肤可失去痛觉。

② 全身表现：中枢神经系统开始易激，各种反应亢进，震颤、抽搐和肌痉挛。痉挛发生频繁，最后转入抑制，常因呼吸衰竭而死亡。周围神经系统主要表现神经纤维末梢的破坏，痛觉、触觉和温觉丧失。

（2）处理　在灼伤现场立即用大量水冲洗，若备有50%聚乙烯二醇、丙烯乙二醇、甘油、植物油或肥皂，可在水中冲洗后，选用擦拭创面，阻止其扩散。

4．铬酸灼伤

铬酸及铬酸盐用途较广，在工业上用于制革、塑料、橡胶、纺织、印染和电镀等。铬酸腐蚀性和毒性大，可以合并铬中毒，大面积灼伤死亡率也很高。金属铬本身无毒。铬酸、铬酸盐及重铬酸盐1～2g即可引起深部腐蚀灼伤达骨骼，6g即为致死量。

（1）铬酸灼伤的表现　铬酸灼伤表现往往同时合并火焰或热灼伤，如不注意往往被忽略。灼伤后皮肤表面为黄色。由于铬酸腐蚀作用，早期症状是创面疼痛难忍，不同于一般深度灼伤。

当发现有溃疡时，则已很深。溃疡口小，内腔大，可深及肌肉及骨骼，愈合甚慢。口鼻黏膜也可形成溃疡、出血或鼻中隔穿孔。

铬离子可以从创面吸收引起全身中毒，即使中小面积亦可造成死亡。常表现有头昏、烦躁不安等精神症状，继而发生神志不清和昏迷，往往同时伴有呼吸困难和紫绀。损害肾脏，对胃黏膜有强烈的刺激作用，可出现频繁的恶心、呕吐、吞咽困难、溃疡。

（2）处理

① 局部处理：局部先用大量清水冲洗。口鼻腔可用2%碳酸氢钠溶液漱洗。创面水疱应剪破，继用5%硫代硫酸钠液冲洗或湿敷，亦可用1%磷酸钠或硫酸钠液湿敷。

对于小面积的铬酸灼伤，应用上述方法均可奏效，Ⅲ度铬灼伤伴有热灼伤时，可以早期切除焦痂，但对大面积者，效果不肯定，仍可因中毒而死亡。

② 中毒的防治：目前尚无特殊全身应用的解毒剂，早期可应用甘露醇、依

地酸钙钠、二硫基丙醇和维生素 C 等。

5. 氢氰酸及氰化物灼伤

氢氰酸为微带黄色、性质活泼的流动液体，具有苦杏仁味，易挥发，氰化物包括氰化钠、氰化钾、黄血盐、乙腈及丙烯腈等，其毒性是在空气和组织中放出氰根，遇水后生成氢氰酸，可经皮肤、呼吸道和消化道吸收引起中毒，呼吸中枢麻痹常为氰化物中毒的致死原因。金属氰化物因释放热可造成皮肤灼伤。

急性氰化物中毒一般在临床上可分为前驱期、呼吸困难、痉挛期和麻痹期。大量吸入高浓度氰化物后在 2～3min 内即可出现呼吸停止，轻者也需经 2～3 天症状逐步缓解。

由于氰化物毒性极大，作用又快，即使对可疑的氰化物中毒者，也必须争分夺秒，立即进行紧急治疗，以后再进行检查。

急救处理采用亚硝酸盐、硫代硫酸钠联合疗法。

创面可用 1∶1000 高锰酸钾液冲洗，再用 5%硫化铵湿敷。其余处理同一般热灼伤。

（二）碱灼伤

常见致伤的碱性药物有苛性碱（氢氧化钠、氢氧化钾）、石灰和氨水等。

1. 强碱灼伤

碱灼伤的致伤机理是碱有吸水作用，使局部细胞脱水，强碱灼伤后创面呈黏滑或肥皂样变化。

碱灼伤后，应立即用大量清水冲洗创面，冲洗时间越长，效果越好，达 10h 效果尤佳，但伤后 2h 处理者效果差。如创面 pH 值达 7 以上，可用 0.5%～5% 乙酸、2%硼酸湿敷创面再用清水冲洗。

创面冲洗干净后，最好采用暴露疗法，以便观察创面的变化。深度灼伤应及早进行切痂植皮。全身处理同一般灼伤。

2. 生石灰灼伤

生石灰遇水生成氢氧化钙并放出大量反应热，因此可引起皮肤的碱灼伤和热灼伤，相互加重。灼伤创面较干燥，呈褐色，有痛感。而且创面上往往残存有生石灰。

首先，应将创面上残留的生石灰刷除干净，然后用大量清水长时间冲洗创面。

后续治疗与一般灼伤相同。

3. 氨水灼伤

氨水是农业上常用的浓度为 18%～30%的中等强度碱，它与强碱类一样有溶脂浸润等特点，临床上常见的情况有：

① 氨水接触皮肤或黏膜的灼伤；

② 氨水与氨水蒸气的吸入性损伤，其严重的并发症是下呼吸道灼伤和肺水肿，治疗原则同吸入性损伤。

（三）磷灼伤

磷在工业上用途甚为广泛，如制造染料、火药、火柴、农药杀虫剂和制药等。因此，在化学灼伤中，磷灼伤仅次于酸、碱灼伤，居第三位。

磷灼伤后可由创面和黏膜吸收，引起肝、肾等主要脏器损害，导致死亡。无机磷的致伤原因，在局部是热和酸的复合伤。也可因磷蒸气经呼吸道黏膜吸收，引起中毒。主要受损的脏器为心、肺、肝和肾，以肝、肾的损害最为严重。磷也可以从黏膜（呼吸道或消化道）吸收中毒，内脏的病理变化与经创面吸收后的变化相似，唯脂肪肝较明显。

1. 磷灼伤的表现

磷灼伤局部表现是热及化学物质的复合灼伤，同时，早期经硫酸铜处理的Ⅲ度磷灼伤经过包扎治疗后，刚揭除敷料时创面为白色，暴露后呈蓝黑色，3 天后则完全变为焦黑色。磷灼伤的主要临床表现：头痛、头晕和全身乏力；呼吸系统症状、心率慢或心律不齐和神经系统表现。

五氧化二磷或三氯化磷对呼吸道黏膜有强烈的刺激性。磷化氢中毒时，亦可使气管、支气管、肺、肝和肾脏充血或水肿。

2. 应急处理原则

由于磷及其化合物可从创面或黏膜吸收，引起全身中毒，故不论磷灼伤的面积大小，都应十分重视。

（1）现场抢救　应立即扑灭火焰，脱去污染的衣服，用大量清水冲洗创面及其周围的正常皮肤。冲洗水量应够大。若仅用少量清水冲洗，不仅不能使磷和其化合物冲掉，反而使之向四周溢散，扩大灼伤面积。

在现场缺水的情况下，应用浸透的湿布（或尿）包扎或掩覆创面，以隔绝磷与空气接触，防止其继续燃烧。转送途中切勿让创面暴露于空气中，以免复燃。

（2）创面处理　清创前，将伤部浸入冷水中，持续浸浴，浸浴最好是流水。

① 进一步清创可用1%～2%硫酸铜溶液清洗创面。若创面已不再发生白烟，表示硫酸铜的用量与时间已够，应停止使用。因为硫酸铜可以从创面吸收，大量应用后可发生中毒，引起溶血，尤其是用高浓度溶液更易发生。硫酸铜的作用是与表层的磷结合成为不能继续燃烧的磷化铜，以减少对组织的继续破坏。同时磷化铜为黑色，便于清创时识别。但对已经侵入组织中的磷及其化合物，硫酸铜并无作用。

② 清除的磷颗粒应妥善处理，不乱扔，以免造成工作人员、物品的损伤，甚至火灾。

③ 磷颗粒清除后，再用大量生理盐水或清水冲洗，清除残余的硫酸铜溶液

和磷燃烧的化合物。然后用5%碳酸氢钠溶液湿敷，中和磷酸，以减少其继续对深部组织的损害。

④ 创面清洗干净后，一般应用包扎疗法，以免暴露时残余磷与空气接触燃烧。包扎的内层禁用任何油质药物或纱布，避免磷溶解在油质中被吸收。如果必须应用暴露疗法，可先用浸透5%碳酸氢钠溶液的纱布覆盖创面，24h后再暴露。

⑤ 为了减少磷及磷化合物的吸收及防止其向深层破坏，对深度磷灼伤，应争取早期切痂。

(3) 全身治疗　对无机磷中毒的治疗，目前尚无有效的解毒剂，主要是促进磷的排出和保护各重要脏器的功能。

(四) 镁灼伤

镁是一种软金属，燃烧时温度可高达1982℃，在空气中能自燃，熔点是651℃。液态镁在流动过程中可以引起其他物质的燃烧。与皮肤接触时，可引起燃烧，镁是目前金属燃烧弹中常用的元素之一。在现代战争中，往往将镁与凝固汽油混合在一起制成凝固汽油弹以增强杀伤力。

镁与皮肤接触后使皮肤形成溃疡，开始较小，而溃疡的深层往往呈不规则形状，镁灼伤发展的快慢和镁的颗粒大小有关。若向四周发展较慢，亦有可能向深部发展。镁被吸入或被吸收后，伤员除有呼吸道刺激症状外，还可能有恶心、呕吐、寒战或高热。

镁灼伤的急救处理同一般化学灼伤。由于镁的损伤作用可向皮肤四周扩大，因此对已形成的溃疡，可在局部麻醉下将其表层用刮匙搔刮，如此可将大部分的镁移除。若侵蚀已向深部发展，必须将受伤组织全部切除，然后植皮或延期缝合。如有全身中毒症状，可用10%葡萄糖酸钙20～40mL静脉注射，每日3～4次。

(五) 其他化学灼伤

1. 沥青灼伤

沥青在常温下为固体，当加温到232℃以上时呈液态，飞溅到人体表面造成损伤。但它遇到冷空气后，温度可下降到93～104℃。

沥青中含有苯、萘、蒽、吡啶、咔唑及苯并芘等毒性物质。煤焦油沥青是目前工业上常用的沥青，其毒性最大，它是煤炭干馏所产生的煤焦油，经提炼后残存的物质，俗称柏油。当人吸入沥青蒸气或粉尘后可导致上呼吸道炎症或化学性肺炎，甚至沥青全身中毒。

(1) 中毒表现

① 局部创面：由于沥青黏着性强，高温熔化的沥青黏着皮肤后，不易除去，若温度高且散热慢，往往形成深Ⅱ度或Ⅲ度灼伤；若温度已较低，则在沥青黏着中心部位为浅Ⅱ度或深Ⅱ度灼伤。部分创面染有沥青，经溶剂清除后，往往只表

现为Ⅰ度灼伤。

沥青的操作工人由于暴露部位的皮肤和黏膜长时间与沥青烟雾或尘埃接触，可形成急性皮炎或浅Ⅱ度灼伤；有时尚有视物模糊、流泪、胀痛等结膜炎表现。

② 全身中毒：发生大面积沥青灼伤者，可出现头痛、眩晕、耳鸣、乏力、心悸、失眠或嗜睡、胸闷、咳嗽、腹痛、腹泻或便血、尿少、精神异常等，甚者可昏迷、死亡。常伴有体温升高。血象可有嗜伊红细胞异常增高和白细胞增多症等。上述许多症状类似苯中毒，急性肾功能衰竭往往是伤员死亡的主要原因。

(2) 应急处理

① 创面处理：在现场，立即用冷水冲洗降温。灼伤面积较大者，在休克复稳定后，应及早清除创面沥青，以便阻止毒物吸收并早日诊断灼伤创面深度，利于治疗。清除溶剂有松节油、汽油等。大面积创面宜用松节油擦洗等方法。

② 刺激性皮炎和黏膜处理：停止接触沥青和阳光暴晒，避免用对光敏感的药物如磺胺、冬眠灵、非那根等。皮肤局部禁用红药水和紫药水。眼结膜炎用生理盐水冲洗，可用0.25%新霉素眼液或金霉素眼膏。

③ 全身治疗：有全身中毒症状者，静脉注射葡萄糖酸钙和大剂量维生素C、硫代硫酸钠等。注意维护肝、肾功能。

2. 水泥灼伤

水泥灼伤者主要为建筑工人或水泥厂操作工人。水泥主要含氧化钙、氧化硅等，遇水后形成氢氧化钙等碱性物，pH值为12，与它接触可导致轻度的碱灼伤。

水泥导致皮肤损害的主要原因有：

① 水泥粉尘有砂砾的特点，容易引起刺激性皮炎；

② 水泥中含有铬酸盐类，可引起过敏性皮炎；

③ 湿的水泥接触皮肤，形成轻度的碱灼伤或局部溃疡。

水泥灼伤部位以下肢为多见，多为Ⅱ度灼伤创面，有水疱，若不及时处理易发生侵蚀性溃疡。

早期用水冲洗，原则同碱灼伤，清除水疱和腐皮，必要时用对症药物局部湿敷。若创面较深，可视情况切痂植皮。

五、群体性化学灼伤的现场急救

群体化学灼伤系指一次性发生3人以上的化学灼伤。基于群体化学灼伤的突发性、群体性、多学科性疾病，如何开展应急救援，已成为救援工作中的重要问题。

（一）群体性化学灼伤的分类

一般按烧伤人数分为轻度（伤员大数10～50名）、中度（烧伤人数51～250名）、重度（伤员人数251名以上）三种。若综合考虑伤员的严重程度、救护力量的动员范围以及对社区影响等复杂因素，可将群体性化学灼伤事故分为一般性、重大及灾难性事故三大类，具体如表 8-2 所示。群体性化学灼伤的急救主要指后两者。

表 8-2 群体性化学灼伤事故的分类

分 类	灼伤人数	死亡人数	救护力量调动
一般性群体化学灼伤事故	4～10 人	1～3 人	主要限于事故单位内
重大化学灼伤事故	11～100 人	4～30 人	需区域性或行业性救援
灾害性化学灼伤事故	超过 100 人	超过 30 人	需跨区域或社会救援

注：灼伤人数不到 4 人，一般称为个别性化学灼伤，不属群体性化学灼伤的范畴。

（二）现场救护处理原则

① 任何化学物灼伤，首先要脱去污染的衣服，用自来水冲洗 2～30min（眼睛灼伤冲洗不少于 10min），并用石蕊 pH 试纸测试接近中性为止。灼伤面积大、有休克症状者冲洗要从速、从简。人数较多时可用临近水源（河、塘、湖、海等）进行冲洗。

② 选择上风向、距离最近的医务室或卫生所为现场急救场所，安排烧伤外科医师负责接诊、收治登记，初步进行灼伤面积的估计，并根据 GB 16371—1996《职业性化学性皮肤灼伤诊断标准及处理原则灼伤》进行初步分类，并别上颜色标记，以便分别进行不同方法急救处理。

③ 灼伤创面经清创后用一次性敷料包扎，以免二次损伤或污染。对某些化学物质灼伤，如氢氟酸灼伤，可考虑使用中和剂，但注意创面上不要抹有颜色的外用药，以免影响创面的观察。

④ 对合并有内脏破裂、气胸、骨折等严重外伤者，应优先进行处理，并尽快安排转送去有手术条件的医院。

⑤ 对中度以上严重灼伤伤员，应迅速建立静脉通道，以利液体复苏，降低休克发生率或使伤员平稳度过休克关，为以后治疗创造条件。

（三）转送伤员

当发生化学灼伤重大事故时，经现场初步处理后，及时转送及分流伤员至医疗单位，并同时做好转送前准备，转送时须注意下列事项：

① 事先应与接收单位取得联系，尽可能就近转送，缩短转运距离。

② 所有伤员须先行清创、包扎处理，因转运途中若创面暴露，既增加护理难度，又增加感染机会。转送途中应有医护人员护送。

③ 对中度、重度、特重度灼伤员，转送至设有烧伤中心或专科病房的医院为佳。

④ 对合并有颅脑损伤、骨折或其他复合伤、化学中毒或病情不稳定者，不

宜仓促转送，需经初步处理，待病情稳定后方可转送。

⑤ 经严密观察，确定有吸入性损伤或判断转送途中可能发生上呼吸道梗阻者，应在转运前先施行气管切开术，以免途中发生意外。

⑥ 乘汽车转运，车速不宜过快，务求平稳，减少颠簸，以免加重休克，头部位置应与行驶方向相反；如需要用飞机转送者，起飞和降落时头部应保持低平位以保证血流供应。

⑦ 途中须密切观察伤员神志、呼吸、脉搏、血压等变化，并记录病情、出入液量。到达接收单位后，应详细介绍病情及处理经过，并移交各项医疗记录。

第二节　化学热力烧伤的现场急救

热力烧伤是指危险化学品事故中的可燃化学物质燃烧产生的火焰、高温的液体化学品及其蒸气对人员局部组织的损伤，轻者损伤皮肤，出现肿胀、水泡、疼痛，重者皮肤烧焦，甚至血管、神经、肌腱等同时受损，呼吸道也可烧伤。

一、热力烧伤的分类

热力烧伤对人体组织的损伤程度按损伤深度一般分为三度，可按三度四分法进行分类，具体见表 8-3。

表 8-3　烧伤三度四分法

烧伤分级图例	分度		烧伤分度标准
Ⅰ度烧伤	Ⅰ度		损伤程度为表皮层，表现为轻度红、肿、痛、热感觉过敏，表面干燥无水疱，称为红斑性烧伤
Ⅱ度烧伤	Ⅱ度	浅Ⅱ度	损伤程度为真皮浅层，表现为剧痛、感觉过敏、有水疱；疱皮剥脱后，可见创面均匀发红，水肿；Ⅱ度烧伤又称为水疱性烧伤
		深Ⅱ度	损伤程度为真皮深层，表现为感觉迟钝，有或无水疱，基底苍白，间有红色斑点，创面潮湿
Ⅲ度烧伤	Ⅲ度		损伤程度为全层皮肤，累及皮下组织或更深，表现为皮肤疼痛消失，无弹性，干燥无水疱，皮肤呈皮革状、蜡状，焦黄或炭化，严重时可伤及肌肉、神经、血管、骨骼和内脏

二、热力烧伤的现场急救措施

针对不同程度的烧伤人员，可分别采取相应的措施。

对于Ⅰ度烧伤者，迅速脱去伤员衣服或顺衣缝剪开，可用水冲洗或浸泡10～20min，涂上外用烧伤膏药，一般 3～7 日治愈。

对浅Ⅱ度烧伤引起的表皮水疱，不要刺破，不应剪破以免细菌感染，不要在剖面上涂任何油脂或药膏，应用干净清洁的敷料或就便器材，如方巾、床单等覆盖伤部，以保护创面，防止污染。

对深Ⅱ度或Ⅲ度烧伤者，可在创面上覆盖清洁的布或衣服，严重口渴者可口服少量淡盐水或淡盐茶，条件许可时，可服用烧伤饮料。

对大面积烧伤伤员或严重烧伤者，应尽快组织转送医院治疗。

三、热力烧伤的现场急救程序

烧伤现场急救的原则是先除去伤因，脱离现场，保护创面，维持呼吸道畅通，再组织转送医院治疗。其现场急救的具体措施如下。

（一）去除致伤源

一般而言，烧伤的面积越大、深度越深，则治疗越困难，如火焰烧伤时的衣服着火有一定的致伤时间，且烧伤面积和深度往往与致伤时间成正比。因此，早期处理的首要措施是去除致伤源，尽量“烧少点、烧浅点”，并使伤员迅速离开密闭和通气不良的现场，防止增加头面部烧伤或吸入烟雾和高热空气引起吸入性损伤和窒息。

去除致伤源的方法有以下几种。

① 尽快脱去着火或危险化学品浸渍的衣服，特别是化纤面料的衣服，以免着火衣服或衣服上的热液继续作用，使创面加大、加深。

② 尽可能迅速地利用身边的不易燃材料或工具灭火，如毯子、雨衣（非塑料或油布）、大衣、棉被等迅速覆盖着火处，使与空气隔绝。

③ 用水将火浇灭，或跳入附近水池、河沟内，一般不用污水或泥沙进行灭火，以减少创面污染，确无其他可利用材料时，亦可应用污水或泥沙，注意不要因此而使烧伤加深、面积加大。对神志不清或昏迷的伤员要仔细检查已灭火而未脱去的燃烧过的衣服，特别是棉衣或毛衣是否仍有余烬未灭，以免再次烧伤或烧伤加深加重。

④ 迅速卧倒后，慢慢在地上滚动，压灭火焰。禁止伤员衣服着火时站立或奔跑呼叫，以免助燃和吸入火焰。

（二）初步检查

伤员迅速移至安全地带后，应立即检查是否有危及伤员生命的一些情况，如呼吸和心跳骤停者，应实施现场心肺复苏救生术；如呼吸道梗阻征象的伤员、头面颈部深度烧伤或吸入性损伤发生呼吸困难的伤员，可根据情况用气管插管或切开，并予以氧气吸入，保持呼吸道通畅；伴有外伤出血者应尽快止血；骨折者应先进行临时骨折固定再搬动，对颈椎或腰椎损伤者需要进行颈部固定术，并由三人平托伤员至木板上，取仰卧位；颅脑、胸腹、开放性气胸、严重中毒者等应迅速进行相应的处理与抢救，待复苏后优先送到就近医疗单位进行处理。

（三）判断伤情

对于烧伤不能危及生命的伤员，应依烧伤面积大小和深度判断伤情，并注意有无吸入性损伤、中毒或复合伤等。如骨折伤员应进行固定，复合伤、中毒、颅脑、胸腹等严重创伤者应在积极进行抢救的同时，再优先送至邻近医疗单位处理。

（四）冷疗

热力烧伤后及时冷疗能防止热力继续作用于创面使其加深，并可减轻疼痛、减少渗出和水肿，因此去除致伤源后应尽早进行冷疗，越早效果越好，冷疗一般适用于中小面积烧伤，特别是四肢的烧伤。冷疗的方法是将烧伤创面在自来水龙头下淋洗或浸入冷水中（水温以伤员能耐受为准，一般为 15～20℃，热天可在水中加冰块），或用冷（冰）水浸湿的毛巾、纱垫等敷于创面。治疗的时间无明确限制，一般需 0.5～1h，到冷疗停止后不再有剧痛为止。

（五）镇静止痛

烧伤病人有不同程度的疼痛和烦躁，应予以镇静止痛。对轻度烧伤病人，可经口止痛片或肌肉注射杜冷丁。而对大面积烧伤病人，由于外周循环较差和组织水肿，肌肉注射往往不易吸收，可将杜冷丁稀释后由静脉缓慢推注，一般与非那根合用。如伤员已有休克，肌肉注射吸收比较差，达不到应有的效果，应采用静脉注射（5%～10%葡萄糖液中缓慢注）或点滴。但对年老体弱、婴幼儿、颅脑损伤、呼吸抑制或严重吸入性损伤呼吸困难者，应慎用或尽量不用杜冷丁或吗啡，以免抑制呼吸，可改用鲁米那或非那根。

（六）创面处理

一般在休克被控制、痛情相对平稳后进行简单的清创，清创时，重新核对烧伤面积和深度；清创后，根据情况对创面实行包扎或暴露疗法，选用有效外用药物。注意水疱不要弄破，也不要将腐皮撕去，以减少创面污染机会，另外，寒冷季节要注意保暖。

除很小面积的浅度烧伤外，创面不要涂有颜色的药物或用油脂敷料，以免影响进一步创面深度估计与处理（清创等），一般可用消毒敷料、烧伤制式敷料或其他急救包三角巾等进行包扎，如无适当的敷料（敷料宜厚，吸水性强，不致渗透，防止增加污染机会），至少应用一消毒或清洁的被单、衣服等将创面妥善包裹以简单保护创面，以免再污染。

对于手指（趾）环形、缩窄性焦痂，痂下张力较高时，应进行双侧焦痂切开，以解除压迫，防止远端或深部组织缺血坏死，切口应延开至指（趾）端，并注意保护创面，防止再损伤。

（七）补液治疗

为了防止伤员发生休克，一般可经口服适当烧伤饮料（每片含氯化钠 0.3g、碳酸氢钠 0.15g、苯巴比妥 0.03g、糖适量。每服一片，服开水 100mL)，一次量不宜过多，以免发生呕吐、腹胀，甚至急性胃扩张，也可经口含盐的饮料，如加盐的热茶、米汤、豆浆等，但不宜单纯大量喝开水，以免发生水中毒。狗的实验研究证明，30%浅Ⅱ度烧伤早期经口烧伤饮料，伤后并经颠簸，实验狗均未发生休克。临床上，也发现浅Ⅱ度烧伤面积的青壮年经早期经口补液，大都可不发生休克。

而对烧伤面积较大的严重烧伤伤员、浅Ⅱ度烧伤面积超过 1%的小儿或老年、已有休克征象或胃肠道功能紊乱（腹胀、呕吐等）的伤员，如条件允许，应进行静脉补液（等渗盐水、5%葡萄糖盐水、平衡盐溶液、右旋糖酐和/或血浆等)，以防止在送医院途中发生休克。

（八）应用抗生素

为了防止创面的感染，可根据伤情选择抗生素，如青霉素（过敏实验阴性后)、庆大霉素、苯唑青霉素、丁胺卡那毒素及其他广谱抗生素。一般伤员可经口广谱抗生素，危重或休克病人不能或估计经口吸收不良，应肌注或静脉注射抗生素。

（九）及时记录及填写医疗表格

为了解伤员入院前的治疗经过，在事故现场救治时除应记录烧伤面积、深度、复合伤和中毒等情况外，还应将灭火方法、现场急救及治疗的措施注明，并作初步的伤情分类，供后续治疗参考。

第三节 化学低温冻伤的现场急救

某些危险化学品能造成事故现场人员的低温冻伤，如液化石油气、液氨泄漏后由于汽化而吸收周围空气中的热量，如现场救援人员防护措施不当，极易造成低温冻伤。救治低温冻伤要早期快速复温，恢复正常的血流量，最大限度地保存有存活能力的组织并恢复功能。

一、低温冻伤的分类

低温冻伤一般按三度分类。一度伤部呈红色或微紫红色，微肿，瘙痒和刺痛；二度伤局部肿胀，水疱为浆液性，疱底呈鲜红色，痛觉过敏，触觉迟钝；三度伤部呈灰白色或紫黑色，多呈血性疱，严重者伤部表面暗淡无光泽。

二、现场急救措施

① 迅速将伤员送进温暖的室内，经口热饮料，脱掉或剪除潮湿和冻结的衣

服、鞋袜，尽早用温度保持在 40～44℃的 1∶1000 的洗必泰或 1∶1000 的呋喃西林溶液浸泡，或用热水袋、电热毯等方法使伤害部位快速复温，先躯干中心复温，后肢体复温，直到伤部充血或体温正常为止，禁用冷水浸泡、雪搓或火烤。在复温过程中，注意防治可能出现的肺水肿、脑水肿和肾功能障碍等。

② 擦干创面，涂不含酒精（无刺激性）的消毒剂，用无菌厚层敷料包扎，不要挑破水疱，指（趾）间用无菌纱布隔开，防止粘连。

③ 防止休克，经口或注射止痛药物。

④ 预防感染，肌肉注射抗感染药物。未行破伤风类霉素注射者，应行破伤风抗霉血清和类毒素注射。

⑤ 低温伤员应做好全身和局部保暖，然后送到低温伤专科医院治疗。

第九章

典型危险化学品处置与急救

本章按以下原则有重点地选择介绍典型的危险化学品事故的抢险救援及急救措施：①按历年来统计资料中发生事故效率较高的化合物；②毒性较大或毒性特殊的化合物；③生产量或工艺需求量较大的化合物；④能引起中毒污染较大的化合物；⑤首批重点监管的危险化学品名录（2011 年 3 月 21 日，国家安全生产监督管理总局在综合考虑 2002 年以来国内发生的化学品事故情况、国内化学品生产情况、国内外重点监管化学品品种、化学品固有危险特性和近四十年来国内外重特大化学品事故等因素的基础上，对现行《危险化学品名录》中的 3800 余种危险化学品进行了筛选，编制并发布了《首批重点监管的危险化学品名录》，共包括 74 种）。实际上，第一个原则是后四个原则的结果。在化学事故救援中，主要危险化学品的选择是很重要的，如果选择正确，不仅能有效地对这些物质在平时做好防范措施，加强对职工和居民的教育，还有利于处置人员更好地开展救援处置工作。

本章参照《危险化学品应急处置手册》（2009 版）、《危险化学品目录使用手册》、《危险化学品安全技术全书》（通用卷，第三版），归纳总结了典型危险化学品处置与急救措施，具体如表 9-1 所示。

表 9-1 典型危险化学品处置与急救措施

分类	名称	理化性质	分子式	UN 编码	处置要点	急救措施
1. 爆炸品	硝化甘油	近乎无味的无色液体，可溶于水，微溶于酒精，不溶于氯仿，自燃温度 400℃	$C_3H_5N_3O_9$	0143	泄漏事故：迅速撤离泄漏污染区人员至安全区；切断火源，严格限制人员、车辆出入；避免震动、撞击和摩擦 火灾事故：采用雾状水、泡沫处置	吸入：迅速脱离现场至空气新鲜处，保持呼吸道畅通，如呼吸困难，给输氧；如呼吸、心跳停止，立即进行心肺复苏 皮肤接触：立即脱去受污染的衣着，用流动清水彻底冲洗 眼睛接触：立即分开眼睑，用流动清水或生理盐水彻底冲洗 食入：漱口，饮水
	硝酸铵	无色无臭的透明结晶或呈白色的小颗粒结晶，与碱反应有氨气生成，且吸收热量；易溶于水，同时吸热，还易溶于丙酮、氨水，微溶于乙醇，不溶于乙醚	NH_4NO_3	1942	泄漏事故：隔离泄漏污染区，严格限制人员、车辆出入；勿使泄漏物与有机物、还原剂、易燃物或金属粉末接触 火灾事故：采用雾状水、泡沫处置	吸入：迅速脱离现场至空气新鲜处，保持呼吸道畅通，如呼吸困难，给输氧；如呼吸、心跳停止，立即进行心肺复苏 皮肤接触：立即脱去受污染的衣着，用流动清水彻底冲洗 眼睛接触：立即分开眼睑，用流动清水或生理盐水彻底冲洗 食入：漱口，饮水
2. 可燃气体	一氧化碳	无色无味的气体，难溶于水，与空气混合能形成爆炸性混合物，遇明火、高温能引起燃烧爆炸，爆炸极限为 12%～74.2%	CO	1016	泄漏事故：迅速撤离泄漏污染区人员至上风方向，严格限制人员、车辆出入；切断火源；合理通风，加速扩散；用雾状水稀释、溶解；构筑围堤或挖坑收容产生的大量废水 火灾事故：切断气源；采用雾状水、泡沫、二氧化碳、干粉处置	吸入：迅速脱离现场至空气新鲜处，保持呼吸道畅通，如呼吸困难，给输氧；如呼吸、心跳停止，立即进行心肺复苏
	甲烷	无色无臭气体，微溶于水，溶于醇、乙醚，爆炸极限为 5.3%～15%，主要用于炭黑、氢、乙炔、甲醛等的制造	CH_4	1971	泄漏事故：迅速撤离泄漏污染区人员至上风方向，严格限制人员、车辆出入；切断火源；合理通风，加速扩散；用雾状水稀释、溶解；构筑围堤或挖坑收容产生的大量废水 火灾事故：切断气源；采用雾状水、泡沫、二氧化碳、干粉处置	吸入：迅速脱离现场至空气新鲜处，保持呼吸道畅通，如呼吸困难，给输氧；如呼吸、心跳停止，立即进行心肺复苏 皮肤接触：如发生冻伤，用温水（38～42℃）复温，忌用热水或辐射热，不要揉搓

续表

分类	名称	理化性质	分子式	UN 编码	处置要点	急救措施
3. 有毒气体	硫化氢	无色、易燃的酸性剧毒气体，浓度低时有臭鸡蛋味，浓度高时没有气味；吸入少量高浓度硫化氢可于短时间内致命	H_2S	1053	泄漏事故：迅速撤离泄漏污染区人员至上风方向，严格限制人员、车辆出入；切断火源；合理通风，加速扩散；用雾状水稀释、溶解；构筑围提或挖坑收容产生的大量废水 火灾事故：切断气源；采用雾状水、泡沫、一氧化碳、干粉处置	吸入：迅速脱离现场至空气新鲜处，保持呼吸道畅通，如呼吸困难，给输氧；如呼吸、心跳停止，立即进行心肺复苏(避免口对口人工呼吸) 皮肤接触：立即脱去受污染的衣着，用流动清水彻底冲洗 眼睛接触：立即分开眼睑，用流动清水或生理盐水彻底冲洗 5～10min
	二氯甲烷	具有类似醚的刺激性气味，不溶于水，溶于酚、醛、酮、冰醋酸、磷酸三乙酯、乙酰乙酸乙酯、环己胺	CH_2Cl_2	1593	泄漏事故：迅速撤离泄漏污染区人员至上风方向，严格限制人员、车辆出入；切断火源；合理通风，加速扩散；用雾状水稀释、溶解；构筑围堤或挖坑收容产生的大量废水 火灾事故：切断气源；采用雾状水、泡沫、二氧化碳、干粉处置	吸入：迅速脱离现场至空气新鲜处，保持呼吸道畅通，如呼吸困难，给输氧；如呼吸、心跳停止，立即进行心肺复苏 皮肤接触：立即脱去受污染的衣着，用流动清水彻底冲洗 眼睛接触：立即分开眼睑，用流动清水或生理盐水彻底冲洗 食入：漱口，饮水
	氯气	强烈的黄绿色刺激性气体，较易溶于水，化学性质活泼，接触形成光气，易燃烧和爆炸，具有高毒性	Cl_2	1017	泄漏事故：迅速撤离泄漏污染区人员至上风处，并隔离直至气体散尽。勿使泄漏物与可燃物质(木材、纸、油等)接触，切断气源，喷雾状水稀释、溶解，然后抽排(室内)或强力通风(室外)。也可以将残余气或漏出气用排风机送至水洗塔或与塔相连的通风橱内。漏气容器不能再用，且要经过技术处理以清除可能剩下的气体。构筑围堤堵截泄漏物或用碱液中和 火灾事故：切断气源；尽可能将容器从火场移至空旷处，喷水冷却火场容器至灭火结束	吸入：迅速脱离现场至空气新鲜处，以中和剂4%碳酸氢钠溶液雾化吸入 皮肤接触：立即脱去被污染者的衣着，用大量清水或 2%～4%碳酸氢钠溶液冲洗 眼睛接触：提起眼睑，用流动清水或 2%～4%碳酸氢钠溶液冲洗

续表

分类	名称	理化性质	分子式	UN 编码	处置要点	急救措施
3. 有毒气体	氨气	具有辛辣刺激性臭味的气体。易溶于水，其水溶液具有强碱性，常温下可燃，但较难点燃。爆炸极限为 16%～25%	NH_3	1005	泄漏事故：加强通风，消除附近火源，将泄漏容器转移至安全地带，可用砂石等惰性材料吸附泄漏物。钢瓶泄漏应使阀门处于顶部，并关闭。无法关闭时，应将气瓶浸入水中 火灾事故：小火灾时用干粉或 CO_2 灭火器；大火灾时用水幕、雾状水或常规泡沫；储罐火灾时，尽可能远距离灭火或使用遥控水枪或水炮扑救。灭火时切勿直接对泄漏口或安全阀门喷水，防止产生冻结	吸入：迅速脱离现场至空气新鲜处，保持呼吸道畅通，如呼吸困难，给输氧；如呼吸、心跳停止，立即进行心肺复苏 皮肤接触：立即脱去受污染的衣着，用流动清水彻底冲洗至少 15min 眼睛接触：立即分开眼睑，用流动清水或生理盐水彻底冲洗 5～10min
4. 可燃液体	乙醚	无色透明液体，有芳香气味，极易挥发，微溶于水，溶于乙醇、苯、氯仿等多数有机溶剂，液体蒸气爆炸极限为 1.9%～36%	$C_4H_{10}O$	1155	泄漏事故：迅速撤离泄漏污染区人员至上风方向，严格限制人员、车辆出入；构筑围堤或挖坑收容；用泡沫覆盖，降低蒸气灾害；用防爆泵转移至槽车或专用收集器内，回收或运至废物处理场所处置 火灾事故：采用抗溶性泡沫、二氧化碳、干粉、砂土处置。	吸入：迅速脱离现场至空气新鲜处，保持呼吸道畅通，如呼吸困难，给输氧；如呼吸、心跳停止，立即进行心肺复苏 皮肤接触：立即脱去受污染的衣着，用流动清水彻底冲洗 眼睛接触：立即分开眼睑，用流动清水或生理盐水彻底冲洗 食入：漱口，饮水
	甲醇	无色澄清液体，有刺激性气味，溶于水，可混溶于醇醚等多数有机溶剂，爆炸极限为 5.5%～44%	CH_3OH	1230	泄漏事故：迅速撤离泄漏污染区人员至上风方向，严格限制人员、车辆出入；构筑围堤或挖坑收容；用泡沫覆盖，降低蒸气灾害；用防爆泵转移至槽车或专用收集器内，回收或运至废物处理场所处置 火灾事故：采用抗溶性泡沫、二氧化碳、干粉、砂土处置	吸入：迅速脱离现场至空气新鲜处，保持呼吸道畅通，如呼吸困难，给输氧；如呼吸、心跳停止，立即进行心肺复苏 皮肤接触：立即脱去受污染的衣着，用流动清水彻底冲洗 眼睛接触：立即分开眼睑，用流动清水或生理盐水彻底冲洗 食入：饮食量温水，催吐（仅限于清醒者）

续表

分类	名称	理化性质	分子式	UN编码	处置要点	急救措施
4. 可燃液体	苯	具有特殊芳香气味的无色透明的易燃液体，极易挥发，爆炸极限为1.2%～8.0%，易溶于乙醇、氯仿、丙酮、乙醚和二硫化碳等有机溶剂，微溶于水。属中等毒性	C_6H_6	1294	泄漏事故：小量泄漏时，尽可能将溢漏液收集在密闭容器内，用砂土、活性炭或其他惰性材料吸收残液，也可以用不燃性分散剂制成的乳液刷洗，洗液稀释后放入废水系统。大量泄漏时，构筑围堤或挖坑收容；用泡沫覆盖，降低蒸气浓度；喷雾状水冷却和稀释蒸气、保护现场人员；用防爆泵转移至槽车或专用收集器内，回收或运至废物处理场所处理 火灾事故：用泡沫、干粉、二氧化碳、砂土灭火，用水灭火无效	吸入：立即转移到通风处，保持患者呼吸道通畅，注意保温和精神安慰，呼吸困难时可以进行吸氧 皮肤接触：除去被苯污染的衣物，用肥皂水清洗被污染的皮肤 眼睛接触：立即翻开上下眼睑，用流动清水或生理盐水冲洗眼睛，至少15min 食入：应充分漱口、饮水，及时使用0.5%活性炭悬液、1%～5%碳酸氢钠溶液交替洗胃，然后用25～30g硫酸钠导泻（忌用植物油）
5. 易燃固体、易于自燃的物质	赤磷	紫红或略带棕色的无定形粉末，难溶于水，无毒无气味，燃烧时产生白烟，烟有毒	P	1338	泄漏事故：隔离泄漏污染区；限制人员、车辆出入；消除所有点火源；用水润湿，并筑堤收容，防止泄漏物进入水体、下水道、地下室或密闭性空间 火灾事故：小火可用干燥砂土闷熄；大火用水扑救，待火熄灭后，须用湿砂土覆盖，以防复燃	吸入：迅速脱离现场至空气新鲜处，保持呼吸道畅通，如呼吸困难，给输氧；如呼吸、心跳停止，立即进行心肺复苏 皮肤接触：立即脱去受污染的衣着，用流动清水彻底冲洗 眼睛接触：立即分开眼睑，用流动清水或生理盐水彻底冲洗 食入：漱口，饮水
	硫黄	淡黄色脆性结晶或粉末，有特殊臭味，不溶于水，微溶于乙醇、醚，易溶于二硫化碳	S	2448	泄漏事故：隔离泄漏污染区；限制人员、车辆出入；消除所有点火源；用水润湿，并筑堤收容，防止泄漏物进入水体、下水道、地下室或密闭性空间 火灾事故：小火可用干燥砂土闷熄；大火用水扑救，待火熄灭后，须用湿砂土覆盖，以防复燃	吸入：迅速脱离现场至空气新鲜处，保持呼吸道畅通，如呼吸困难，给输氧；如呼吸、心跳停止，立即进行心肺复苏 皮肤接触：立即脱去受污染的衣着，用流动清水彻底冲洗 眼睛接触：立即分开眼睑，用流动清水或生理盐水彻底冲洗 食入：漱口，饮水

续表

分类	名称	理化性质	分子式	UN 编码	处置要点	急救措施
6. 遇水放出易燃气体的物质	甲醇钠	具有腐蚀性、可自燃性，主要用于医药工业，有机合成中用作缩合剂、化学试剂、食用油脂处理的催化剂等	CH_3ONa	1431	泄漏事故：隔离泄漏污染区，周围设警告标志；切断火源；不要直接接触泄漏物，禁止向泄漏物直接喷水；用砂土、干燥石灰或苏打灰混合覆盖；如果大量泄漏，用塑料布、帆布覆盖，与有关技术部门联系，确定清除方法	吸入：迅速脱离现场至空气新鲜处，保持呼吸道畅通，如呼吸困难，给输氧；如呼吸、心跳停止，立即进行心肺复苏 皮肤接触：立即脱去受污染的衣着，用流动清水彻底冲洗 眼睛接触：立即分开眼睑，用流动清水或生理盐水彻底冲洗 食入：漱口，饮水
	碳化钙	无机化合物，白色晶体，工业品为灰黑色块状物，断面为紫色或灰色，遇水立即发生激烈反应，生成乙炔，并放出热量	CaC_2	1402	泄漏事故：隔离泄漏污染区，周围设警告标志；切断火源；不要直接接触泄漏物，禁止向泄漏物直接喷水；用砂土、干燥石灰或苏打灰混合覆盖；如果大量泄漏，用塑料布、帆布覆盖，与有关技术部门联系，确定清除方法 火灾事故：采用砂土、干燥石灰或苏打灰等覆盖，禁止用水或泡沫灭火	吸入：迅速脱离现场至空气新鲜处，保持呼吸道畅通。如呼吸困难，给输氧；如呼吸、心跳停止，立即进行心肺复苏 皮肤接触：立即脱去污染的衣着，用流动清水彻底冲洗 眼睛接触：立即分开眼睑，用流动清水或生理盐水彻底冲洗 食入：漱口，饮水
7. 氧化性物质和有机过氧化物	过氧化氢	俗称“双氧水”，水溶液为无色透明液体，溶于水、醇、乙醚，不溶于苯、石油醚	H_2O_2	2015	泄漏事故：迅速撤离泄漏污染区人员至安全区，严格限制人员、车辆出入；尽可能切断泄漏源；构筑围堤或挖坑收容，防止进入下水道、排洪沟等限制性空间；用雾状水冷却、稀释蒸气；用防爆泵转移至槽车或专用收集器内，回收或运至废物处理场所处置 火灾事故：采用雾状水、干粉、砂土灭火	吸入：迅速脱离现场至空气新鲜处，保持呼吸道畅通，如呼吸困难，给输氧；如呼吸、心跳停止，立即进行心肺复苏 皮肤接触：立即脱去污染的衣着，用流动清水彻底冲洗，至少 15min 眼睛接触：立即分开眼睑，用流动清水或生理盐水彻底冲洗 5～10min 食入：用水漱口，禁止催吐；饮牛奶或蛋清
	过硫酸钠	白色晶状粉末，无臭，溶于水，能被乙醇和银离子分解，最小致死量为 178mg/kg，有氧化性和刺激性	$Na_2S_2O_8$	1505	泄漏事故：隔离污染区，限制人员、车辆出入；勿使泄漏物与有机物、还原剂、易燃物接触；用塑料布、帆布覆盖，然后收集回收或运至废物处理场所处置 火灾事故：采用雾状水、泡沫、砂土灭火	吸入：迅速脱离现场至空气新鲜处，保持呼吸道畅通，如呼吸困难，给输氧；如呼吸、心跳停止，立即进行心肺复苏 皮肤接触：立即脱去受污染的衣着，用流动清水彻底冲洗 眼睛接触：立即分开眼睑，用流动清水或生理盐水彻底冲洗 食入：漱口，饮水

续表

分类	名称	理化性质	分子式	UN 编码	处置要点	急救措施
8. 毒性物质	氰化钠	白色结晶颗粒或粉末，易潮解，有微弱的苦杏仁气味；剧毒，皮肤伤口接触、吸入、吞食微量氰化钠，可中毒死亡；遇水、酸放出剧毒易燃氰化氢气体	NaCN	1689	泄漏事故：隔离泄漏污染区，限制人员、车辆出入；不得直接接触泄漏物；用塑料布、帆布覆盖，然后收集回收或运至废物处理场所处置 火灾事故：采用干粉、砂土灭火；禁止采用水、泡沫、二氧化碳和酸碱灭火剂灭火	吸入：迅速脱离现场至空气新鲜处，保持呼吸道畅通，如呼吸困难，给输氧；如呼吸、心跳停止，立即进行心肺复苏(禁止口对口进行人工呼吸) 皮肤接触：立即脱去受污染的衣着，用肥皂水或流动清水彻底冲洗 10～15min 眼睛接触：立即分开眼睑，用流动清水或生理盐水彻底冲洗，至少 15min 食入：如患者神志清醒，催吐洗胃
	三氧化二砷	俗称砒霜，无臭，白色粉末或结晶，微溶于水，生成亚砷酸。工业品因所含杂质不同，略呈红色、灰色或黄色	As_2O_3	1561	泄漏事故：隔离泄漏污染区，限制人员、车辆出入；用塑料布、帆布覆盖，减少飞散，然后收集回收或运至废物处理场所处置 火灾事故：采用干粉、水、砂土灭火	吸入：迅速脱离现场至空气新鲜处，保持呼吸道畅通，如呼吸困难，给输氧；如呼吸、心跳停止，立即进行心肺复苏 皮肤接触：立即脱去受污染的衣着，用肥皂水或清水彻底冲洗 眼睛接触：立即分开眼睑，用流动清水或生理盐水彻底冲洗 食入：催吐、彻底洗胃，洗胃后服活性炭 30～50g(用水调成浆状)，而后再服用硫酸镁或硫酸钠导泻
9. 腐蚀性物质	硝酸	硝酸是一种强氧化性、腐蚀性的强酸，易溶于水，常温下纯硝酸溶液无色透明	HNO_3	2031	迅速撤离泄漏污染区人员至安全区，严格限制人员、车辆出入；尽可能切断泄漏源；构筑围堤或挖坑收容；用飞尘或石灰粉吸收大量液体；用农用石灰、碎石灰石或碳酸氢钠中和；用抗溶性泡沫覆盖，减少蒸发；用耐腐蚀泵转移至槽车或专用收集器内	吸入：迅速脱离现场至空气新鲜处，保持呼吸道畅通，如呼吸困难，给输氧；如呼吸、心跳停止，立即进行心肺复苏 皮肤接触：立即脱去受污染的衣着，用肥皂水或清水彻底冲洗，至少 15min 眼睛接触：立即分开眼睑，用流动清水或生理盐水彻底冲洗 5～10min 食入：用水漱口，禁止催吐；饮牛奶或蛋清

续表

分类	名称	理化性质	分子式	UN编码	处置要点	急救措施
9. 腐蚀性物质	硫酸	透明、无色、无臭的油状液体，有杂质颜色变深，甚至发黑。从空气和有机物中吸收水分。与水、醇混合产生大量热，体积缩小。用水稀释时应把酸加到稀释水中，以免酸沸腾飞溅	H_2SO_4	1830	不要直接接触泄漏物；勿使泄漏物与可燃物质(木材、纸、油等)接触，若现场有有效的堵漏设备，可在确保安全情况下堵漏；喷水雾减慢挥发(或扩散)，但不要对泄漏物或泄漏点直接喷水；泄漏地面可撒碳酸钠粉末，反应后用水冲洗，废水应收集后集中处理	吸入：迅速脱离现场至空气新鲜处，保持呼吸道畅通，如呼吸困难，给输氧；如呼吸、心跳停止，立即进行心肺复苏 皮肤接触：立即脱去受污染的衣着，用肥皂水或清水彻底冲洗，至少15min 眼睛接触：立即分开眼睑，用流动清水或生理盐水彻底冲洗5～10min 食入：用水漱口，禁止催吐；饮牛奶或蛋清
	氯乙酰氯	无色透明液体，有刺激性气味，对眼睛、皮肤黏膜和呼吸道有强烈的刺激作用	$C_2H_2Cl_2O$	1752	迅速撤离泄漏污染区人员至安全区，严格限制人员、车辆出入；不要直接接触泄漏物；在确保安全情况下进行堵漏；围堤或挖坑收容，然后收集、转移、回收或无害处理后废弃	吸入：迅速脱离现场至空气新鲜处，保持呼吸道畅通，如呼吸困难，给输氧；如呼吸、心跳停止，立即进行心肺复苏 皮肤接触：立即脱去受污染的衣着，用肥皂水或清水彻底冲洗，至少15min 眼睛接触：立即分开眼睑，用流动清水或生理盐水彻底冲洗5～10min 食入：用水漱口，禁止催吐；饮牛奶或蛋清

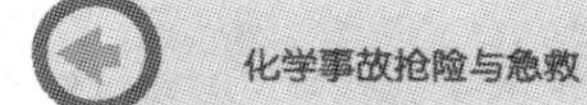

参考文献 REFERENCES

[1] GA/T 970—2011 危险化学品泄漏事故处置行动要则 [S].

[2] 国家安全生产应急救援指挥中心. 危险化学品事故应急处置技术 [M]. 北京：煤炭工业出版社，2009.

[3] 公安部消防局.危险化学品事故处置研究指南 [M]. 武汉：湖北科学技术出版社，2010.

[4] 中华人民共和国公安部消防局. 中国消防手册（第十一卷）抢险救援 [M]. 上海：上海科学技术出版社，2007.

[5] 胡忆沩，杨梅，李鑫，等. 危险化学品抢险技术与器材 [M]. 北京：化学工业出版社，2016.

[6] 洑春干，薛定. 槽罐车操作技术 [M]. 北京：化学工业出版社，2009.

[7] 黄金印，姜连瑞，夏登友. 公路气体罐车泄漏事故应急处置技术 [M]. 北京：化学工业出版社，2014.

[8] 北京市公安消防总队. 道路交通事故救援技术 [M]. 北京：中国人民公安大学工业出版社，2009.

[9] 刘立文，黄长富，李向欣. 突发灾害事故应急救援 [M]. 北京：中国人民公安大学出版社，2013.

[10] 李建华，刘立文，李向欣，等. 灾害事故应急处置 [M]. 北京：中国人民大学出版社，2015.

[11] 李向欣. 危险化学品槽罐车道路交通事故应急处置 [M]. 北京：蓝天出版社，2015.

[12] 李向欣. 有毒化学品泄漏事故应急疏散决策优化模型研究 [J]. 安全与环境学报，2009，9（1）：123-126.

[13] 李向欣.流动危险源泄漏事故应急疏散决策 [J].武警学院学报，2010，26（8）：1-4.

[14] 辛晶，陈华，李向欣，等. 有毒化学品泄漏事故应急防护行动决策探讨 [J]. 中国安全生产科学技术，2012，8（2）：93-96.

[15] 李向欣. 有毒化学品泄漏事故最佳疏散路径研究 [J]. 武警学院学报，2013，29（6）：26-28.

[16] 孙玉叶，夏登友. 危险化学品事故应急救援与处置 [M]. 北京：化学工业出版社，2008.

[17] Granot H. The dark side of growth and industrial disasters since the second world war [J]. Disaster Prevention and Management，1998，7（4）：195-204.

[18] ICF consulting. Risk Management Framework For Hazardous Materials Transportation [R].US Department of Transportation Research and Special Programs Administration，2000.

[19] Pereira J C F，Chen X Q. Numerical calculations of unsteady heavy gas dispersion [J]. Journal of Hazardous Materials，1996，46（2-3）：253-272.

[20] Marc Sands. Wireless Technologies and Incident and Emergency Response Networks [Z]，2002，9：24.

[21] Fabiano B，Curro F，Palazzi E，et al. A framework for Risk Assessment and Decision-making Strategies in Dangerous Good Transportation [J]. Hazardous Materials，

2002，93：1-15.
[22] Roberto Bubbico， Cinzia Ferrari， Barbara Mazzarotta. Risk Analysis of LPG Transport Transport by Road and Rail ［J］. Loss Prevention in the Process Industries，2000，13：27-31.
[23] 商靠定，岳庚吉．灭火救援典型战例研究［M］．北京：中国人民公安大学出版社，2012.
[24] 黄金印，张庆利，姜连瑞．典型公路气体槽车泄漏事故统计分析及对策研究［J］．消防科学与技术，2014，33（3）333-336.
[25] 辛春林，王金连．危险化学品运输事故历史数据研究综述［J］．中国安全科学学报，2012，22（7）：89-94.
[26] 张磊，阮桢．100起危险化学品泄漏事故统计分析及消防对策［J］．消防科学与技术，2014，33（3）：337-339.
[27] 张宏哲，赵永华，姜春明，等．危险化学品泄漏事故应急处置技术［J］．安全、健康和环境，2008，8（6）：2-4.
[28] 吴文娟，张文昌，牛福，等．化学毒剂侦检、防护与洗消装备的现状与发展［J］．国际药学研究杂志，2011，38（6）：414-427.
[29] 王媛原，王炳强，普海云．化学事故处置中的洗消现状及发展［J］．化学教育，2008，2：6-9.
[30] 王峰，徐海云，贾立峰．洗消剂的消毒机理及研究发展状况［J］．舰船防化，2003，4：1-6.
[31] 陈旭俊．工业清洗剂及清洗技术［M］．北京：化学工业出版社，2005.
[32] 陈家强．危险化学品槽罐汽车被卡在桥涵内介质泄漏事故及其防范与处置［J］. 消防技术与产品信息，2007，11：3-7.
[33] 胡忆沩．丙烯槽车特大泄漏事故的应急处置方法［J］. 中国安全生产科学技术，2006，2（3）：28-32.
[34] 刘立文．交通事故抢险救援中车辆抱死解除方法研究［J］．武警学院学报，2008，6：5-7.
[35] 郭艳丽．重大易燃易爆物质泄漏的危害及应急对策［J］．武警学院学报，2007，8：29-33.
[36] 周志俊．化学毒物危害与控制［M］．北京：化学工业出版社，2007.
[37] 郑静晨，侯世科，樊毫军．灾害救援医学［M］．北京：科学出版社，2008.
[38] 邢娟娟．事故现场救护与应急自救［M］．北京：航空工业出版社，2006.
[39] 岳茂兴．灾害事故现场急救［M］. 北京：化学工业出版社，2013.
[40] 邵建章．化学侦检技术［M］．北京：中国人民公安大学出版社，2014.
[41] 何光裕，王凯全，黄勇．危险化学品事故处置与应急预案［M］. 北京：中国石化出版社，2010.
[42] 卢林刚，徐晓楠．洗消剂及洗消技术［M］. 北京：化学工业出版社，2014.
[43] 周学志，李杰．危险化学品事故处置技术手册［M］. 北京：中国标准出版社，2014.
[44] 杨超，王世平，郝艳华．应急处置技术指南［M］. 北京：人民卫生出版社，2014.
[45] 《危险化学品重特大事故案例精选》编委会．危险化学品重特大事故案例精选［M］. 北京：中国劳动社会保障出版社，2007.
[46] 孙维生，胡建屏，胡忆沩．化学事故应急救援［M］. 北京：化学工业出版社，2008.
[47] 公安部消防局．2016中国消防年鉴［M］. 昆明：云南人民出版社，2016.
[48] 公安部消防局．2017中国消防年鉴［M］. 昆明：云南人民出版社，2017.
[49] 孙万付，郭秀云，李运才．危险化学品目录使用手册［M］. 北京：化学工业出版社，2017.
[50] 孙万付，郭秀云，李运才．危险化学品安全技术全书（通用卷）［M］. 第3版. 北京：化学工业出版社，2017.